第2天 易学易用——视频和图像素材的基本编辑

光盘\源文件\第2天

改善图像素材的曝光

增强照片细节

将视频处理为神秘氛围

制作油画风格

制作细雨蒙蒙效果

制作雪花飞舞效果

第3天　丰富的视频利器——多素材的转场效果

光盘\源文件\第3天

制作淡隐淡入转场效果

制作3D彩屑转场效果

制作对开门转场效果

制作打碎转场效果

第4天 合成的妙用——覆叠特效

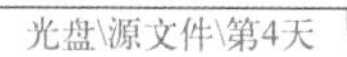

光盘\源文件\第4天

制作会动的图像

制作海市蜃楼效果

第5天 体现视频内容——添加标题和字幕

光盘\源文件\第5天

制作字幕淡入效果

制作字幕淡入淡出效果

第6天 音频的力度——在视频中添加音频

光盘\源文件\第6天

制作淡入淡出音频

为音频添加回音特效

第7天 完美的应用领域——综合案例的制作与分享

光盘\源文件\第7天

制作楼盘宣传片头

跟我们一起来有效率地轻松学习吧！

第1天

入门必备——先来了解视频处理的基本知识

您将学到的知识：音频、视频及图像格式、光盘的类型、数码摄像机的类型等

您将会制作：从光盘获取视频素材、从移动设备获取素材等

第2天

易学易用——视频和图像素材的基本编辑

您将学到的知识：设置项目属性、添加视频和图像素材、设置素材区间、校正素材图像的色彩等

您将会制作：慢动作回放视频、加快视频局部播放速度等

第3天

丰富的视频利器——多素材的转场效果

您将学到的知识：自动批量添加转场效果、手动添加转场效果、应用随机转场效果、应用当前转场效果等

您将会制作：制作四季交替效果、制作淡隐淡入转场效果等

第4天

合成的妙用——覆叠特效

您将学到的知识：覆叠效果的添加和删除、覆叠轨素材的设置选项、覆叠轨素材的位置调整等

您将会制作：制作会动的图像、制作海市蜃楼效果、制作胶片效果等

第5天

体现视频内容——添加标题和字幕

您将学到的知识：创建标题字幕、修改标题字幕区间、设置标题字幕属性和效果等

您将会制作：制作字幕淡入效果、制作字幕弹出效果等

第6天

音频的力度——在视频中添加音频

您将学到的知识：添加音频文件、设置音频文件的相关属性、调整音频素材、管理音频素材库等

您将会制作：制作淡入淡出音频、使用环绕混音区分左右声道等

第7天

完美的应用领域——综合案例的制作与分享

您将学到的知识：输出视频文件、输出指定范围的视频、自定义输出影片、自定义视频输出选项等

您将会制作：制作儿童电子相册、制作婚纱电子相册等

精通会声会影 X4 音视频短片编辑和特效

李晓斌 编著
飞思数字创意出版中心 监制

電子工業出版社
Publishing House of Electronics Industry
北京·BEIJING

内容简介

本书一本会声会影的实用操作手册，它以会声会影 X4 的工作步骤为主线，循序渐进地讲解了从获取素材、编辑素材、添加特效直到刻录输出的全部制作流程，并对软件的每个技术细节都进行了全面而深入的介绍。

全书共分为 7 天，以循序渐进的方式，全面介绍了会声会影在视频短片处理方面的方法和技巧。第 1 天，入门必备——先来了解视频处理的基本知识；第 2 天，易学易用——视频和图像素材的基本编辑；第 3 天，丰富视频的利器——多素材的转场效果；第 4 天，合成的妙用——覆叠特效；第 5 天，体现视频内容——添加标题和字幕；第 6 天，音频的力度——在视频中添加音频；第 7 天，完美的应用领域——综合案例的制作与分享。

本书适合所有拥有 DV 并希望创作出精彩影片的用户，也可以作为广大家庭用户、DV 发烧友及多媒体设计人员的参考书，同时也可作为各类计算机培训中心、中职中专等院校及相关专业的辅导教材。

本书配套的多媒体光盘中提供了本书中所有实例的相关视频教程，以及所有实例的源文件及素材，方便读者制作出和本书实例一样精美的效果。

图书在版编目（CIP）数据

7天精通会声会影X4音视频短片编辑和特效 / 李晓斌编著.--北京：电子工业出版社，2012.1
ISBN 978-7-121-14506-3

Ⅰ. ①7… Ⅱ. ①李… Ⅲ. ①多媒体软件：图形软件，会声会影 X4 Ⅳ. ①TP391.41

中国版本图书馆CIP数据核字(2011)第178015号

责任编辑：侯琦婧
特约编辑：李新承
印　　刷：
装　　订：北京中新伟业印刷有限公司
出版发行：电子工业出版社
　　　　　北京市海淀区万寿路 173 信箱　邮编：100036
开　　本：787×1092　1/16　印张：19　字数：492.8 千字　彩插：2
印　　次：2012 年 1 月第 1 次印刷
印　　数：4 000 册　定价：45.00 元（含光盘 1 张）

凡所购买电子工业出版社图书有缺损问题，请向购买书店调换。若书店售缺，请与本社发行部联系，联系及邮购电话：(010) 88254888。

质量投诉请发邮件至 zlts@phei.com.cn，盗版侵权举报请发邮件至 dbqq@phei.com.cn。

服务热线：(010) 88258888。

前言

随着电脑和数码摄像机在家庭中的普及，越来越多的朋友已经不再满足于用 DV 记录自己的日常生活，更多人的愿望是将自己拍摄的素材亲手制作成个性短片，与更多的人分享自己的快乐。

会声会影 X4 是 Corel 公司最新推出的一款视频编辑软件，随着其功能的日益完善，在数码领域、相册制作，以及商业领域的应用越来越广，深受广大数码摄影者、视频编辑者的青睐。

■ 本书章节安排

本书摒弃了很多会声会影书籍大而全的讲解方法，以实际应用为主，它以会声会影 X4 的工作步骤为主线，循序渐进地讲解了从获取素材、编辑素材、添加特效直到刻录输出的全部制作流程，并对软件的每个技术细节都进行了全面而深入的介绍。

全书共分为 7 天，以循序渐进的方式，全面介绍了会声会影在视频编辑处理方面的方法和技巧。

第 1 天　入门必备——先来了解视频处理的基本知识，主要介绍了有关会声会影，以及视频、音频等的相关基础知识，并且还通过实例的形式讲解了多种从外部获取各种类型素材的方法和技巧，为后面的学习打下良好的基础。

第 2 天　易学易用——视频和图像素材的基本编辑，主要介绍了在会声会影中对视频和图像素材的各种编辑处理方法，并且还介绍了在会声会影中滤镜的使用方法。通过实例的形式，介绍了多种基本的视频处理效果以及使用滤镜制作的各种特殊效果。

第 3 天　丰富视频的利器——多素材的转场效果，主要介绍了在会声会影中有关转场效果的相关知识，并通过实例的讲解了多种常见转场效果的制作方法和技巧，通过今天的学习，读者就能够轻松的掌握转场效果的制作。

第 4 天　合成的妙用——覆叠特效，主要介绍了有关覆叠轨以及覆叠素材的相关知识，包括添加删除覆叠效果、覆叠轨素材的调整、覆叠轨素材的设置等内容，并通过实例的形式介绍了多种实用的覆叠效果的制作方法，以便于读者能够直接应用到自己的视频处理过程中。

第 5 天　体现视频内容——添加标题和字幕，主要介绍了在会声会影中为视频添加标题字幕的方法和技巧，并且还通过实例的形式介绍了多种实用的标题字幕效果的制作方法，贴近实际的应用操作。

第 6 天　音频的力度——在视频中添加音频，主要介绍了在会声会影中添加音频以及对音频进行调整和设置的方法和技巧，并通过多个实例介绍了在会声会影中对音频进行处理的效果。

第 7 天　完美的应用领域——综合案例的制作与分享，主要介绍了在会声会影中分享视频的方法和技巧，包括输出视频文件、输出视频技巧、刻录视频光盘等内容。并通过多个具有典型代表的案例讲解了在会声会影中制作视频短片的方法和技巧。

■ 本书特点

全书内容丰富、结构清晰，通过 7 天的时间安排，为广大读者全面、系统地介绍了使用会声会影处理视频短片的实用技法，案例典型，快速上手。

本书主要有以下特点：

◎ 形式新颖，安排合理，通过 7 天的时间安排，循序渐进的讲解了使用会声会影处理视频短片的实用技法。

◎ 语言通俗易懂，讲解清晰，前后呼应。以最小的篇幅、最易读懂的语言来讲述每一项功能和每一个实例。

◎ 知识点与案例相结合，在每天的学习过程中都能够学习到新的知识点，并将知识点与实例相结合，使读者更容易理解和撑握，从而能够举一反三。

◎ 对书中每个案例，均录制了相关的多媒体视频教程，使得每一个步骤都明了易懂，操作一目了然。

■ 本书读者对象

本书适合所有拥有 DV 并希望创作出精彩影片的用户，也可以作为广大家庭用户、DV 发烧友及多媒体设计人员的参考书，同时也可作为各类计算机培训中心、中职中专等院校及相关专业的辅导教材。

本书配套的多媒体光盘中提供了本书中所有实例的相关视频教程，以及所有实例的源文件及素材，方便读者制作出和本书实例一样精美的效果。

本书采用会声会影 X4 软件编写，请用户一定要使用同版本软件。直接打开光盘中的实例源文件时，会弹出要重新链接材的提示，如音频、视频、图像素材，甚至提示丢失信息等，这是因为每个用户安装的会声会影 X4 及素材与效果文件的路径不一致，发生了改变，这属于正常现象，用户只需要一一重新链接即可。

本书由李晓斌执笔，另外畅利红、杨阳、刘强、贺春香、贾勇、罗廷兰、黄尚智、刘钊、陶玛丽、衣波、张国勇、王权、王明、张晓景等也参与了部分编写工作。书中错误在所难免，希望广大读者朋友批评指正。

作 者

2011 年 8 月

目录

第1天 入门必备——先来了解视频处理的基本知识 …… 1

1

第 2 天 易学易用——视频和图像素材的基本编辑 …………………… 31

2

第 3 天 丰富的视频利器——多素材的转场效果 ……………………… 87

3

第 4 天 合成的妙用——覆叠特效 …… 127

第1天 入门必备

今天是学习会声会影的第1天，从今天开始，我们将要与会声会影有一个亲密接触。在今天的学习过程中，我们主要学习如何收集和准备用会声会影处理的相关素材，包括视频、照片、声音等，并且学习获取这些素材的方法，以及将这些素材导入到会声会影中的方法。

通过学习今天的内容，我们就可以通过外部设备获取需要的素材了。

好，让我们开始会声会影之旅吧。

学习目的：掌握会声会影的基本操作及获取素材的方法

知 识 点：基本操作、获取素材

学习时间：一天

先来了解视频处理的基本知识

会声会影都能做些什么

会声会影X4是由Corel公司出品的入门级视频后期编辑处理软件，主要面向家庭DV（数码摄像机）用户，既可以制作电子相册、生日派对、毕业留念等家庭视频作品，也可以应用于商业，制作节目片头动画、企业展示、婚庆光盘等。

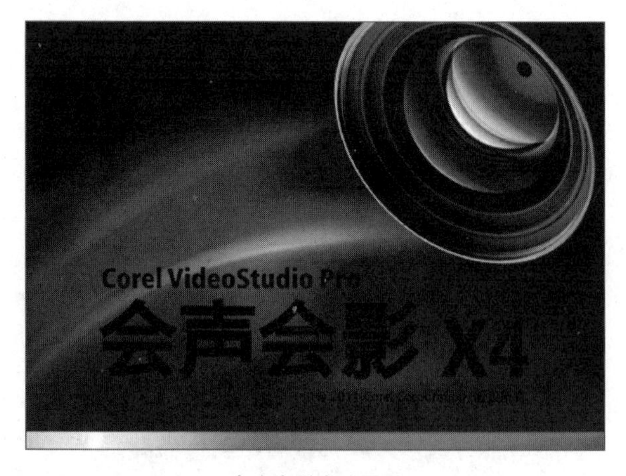

会声会影启动界面

会声会影的功能

会声会影提供了从捕获、编辑到分享的一系列功能。捕获功能可以将拍摄的素材输入到计算机中。编辑功能可以对素材进行分割、修剪等编辑操作。分享功能可以将制作完成的影片输出。

会声会影的特色

会声会影最大的特色是操作简单、效果丰富。会声会影提供了友好的用户界面和简单的操作流程，只要用户熟悉计算机的基本操作，经过短时间练习就可以制作出自己的作品。

会声会影的特点

会声会影提供了大量的视频、图像、音频、转场、标题等素材，以及电子相册和影片模板，利用这些专业的素材和模板，用户可以轻松地制作视频作品。

1.1 安装会声会影X4

视频编辑需要占用较多的计算机资源，用户在为视频编辑配置系统时，要考虑的主要因素是硬盘的大小、速度、内存和处理器。这些因素决定了保存视频的容量，以及处理和渲染文件的速度。

提示：

如果要使会声会影X4能够正常使用，系统需要达到以下最低配置要求。

- CPU：Intel Core Duo 1.83GHz、AMD双核2.0GHz或更高。
- 系统：Windows XP或Windows 7。
- 内存：1GB以上。
- 硬盘：3GB可用硬盘空间。
- 驱动器：DVD-ROM驱动器。
- 显卡：128MB以上显卡。
- 声卡：Windows兼容声卡。
- 显示器：1024×768以上分辨率，24位真彩色显示器。
- 网络：计算机需要能够接入因特网，以实现联机功能，并能观看视频教程。

会声会影X4的安装与其他应用软件的安装方法基本一致。在安装会声会影X4之前，需要检查计算机中是否装有低版本的会声会影程序，如果有，需要将其卸载后再安装新的版本。

启动会声会影X4的安装程序，会弹出一个对话框，将相关的系统文件写入系统盘，如图1-1所示。写入系统文件后，会弹出对话框，显示会声会影X4安装初始化向导，如图1-2所示。

图1-1 写入系统文件

图1-2 安装初始化向导

安装初始化完成后，将显示会声会影X4的许可协议界面，选中“我接受许可协议中的条款”复选框，单击“下一步”按钮，如图1-3所示。切换到安装设置界面，在该界面中选择用户所在的国家以及安装的位置，单击“立刻安装”按钮，如图1-4所示。

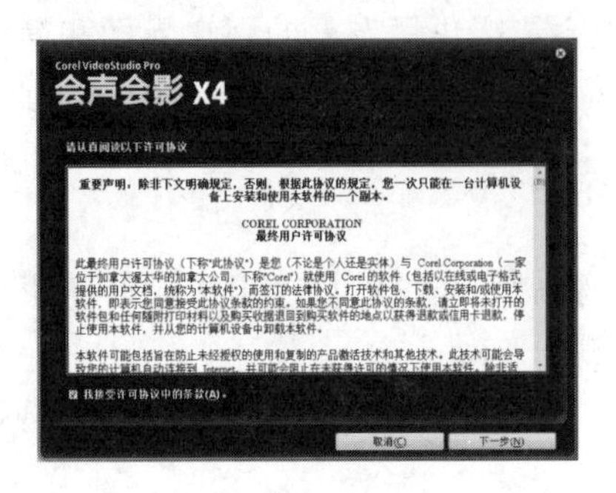

图1-3 许可协议界面

图1-4 安装设置界面

切换到会声会影X4的安装界面，开始安装会声会影X4，在该界面中将显示安装的进度，如图1-5所示。待安装完成后，将进入完成安装的界面，如图1-6所示。单击“完成”按钮，即可完成会声会影X4的安装。

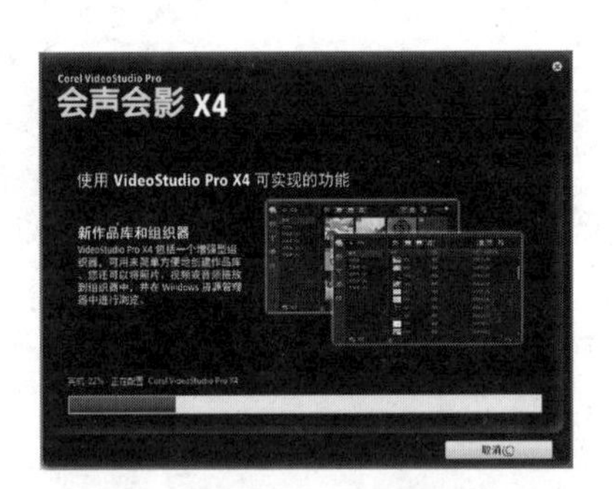

图1-5 安装进度界面

图1-6 安装完成界面

1.2 音频、视频格式

随着计算机和网络的发展，出现了越来越多的音频和视频格式。作为会声会影用户，经常要和不同格式的素材打交道，因此了解会声会影X4支持哪些类型的音频、视频格式，以及每种格式的特点和适用范围是很有必要的。

（1）音频格式如表1-1所示。

表1-1 音频格式

类　型	说　明
CD Audio（*.cda）	音乐光盘所使用的格式，品质方面几乎无损，是目前音质最好的音频格式
MP3 Audio（.mp3）	MP3具有体积小、音频质量接近CD的特点，是目前应用最广泛的音频格式
Microsoft WAV（*.wav）	微软公司开发的一种声音文件格式，支持广泛，音频质量与CD相差无几
Windows Media Audio（*.wma）	WMA的音频质量优于MP3，而且具有更高的压缩率，适合在网络上在线播放
Ogg Vorbis Audio Format（*.ogg）	比较新的音频压缩格式，压缩技术优于MP3，支持多声道，而且没有专利限制
MPEG-4 Audio（*.mp4）	MP4播放器使用的音频格式，这种格式具有较高的压缩比，特别适合窄带网络的传输

（2）视频格式如表1-2所示。

表1-2 视频格式

类 型	说 明
Microsoft AVI（*.avi）	由微软公司推出的视频格式，优点是被各种平台广泛支持，图像质量好，而且可以跨平台使用。缺点是体积较大，而且压缩标准不统一
Windows Media Video（*.wmv、*.asf）	ASF是微软为Windows开发的视频格式，特点是体积较小，适合在网络上播放。WMV是在ASF基础上延伸而来的视频格式，在同等视频质量下，WMV的体积更小
MPEG-1（*.mpg、*.mpeg、*.dat）	MPEG是运动图像压缩算法的国际标准，其中的MPEG-1标准主要应用于VCD影片的制作。扩展名包括*.mpg、*.mpeg及VCD光盘中的*.dat
MPEG-2（*.mpg、*.mpeg、*.m2v、*.vob）	MPEG-2标准主要应用于DVD影片的制作、压缩，或者高清电视广播应用。扩展名包括*.mpg、*.mpeg、*.m2v及DVD光盘上的*.vob
MPEG-4（*.mp4、*.m4v）	MPEG-4在压缩率和质量方面都要优于MPEG-1和MPEG-2，每秒动态数据处理速率弹性更大。主要应用于手机、可视电子邮件和电子新闻等领域
3GP（*.3gp）	为了配合3G网络的高传输速度而开发的，也是目前手机中最常见的视频格式。这种格式的优点是减少了体积和带宽需求，在手机有限的存储空间中也可以使用
Flash（*.flv）	随Flash MX发展而来的视频格式。这种格式的体积非常小，可以不通过本地播放器播放，是在线视频网站普遍采用的视频格式
Autodesk Animation（*.flc、*.fli）	FLI是基于320像素×200像素分辨率的动画文件格式，而FLC则是FLI的扩展，支持256色，最大的图像分辨率为64000像素×64000像素，并且支持压缩
友立图像序列文件（*.uis）	友立公司开发的视频格式，实际上，*.uis是由一系列图像组成的，每一帧是一幅图像，就像传统的动画片一样，连续播放序列图像就形成了动画视频
Cool 3D（*.c3d）	Cool 3D是友立公司开发的专用于制作3D标题的软件，*.c3d是Cool 3D保存的文件格式，因为是同一个公司开发的软件，所以会声会影可以直接调用这种文件格式
Corel VideoStudio Project（*.VSP）	会声会影保存的项目文件格式，会声会影可以直接调用自己保存的项目文件作为视频使用

1.3 图像格式

1.2节向读者介绍了常用的音频和视频格式，本节将向读者介绍会声会影X4支持哪些格式的图像文件，如表1-3所示。

表1-3 图像格式

类 型	说 明
BMP	Windows操作系统中的标准图像文件格式，能存储4位、8位和24位的图像。这种格式的特点是包含的图像信息较丰富，几乎不压缩。缺点是占用的磁盘空间过大，不利于网络传输
JPEG	目前网络上最流行的图像文件格式，JPEG格式采用有损压缩方式去除冗余的图像和彩色数据，可以用最少的磁盘空间得到较好的图像质量，但是较高的压缩比容易造成图像数据的损失
GIF	最大图像深度为8位，最多支持256种色彩的图像。GIF格式的特点是磁盘空间占用较少，而且可以同时存储若干幅静止图像进而形成连续的动画，所以这种图像在网页中运用较多
TIF	最大图像深度为48位，能对灰度模式、CMYK模式、索引模式和RGB模式进行编码，还可以被保存为压缩和非压缩的格式，是出版印刷的重要文件格式
PNG	PNG是比较新的图像格式，最大图像深度为48位，并且可以存储16位的Alpha通道数据。会声会影X4中带有透明信息的边框和遮罩图像主要采用这种格式
TGA	TGA采用不失真的压缩算法，是计算机生成的图像向电视转换的一种首选格式。这种格式的最大特点是可以生成圆形、菱形等不规则形状的图像文件

1.4 光盘的类型

随着科技的进步和播放技术的发展，光盘种类越来越多，但很多人对各种类型的光盘分辨不清，下面向读者介绍一下常见的光盘类型，如表1-4所示。

表1-4 常见的光盘类型

类　型	说　明
Audio CD	用于存储声音信号轨道的标准CD格式。会声会影X4可以从CD光盘中捕捉声音素材，还可以刻录Audio CD和MP3 Disc两种格式的音乐光盘
VCD	VCD采用MPEG-1格式压缩编码，PAL制分辨率为352像素×288像素，帧速率为每秒25帧。会声会影X4可以捕捉VCD中的音频和视频信息，但是不能直接刻录VCD光盘
DVD	VCD的后续产品，DVD采用MPEG-2格式压缩编码，PAL制分辨率为720像素×576像素，帧速率为每秒25帧。会声会影X4可以捕捉DVD中的音频和视频信息，还可以直接刻录DVD光盘
Blu-ray	蓝光光盘利用波长较短的蓝色激光读取和写入数据，因此可以获得更大的存储容量。单层蓝光光盘的容量为25GB，双层可以达到50GB。会声会影X4可以直接刻录1080P的高清蓝光影片
CD-R、CD-RW	CD-R为一次性写入空白光盘，标准容量为700MB，可以刻录音乐CD、VCD影片和数据光盘。CD-RW的性能与CD-R相近，区别是CD-RW可以反复擦写
DVD-R、DVD+R	DVD R是容量更大的一次性写入空白光盘，标准容量为单层4.7GB，双层8.5GB。DVD R有DVD-R和DVD+R两种由不同组织制定的标准，这两种标准的性能基本相同，但是两者不兼容

大家可以通过光盘上的标识区分各种光盘的类型，如图1-7所示。

VCD光盘标识　　DVD光盘标识　　蓝光光盘标识　　DVD刻录盘标识

图1-7 各种光盘标识

1.5 数码摄像机的类型

会声会影主要面向家庭DV用户，家用DV按照存储介质的不同可以分为磁带式DV、光盘式DV、硬盘式DV和闪存式DV 4种类型，下面向读者简单介绍一下不同类型家用DV的特点。

1. 磁带式DV

磁带式DV是最早的数码摄像机产品，使用的存储介质为Mini DV磁带，如图1-8所示。磁带式DV的优点是价格便宜，市场覆盖很广。

图1-8 磁带式DV

磁带式DV的缺点是录制时间较短，在SP模式下可以录制60分种的视频，在LP模式下的录制时间为90分钟。磁带式DV的最大问题是获取视频比较困难，需要使用视频采集卡（1394

卡）才能将视频采集到计算机中，而且需要花费与录制时间相同的采集时间。

2．光盘式DV

光盘式DV使用8cm的DVD光盘作为存储介质，如图1-9所示。8cm的DVD光盘的存储容量可以达到2.6GB，在LP模式下的记录时间为108分钟。光盘式DV采取即拍即刻方式，用户不需要采集视频，在拍摄后就可以直接将DVD光盘放在DVD机上回放，也可以将光盘中的视频文件复制到计算机上进行编辑。

图1-9 光盘式DV

光盘式DV的缺点是体积较大，因为采用MPEG2的压缩格式，在画质上要略逊于磁带式DV，而且光盘式DV的稳定性较差，启动速度慢。

3．硬盘式DV

硬盘式DV的最大优势是容量大，240GB容量的硬盘，在1920像素×1080像素全高清模式下可以录制29个小时左右的视频，如图1-10所示。

图1-10 硬盘式DV

硬盘式DV同样不需要采集，录制的视频经过MPEG-2压缩后进行了打包处理，只要通过USB2.0接口就可以将视频文件复制到计算机中。硬盘式DV的缺点是害怕振动，在工作时振动容易导致磁头将飞速旋转的硬盘碟片划伤。

现在，市场上还有一种SSD DV产品，这种DV使用固态盘作为存储介质。固态硬盘没有机械结构，因此不怕振动，而且具有读写效率高、功耗低、发热量小等优点。

4．闪存式DV

闪存式DV使用存储卡作为储存介质，如图1-11所示。

图1-11 闪存式DV

闪存式DV除了具有和硬盘式DV相同的存储容量大、不需要采集等优点之外，还具有体积小、运行稳定、无噪声和耗电低等优点，是目前最流行的DV类型。

1.6 会声会影X4的编辑界面

对于初学者来说，在学习使用会声会影X4软件编辑视频之前，首先需要熟悉一下会声会影X4的编辑界面，本节将向读者简单介绍会声会影X4全功能编辑界面的组成部分。双击桌面上的会声会影X4图标，启动会声会影X4软件，进入其全功能编辑界面，如图1-12所示。

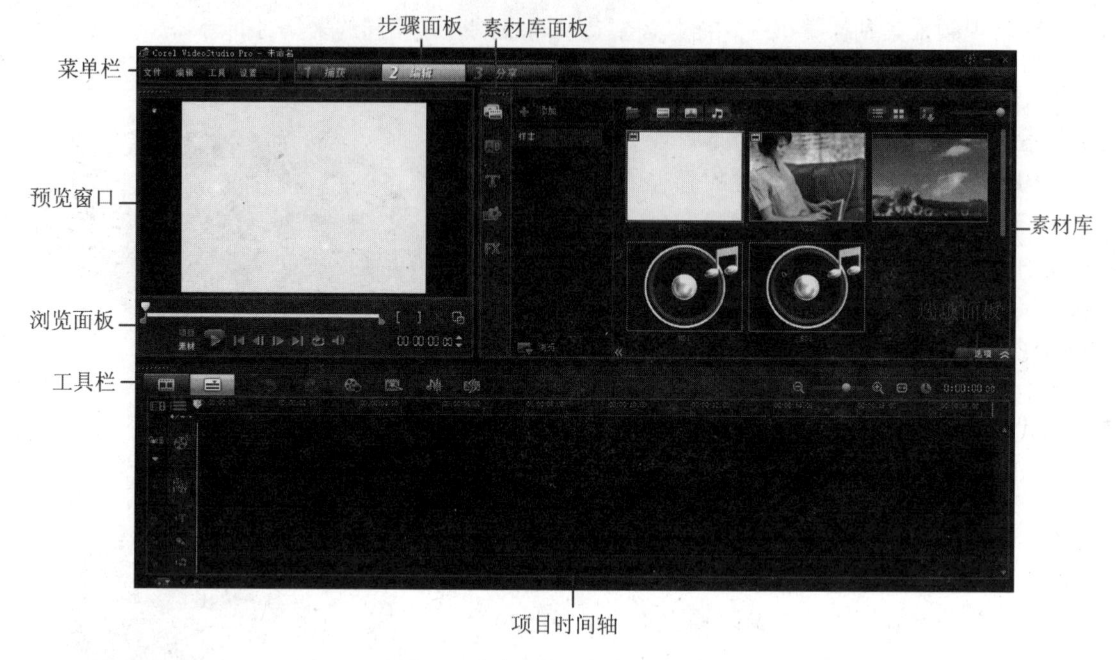

图1-12 会声会影X4全功能编辑界面

- 步骤面板：会声会影X4将视频的编辑过程简化为“捕获”、“编辑”和“分享”3个步骤，在步骤面板中可以切换到不同的编辑步骤。
- 菜单栏：与Windows系统中的绝大多数软件一样，会声会影X4在菜单栏中提供了常用功能的执行命令。
- 预览窗口：在预览窗口中可以查看正在编辑的项目或者预览视频、转场、滤镜、字幕等素材的效果。
- 浏览面板：使用浏览面板中的按钮，可以控制预览窗口中项目的播放，还可以对素材进行标记和修剪操作。
- 工具栏：工具栏中的工具分为两个部分，一部分工具用于切换和控制项目时间轴，另一部分工具用于启动会声会影X4的其他组件。
- 项目时间轴：用于显示项目中的所有视频、图像、标题、声音等素材，也可以在项目时间轴中直接对素材的区间和范围进行操作。
- 素材库：用于显示和管理各种素材、滤镜和转场。
- 素材库面板：在不同类型的素材库之间进行切换。
- 选项面板：对项目时间轴中选取的素材进行参数设置，根据选中素材的类型和轨道，在选项面板中会显示出与其对应的参数。

1.7 视频编辑常用术语

会声会影虽然是一款操作简单的入门级视频编辑处理软件，但是同样会用到很多视频编辑处理的专业术语。在我们开始学习使用会声会影编辑处理视频之前，要先了解一下视频编辑的常用术语，以便能够更快、更容易地学习会声会影，如表1-5所示。

表1-5 视频编辑的常用术语

常用术语	解释说明
项目	在会声会影中开始编辑视频之前，首先需要建立一个项目文件。项目文件中包含了链接所有关联图像、音频和视频文件所需的信息
素材	可以被会声会影编辑，共同组成完整影片的图像、声音、视频、标题等元素被称为素材
模板	会声会影提供的工作样式，在模板中包含了预定义的格式和设置，可以帮助用户节省工作量
捕捉	将外部的视频、图像或声音记录到计算机硬盘中的过程
旁白	用画面外的语音介绍影片内容、交待影片的剧情或发表评论
帧	视频中最小单位的单幅图像，每一帧相当于电影胶片上的一格镜头
关键帧	任何动画要表现运动或变化，至少前后要给出两个不同的关键状态，而中间的状态可以由计算机自动完成。这种表示关键状态的帧称为关键帧
帧速率	视频每秒刷新的帧数，帧数越高，影片中的动作越平滑
PAL制	我国和欧洲的一些图像使用的电视视频制式，帧速率为每秒25帧
NTSC制	北美、大部分中南美洲国家和日本所使用的电视视频制式，帧速率为每秒30帧
宽高比	视频的宽度和高度之比。传统影视的宽高比为4:3，宽屏幕电影的宽高比是1.85:1，宽屏显示器的宽高比是16:9
区间	素材占用的时间长度称为区间
转场	将两个镜头组合起来，上一个镜头过渡到下一个镜头时的切换效果
覆叠	叠加在项目中现有素材之上的视频或图像素材
标题	影片中的标题、字幕或演职员表
滤镜	用于实现素材的各种特殊效果
输出	将项目的源文件生成最终影片的过程

1.8 会声会影的应用

在日常生活和工作中，会声会影的用途非常广泛，如制作珍藏光盘、电子相册、互动教学及动画游戏等。

1．制作珍藏光盘

使用DV摄像机拍摄影片后，可以将DV带刻录成VCD或DVD光盘，以便日后使用。

使用DV视频转刻成光盘具有以下优点：

- 容易保存：因为DV带容易受潮、发霉，而CD或DVD光盘一般可以保存30～50年，且体积小、方便存放。
- 容易播放：视频保存在DV带上只能用DV机播放或者接到电视机上观看，但每次播放对DV带的磁头都会造成一定程度的磨损，并且倒带也很麻烦。因此，相对而言，VCD、DVD光盘更易用、更便捷。
- 物美价廉：通常，一盒DV带的价格在10元以上，而普通CD-R光盘一张只需要几块钱，DVD-R（+R）光盘也相当便宜。因此，在相同的价格下，采用CD-R或DVD-R（+R）光盘保存DVD视频，能够提供更多的存储空间，并且也便于之前的DV带再次使用。

2．制作电子相册

在现代社会中，每个家庭都会有许多电子照片，但随着照片的增加，计算机中的照片开始变得杂乱不堪。使用会声会影可以把照片存放在光盘中，并添加字幕、配音和背景音乐，再配上丰富的转场效果，制作成富有动感的电子相册，如图1-13所示。

图1-13 电子相册效果

3．制作互动教学

在多媒体教学软件中，用户可以使用会声会影把拍摄的视频资料与三维动画、演示文稿和屏幕录制等不同媒体资料整合在一起，供直观性和趣味性教学，从而极大地增加学员的学习兴趣，如图1-14所示。

图1-14 互动教学效果

4．制作动画游戏

一般的动画软件只能制作一段一段的半成品动画，如果需要将它们连接起来，可以通过会声会影软件添加转场效果，并对不同的视频进行编辑，如图1-15所示。

图1-15 制作游戏动画

5. 自由编辑节目

使用会声会影可以自由地捕获电视上播放的影片、体育赛事、广告节目等，然后对节目进行剪辑，并添加字幕、音乐、特效及转场效果，制作出独一无二的精选节目光盘，作为资料永久保存。

6. 输出网络视频

通常，视频文件的容量非常大，在当前条件下，极大地限制了网格视频输出的应用。使用会声会影可以通过调整帧速率、视频尺寸或直接输出为流文件等方法，使用户能够通过Internet看到较为流畅的视频资料。

1.9 捕获现场视频

将视频、图像或声音素材从摄像机、照相机等外部设备传送到计算机中的过程称为捕获。在本实例中，我们将学习在会声会影中利用摄像机捕获现场视频的方法。

在制作实例之前，需要将摄像机正确连接到计算机上。Mini DV需要将视频采集卡（1394卡）安装到计算机主板的PCI插槽上，利用1394线将摄像机与视频采集卡连接到一起。硬盘DV或光盘DV使用USB线连接计算机，如图1-16所示，开启摄像机的电源后将进入录制模式。

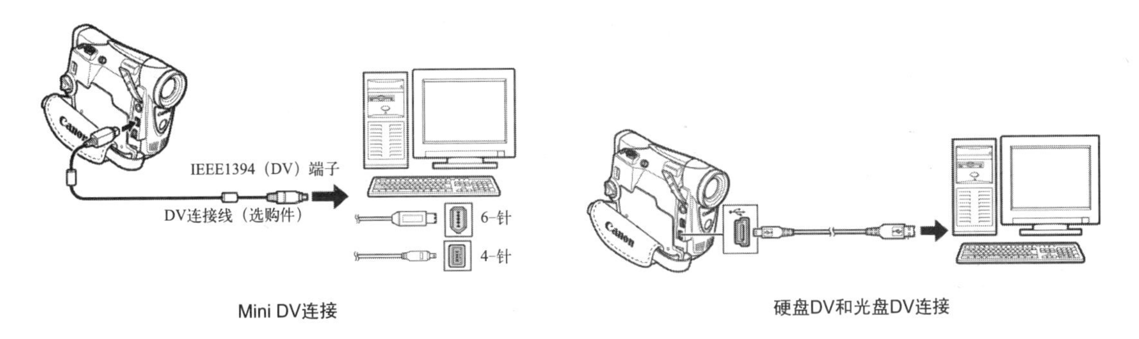

图1-16 DV的两种连接方式

打开会声会影X4，进入“捕获”步骤，在“选项”面板中单击“捕获视频”按钮，如图1-17所示。

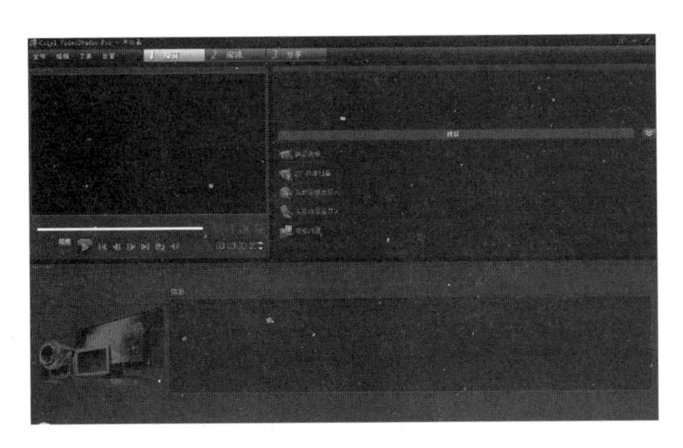

图1-17 单击“捕获视频”按钮

捕获现场视频的另一种方法是：单击项目时间轴工具栏上的“录制/捕获选项”按钮，如图1-18所示，弹出“录制/捕获选项”对话框，在该对话框中单击“捕获视频”按钮，如图1-19所示。

图1-18 单击“录制/捕获选项”按钮

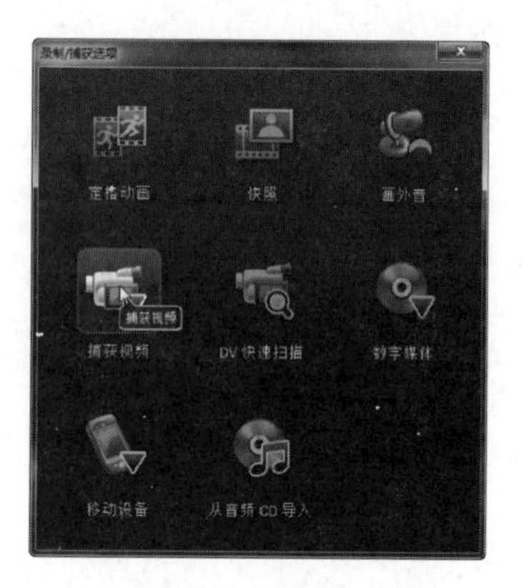

图1-19 单击“捕获视频”按钮

打开“选项”面板，显示用于捕获现场视频的相关信息，如图1-20所示。

图1-20 “选项”面板

- 区间：用来显示所捕获现场视频的区间长度。
- 来源：在该选项的下拉列表中可以选择被连接到计算机上的外部设备类型。
- 格式：在该选项的下拉列表中选择保存所捕获现场视频的文件格式，其中有两个选项，“DV”为.avi格式，“DVD”为.mpeg格式。
- 捕获文件夹：该选项用于设置保存所捕获现场视频的位置，可以单击该选项后的“捕获文件夹”按钮，选择要保存捕获视频的位置。
- 捕获到素材库：选中该复选框，则所捕获的现场视频将被同时保存到会声会影的素材库中。
- 按场景分割：选中该复选框，会声会影将对所捕获的现场视频按场景进行分割，并分别进行保存。
- “选项”按钮：单击该按钮，在所弹出的菜单中有两个选项，分别为“捕获选项”和“视频选项”，选择不同的选项，将弹出相应的对话框，大家可以对相关参数进行设置。
- “捕获视频”按钮：单击该按钮，即可通过连接到计算机中的摄像机获取现场视频。单击该按钮后，该按钮变为“停止捕获”按钮，单击“停止捕获”按钮，即可完成现场视频的捕获。

- “抓拍快照”按钮：单击该按钮，可以获取静态图像，并且将图像文件保存到“媒体”素材库中。

在会声会影X4中可以捕获摄像机、摄像头和电视的视频，对于不同类型的视频来源而言，捕获的方法和步骤都是类似的，区别只是视频“选项”面板中的捕获设置不同。

1.10 从DV获取视频

利用会声会影中的“DV快速扫描”功能，可以将拍摄的视频从Mini DV上捕获到计算机中。Mini DV使用磁带作为存储价质，这种类型的摄像机需要使用视频采集卡才能将视频信号输入到计算机中。在使用“DV快速扫描”功能之间，需要使用1394线将摄像机与视频采集卡连接到一起，在打开摄像机的电源后切换到播放状态。

打开会声会影X4，进入“捕获”步骤，在“选项”面板中单击“DV快速扫描”按钮，如图1-21所示。弹出“DV快速扫描”对话框，如图1-22所示。如果DV与计算机正确连接，在该对话框中就可以获取DV中的视频了。

图1-21 单击“DV快速扫描”按钮

图1-22 “DV快速扫描”对话框

自我检测

了解了有关会声会影的相关知识后，怎样才能开始视频的编辑工作呢？首先，当然是获取相关的素材。

获取素材就是将外部设备中保存的视频和图像等素材导入到会声会影中。会声会影支持的导入来源很丰富，包括摄像机、数码相机和影音光盘中的素材。素材导入到会声会影中后会根据类型放置到不同的素材库中，然后用户就可以利用这些素材编辑制作影片了。

接下来通过多个实际操作案例，练习获取各种素材的方法，以便为后面的学习打下基础

- 从光盘获取视频素材
- 从移动设备获取素材
- 从CD获取音频素材
- 录制画外音
- 批量转换视频
- 绘制静态图像
- 绘制动态视频
- 创建素材库

1 / 从光盘获取视频素材

使用会声会影可以将DVD摄像机存储在光盘中的视频文件，或者是VCD、DVD光盘中的视频文件捕获到会声会影中作为视频素材。接下来，我们就来学习如何从DVD光盘中获取视频文件。

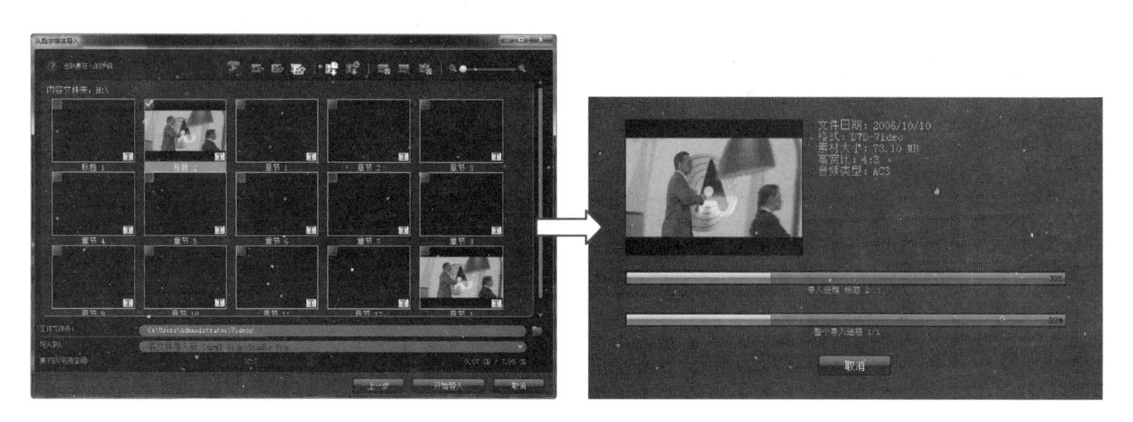

使用到的技术	从数字媒体导入
学习时间	10分钟
视频地址	光盘\视频\第1天\从光盘获取视频素材.swf
源文件地址	无

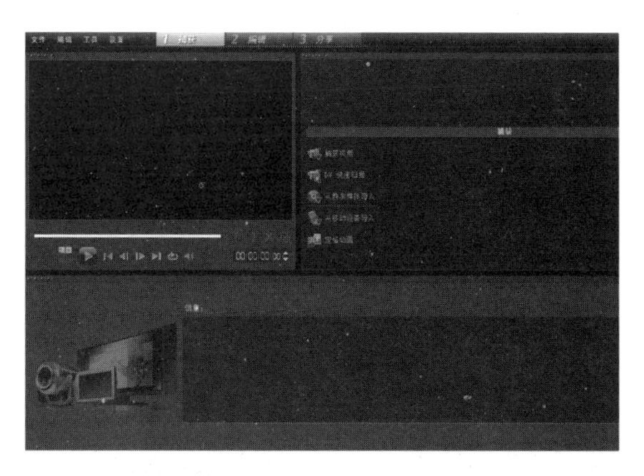

01 打开会声会影X4，切换到“捕获”步骤，在“选项”面板中单击“从数字媒体导入”按钮。

02 弹出“从数字媒体导入”对话框，单击“选取‘导入源文件夹’”按钮。

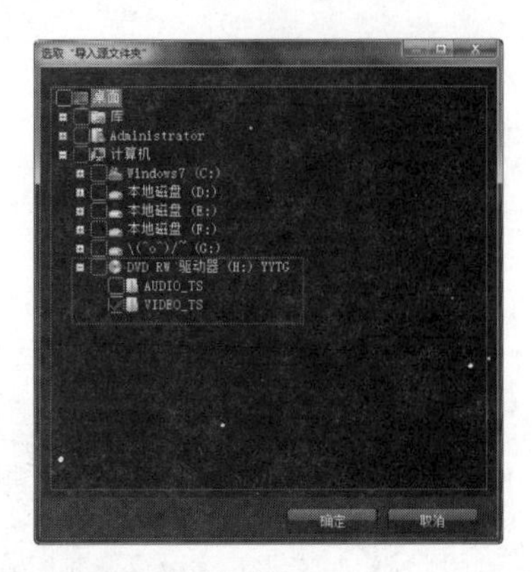

03 弹出“选取‘导入源文件夹’”对话框，选中光驱盘符下的“VIEO_TS”文件夹，单击“确定”按钮。

04 在“从数字媒体导入”对话框中选择上一步选择的导入路径，单击“起始”按钮。

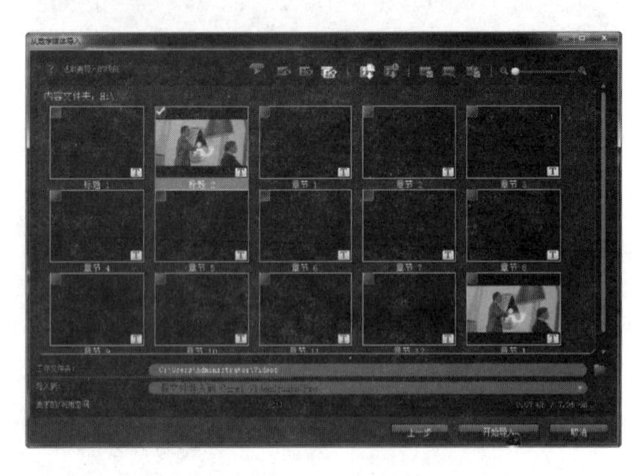

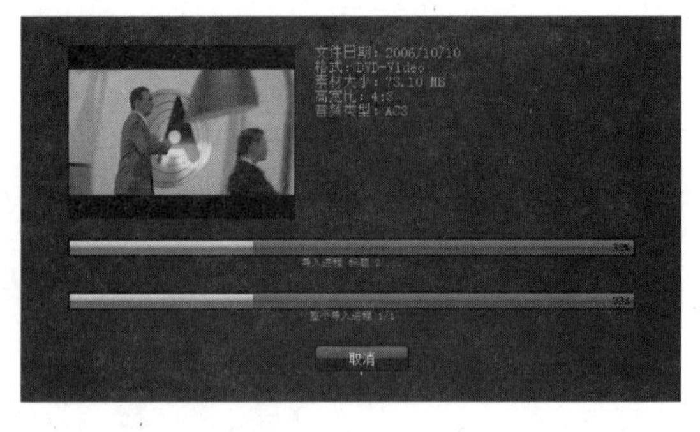

05 显示所选光盘文件夹中的所有素材内容，选择需要导入的视频，并设置保存到硬盘上的位置。

06 单击“开始导入”按钮，即可导入所选视频，同时显示视频的导入进度。

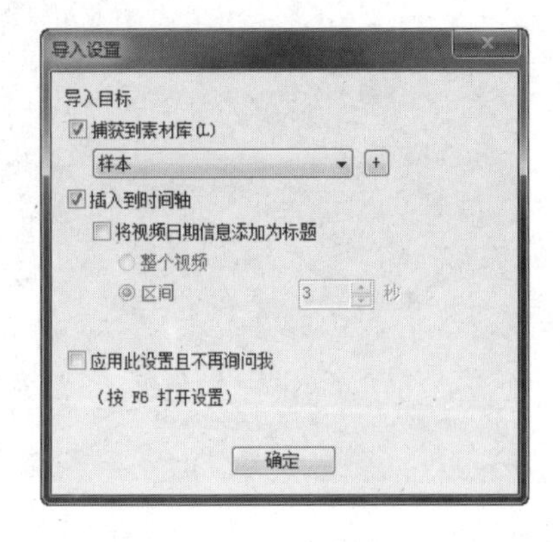

07 视频导入完成后，将显示“导入设置”对话框，设置是否将导入的视频插入到素材库和项目时间轴中。

08 采用默认设置，单击“确定”按钮，即可将导入的视频插入到素材库和项目时间轴中。

☆ 操作小贴士 ☆

在“从数字媒体导入”对话框中选择需要导入的素材时，按住键盘上的Ctrl键可以同时导入多个素材。

利用“从数字媒体导入”功能不仅可以从光盘中获取视频素材，还可以直接将硬盘摄像机或SD摄像机中保存的视频文件导入到会声会影的素材库中，也可以将硬盘中保存的视频素材批量导入到会声会影的素材库中。

2 / 从移动设备获取素材

“从移动设备导入”功能主要针对手机、ipod、PSP、数码相机等便携移动设备，使用该功能可以将用移动设备拍摄的照片或视频捕获到会声会影中。本实例我们以U盘为例，利用“从移动设备导入”功能将U盘中的一段视频捕获到会声会影中。

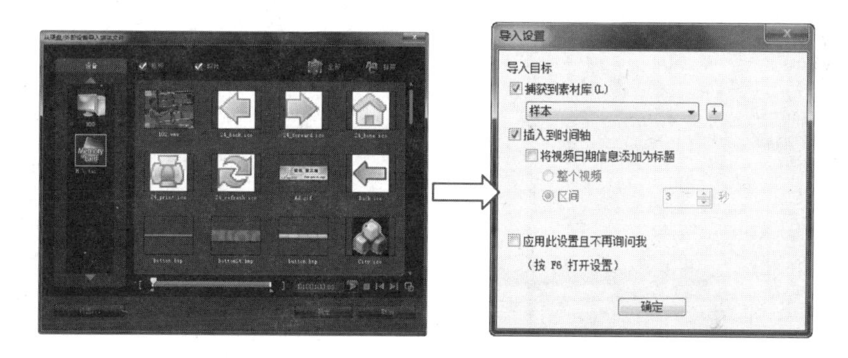

- 使用到的技术　从移动设备导入
- 学习时间　10分钟
- 视频地址　光盘\视频\第1天\从移动设备获取素材.swf
- 源文件地址　无

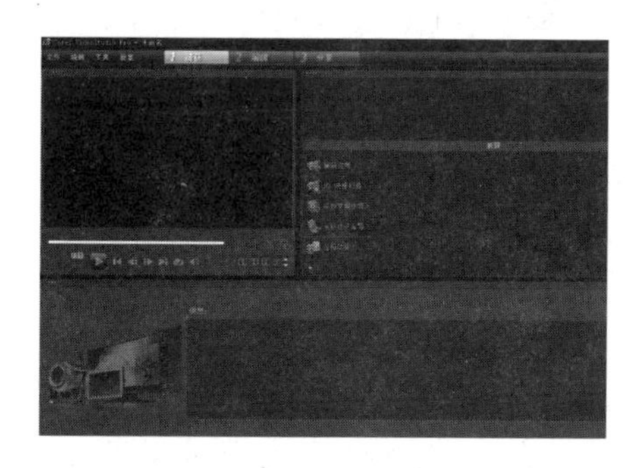

01 打开会声会影X4，切换到“捕获”步骤，在“选项”面板中单击“从移动设备导入”按钮。

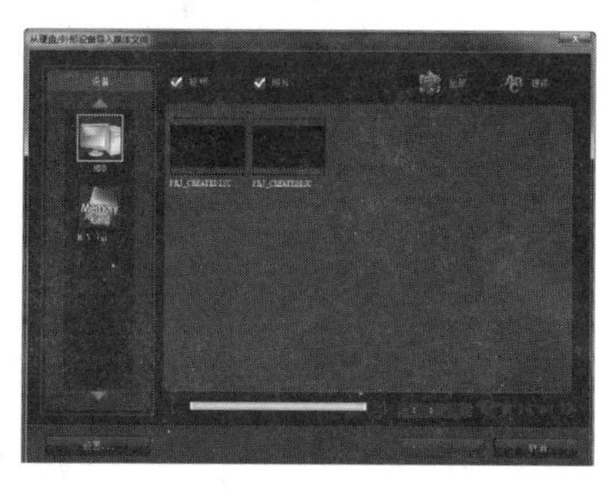

02 弹出“从硬盘/外部设备导入媒体文件”对话框，在“设备”栏中可以自动检测出连接到计算机上的设备。

03 在“设备”栏中选择相应的外部移动设备，在右侧即可显示该移动设备中可导入的媒体文件。

04 选择需要导入的媒体文件，单击“确定”按钮。

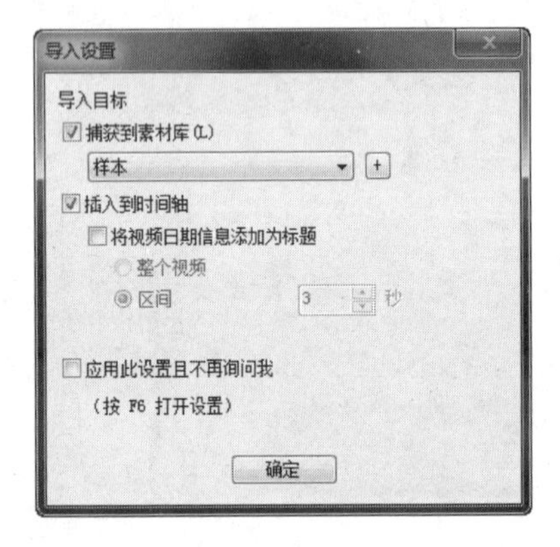

05 弹出“导入设置”对话框，可以选择是否将导入的素材插入到素材库和项目时间轴中。

06 单击“确定”按钮，即可导入素材，切换到“编辑”步骤，可以看到所导入的素材。

☆ 操作小贴士 ☆

只要是计算机可以识别的外部设备，包括U盘、移动硬盘、MP3等，都可以通过“从移动设备导入”功能将外部设备中的图片、音频、视频等素材添加到计算机中，也可以将硬盘中各种类型 的素材批量添加到会声会影的素材库中。

3 / 从CD获取音频素材

除了素材库中所提供的音频素材以外，会声会影还可以将CD音乐光盘中的*.cda格式的音频文件转换为*.wav格式，并且捕获到会声会影中。接下来，我们将从CD音乐光盘中获取音频素材文件。

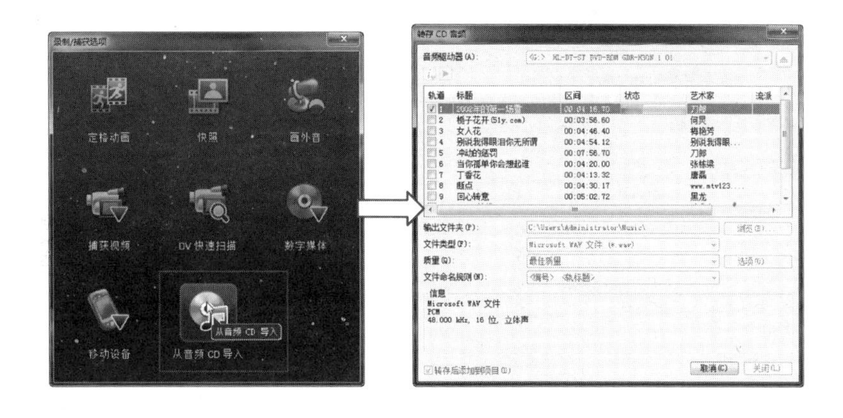

- 使用到的技术　从音频CD导入
- 学习时间　10分钟
- 视频地址　光盘\视频\第1天\从CD获取音频素材.swf
- 源文件地址　无

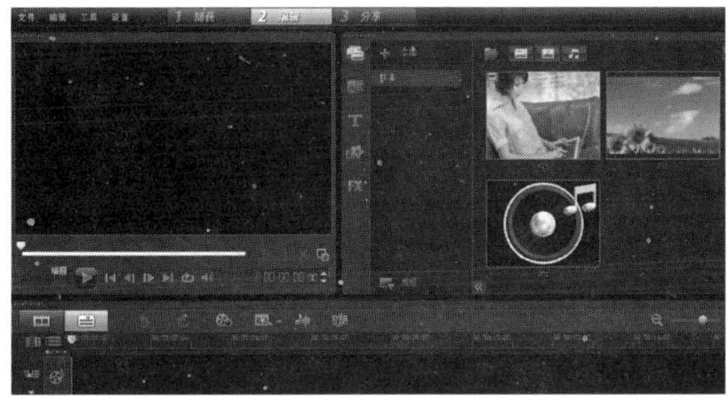

01 打开会声会影X4，切换到“编辑”步骤中。

02 单击项目时间轴工具栏上的“录制/捕获选项”按钮。

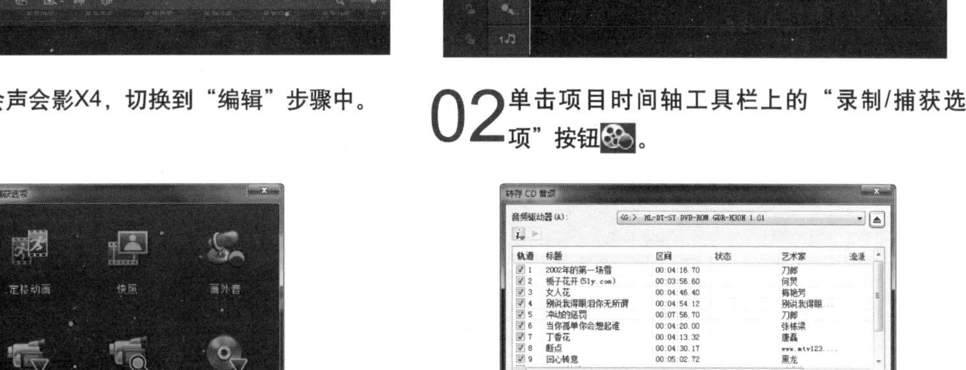

03 弹出“录制/捕获选项”对话框，单击“从音频CD导入”按钮。

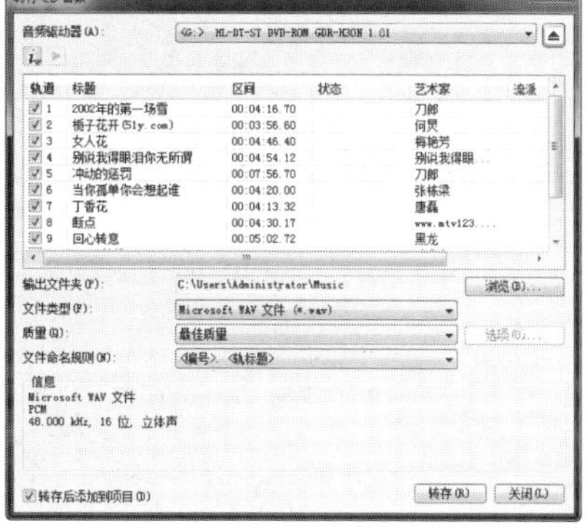

04 弹出“转存CD音频”对话框，会声会影会自动读取放置在光驱中的CD音频文件，并显示音频文件列表。

05 选择需要导入到会声会影中的音频文件，对于不需要导入的音频文件，可以将前面的复选框取消选中。

06 单击“转存”按钮，即可开始将选中的音频文件进行转存，并显示进度。

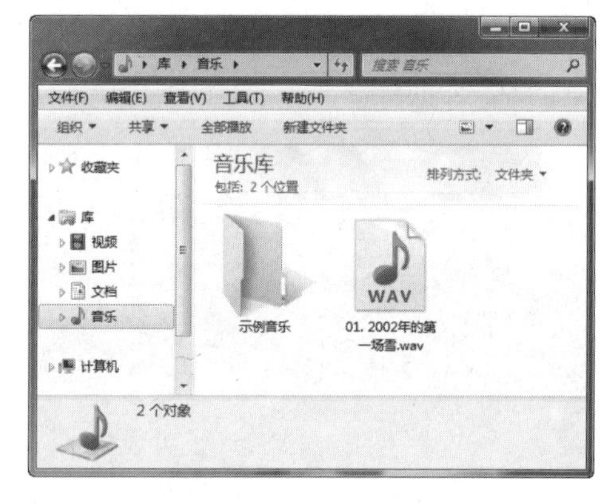

07 音频文件转换完成后，在“状态”栏中会显示“完成”提示，单击“关闭”按钮，即可完成音频文件的导入操作。

08 转存完成后，在输出音频文件的计算机位置可以看到转存出来的CD音频文件。

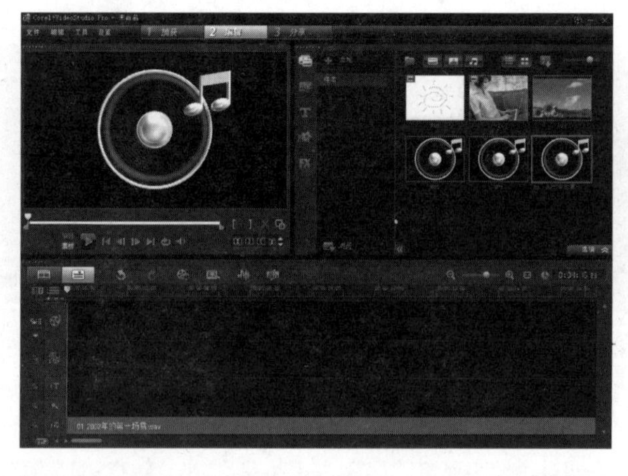

09 完成CD音频的转存后，在会声会影的“媒体”素材库中会看到转存后的音频素材文件，并且会在项目时间轴的音乐轨上插入该音频素材。

☆ 操作小贴士 ☆

在“转存CD音频”对话框的“质量”下拉列表中选择“自定义”选项，然后单击“选项”按钮，在弹出的“音频保存选项”对话框中可以自定义音频的品质。

4 / 录制画外音

通过会声会影X4，除了可以捕获光盘中的音频文件外，还可以录制语音。在录制语音时，最好每次录制10～15秒的画外音，这样便于删除效果较差的语音并且重新录制，也便于语音与视频的同步编辑。

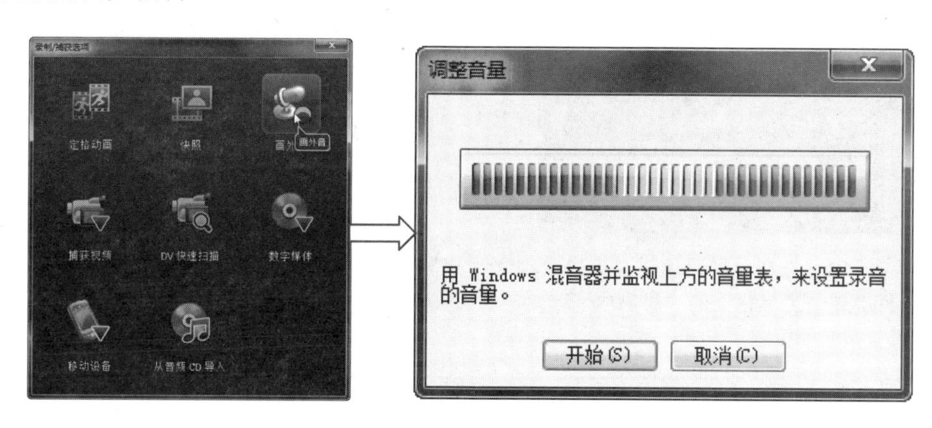

- 使用到的技术　录制画外音
- 学习时间　5分钟
- 视频地址　光盘\视频\第1天\录制画外音.swf
- 源文件地址　无

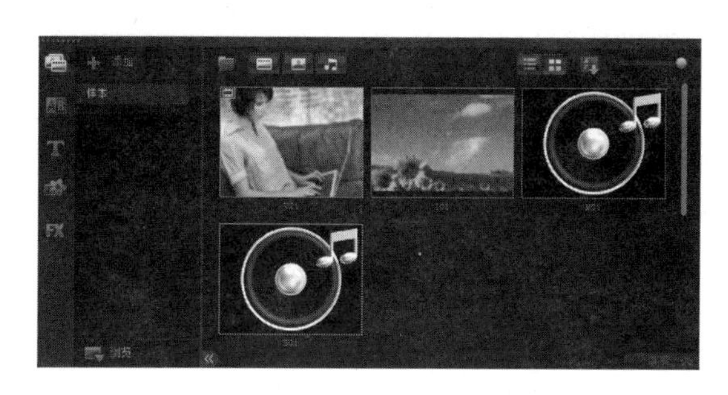

01 确认麦克风正确连接到计算机上，在“编辑”步骤中进入“媒体”素材库。

02 单击工具栏上的“录制/捕获选项”按钮。

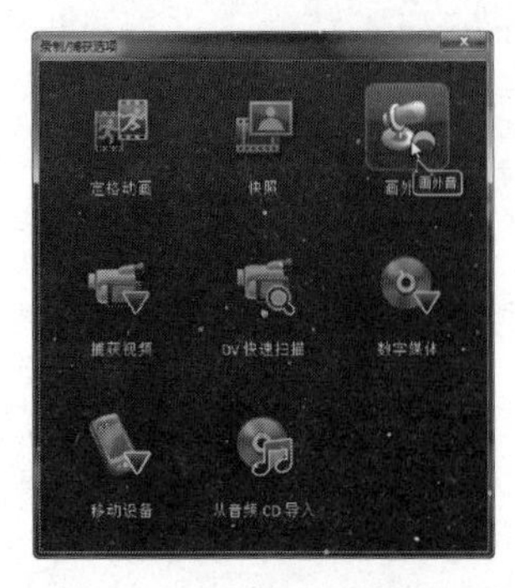

03 在弹出的“录制/捕获选项”对话框中单击“画外音”按钮，弹出“调整音量”对话框。

04 对着麦克风测试语言输入设备，如果设备工作正常，在混音器上可以显示出音量。

05 单击“开始”按钮，即可通过麦克风录制语音，再次单击工具栏上的“录制/捕获选项”按钮，即可停止声音的录制。

06 录制结束后，所录制的语音素材会被插入到项目时间轴的声音轨中。

> ☆ 操作小贴士 ☆
>
> 系统会将录制的语音文件自动保存到“C:\Documents and Settings\Administrator\My Documents\Corel VideoStudio Pro\ Corel VideoStudio Pro\13.0”文件夹中。进入“分享”步骤，单击“创建声音文件”按钮，可以将项目中的所有语音和音乐素材输出到一个音频文件中。

5 / 批量转换视频

会声会影提供了用于转换视频格式的成批转换功能，但是，这个功能并不能将会声会影不支持的视频格式转换为可以导入的视频格式。成批转换功能的实际用途是，统一项目中的所有视频格式，这样不仅便于管理，还可以加快影片的输出速度。

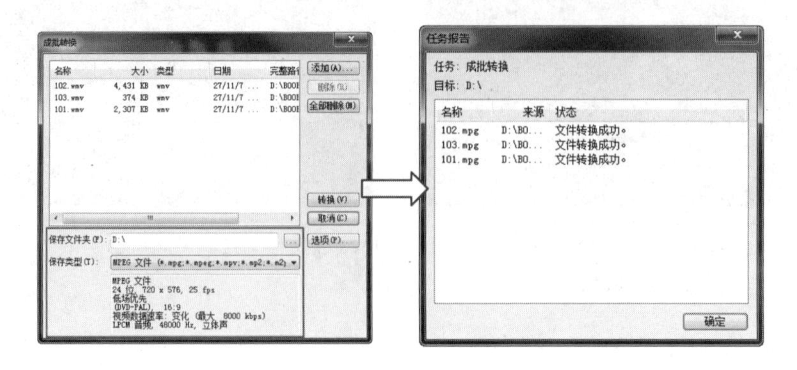

- 使用到的技术　成批转换
- 学习时间　10分钟
- 视频地址　光盘\视频\第1天\批量转换视频.swf
- 源文件地址　无

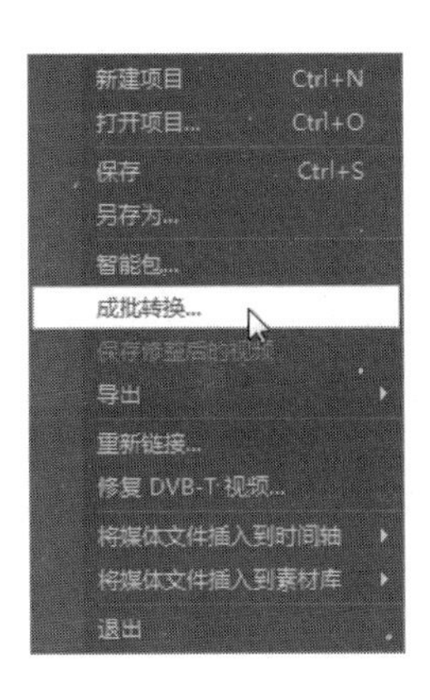

01 打开会声会影X4，执行“文件>成批转换”命令。

02 弹出“成批转换”对话框，单击“添加”按钮，弹出“打开视频文件”对话框，选择需要转换格式的文件。

03 单击“确定”按钮，将需要转换格式的视频文件添加到“成批转换”对话框中。

04 单击“保存文件夹”后的[...]按钮，选择保存路径，在“保存类型”下拉列表中选择要转换成的视频格式。

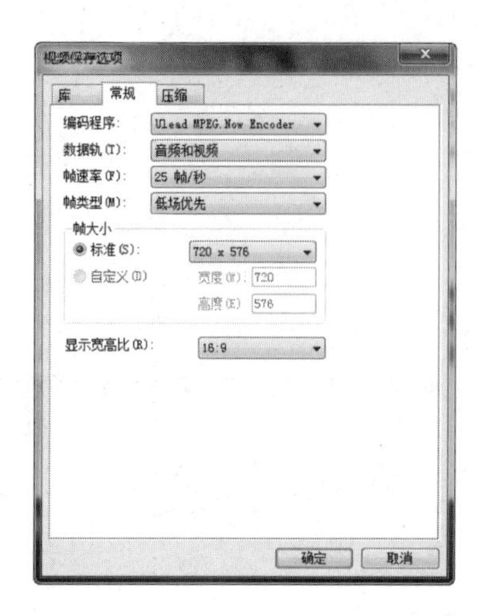

05 单击“选项”按钮，弹出“视频保存选项”对话框，在“常规”选项卡中可以对视频的常规选项进行设置。

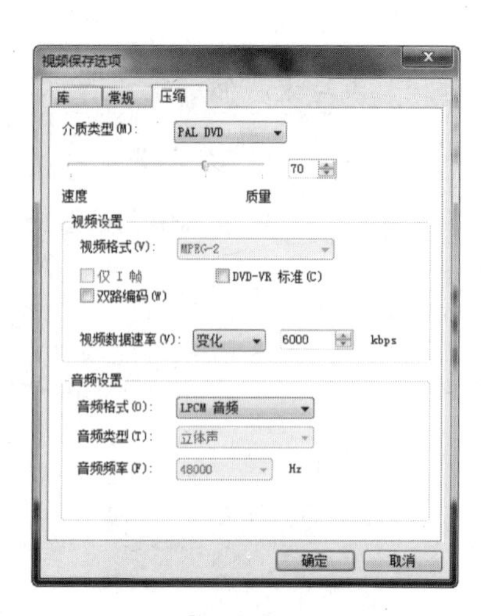

06 在“压缩”选项卡中可以设置视频文件的品质。

07 单击“确定”按钮，完成“视频保存选项”对话框的设置。单击“转换”按钮，即可对视频进行转换操作。

08 转换完成后，将弹出“任务报告”对话框，单击“确定”按钮，即可完成视频文件的转换操作。

☆ 操作小贴士 ☆

从移动设备捕获、从光盘中获取、从网络中下载是获取素材的主要途径。很多从网络中下载的视频格式，如*.rmvb、*.mkv等，不能直接导入到会声会影X4中进行编辑，需要先使用MediaCoder、TMPGEnc等视频转换软件将其转换为*.mpeg、*.mov等可以直接导入到会声会影X4中的视频格式。

6 / 绘制静态图像

绘图创建器是一个非常有趣的功能，在会声会影X4的绘图创建器中，可以使用各种画笔在计算机上绘制图像，下面向读者介绍如何使用绘图创建器绘制静态图像。

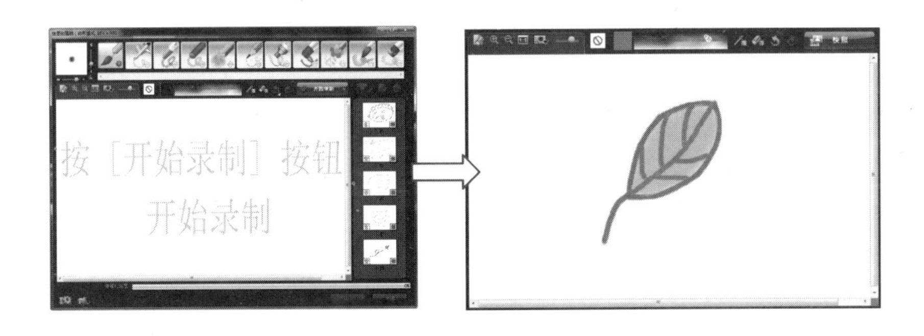

- 使用到的技术　绘图创建器
- 学习时间　10分钟
- 视频地址　光盘\视频\第1天\绘制静态图像.swf
- 源文件地址　无

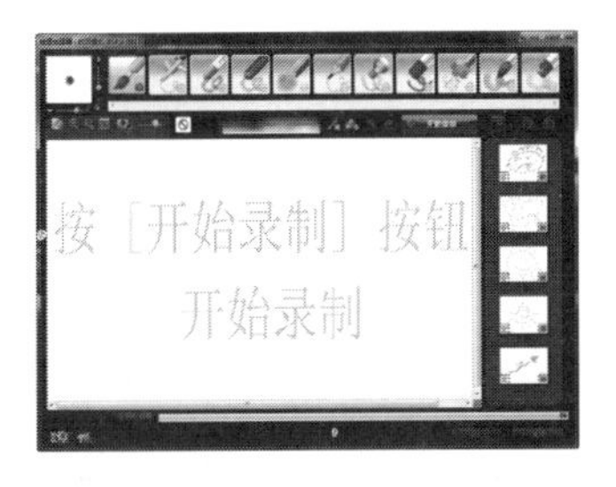

01 打开会声会影X4，执行“工具>绘图创建器”命令，弹出“绘图创建器”窗口。

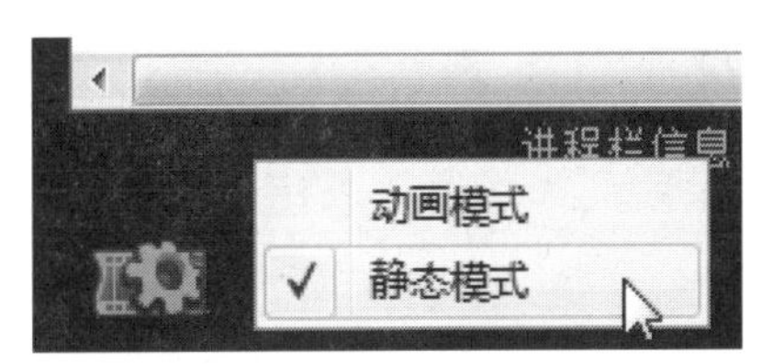

02 单击窗口左下角的“模式”按钮，在弹出的菜单中选择“静态模式”选项。

03 在窗口上方可以选择画笔的类型，还可以通过拖动滑块设置笔刷的大小。

04 在色彩上单击鼠标，可以拾取画笔的颜色，单击“纹理选项”按钮，可以为笔刷设置纹理。

05 在画布中绘制图像，绘制完成后单击“快照”按钮，将所绘制的图像保存到“媒体库”的“照片”素材库中。

06 在绘图库中可以看到刚刚保存的图像，选中需要删除的素材，单击“删除”按钮，即可将选中的素材图像删除。

☆ 操作小贴士 ☆

在默认设置下，绘制的素材背景是透明的，适合在覆叠轨中使用。要想绘制带有背景的素材，可以单击“绘图创建器”窗口左下角的“参数选择设置”按钮，在弹出的对话框中取消“启用图层模式”复选框的选中状态，并且通过“默认背景色”颜色框设置画布背景的颜色。

7 / 绘制动态视频

在会声会影X4的“绘图创建器”窗口中，不仅可以使用画笔绘制图像，还可以将绘制的过程记录为动画，作为视频素材使用。下面向读者介绍如何在“绘图创建器”窗口中绘制动态视频。

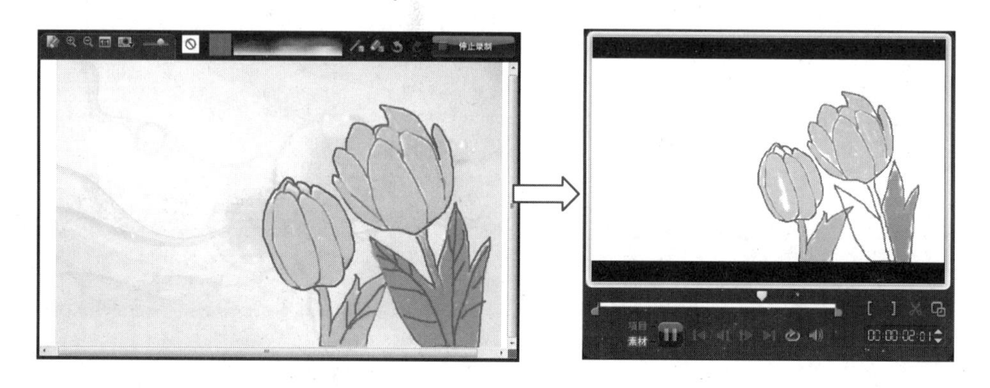

- 使用到的技术　绘图创建器
- 学习时间　10分钟
- 视频地址　光盘\视频\第1天\绘制动态视频.swf
- 源文件地址　无

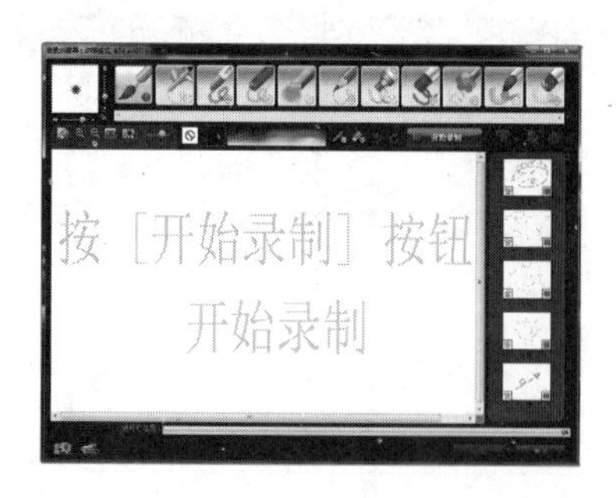

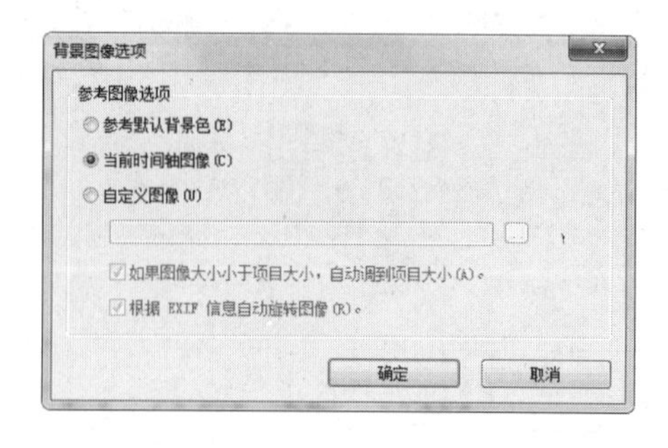

01 执行“工具>绘图创建器”命令，弹出“绘图创建器”窗口。单击窗口左下角的“模式”按钮，在弹出的菜单中选择“动画模式”选项。

02 单击“背景图像选项”按钮，弹出“背景图像选项”对话框。

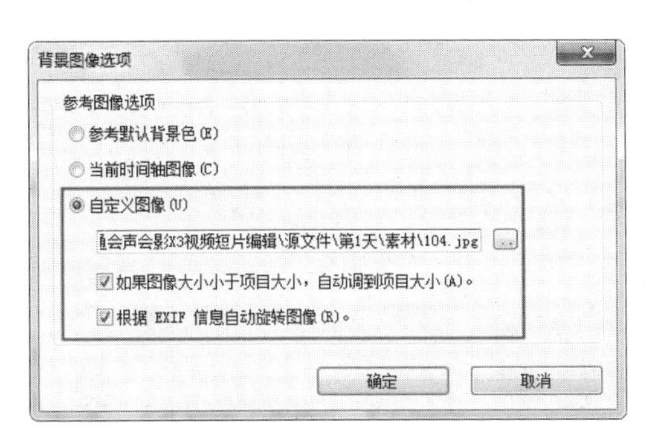

03 在“背景图像选项”对话框中选择“自定义图像”单选按钮，弹出相应对话框，选择自定义图像文件。

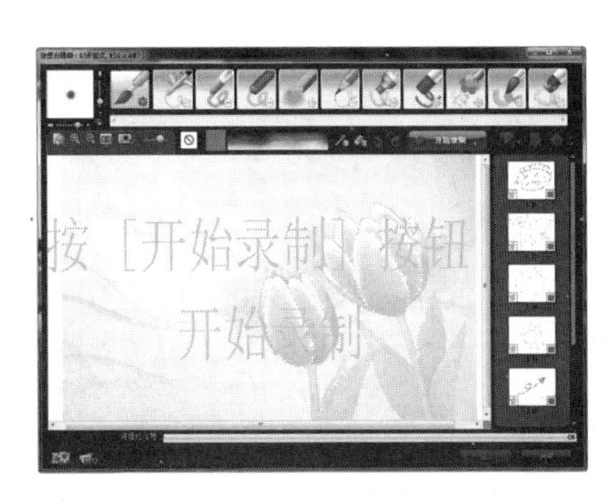

04 单击“确定”按钮，所设置的背景图像将以半透明方式显示在画布中。

05 单击“开始录制”按钮，然后参考背景图像在画布上绘制图像。

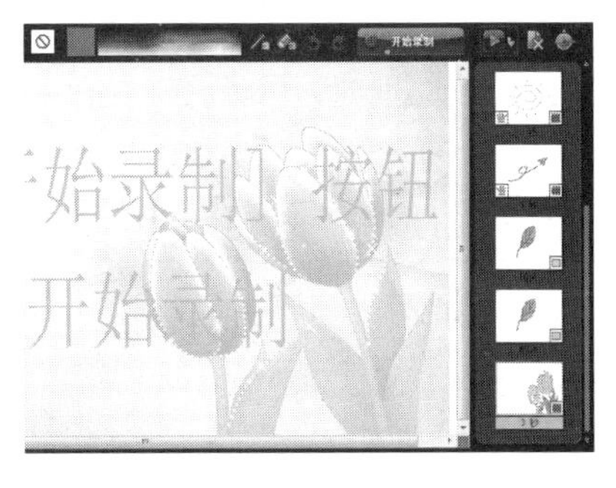

06 绘制完成后，单击“停止录制”按钮，可以在绘图库中看到刚绘制的动画。

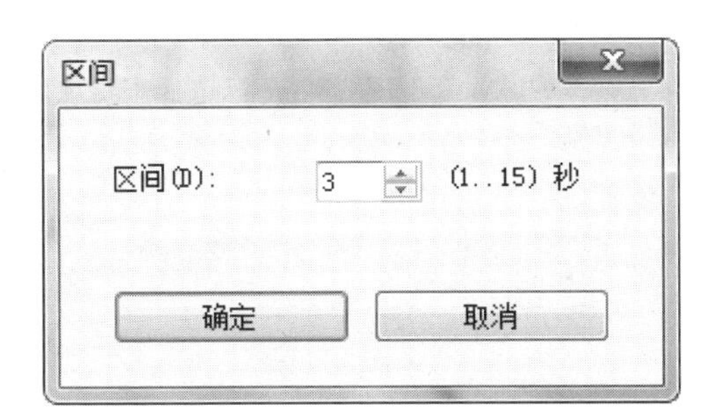

07 单击“播放选中的画廊条目”按钮▶，可以预览素材的效果。单击“更改选择的画廊区间”按钮🕒，可以在弹出的“区间”对话框中设置素材的区间长度。

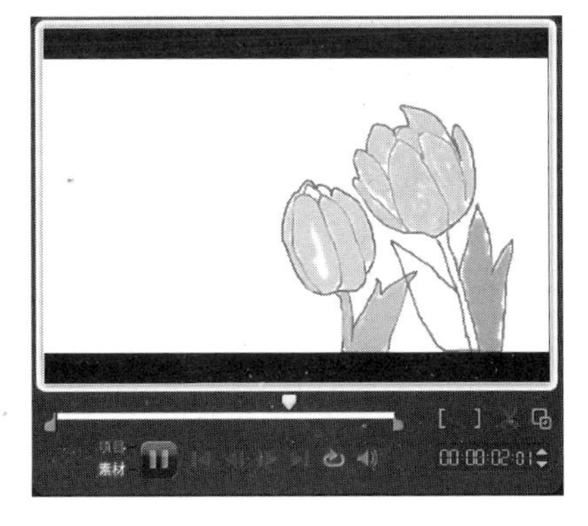

08 单击“确定”按钮，完成素材的绘制，刚绘制完成的素材会自动保存到素材库中。

☆ 操作小贴士 ☆

使用绘图创建器制作的动画素材主要应用于项目的覆叠轨，通过与色键抠图功能的配合，不仅可以使作品更有趣味，而且可以实现在视频素材上进行标注、在地图上绘制路线等特殊效果。

8 / 创建素材库

通常，所需的视频、照片、转场、标题、滤镜、图形和音频文件都被分类放置在素材库中。通过捕获功能可以将各种各样的素材添加到素材库中，但素材多了，查找和管理就成了问题，下面向读者介绍创建和管理素材库的方法。

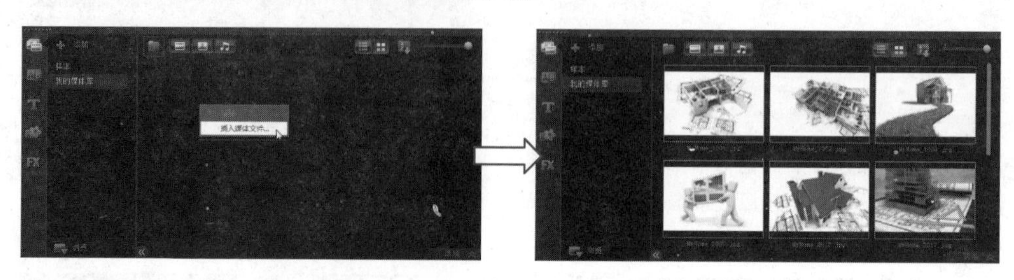

使用到的技术	创建素材库、管理素材库
学习时间	10分钟
视频地址	光盘\视频\第1天\创建素材库.swf
源文件地址	无

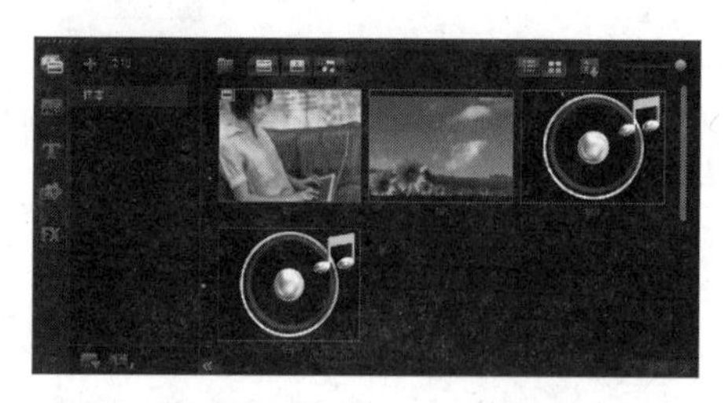

01 打开会声会影X4，可见素材库被分为5种类型，单击相应的按钮，可以在不同类型的素材库之间进行切换。

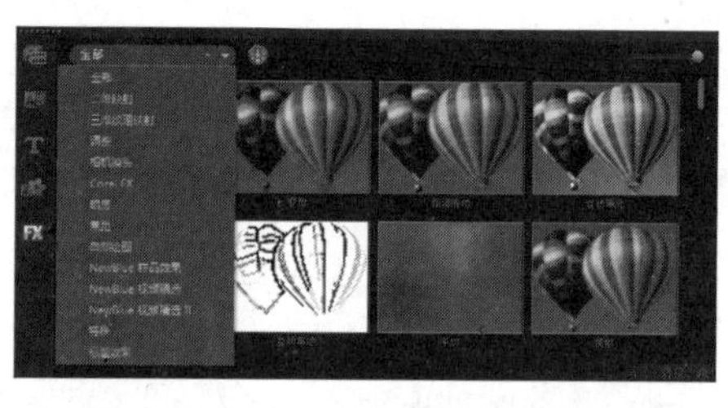

02 在素材库的下拉列表中可以选择素材库的子类别。

03 "媒体"素材库比较特殊，在该素材库中包括了视频、照片和音频，大家可以通过该素材库上的3个按钮，控制素材库中素材类型的显示和隐藏。

04 单击"媒体"素材库中的"导入媒体文件"按钮，弹出"浏览媒体文件"对话框，选择需要添加到"媒体"素材库中的媒体。

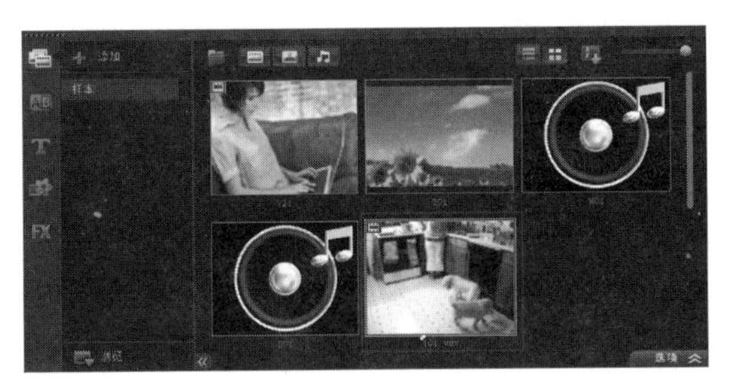

05 单击“打开”按钮，即可将选中的媒体文件导入到“媒体”素材库中。

06 单击“媒体”素材库中的“添加”按钮，可以添加自定义媒体库，首先输入名称。

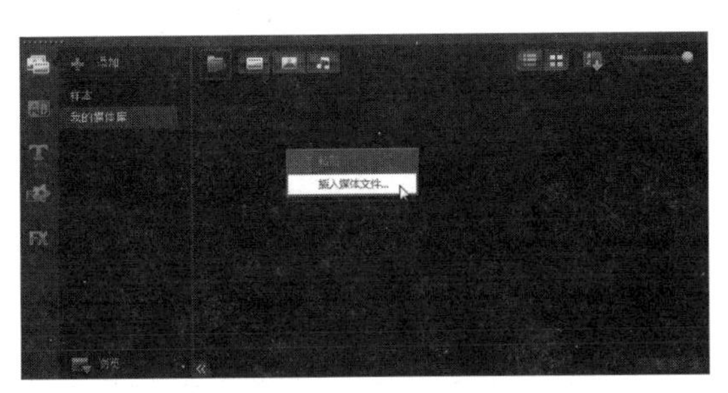

07 单击“导入媒体文件”按钮，或在空白位置单击鼠标右键，在弹出的菜单中选择“插入媒体文件”选项。

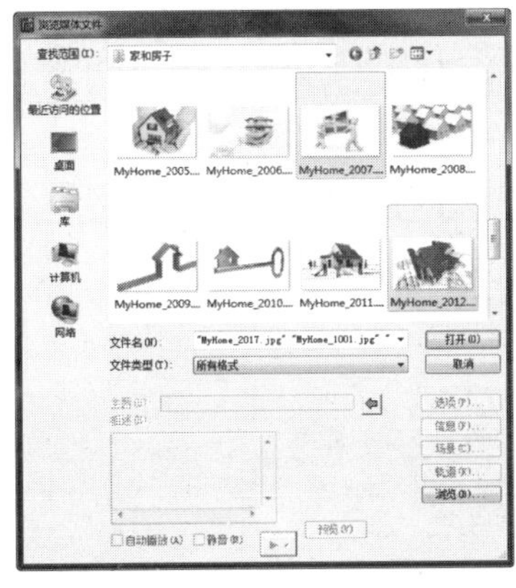

08 弹出“浏览媒体文件”对话框，选择需要添加到库中的媒体素材。

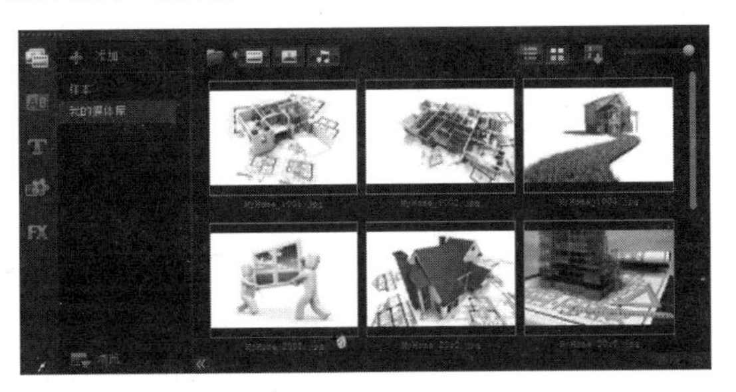

09 单击“打开”按钮，即可将选中的媒体素材添加到自定义的媒体库中。

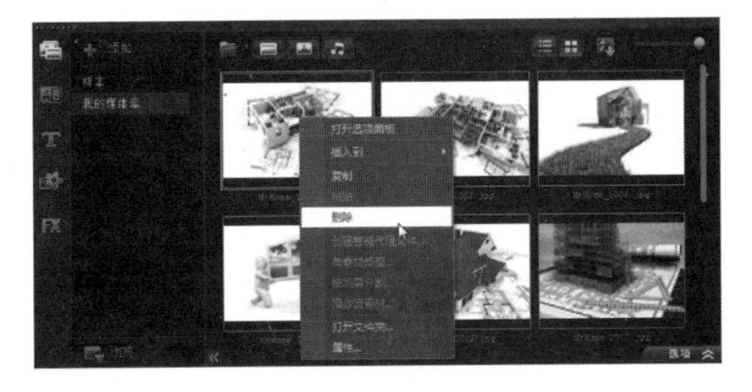

10 在素材库的缩略图上单击鼠标右键，在弹出的菜单中选择“删除”选项，即可将素材从库中删除。

☆ 操作小贴士 ☆

对于视频、图像和声音素材来说，素材库相当于一个浏览器，指明了素材所在的路径和效果。素材不是只在添加到素材库中后才能被会声会影编辑，只要保存在硬盘中的素材文件是会声会影支持的格式，都可以添加到会声会影中。

在会声会影中，执行“设置>素材管理器>重置库”命令，可以删除自己添加的所有素材，将素材库恢复到初始状态。

☆ 自我评价 ☆

通过对今天内容的学习，我们已经了解了有关视频编辑处理的知识，包括视频的格式、获取视频的方法，并且对会声会影有了一个全新的认识。今天介绍的内容比较多，也比较杂，大家还需要利用更多的时间去体会，真正理解视频和音频的相关知识，这样才能够在后面的学习中得心应手。

☆ 总结扩展 ☆

在今天的讲解过程中，我们已经了解了有关视频编辑处理的知识，以及有关会声会影X4的内容。通过今天的学习，我们就正式踏上了会声会影的学习之旅，在今天的学习过程中，我们需要掌握以下内容：

	了 解	理 解	精 通
安装会声会影X4	√		
音频视频格式		√	
图像的格式	√		
光盘的类型	√		
数码摄像机的类型	√		
认识会声会影X4的编辑界面			√
视频编辑常用术语		√	
会声会影的应用	√		
捕获现场视频		√	
从DV获取视频		√	

了解视频和音频的相关知识是学习视频处理的基础，只有认真理解和掌握了视频处理的相关基础知识，才能够更好地学习后面的内容。通过今天的学习，希望读者能够掌握视频处理的相关基础，并对会声会影的基本操作有所了解。在接下来的一天中，我们将正式学习使用会声会影对视频和图像进行处理，你准备好了吗？让我们一起开始奇妙的会声会影之旅吧！

第2天 易学易用

今天是学习的第2天，前一天我们学习了有关视频编辑处理的基础知识，包括会声会影的一些基本操作方法，相信读者已经对视频处理有了一定的认识和了解。今天我们将向读者介绍在会声会影中如何对视频和图像素材进行基本的编辑操作，通过对视频和图像素材进行操作可以实现哪些效果？滤镜在会声会影中起到怎样的作用？

通过学习今天的内容，大家就可以对视频和图像素材进行一些简单的编辑处理了，从而制作出一些简单的视频效果。

好，让我们开始今天的行程吧。

学习目的：掌握视频基本的编辑和滤镜的应用

知 识 点：视频的编辑处理、各种滤镜

学习时间：一天

视频和图像素材的基本编辑

行动起来，制作一些基本的视频效果

获取到素材后则需要将素材导入到会声会影中，然后根据影片的要求对素材进行各种编辑操作。还可以为视频或图像素材添加各种滤镜，从而制作出一些特殊效果。下面是通过会声会影中的滤镜所实现的一些简单效果。

使用滤镜处理的一些简单效果

在会声会影中编辑素材

可以将素材导入到会声会影中并对其进行编辑，包括设置素材的区间长度、分割素材、控制素材的播放速度、控制视频回放等，这些都是会声会影中最基本的素材编辑处理方法。

会声会影中的滤镜

会声会影中提供了大量的预设滤镜，并且根据作用分类放置。利用这些滤镜不仅可以修改素材的瑕疵，模拟各种各样的视觉风格，还可以为影片添加各种天气和光线效果。

今天的学习重点

掌握将视频和图像素材导入到会声会影中进行编辑处理的基本方法，以及为视频和图像素材应用和编辑滤镜的方法，并且了解常用滤镜的功能和使用范围。

2.1 设置项目属性

在使用会声会影制作影片之前，首先应该对项目属性进行设置。项目属性决定了影片在预览时的外观和质量，正确地设置项目属性不仅可以对制作的影片进行准确的预览，而且可以根据项目属性的设置输出影片。

提示：

影片的质量数值并不是越大越好。较大的数值有利于提高运动画面的质量，适合制作DV影片。较小的数值有利于提高图片的质量，适合制作电子相册。

1. 设置MPEG项目属性

打开会声会影X4，执行“设置>项目属性”命令，如图2-1所示。弹出“项目属性”对话框，确认“编辑文件格式”下拉列表中的选项为MPEG files，如图2-2所示。

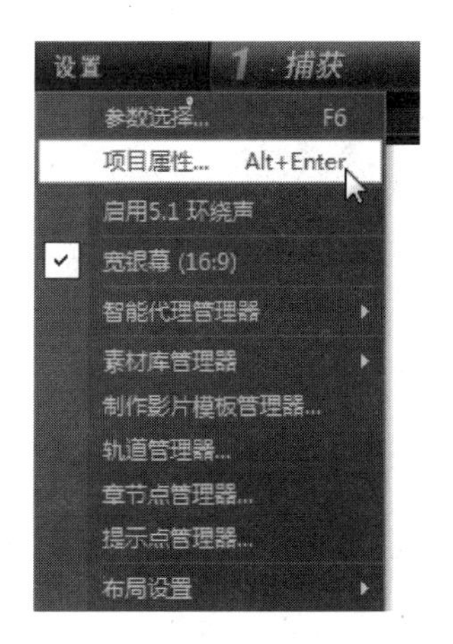

图2-1 执行“项目属性”命令

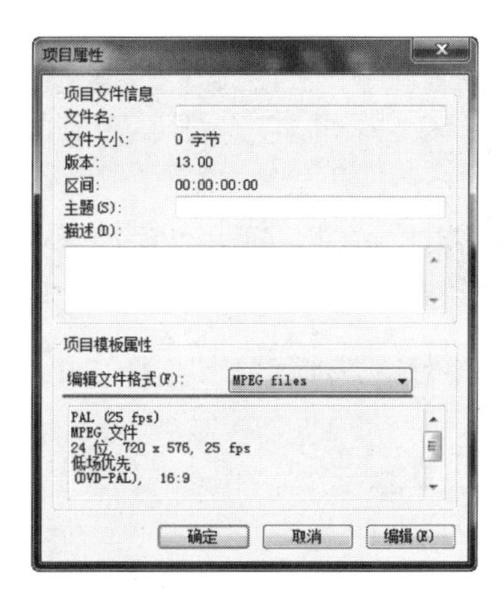

图2-2 “项目属性”对话框

单击“编辑”按钮，弹出“项目选项”对话框，选择“常规”选项卡，在“标准”下拉列表中设置影片的尺寸大小，如图2-3所示。

提示：

在设置MPEG格式的项目属性时，要注意“宽高比”和“质量”两个参数，其余参数保持默认设置即可。

选择“压缩”选项卡，设置影片的质量，如图2-4所示。单击“确定”按钮，完成“项目选项”对话框的设置。

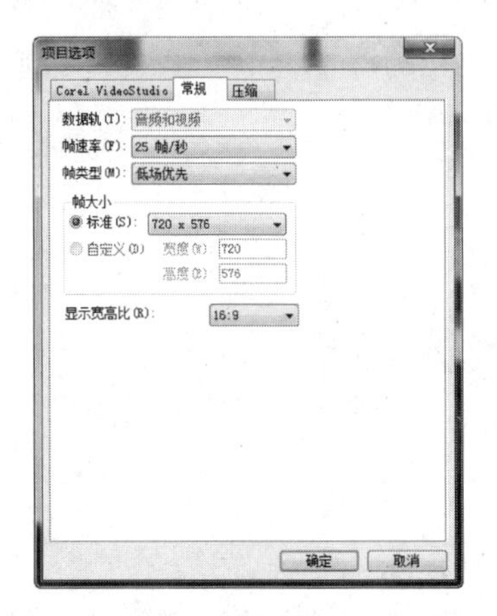

图2-3 “常规”选项卡

图2-4 “压缩”选项卡

单击“确定”按钮，完成“项目属性”对话框的设置，即可完成对MPEG项目属性的设置。

2. 设置AVI项目属性

执行“设置>项目属性”命令，弹出“项目属性”对话框，确认“编辑文件格式”下拉列表中的选项为Microsoft AVI files，如图2-5所示。

提示：

在选择视频编码方式时最好不要选择“无”选项，即非压缩方式。无损的AVI视频占用的磁盘空间较大，在800像素×600像素的分辨率下，每秒能够达到10MB。

单击“编辑”按钮，弹出“项目选项”对话框，选择“常规”选项卡，在“帧速率”下拉列表中选择25，在“标准”下拉列表中选择影片的尺寸大小，如图2-6所示。

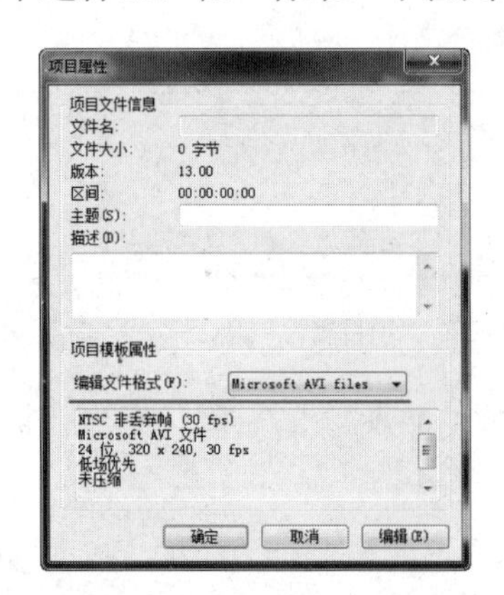

图2-5 “项目属性”对话框

图2-6 “常规”选项卡

在设置AVI格式的项目属性时，需主要关注视频编码类型，视频编码类型决定了AVI影片的质量和体积。

选择“AVI”选项卡，在“压缩”下拉列表中选择视频编码方式，如图2-7所示。单击“配置”按钮，将弹出相应的对话框，如图2-8所示，对视频编码的方式进行设置即可。

图2-7 “AVI”选项卡

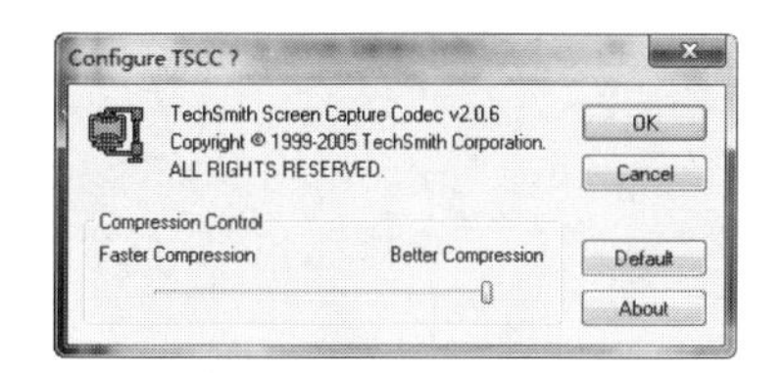

图2-8 相应的配置对话框

AVI格式的视频编码方式非常多，每一种编码方式都有自己的配置参数。

2.2 添加视频、图像素材

项目时间轴是组合素材的途径，只要将素材添加到项目时间轴中，素材就成为了项目的一部分。下面向读者介绍如何将素材库、光盘或硬盘中的视频和图像文件插入到项目时间轴中。

1. 添加视频素材

打开会声会影X4，切换到媒体素材库，隐藏照片和音频媒体的显示，只显示视频媒体，如图2-9所示。添加视频素材的第一种方法是在需要添加的视频缩览图上单击鼠标右键，在弹出的菜单中执行“插入到>视频轨”命令，如图2-10所示。

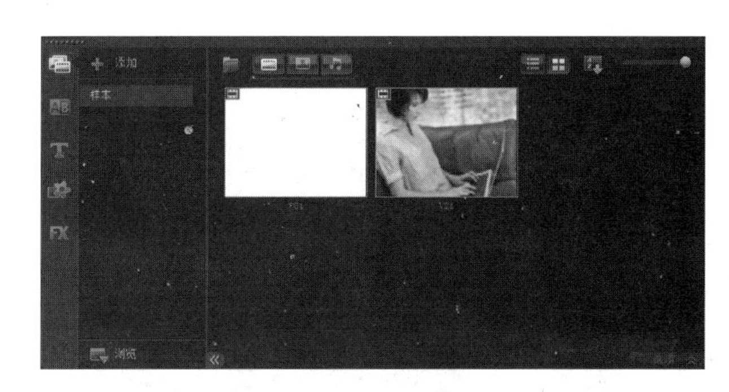

图2-9 切换到视频素材库

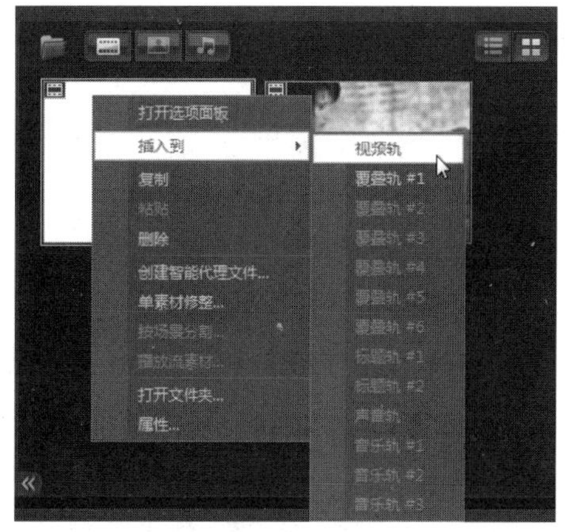

图2-10 选择相应的命令

第二种方法是在“视频”素材库中选择一个视频缩览图，按住鼠标左键不放，直接将其拖动到项目时间轴中，如图2-11所示。

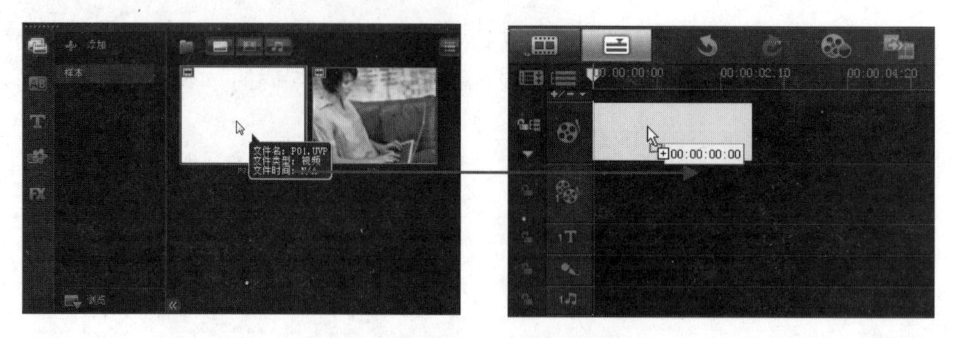

图2-11 直接将视频素材拖入到时间轴中

第三种方法是在项目时间轴的空白位置单击鼠标右键，在弹出的菜单中选择“插入视频”命令，弹出“打开视频文件”对话框，选择需要插入时间轴的视频素材，然后单击“打开”按钮，如图2-12所示。

图2-12 通过右键菜单中的“插入视频”命令添加视频素材

2. 添加图像素材

在“媒体”素材库中显示了“照片”媒体，将视频媒体和音频媒体隐藏，如图2-13所示。然后单击鼠标右键，在弹出的菜单中执行“插入到>视频轨”命令（见图2-14），即可将图像素材添加到项目时间轴中。

图2-13 选择需要添加到时间轴中的图像素材

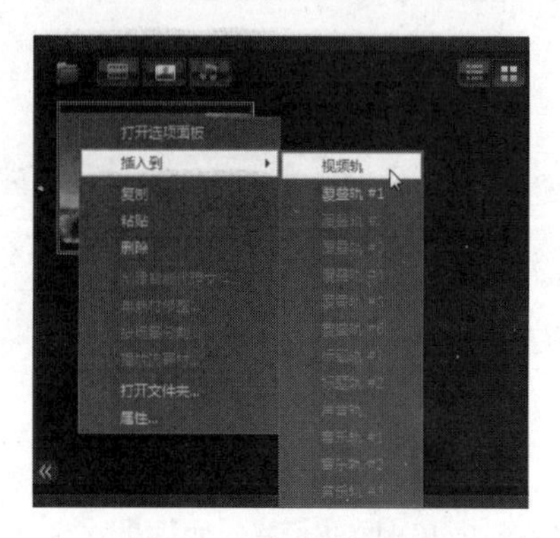

图2-14 选择相应的命令

添加图像素材的方法与添加视频素材的方法完全相同，除了可以将素材库中的素材添加到时间轴中以外，还可以将硬盘或光盘中的素材添加到项目时间轴中。

时间轴的视图方式

通过单击“工具”栏上的“故事板视图”按钮和“时间轴视图”按钮，可以在故事板视图和时间轴视图之间进行切换，图2-15所示为故事板视频与时间轴视频效果。故事板视图提供了简易的编辑方式，每个缩览图代表一个素材，并按照时间线的方式进行排列。时间轴视图可以更加完整地显示项目中的所有元素，并且将不同类型的元素放置在对应的轨道中。

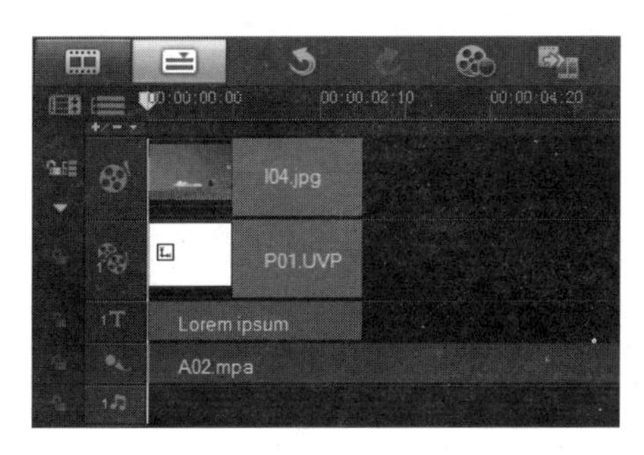

图2-15 故事板视图与时间轴视图

2.3 设置素材区间

什么是素材区间？区间是指素材或整个项目的时间长度，素材区间指该素材所占用的时间长度。会声会影提供了多种设置区间长度的方法，下面向读者介绍一下如何设置图像和视频素材的区间长度。

第一种方法是打开会声会影X4，切换到“照片”素材库，任意选择一个图像素材，并将其插入到视频轨中，如图2-16所示。

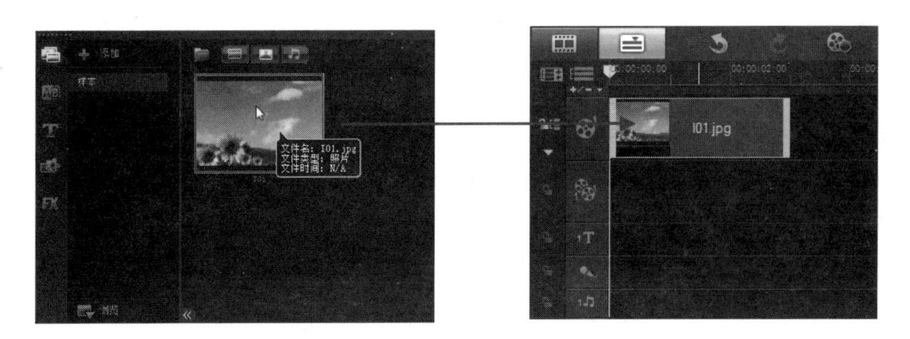

图2-16 将素材图像插入到时间轴中

将光标移至黄色边框的一侧，向右侧拖动光标可以增加图像素材区间（见图2-170），向左侧拖动边框可以缩短素材区间。

图2-17 拖动调整图像素材区间

第二种方法是在项目时间轴中双击图像素材，打开“选项”面板，通过设置“照片”选项卡中的“照片区间”文本框，精确地控制区间长度，如图2-18所示。

图2-18 通过“照片区间”文本框设置照片区间长度

第三种方法是在项目时间轴中的图像素材上单击鼠标右键，在弹出的菜单中选择“更改照片区间”命令，弹出“区间”对话框，设置区间的长度，如图2-19所示。

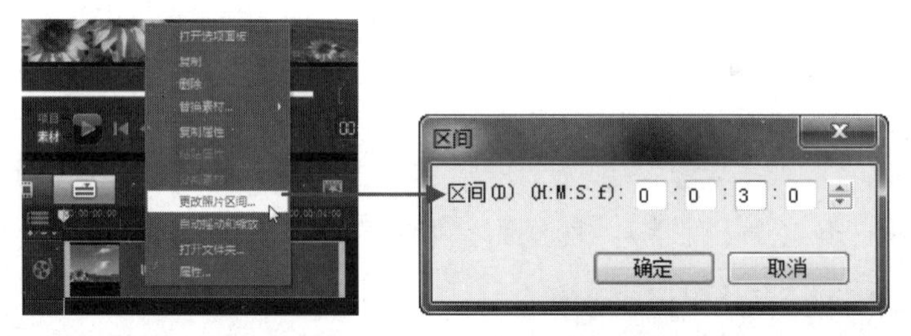

图2-19 通过“区间”对话框设置图像区间

在将图像素材插入到项目时间轴后，默认区间为3秒。执行“设置>参数选择”命令，将弹出“参数选择”对话框，选择“编辑”选项卡，通过设置“默认照片/色彩区间”选项的长度参数调整图像素材的默认区间，如图2-20所示。该项功能在制作电子相册或需要输入大量照片素材时非常有用。

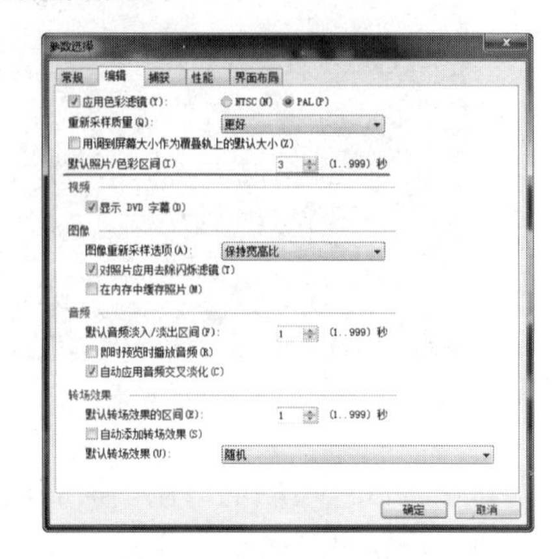

图2-20 设置默认图像素材区间

在“视频”素材库中将任意一个视频素材插入到项目时间轴中，向右拖动黄色边框可以增加视频区间，向左拖动黄色边框则缩短视频区间，如图2-21所示。还可以通过在预览窗口中修整标记的位置来控制视频素材的区间，如图2-22所示。

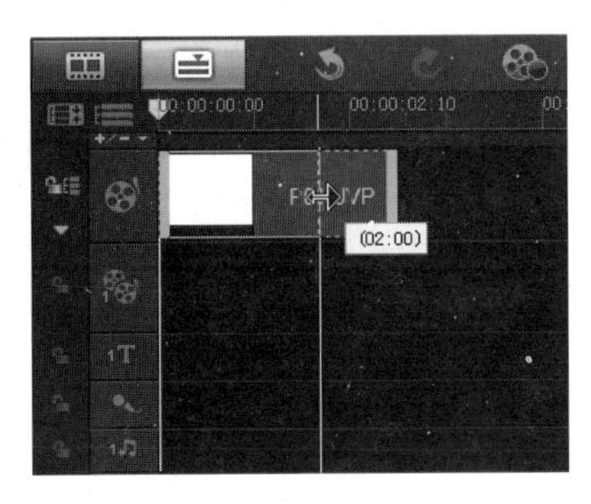

图2-21 拖动调整视频素材区间

图2-22 通过修整标记调整视频素材区间

注意：

对于图像素材的区间可以任意缩放，但视频素材的区间是固定的，缩短视频素材的区间相当于对视频素材进行修剪处理。按住Shift键可以增加视频素材的区间，相当于使用慢动作播放视频。

2.4 校正素材图像的色彩

在日常生活中，使用数码相机或DV拍摄的素材照片，经常会出现偏色、灰暗等瑕疵，此时可以使用会声会影X4对素材图像的色彩进行快速校正，以使素材图像看起来更加鲜艳、明亮。

打开会声会影X4，在项目时间轴中单击鼠标右键，在弹出的菜单中选择“插入照片”命令，将素材照片“光盘\源文件\第2天\素材\2301.jpg”插入到时间轴中，如图2-23所示。然后在项目时间轴中双击图像素材，打开“选项”面板，如图2-24所示。

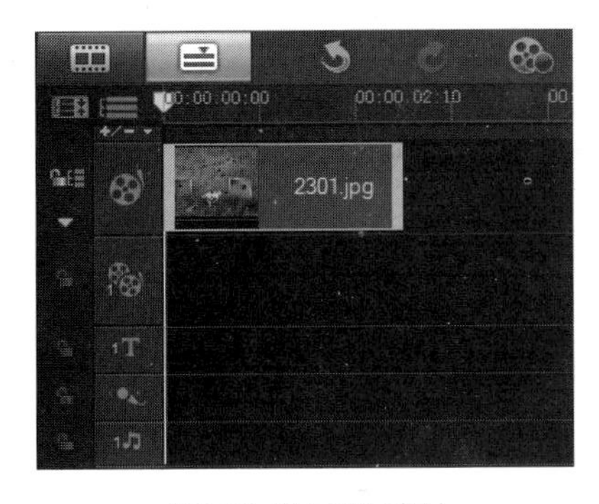

图2-23 插入图像素材

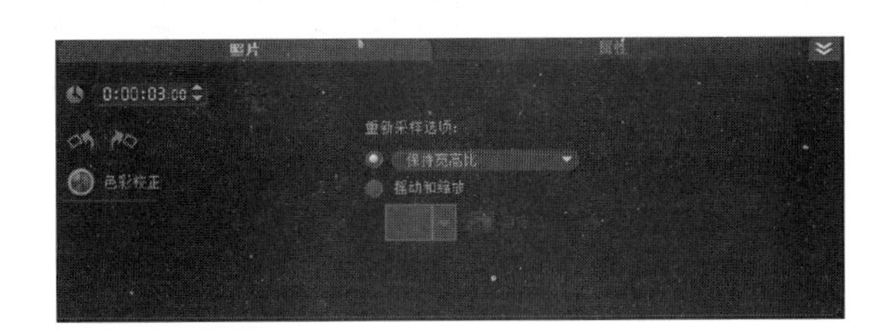

图2-24 打开“选项”面板

在“照片”选项卡中单击“色彩校正”按钮，切换到相关选项的设置界面，如图2-25所示。选中“自动调整色调”复选框，对其他相关选项进行设置，如图2-26所示。

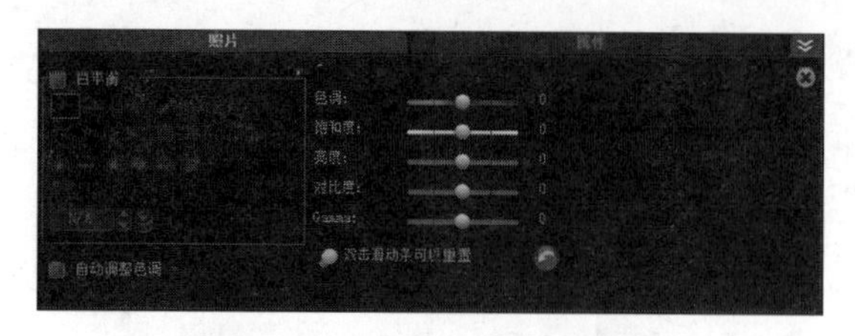

图2-25 “色彩校正”的相关选项

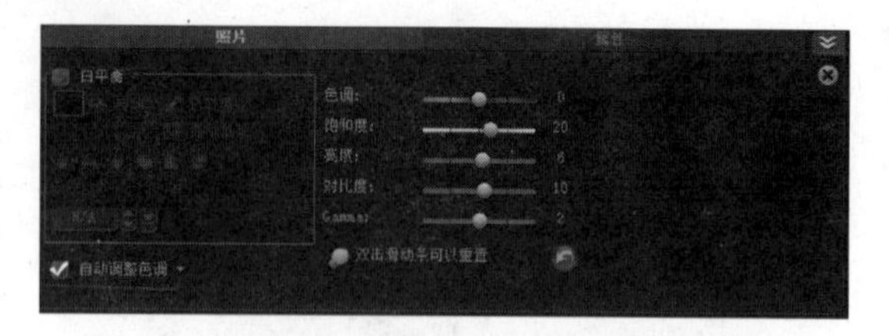

图2-26 对相关选项进行设置

选中“白平衡”复选框，系统会根据图像自动计算白平衡，如图2-27所示。单击“选择色彩”按钮，选中“显示预览”复选框，然后在预览图像上希望是白色的区域单击鼠标，可以手动设置白平衡的颜色，如图2-28所示。

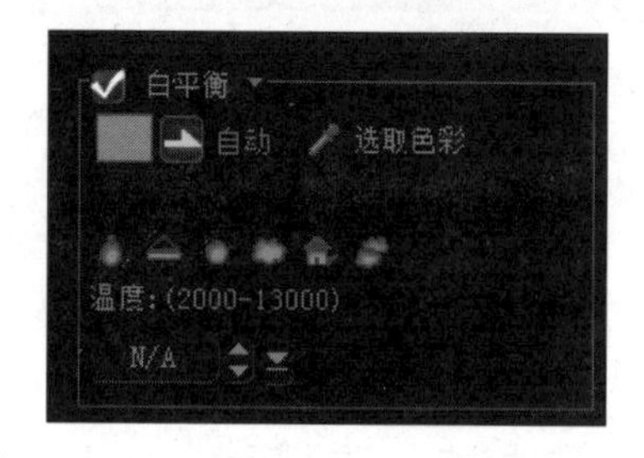

图2-27 选中“白平衡”复选框

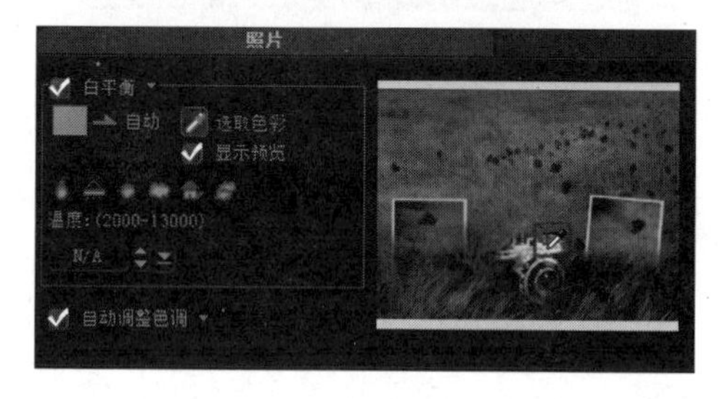

图2-28 手动设置白平衡颜色

也可以通过设置色温调整图像的白平衡，设置色温的方法比较适用于在室内拍摄的偏黄照片和在室外拍摄的偏蓝照片。完成该素材图像的色彩校正，可以很明显地看出经过色彩校正后的图像色彩更鲜艳、明亮，如图2-29所示。

图2-29 校正图像素材色彩前后的效果对比

视频素材的颜色和亮度的调整方法与图像素材的调整方法完全相同，在“选项”面板中除了可以校正颜色以外，使用滤镜也可以对素材的颜色和亮度进行控制，并且滤镜的种类和提供的选项更加丰富。

2.5 图像的摇动和缩放操作

通过会声会影X4中的“摇动和缩放”功能，可以实现模拟相机移动和变焦的效果。但该功能只能应用于图像素材，不能应用于视频素材。

在项目时间轴上单击鼠标右键，在弹出的菜单中选择“插入照片”选项，将素材照片“光盘\源文件\第2天\素材\2301.jpg”插入到时间轴中，如图2-30所示。在项目时间轴中双击图像素材，打开“选项”面板，在“照片”选项卡中设置“照片区间”为20秒，如图2-31所示。

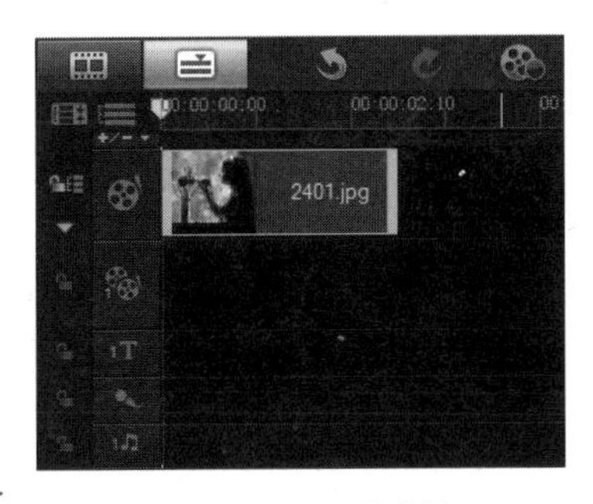

图2-30 插入图像素材

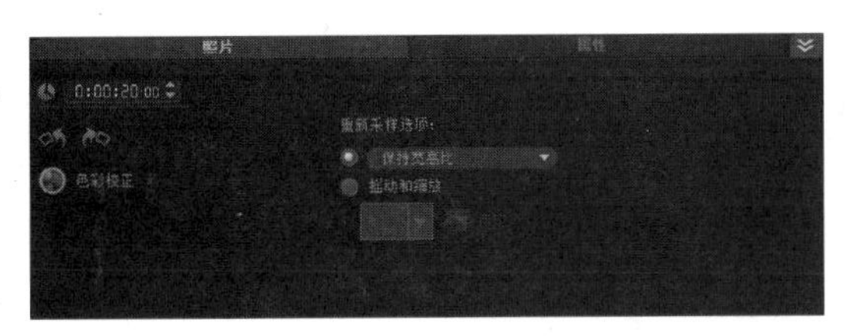

图2-31 设置图像素材区间

选中“摇动和缩放”单选按钮，单击“自定义”按钮，如图2-32所示。弹出“摇动和缩放”对话框，设置“缩放率”为200%，在“停靠”选项组中单击右上角的按钮，将虚线框停靠在右上角位置，如图2-33所示。

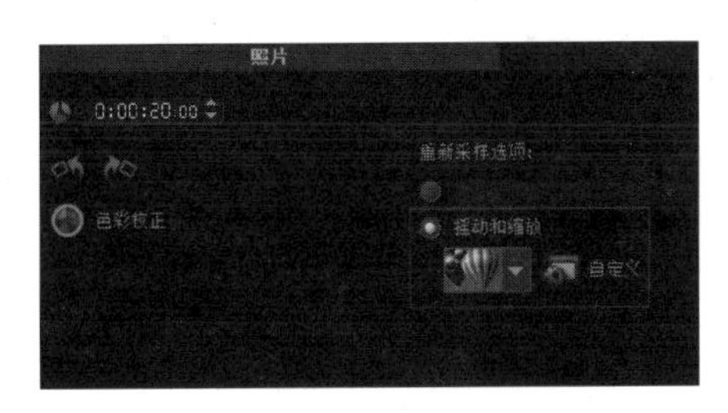

图2-32 选择“摇动和缩放”单选按钮

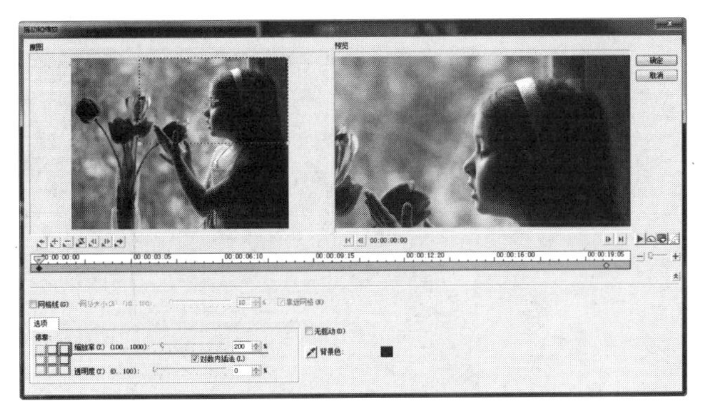

图2-33 设置“摇动和缩放”对话框

将擦洗器拖动到10秒的位置，单击“添加关键帧”按钮，在第10秒位置添加一个关键帧，如图2-34所示。选择第10帧，设置“缩放率”为200%，并手动调整虚线框的停靠位置，如图2-35所示。

图2-34 设置“摇动和缩放”对话框

图2-35 设置“摇动和缩放”对话框

在刚添加的关键帧上单击鼠标右键，在弹出的菜单中选择“复制”选项，复制该关键帧。将擦洗器拖动到最后一个关键帧上，在最后一个关键帧上单击鼠标右键，然后在弹出的菜单中选择“粘贴”选项（见图2-36），将第10秒位置的关键帧粘贴到最后一个关键帧上，如图2-37所示。

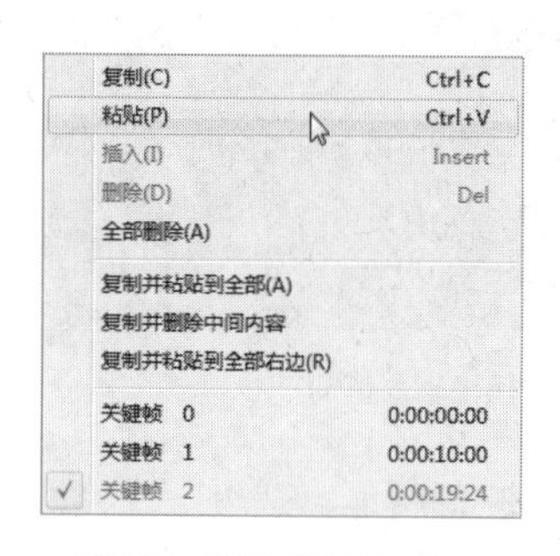

图2-36 选择“粘贴”选项

图2-37 “摇动和缩放”对话框

选择最后一个关键帧，设置“缩放率”为380，效果如图2-38所示。

图2-38 “摇动和缩放”对话框

单击“确定”按钮，完成“摇动和缩放”对话框的设置，单击预览窗口中的“播放”按钮，即可看到所制作的图像摇动和缩放效果，如图2-39所示。

图2-39 预览图像摇动和缩放效果

摇动和缩放的作用

摇动和缩放图像功能有4个方面的作用：①可以制作图像的运动效果，使影片变得更生动；②可以通过局部放大起到提示主题的作用；③可以利用快速的缩放动作产生比较强烈的视觉冲击；④可以让宽高比不匹配的图像能够全屏显示。

在“选项”面板的“摇动和缩放”按钮下面的列表中提供了多个摇动和缩放的预设效果，如图2-40所示。通过选择预设，可以快速设置图像的摇动和缩放效果，也可以在预设效果的基础上进行简单修改。

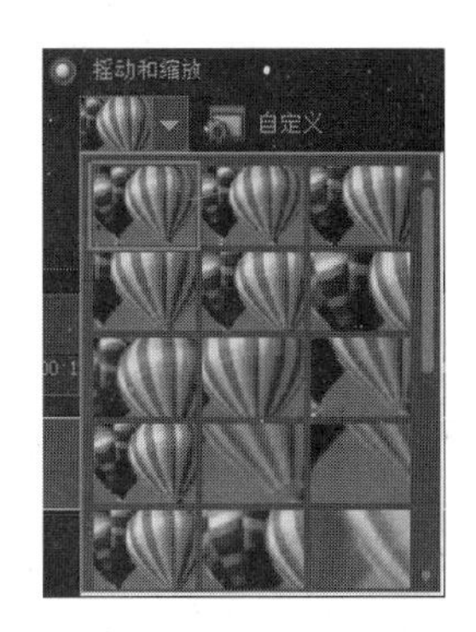

图2-40 摇动和缩放预设

2.6 对素材进行变形处理

对于视频轨和覆叠轨中的素材都可以进行缩放和变形操作，通过缩放操作可以调整素材的大小，通过变形操作可以改变素材的形状。

打开会声会影X4，切换到“视频”素材库，在相应的视频素材上单击鼠标右键，在弹出的菜单中执行“插入到>覆叠轨”命令（见图2-41），将其添加到项目时间轴覆叠轨中，效果如图2-42所示。

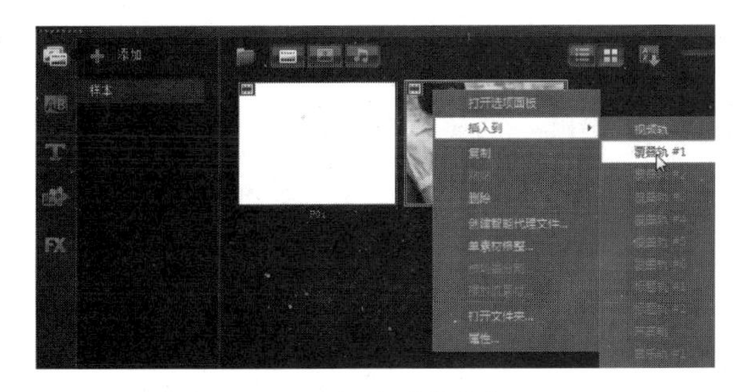

图2-41 选择相应的命令

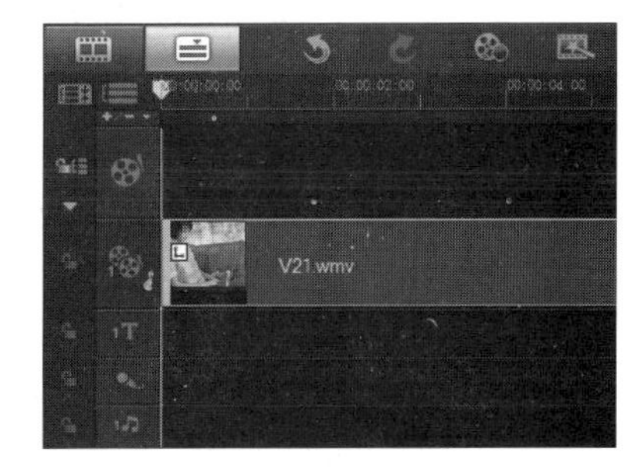

图2-42 项目时间轴

切换到“照片”素材库，在相应的图像素材上单击鼠标右键，在弹出的菜单中执行“插入到>视频轨”命令（见图2-43），将其添加到项目时间轴视频轨中。调整图像素材的区间长度，使之与视频素材的区间长度相同，如图2-44所示。

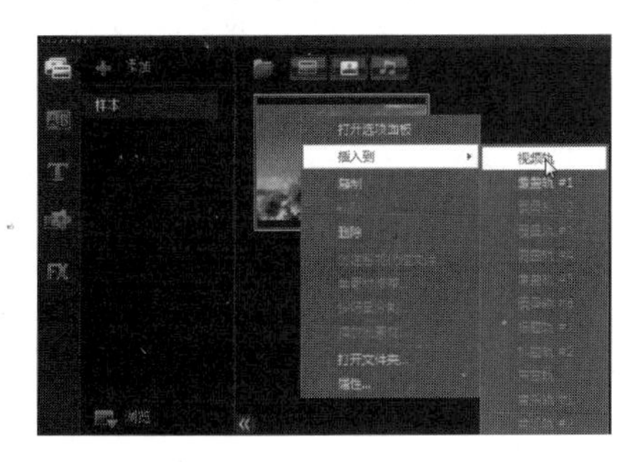

图2-43 选择相应的命令

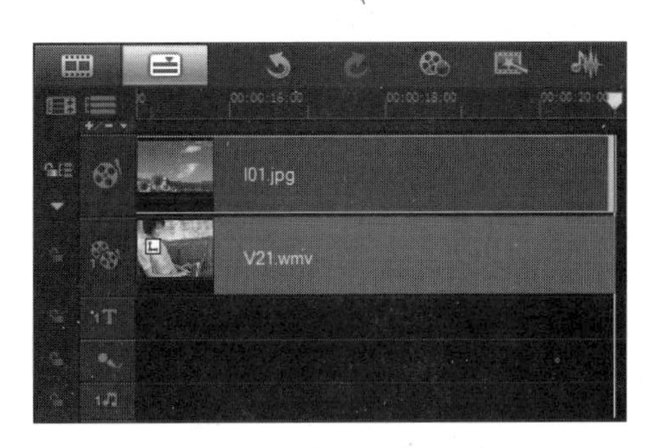

图2-44 调整图像素材区间

双击覆叠轨中的视频素材，在预览窗口中拖动黄色节点调整视频素材的大小，如图2-45所示。在视频素材虚线的4个角上有4个绿色的节点，通过拖动它们可以对素材的形状进行变形操作，如图2-46所示。

图2-45 调整素材大小

图2-46 调整素材形状

对于视频轨中的素材也可以进行变形操作。双击视频轨中的图像素材，打开“选项”面板，在“属性”面板中选中“变形素材”复选框，如图2-47所示。在预览窗口中拖动黄色节点可以缩放素材，拖动绿色节点可以变形素材，如图2-48所示。

图2-47 选中“变形素材”复选框

图2-48 变形素材

在视频轨中素材变形的意义不大，常用的操作是调整素材的大小，使素材的尺寸与项目尺寸相匹配。覆叠轨中的素材经常会用到变形操作，可以模拟出立体的效果。

在预览窗口中单击鼠标右键，在弹出的菜单中可以调整变形素材的位置和比例，还可以取消变形操作，如图2-49所示。

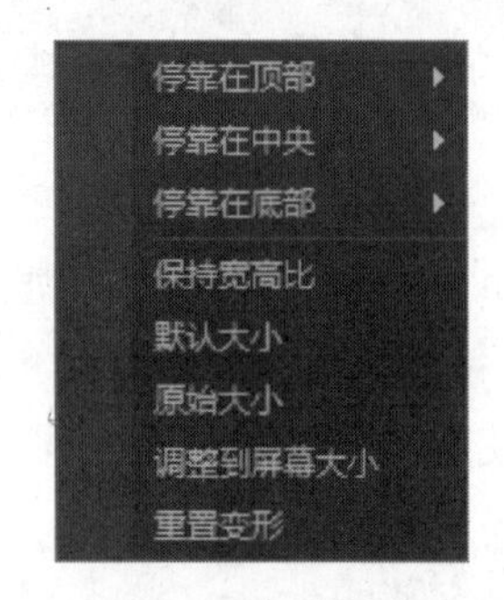

图2-49 右键菜单

2.7 对视频素材进行分割

会声会影X4作为一款视频编辑处理软件，最基本的功能是对视频进行分割与合成，下面向读者介绍使用会声会影分割视频的方法。

打开会声会影X4，在视频素材库中任意选择一个视频素材，然后在该视频素材上单击鼠标右键，在弹出的菜单中选择“单素材修整”选项，如图2-50所示。弹出“单素材修整”对话框，通过擦洗器和开始标记按钮设置截取的开始位置，如图2-51所示。

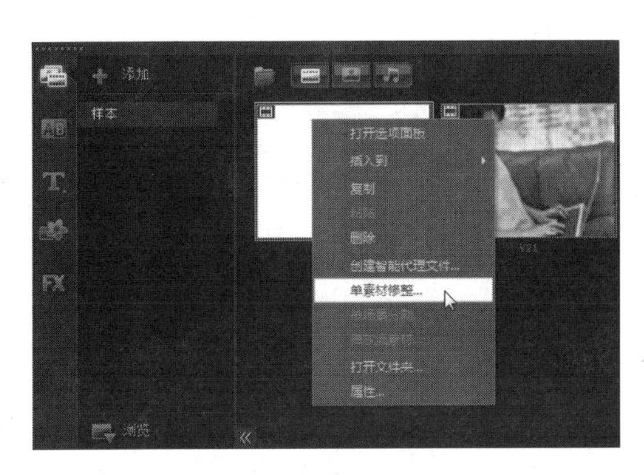

图2-50 选择相应的命令

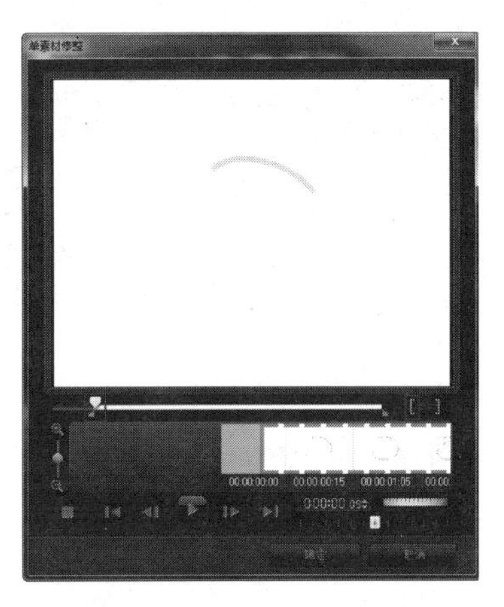

图2-51 设置截取的开始位置

拖动擦洗器到希望截取的视频终点位置，单击“结束标记”按钮，即可设置结束截取位置，如图2-52所示。单击“确定”按扭，可完成视频的截取。

直接在预览窗口下方拖动“修整标记”，也可以截取视频，如图2-53所示。

图2-52 设置截取的结束位置

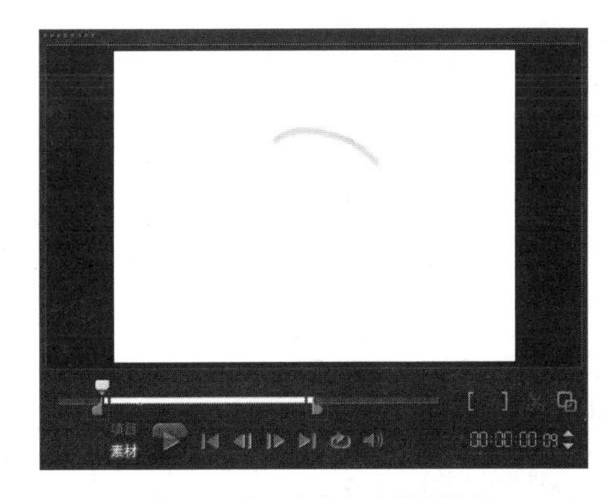

图2-53 在预览窗口中截取视频

如果需要将视频进行分割操作，可以将视频添加到项目时间轴的视频轨上，如图2-54所示。在预览窗口中拖动擦洗器到希望分割视频的位置，单击“分割素材”按钮，即可将视频分割成两部分，如图2-55所示。

分割视频的另一种方法是，在视频轨的素材上单击鼠标右键，在弹出的菜单中选择“分割素材”选项，如图2-56所示，分割效果如图2-57所示。如果希望恢复到分割前的状态，可以单击“撤销”按钮，撤销分割操作。

还可以不在素材库中截取视频，即将视频素材添加到项目时间轴后，使用调整视频区间的方法设置视频的截取范围。

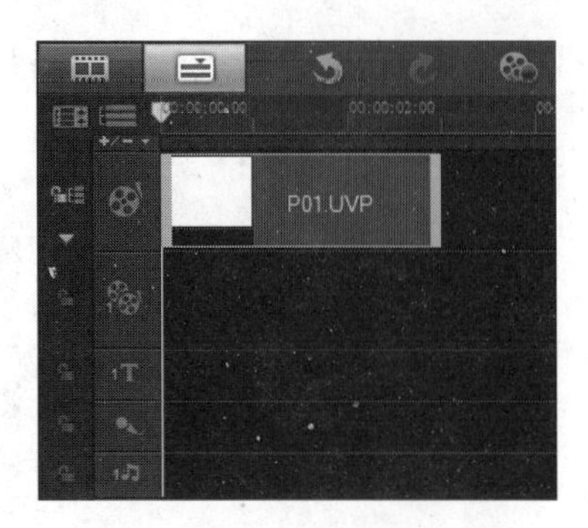

图2-54 添加视频

图2-55 分割视频

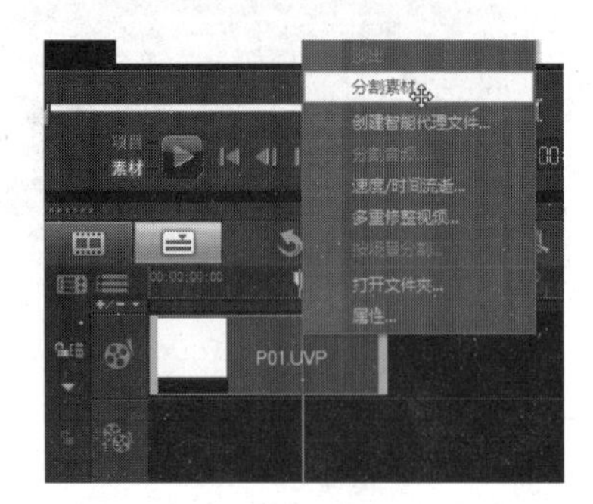

图2-56 选择“分割素材”选项

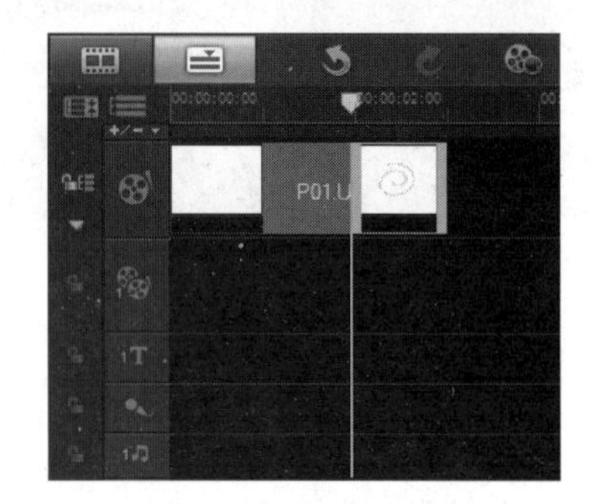

图2-57 将视频分割后的效果

如果在分割视频后又经过了多个步骤的操作，单击“撤销”按钮将无法恢复，此时可以将分割后的视频删除一部分，然后将剩余视频的区间调整到最大，这样也可以将视频素材恢复到分割前的状态。

2.8 按场景分割素材

使用会声会影X4中的“按场景分割”功能，可以自动检测视频中的场景变化，然后根据变化将视频分割为多个素材。下面向读者介绍如何按场景自动分割视频素材。

打开会声会影X4，在项目时间轴上单击鼠标右键，在弹出的菜单中执行“插入视频”命令，将视频文件“光盘\源文件\第2天\素材\2801.mp4”插入，如图2-58所示。双击项目时间轴中的视频素材，打开“选项”面板，如图2-59所示。

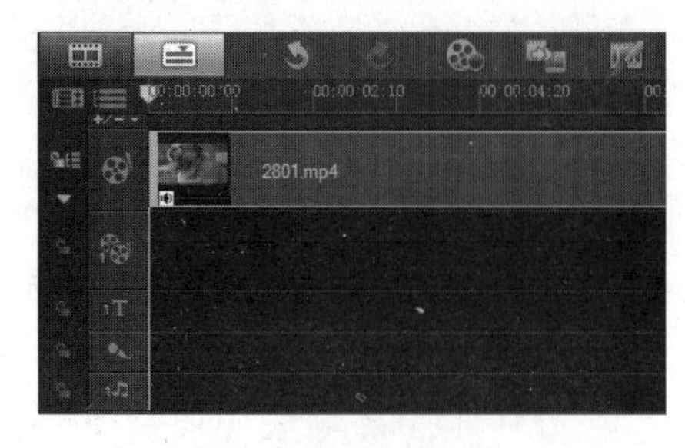

图2-58 添加视频文件

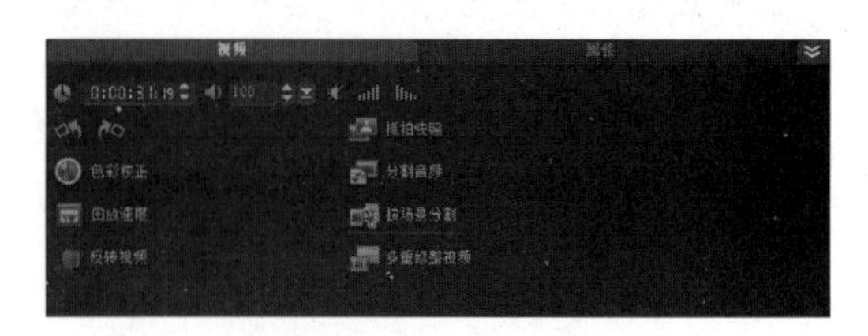

图2-59 “选项”面板

单击“按场景分割”按钮，弹出“场景分割”对话框，默认会检测到1段场景，如图2-60所示。单击“选项”按钮，在弹出的“场景扫描敏感度”对话框中设置“敏感度”为50，如图2-61所示。

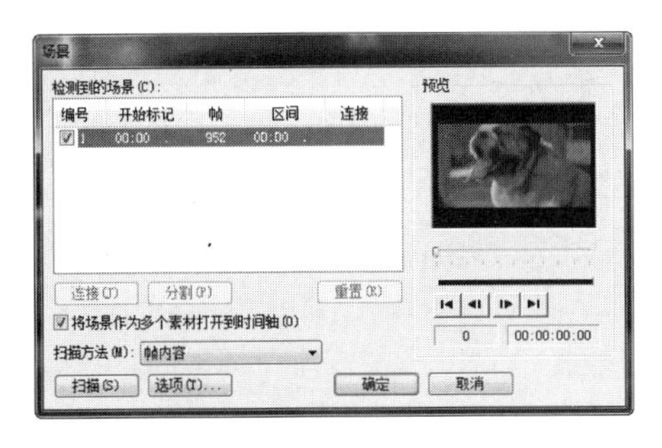

图2-60 “场景”对话框

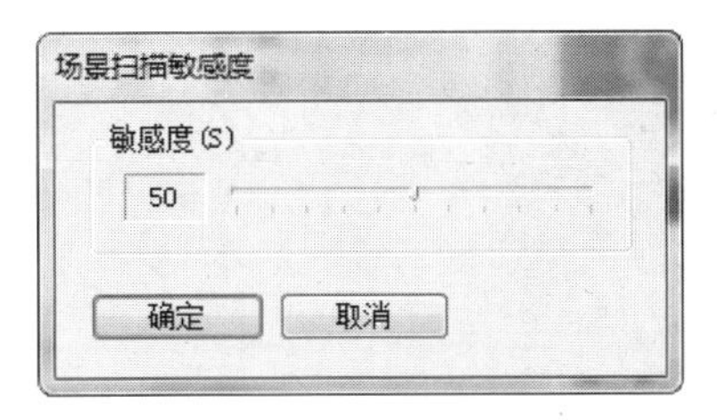

图2-61 设置敏感度

单击“确定”按钮，然后单击“场景”对话框中的“扫描”按钮，则会根据视频中的场景变化开始扫描，在扫描后结束会按照编号显示出段落。选中编号为20的段落，单击“连接”按钮（见图2-62），即可将其与编号19的段落连接在一起，如图2-63所示。

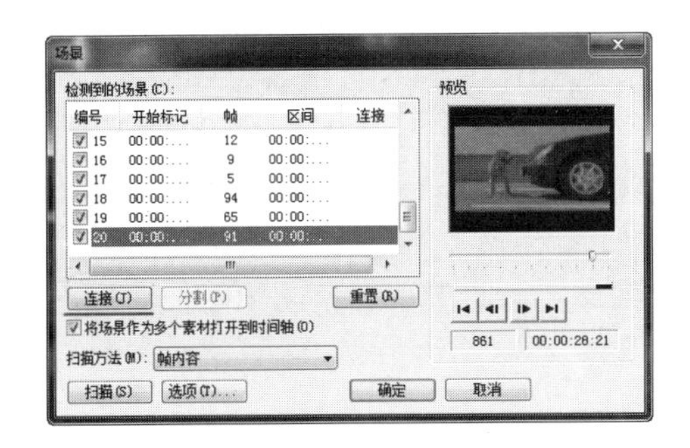

图2-62 单击“连接”按钮

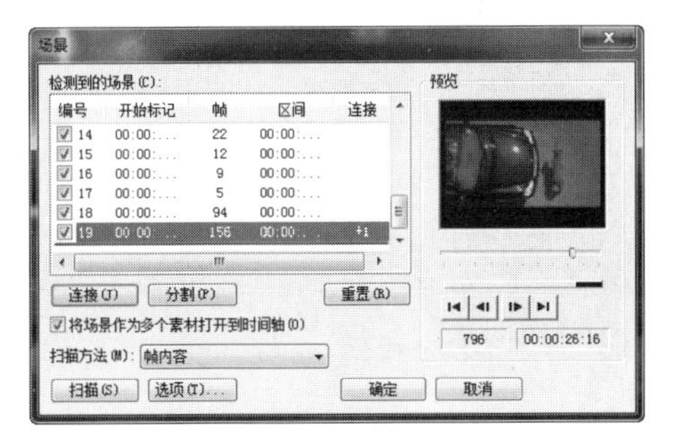

图2-63 将视频段落连接在一起

单击“分割”按钮，可以将合并的视频段落分开。单击“确定”按钮，完成“场景”对话框的设置，视频将根据扫描结果分割成21个部分，项目时间轴如图2-64所示。

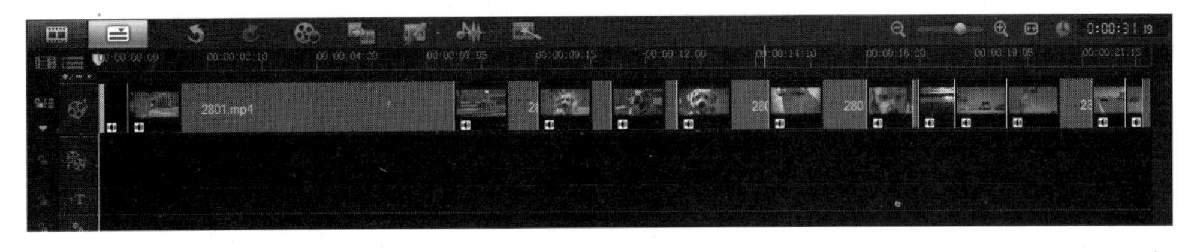

图2-64 项目时间轴效果

注意：

根据视频文件格式的不同，按场景分割功能的检测方法也有所不同。AVI格式的影片能够根据画面变化、镜头转换或亮度变化进行分割；MPEG格式的影片只能根据场景的变化分割影片；而WMV格式的影片不能使用按场景分割的功能。

在“场景扫描敏感度”对话框中所设置的“敏感度”参数决定了扫描的精度和时间，增加数值可以提高扫描精度，同时也会增加扫描的时间。

2.9 多重修整视频

在会声会影X4中，“多重修整”功能提供了手动和自动两种修整方法，通过使用该功能，可以一次性完成多次分割和截取操作。

打开会声会影X4，在项目时间轴上单击鼠标右键，在弹出的菜单中选择“插入视频”命令，将视频文件“光盘\源文件\第2天\素材\2901.mp4”插入，如图2-65所示。双击项目时间轴中的视频素材，打开“选项”面板，如图2-66所示。

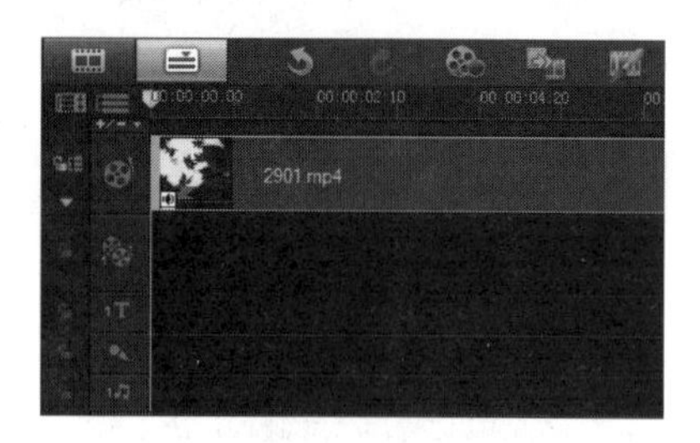

图2-65 添加视频

图2-66 打开“选项”面板

单击“选项”面板中的“多重修整视频”按钮，弹出“多重修整视频”对话框。拖动擦洗器，然后使用“开始标记”和“结束标记”按钮，设置起始标记和结束标记的位置，如图2-67所示。使用相同的方法，继续分割视频，如图2-68所示。多重修整视频的优点是，可以将视频切割为多个段落。

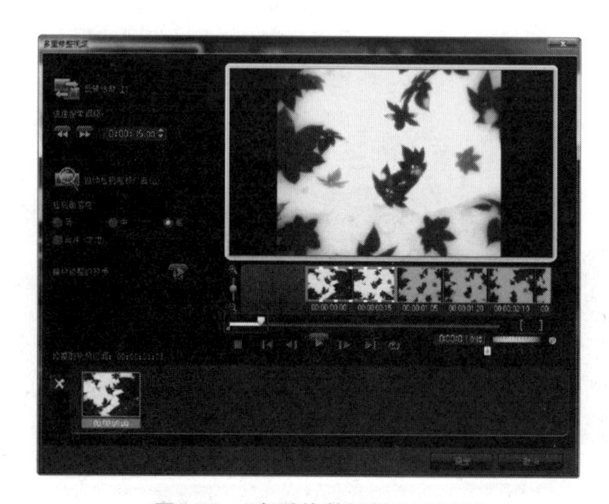
图2-67 “多重修整视频”对话框

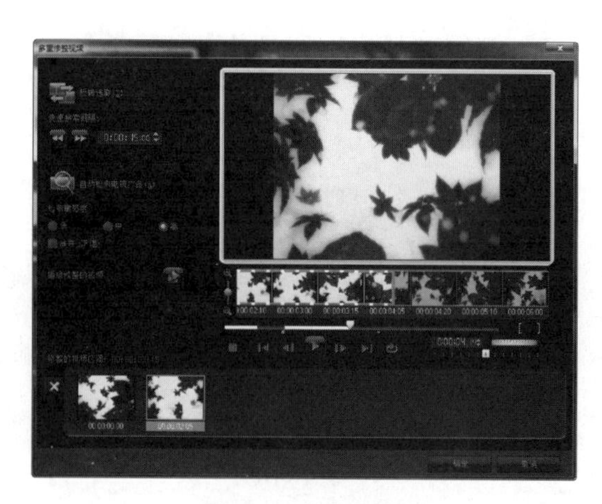
图2-68 分割多段视频

单击“确定”按钮，完成“多重修整视频”对话框的设置。在项目时间轴中可以看到，视频被分割为了两个部分，且视频中没有被标记的部分被裁切掉，如图2-69所示。

执行“文件>保存修整后的视频”命令，可以将修整剪切处理后的视频进行保存。

在“多重修整视频”对话框中有一个“自动检测电视广告”按钮，该按钮的功能与按场景分割的功能基本相同，单击该按钮，可以根据场景的变化自动分割素材。

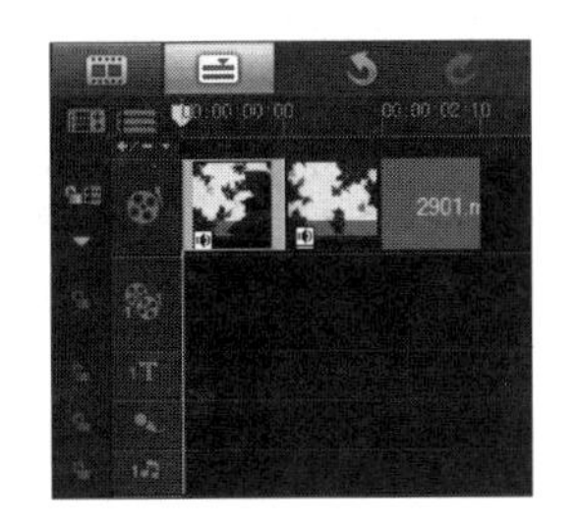

图2-69 项目时间轴

2.10 保存项目

在会声会影X4中提供了几种保存项目的方法，分别是“保存”、“另存为”和“智能包”，下面分别向读者介绍这几种保存项目的方法。

1. “保存”和“另存为”命令

打开会声会影X4，在“视频”素材库中任意选择一个视频素材，将其拖入到项目时间轴的视频轨中，如图2-70所示。执行“文件>保存”命令，弹出“另存为”对话框，选择项目文件的保存路径和文件名，如图2-71所示。

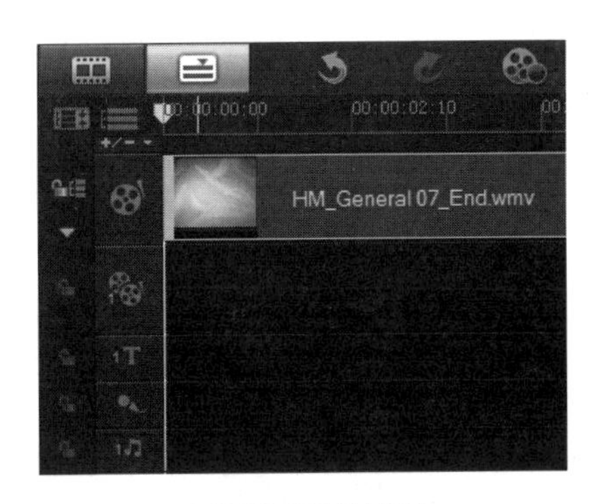

图2-70 项目时间轴

图2-71 “另存为”对话框

如果希望所保存的项目文件可以使用低版本的会声会影打开，可以在“保存类型”下拉列表中选择兼容的版本，如图2-72所示。单击“保存”按钮，即可完成该项目文件的存储。

执行“文件>另存为”命令（见图2-73），同样会弹出“另存为”对话框，参数的设置与保存方法与使用“保存”命令时的相同。

经常保存项目文件是一个好习惯，可以避免因意外情况而丢失工作进度的情况发生。使用“保存”命令后，新建的项目文件会覆盖上一次保存的项目文件。而“另存为”命令可以将当前的项目信息保存为新的项目文件，且之前保存的项目文件不会受到影响。

图2-72 “保存类型”下拉列表

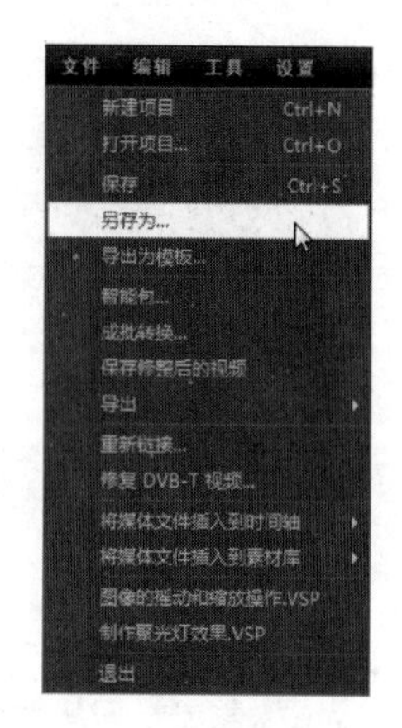

图2-73 “另存为”命令

2. “智能包”命令

执行“文件>智能包”命令，在弹出的对话框中单击“是”按钮，如图2-74所示。弹出“另存为”对话框，选择项目的保存路径和文件名称，如图2-75所示。

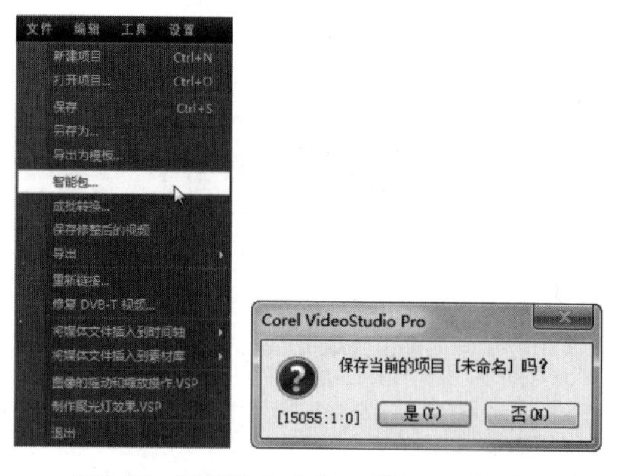

图2-74 “智能包”命令及“提示”对话框

图2-75 “另存为”对话框

单击“保存”按钮，保存该项目文件。弹出“智能包”对话框，会声会影X4会在所选路径下创建一个文件夹，如图2-76所示。单击“确定”按钮，创建智能包。在保存的路径中可以看到智能包的文件夹，在该文件夹中除了保存的项目文件外，项目中所使用的素材也会被复制到该文件夹中，如图2-77所示。

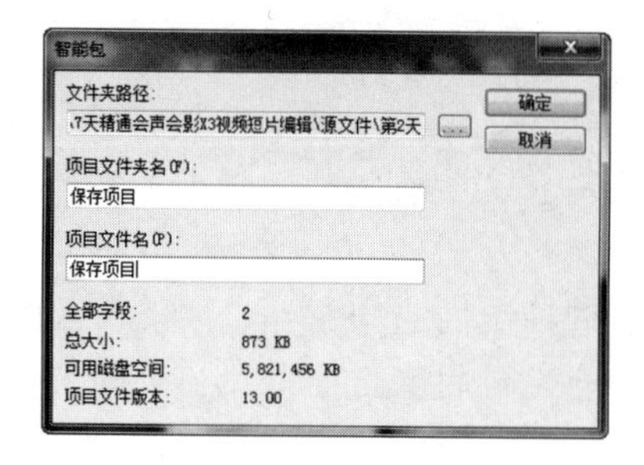

图2-76 “智能包”对话框

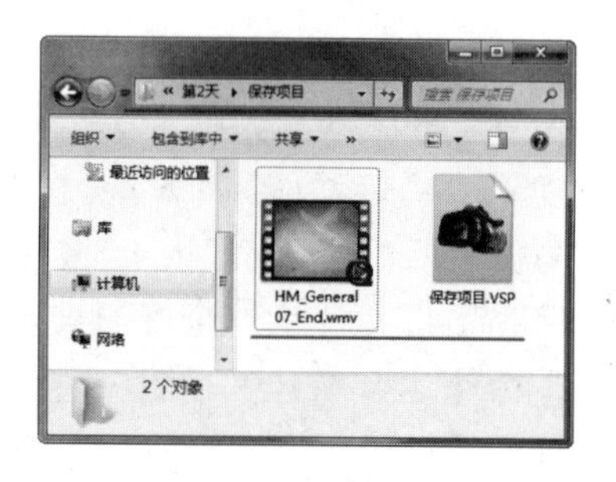

图2-77 “智能包”文件夹

使用“智能包”功能可以将项目文件和素材放置到同一个路径中，这样当我们要将保存的项目文件移动到其他计算机中时，就不会出现素材丢失的情况了。

自动保存功能

在会声会影X4中还提供了自动保存的功能，执行“设置>参数选择”命令，弹出“参数选择”对话框，在“常规”选项卡的“项目”选项组中可以设置“自动保存项目间隔”的时间，如图2-78所示。当会声会影程序崩溃后，再次运行该程序就会提示用户是否调取崩溃前自动保存的项目文件。

图2-78 “参数选择”对话框

自我检测

了解了如何将视频和图像素材添加到会声会影中，并在会声会影中对素材进行了一些简单的编辑处理方法后，如何才能够制作出一些简单的视频效果呢?

接下来，我们将通过实例的练习，学习在会声会影中通过对视频进行简单的编辑处理，制作出快速播放、慢速播放及反转播放的效果，并且学习使用各种滤镜制作一些简单的视频效果。

让我们一起开始实例的练习吧，以便为后面的学习打下基础。

- 慢动作回放视频
- 加快视频局部播放速度
- 将视频反转播放
- 改善图像素材的曝光
- 增强照片细节
- 将视频处理为神秘氛围
- 制作油画风格
- 制作细雨蒙蒙效果
- 制作雪花飞舞效果
- 制作镜头光晕效果
- 制作画中画效果
- 制作动态涟漪效果
- 制作聚光灯效果
- 制作幻影入场效果
- 制作动态手绘效果

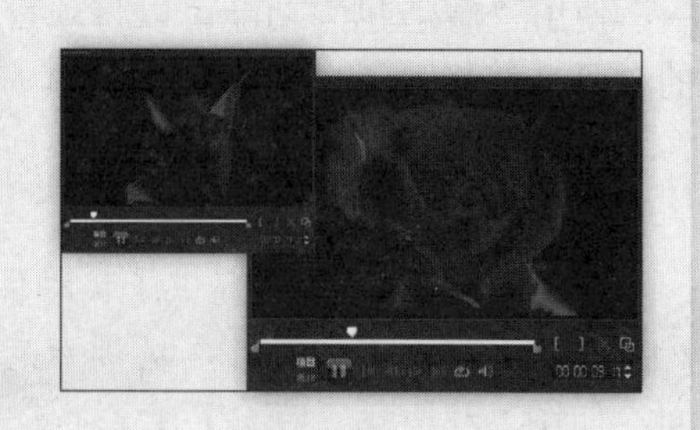

1 / 慢动作回放视频

慢动作回放是影视作品中较为常用的技术手段，下面通过实例介绍电视节目中常见的慢动作回放效果，即使用正常速度播放视频后，使用慢动作重复播放精彩的片段，使观众可以更清楚地重温精彩瞬间。

使用到的技术	复制视频、慢动作播放
学习时间	10分钟
视频地址	光盘\视频\第2天\慢动作回放视频.swf
源文件地址	光盘\源文件\第2天\慢动作回放视频.VSP

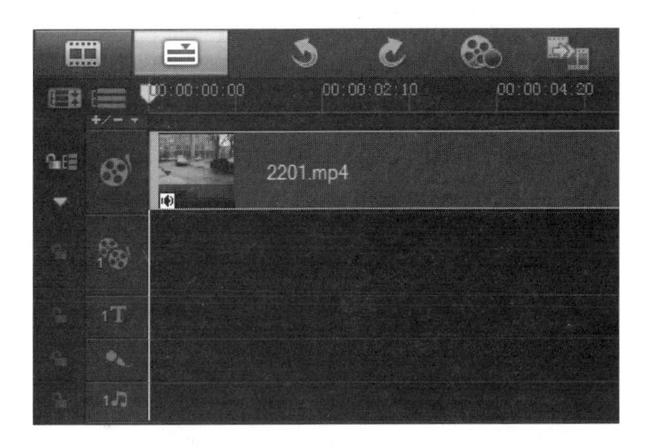

01 打开会声会影X4，将视频文件“光盘\源文件\第2天\素材\2201.mp4”插入到项目时间轴中。

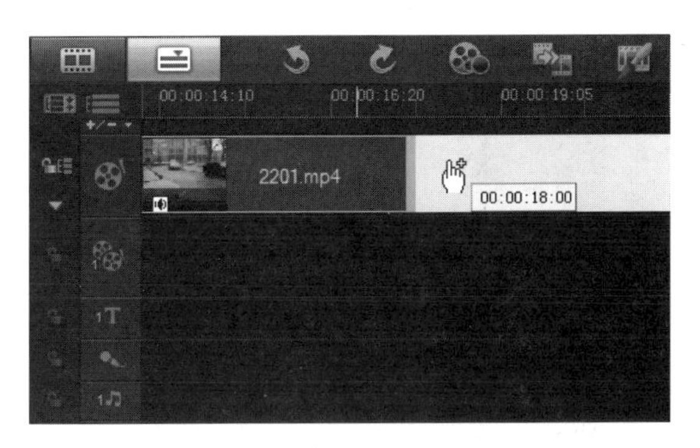

02 在视频上单击鼠标右键，在弹出的菜单中选择“复制”命令。将光标移至视频素材的后方，当出现如图所示的显示后单击鼠标粘贴视频。

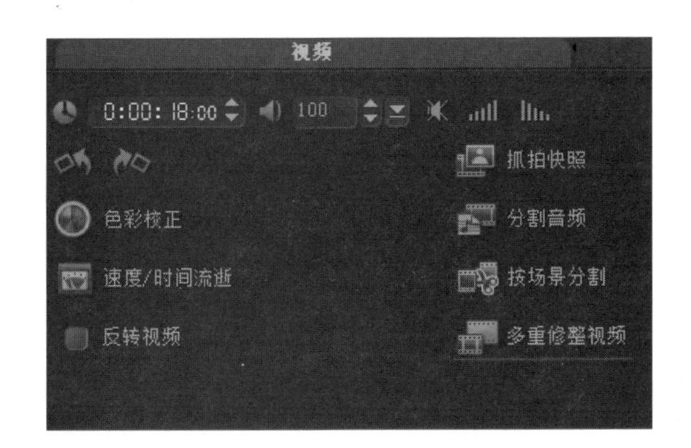

03 在项目时间轴上双击复制得到的视频素材，打开“选项”面板，然后单击“多重修整视频”按钮。

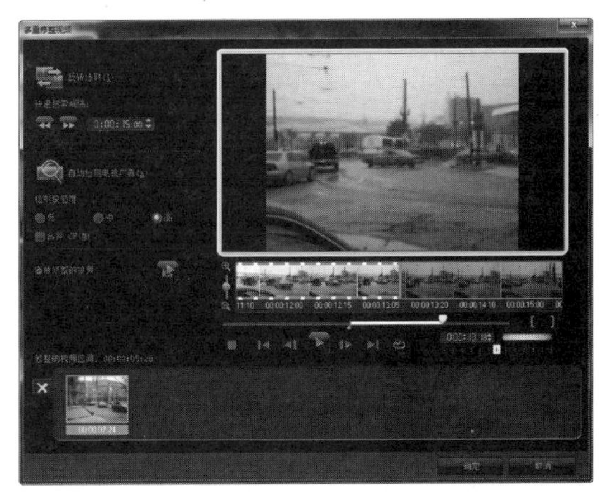

04 弹出“多重修整视频”对话框，设置起始标记与结束标记的位置，确定修整的范围。

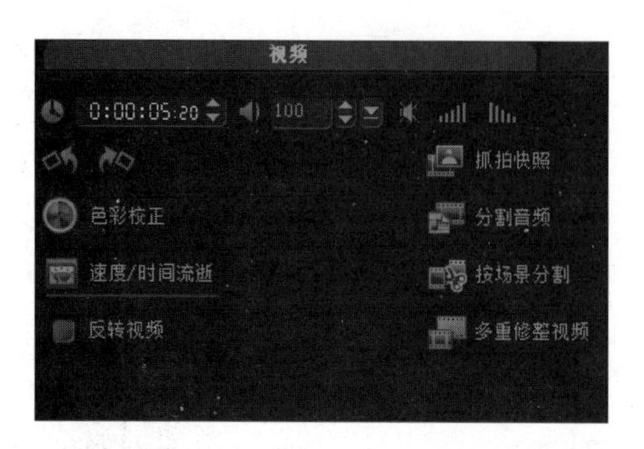

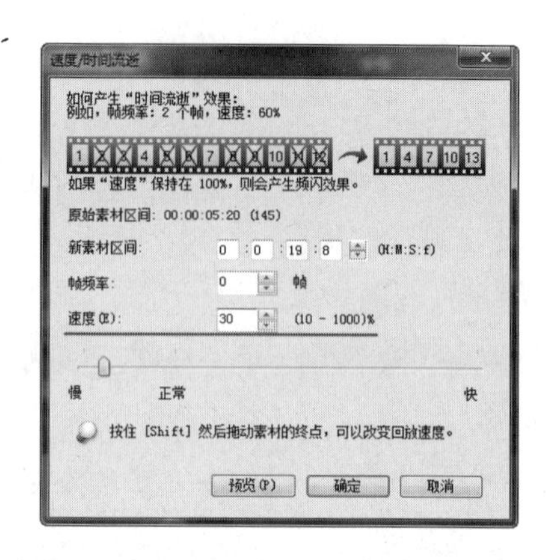

05 单击“确定”按钮，完成视频的修整，然后在“选项”面板中单击“速度/时间流逝”按钮。

06 弹出“速度/时间流逝”对话框，设置“速度”为30，其他参数采用默认设置。

07 单击“确定”按钮，完成“速度/时间流逝”对话框的设置。预览该视频，可以看到慢动作回放视频的效果。

☆ 操作小贴士 ☆

在项目时间轴中的视频素材上单击鼠标右键，在弹出的菜单中除了“复制”命令以外，还有“复制属性”命令。使用“复制属性”命令可以将一个素材上的变形操作、色彩校正、摇动和缩放、滤镜设置粘贴到另一个素材上。

除了在“速度/时间流逝”对话框中设置视频的播放速度以外，还可以按住Shift键，使用在项目时间轴中加长视频区间的方法制作慢动作。第二种方法更加快速、直接，但是不能精确地控制播放速度。

2 / 加快视频局部播放速度

既然可以慢动作播放视频，当然也可以快速播放视频。在本实例中，我们会将一段汽车漂移视频分割为3个部分，第一个部分的视频用快动作播放，以缩短冗长的准备动作；第二个部分用慢动作播放精彩的漂移过程；第三个部分的视频按正常速度播放。

- 使用到的技术　快动作播放
- 学习时间　10分钟
- 视频地址　光盘\视频\第2天\加快视频局部播放速度.swf
- 源文件地址　光盘\源文件\第2天\加快视频局部播放速度.VSP

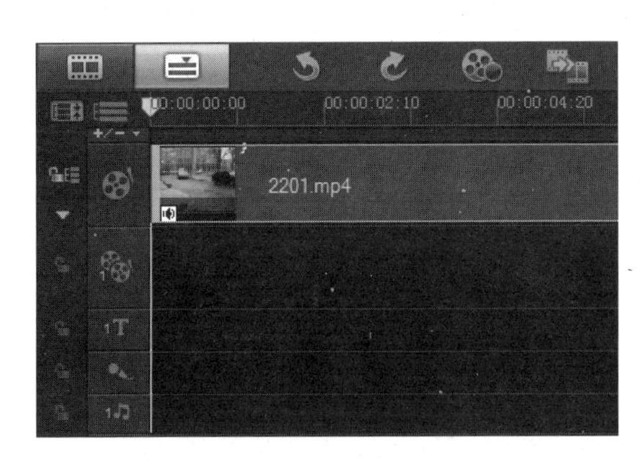

01 打开会声会影X4，将视频文件“光盘\源文件\第2天\素材\2201.mp4”插入到项目时间轴中。

02 在视频预览窗口中将擦洗器拖动到7秒左右的位置。

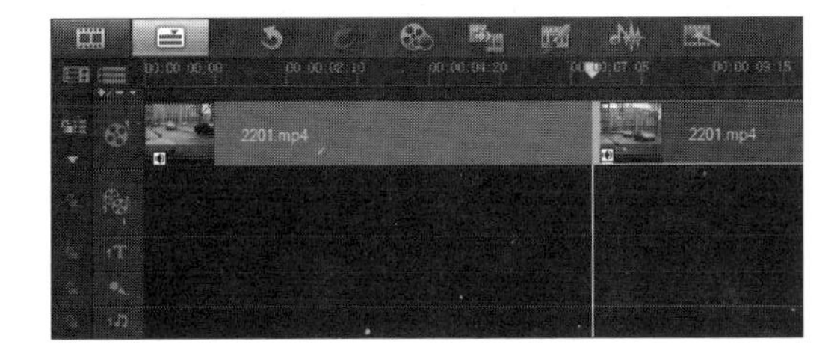

03 单击预览窗口中的“分割素材”按钮，在该处将视频分割成两部分。

04 在预览窗口中将擦洗器拖动到14秒位置，单击“分割素材”按钮，在该处分割视频。

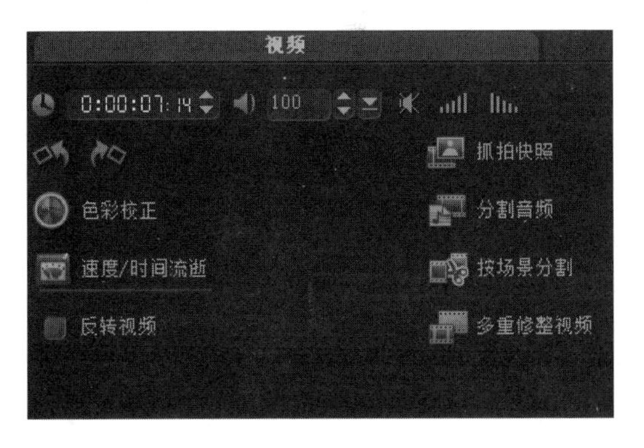

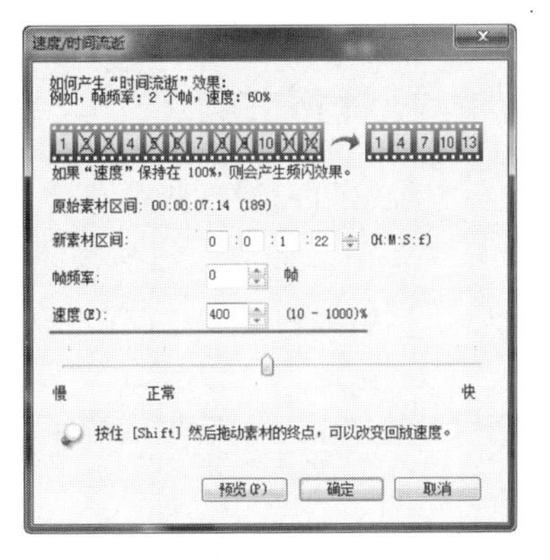

05 在项目时间轴中双击第一段视频素材，打开“选项”面板，单击“速度/时间流逝”按钮。

06 弹出“速度/时间流逝”对话框，设置“速度”为400，单击“确定”按钮，完成设置。

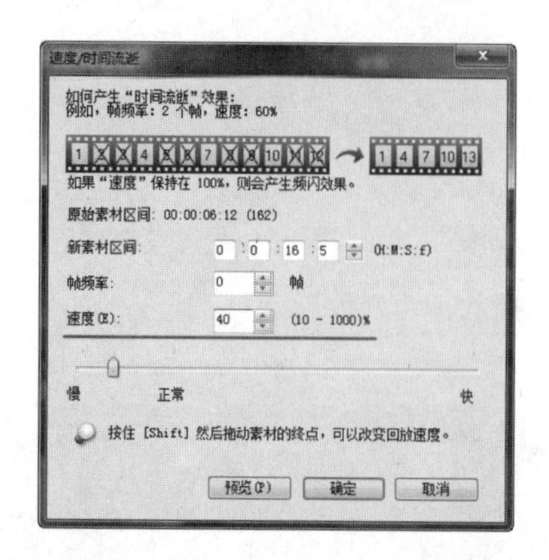

07 在项目时间轴中双击第二段视频素材，打开“选项”面板，单击“速度/时间流逝”按钮。弹出“速度/时间流逝”对话框，设置“速度”为40。

08 单击“确定”按钮，完成“速度/时间流逝”对话框的设置。至此，完成第一段和第二段视频播放速度的设置。

09 完成本实例效果的制作，第一段视频会加快播放速度，第二段视频会放慢播放速度，第三段视频为原视频的播放速度，预览该视频可以看到视频的播放效果。

☆ 操作小贴士 ☆

快动作主要有3个方面的作用，首先是忽略影片中的冗余部分，快速进入主题；其次，快动作与慢动作的交替使用可以产生很强的视觉冲击力；最后，在特殊情况下快动作还可以得到夸张的喜剧效果。

3 / 将视频反转播放

在电影中经常可以看到物品打碎后又复原的效果，在会声会影X4中制作这种效果是非常简单的，只需要逆向播放一遍视频即可。在本实例中，我们会将一段花朵开放的视频，在正常速度播放完成后逆向顺序播放，最后再以慢动作播放。

- 使用到的技术　反转播放顺序
- 学习时间　10分钟
- 视频地址　光盘\视频\第2天\将视频反转播放.swf
- 源文件地址　光盘\源文件\第2天\将视频反转播放.VSP

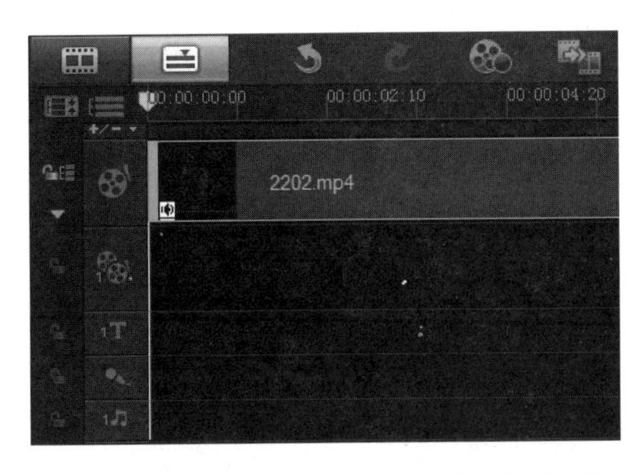

01 打开会声会影X4，将视频文件“光盘\源文件\第2天\素材\2202.mp4”插入到项目时间轴中。

02 在视频素材上单击鼠标右键，在弹出的菜单中选择“复制”命令，然后在视频素材后单击鼠标粘贴视频。使用相同的方法，再复制一个视频。

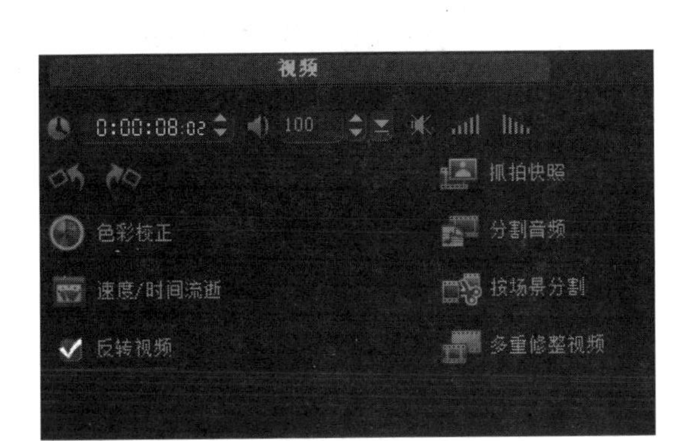

03 在项目时间轴中双击第二个视频素材，打开“选项”面板，选中“反转视频”复选框。

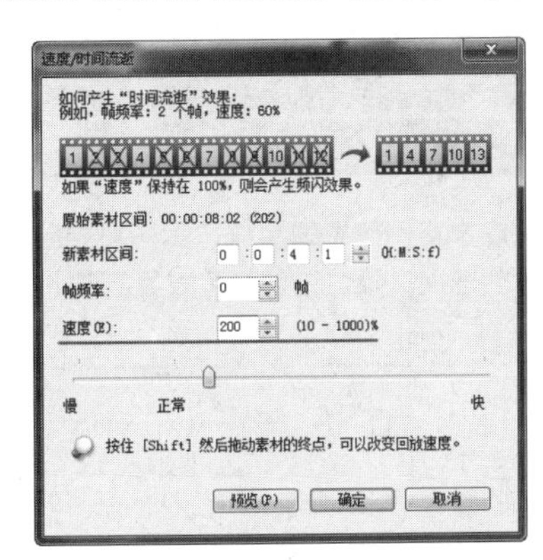

04 单击“速度/时间流逝”按钮，弹出“速度/时间流逝”对话框，设置“速度”为200，单击“确定”按钮，完成设置。

05 在项目时间轴中双击第3段视频素材，打开“选项”面板。

06 单击“速度/时间流逝”按钮，弹出“速度/时间流逝”对话框，设置“速度”为50，单击“确定”按钮，完成设置。

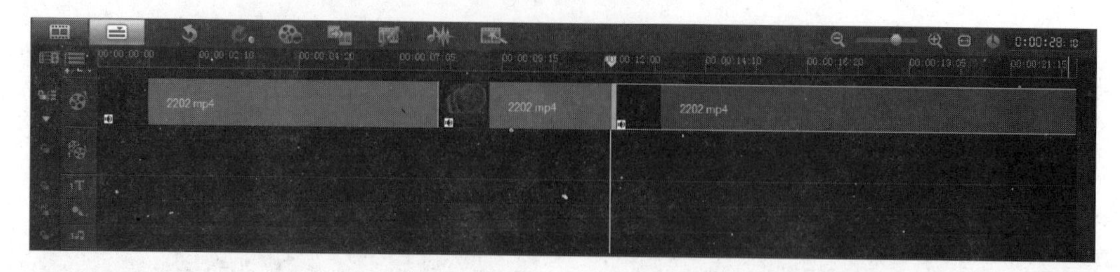

07 完成3段视频素材的设置，在项目时间轴上可以看到各段视频的长度、加快播放速度的视频所占用的时间段，放慢播放速度的视频所占用的时间段。

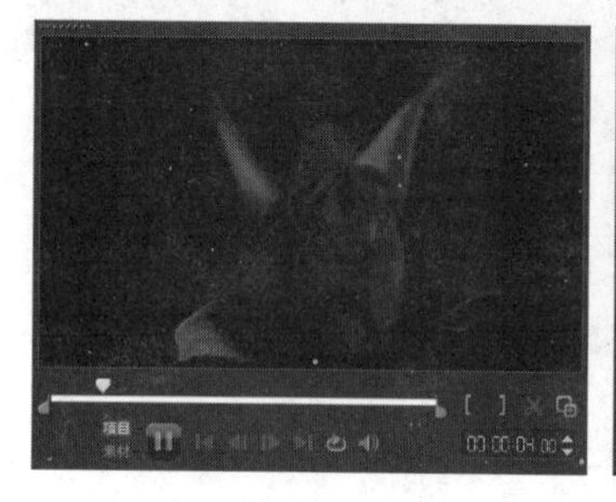

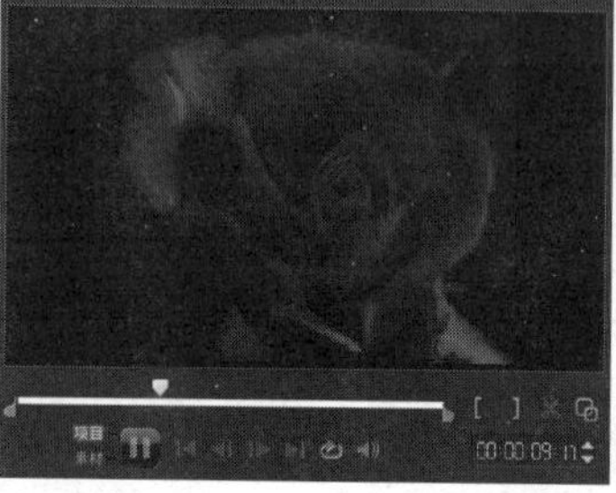

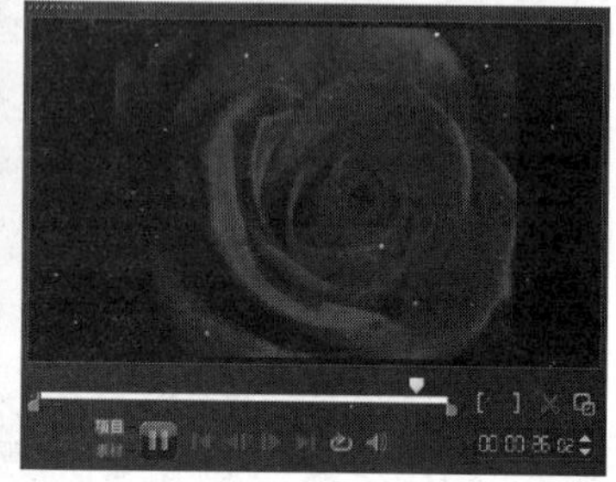

08 完成本实例效果的制作，第一段视频正常播放，第二段视频会快速反转顺序播放，第三段视频为放慢播放速度，预览该视频可以看到视频的播放效果。

☆ 操作小贴士 ☆

在喜剧电影或搞笑视频中，我们经常可以看到主人公不断重复相同动作的情况，在会声会影中只需多次复制视频，然后按照“正常播放—逆向播放—正常播放”的顺序调整就可以制作出这种视频效果。

4 / 改善图像素材的曝光

在素材的拍摄过程中，素材经常会受到一些自然条件与人为条件的限制，从而会造成效果不是很理想。其中，最常见的现象就是曝光不足，通过会声会影可以轻松解决这样的问题。下面向大家介绍如何通过滤镜组合来改善曝光不足的图像素材效果。

- 使用到的技术　“自动曝光”滤镜、“亮度和对比度”滤镜
- 学习时间　10分钟
- 视频地址　光盘\视频\第2天\改善图像素材的曝光.swf
- 源文件地址　光盘\源文件\第2天\改善图像素材的曝光.VSP

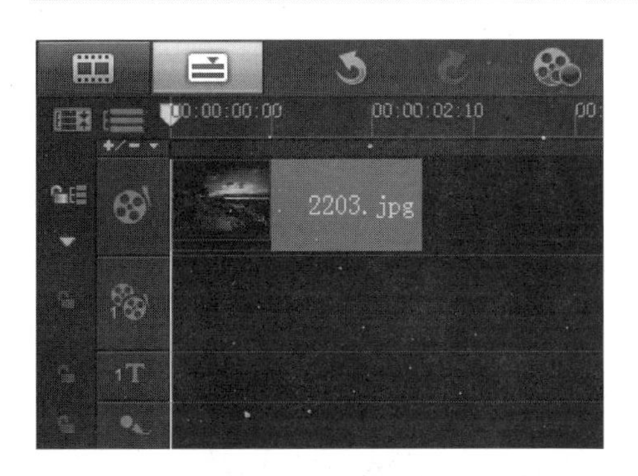

01 打开会声会影X4，将图像素材“光盘\源文件\第2天\素材\2203.jpg”插入到项目时间轴中。

02 单击“滤镜”按钮，转换到“滤镜”素材库中，在下拉列表中选择“暗房”类别。

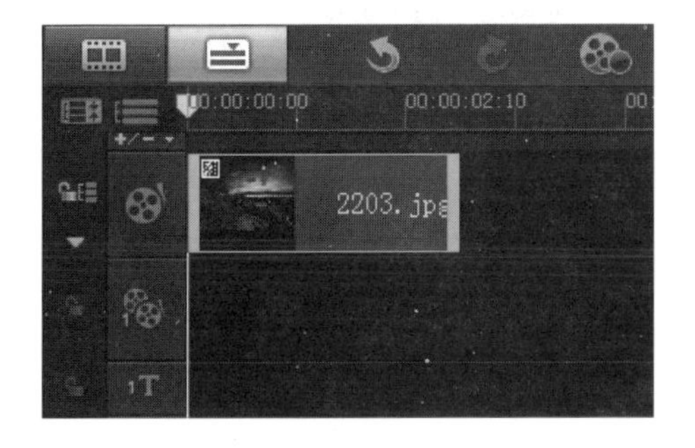

03 在素材库中选择“自动曝光”滤镜，将其拖曳到视频轨的图像素材上。

04 双击视频轨上的素材，打开“选项”面板，切换到“属性”选项卡，取消选中“替换上一个滤镜”复选框。

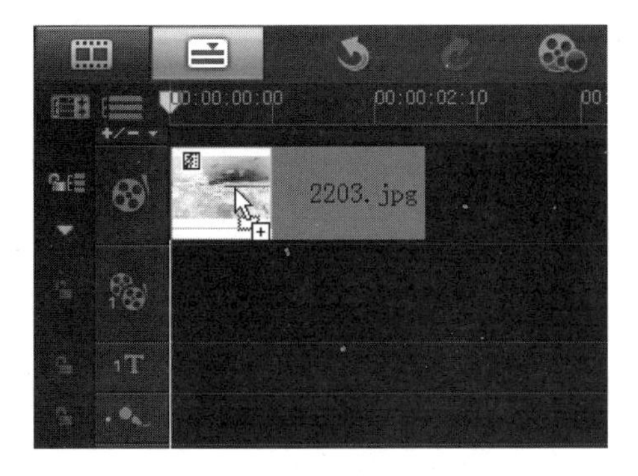

05 在“滤镜”素材库中选择“亮度和对比度”滤镜，将其拖曳到视频轨的素材上。

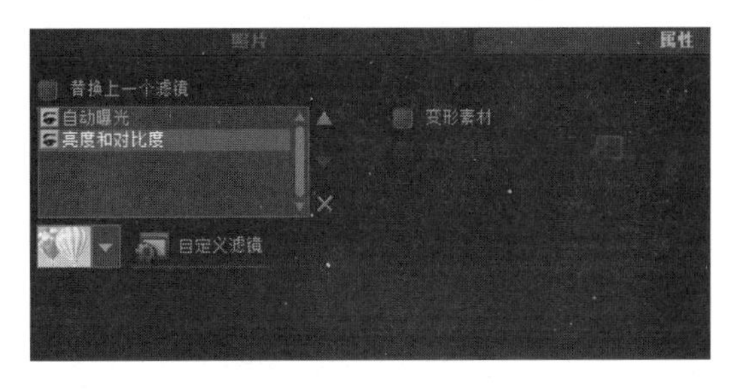

06 双击视频轨上的素材，打开“选项”面板，选中“亮度/对比度”滤镜，单击“自定义滤镜”按钮。

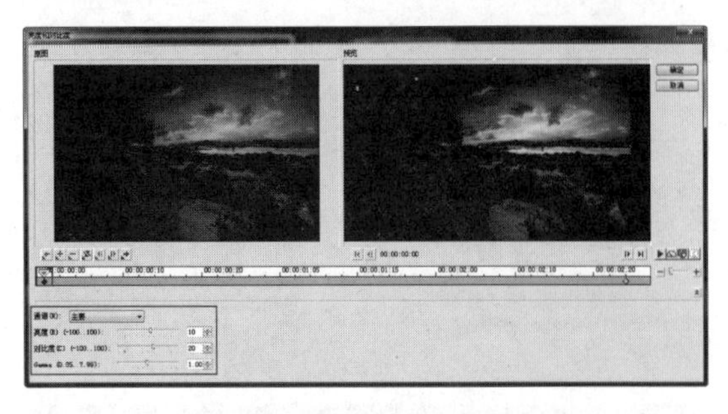

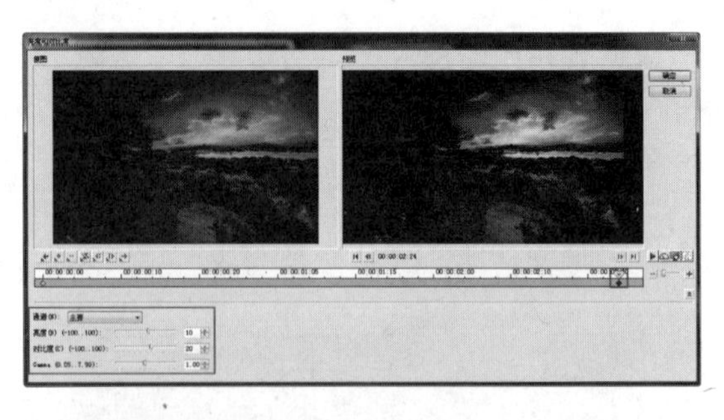

07 弹出“亮度和对比度”对话框，选择第一个关键帧，设置其“亮度”为10、“对比度”为20。

08 选择第二个关键帧，设置“亮度”为10、“对比度”为20。

09 单击“确定”按钮，完成“亮度和对比度”对话框的设置，即完成该图像素材曝光度的调整。

☆ 操作小贴士 ☆

在“选项”面板的“属性”选项卡中，如果选中“替换上一个滤镜”复选框，那么再次为素材添加的滤镜会替换已经添加的滤镜。如果要想为素材应用多个滤镜，则应该确保该复选框没有被选中。

利用“选项”面板中的“色彩校正”功能也可以调整素材的颜色和曝光度。使用滤镜调整曝光度的优势在于，滤镜的种类多、选项丰富，并且利用两个关键帧的差值还可以制作出亮度变化的动态效果。

5 / 增强照片细节

利用滤镜不仅可以改善素材的亮度，还可以对素材进行细节方面的处理。下面向读者介绍如何使用“自动调配”滤镜来修饰素材的细节，以使人像更加清晰，并去除面部斑纹，适当改善色调。

- 使用到的技术　“自动调配”滤镜、“锐化”滤镜、“去除马赛克”滤镜
- 学习时间　10分钟
- 视频地址　光盘\视频\第2天\增强照片细节.swf
- 源文件地址　光盘\源文件\第2天\增强照片细节.VSP

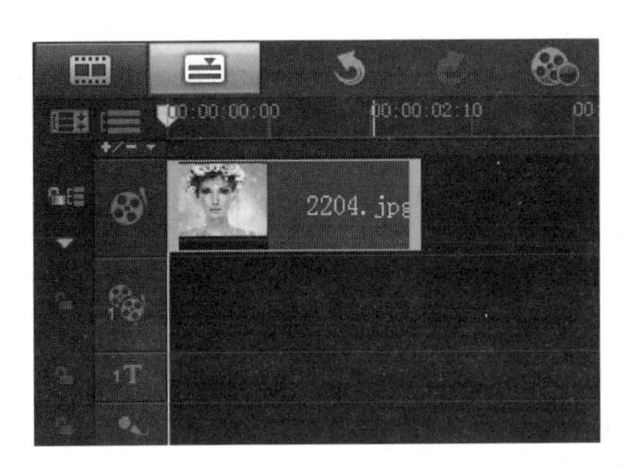

01 打开会声会影X4，将图像素材“光盘\源文件\第2天\素材\2204.jpg”插入到项目时间轴中。

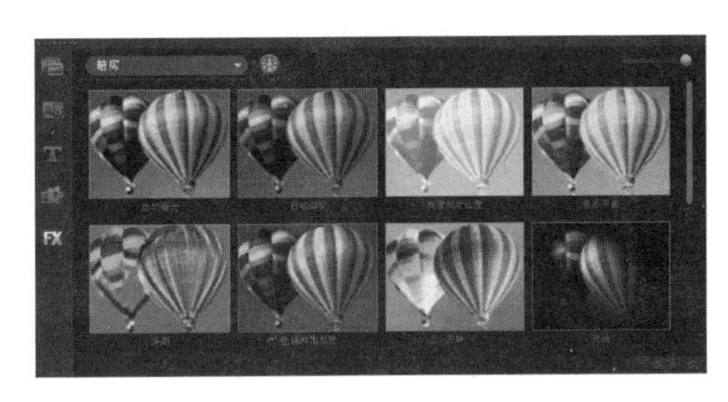

02 转换到“滤镜”素材库，在下拉列表中选择“暗房”类别，将“自动调配”滤镜拖曳到视频轨的素材上。

03 在“滤镜”素材库的下拉列表中选择“焦距”选项，并将“锐化”滤镜拖曳到视频轨的素材上。

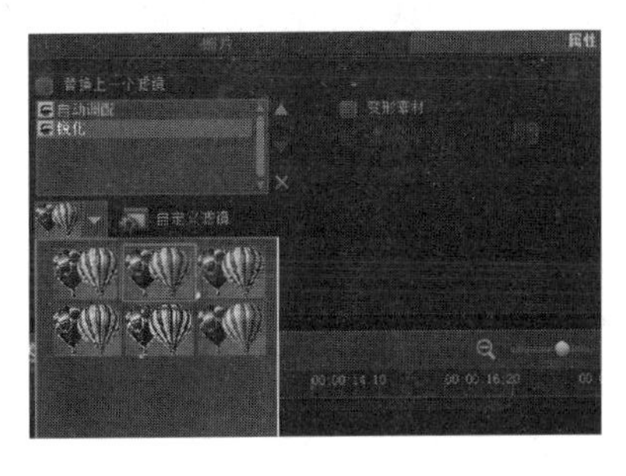

04 打开“选项”面板，切换到“属性”选项卡，选中“锐化”滤镜，单击“预设效果”右侧的下拉按钮，在弹出的下拉列表中选择相应的预设。

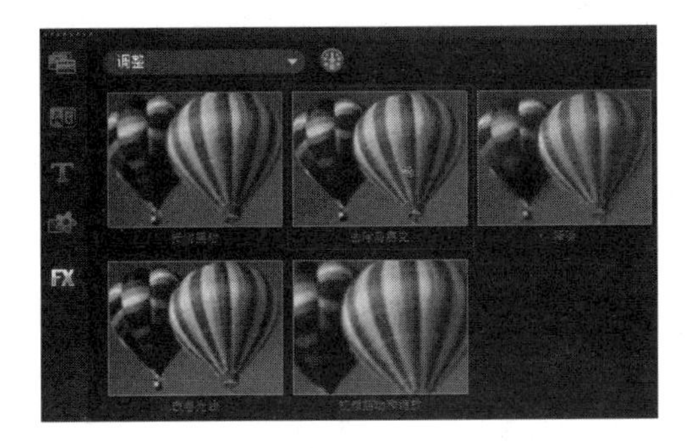

05 在“滤镜”素材库的下拉列表中选择“调整”类别，并将“去除马赛克”滤镜拖曳到视频轨的素材上。

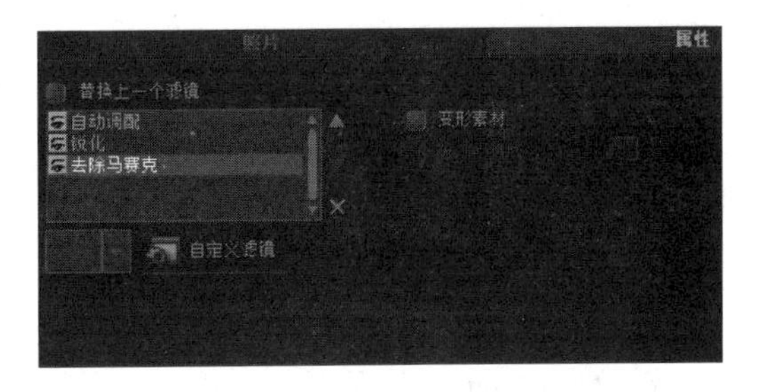

06 打开“选项”面板，选中“去除马赛克”滤镜，单击“自定义滤镜”按钮。

07 **弹出“去除马赛克”对话框，选择第一个关键帧，设置其“压缩比例”为100、“修复程度”为5。使用相同的方法，选择第二个关键帧，进行相同的设置。**

08 **单击“确定”按钮，完成“去除马赛克”对话框的设置，从而完成增加照片细节的操作，可以看到调整后的图像效果。**

☆ 操作小贴士 ☆

在使用滤镜调整图像素材时，为了得到静态的效果，可以使用复制粘贴关键帧的方法设置两个关键帧的参数相同。

虽然可以使用绘声绘影中的滤镜改善素材的效果，但是其效果无法与Photoshop处理得到的效果相比，而且使用过多的滤镜会降低会声会影X4软件的运行效率。建议读者对有缺陷的图像素材使用Photoshop进行处理，对有缺陷的视频素材使用会声会影中的滤镜进行处理。

6 / 将视频处理为神秘氛围

滤镜的作用不仅仅是对素材进行修饰和处理，还可以制作出各种各样的特殊效果。在本实例中，我们将利用“色调和饱和度”滤镜配合“发散光晕”滤镜为一段普通的风光视频添加神秘色彩，以给人完全不同的视觉效果。

- 使用到的技术　“自动曝光”滤镜、“色调和饱和度”滤镜、“发散光晕”滤镜
- 学习时间　10分钟
- 视频地址　光盘\视频\第2天\将视频处理为神秘氛围.swf
- 源文件地址　光盘\源文件\第2天\将视频处理为神秘氛围.VSP

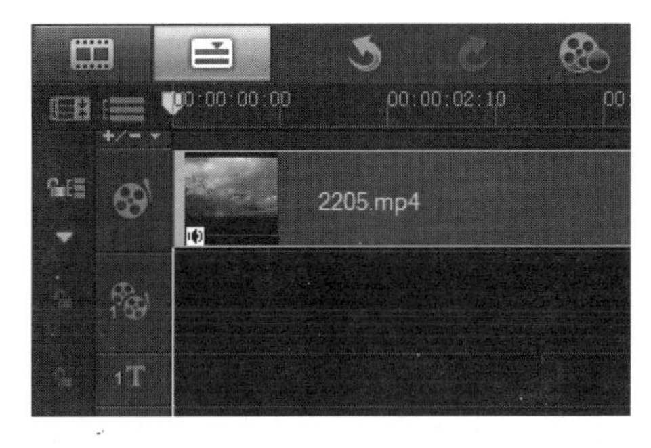

01 打开会声会影X4，将视频素材“光盘\源文件\第2天\素材\2205.mp4”插入到项目时间轴中。

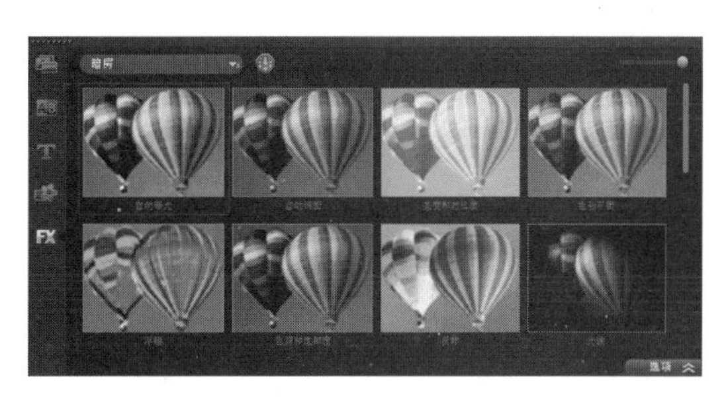

02 转换到“滤镜”素材库，在下拉列表中选择“暗房”类别，并将“自动曝光”滤镜拖曳到视频轨的视频素材上。

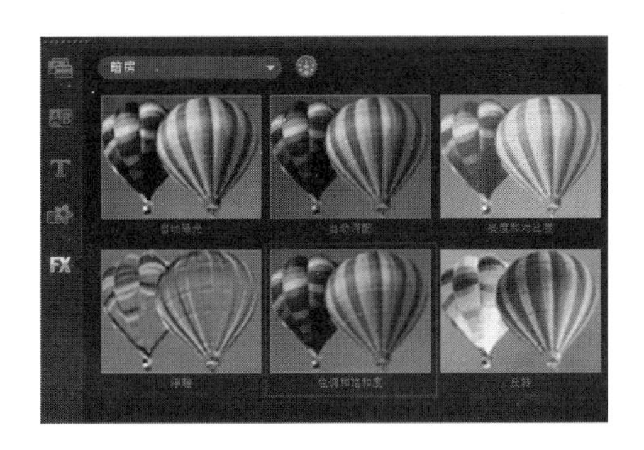

03 在“滤镜”素材库中将“色调和饱和度”滤镜拖曳到视频轨的视频素材上。

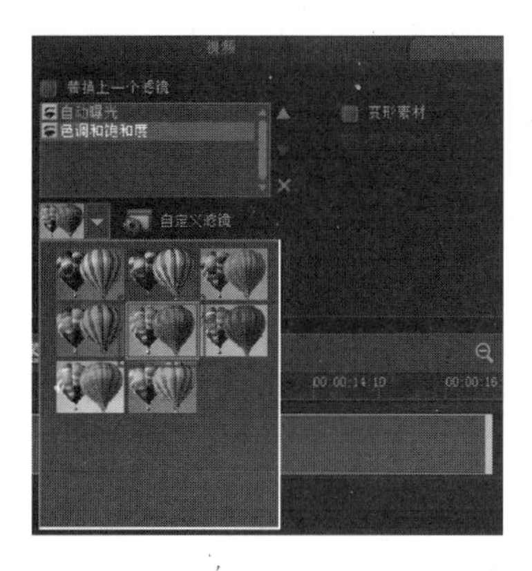

04 打开“选项”面板，选中“色调和饱和度”滤镜，单击“预设效果”右侧的下拉按钮，在弹出的下拉列表中选择相应的预设。

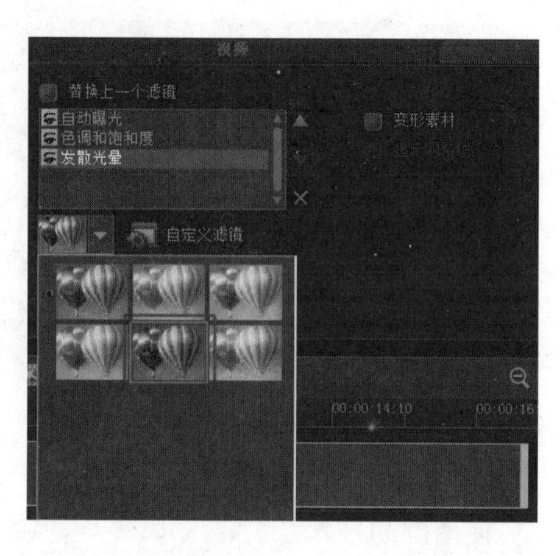

05 在“滤镜”素材库的下拉列表中选择“相机镜头”类别，并将“发散光晕”滤镜拖曳到视频轨的视频素材上。

06 打开“选项”面板，选中“发散光晕”滤镜，单击“预设效果”右侧的下拉按钮，在弹出的下拉列表中选择相应的预设。

07 完成该视频素材氛围的调整，可以看到调整后的视频效果。

☆ 操作小贴士 ☆

很多滤镜都提供了预设效果，用户可以通过预设效果快速设置滤镜参数。在项目时间轴的素材上单击鼠标右键，在弹出的菜单中选择“复制属性”命令，可以将素材上应用的滤镜连同参数设置快速应用到其他素材上。

7 / 制作油画风格

在会声会影中，按照功能的不同可以将滤镜分为多种类型。其中，“自然绘图”类滤镜主要用于模拟油画等具有手绘风格的效果。在本实例中，我们将学习如何使用“水彩”和“油画”滤镜将素材处理成逼真的油画效果。

- 使用到的技术　“水彩”滤镜、“油画”滤镜
- 学习时间　10分钟
- 视频地址　光盘\视频\第2天\制作油画风格.swf
- 源文件地址　光盘\源文件\第2天\制作油画风格.VSP

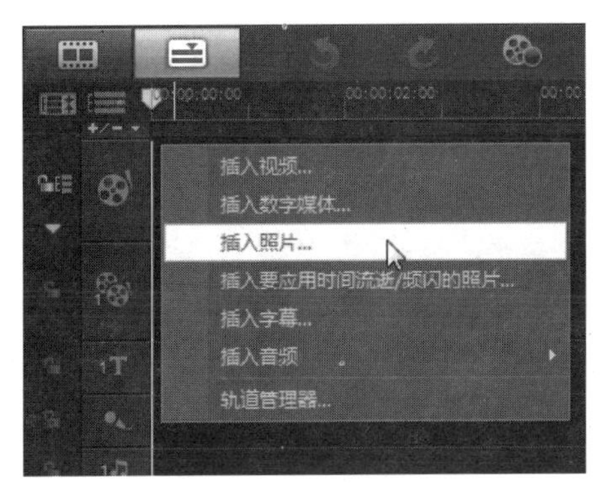

01 在项目时间轴上单击鼠标右键，在弹出的菜单中选择“插入照片”命令。

02 在弹出的“插入照片”对话框中选择照片“光盘\源文件\第2天\素材\2206.jpg”，单击“确定”按钮。

03 切换到“滤镜”面板，在“滤镜”素材库的下拉列表中选择“自然绘图”类别。

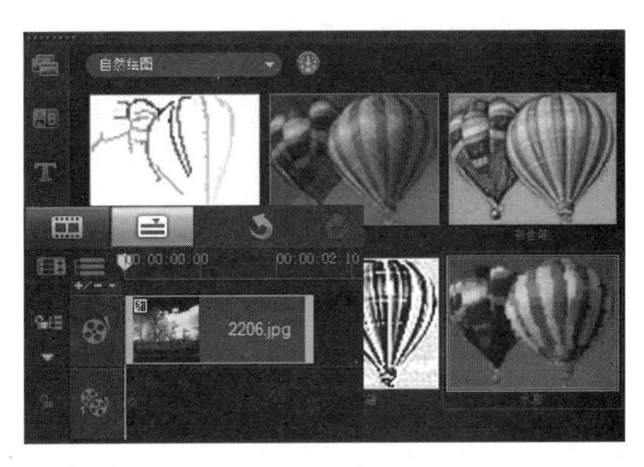

04 将“水彩”滤镜拖曳到视频轨的照片素材上，为其应用“水彩”滤镜。

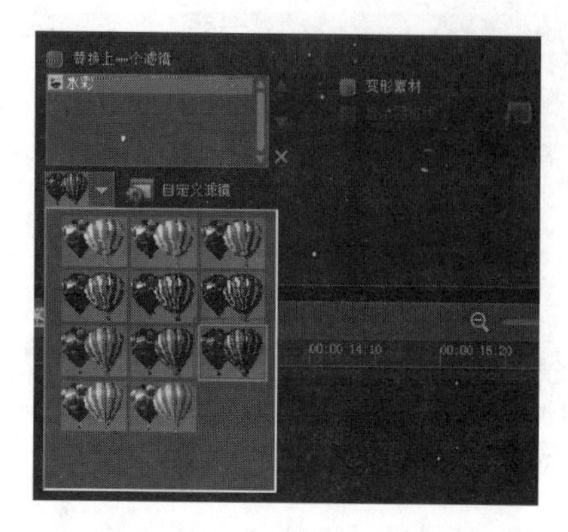

05 双击视频轨上的素材，打开“选项”面板，选中“水彩”滤镜，然后单击▼按钮，选择相应的预设效果。

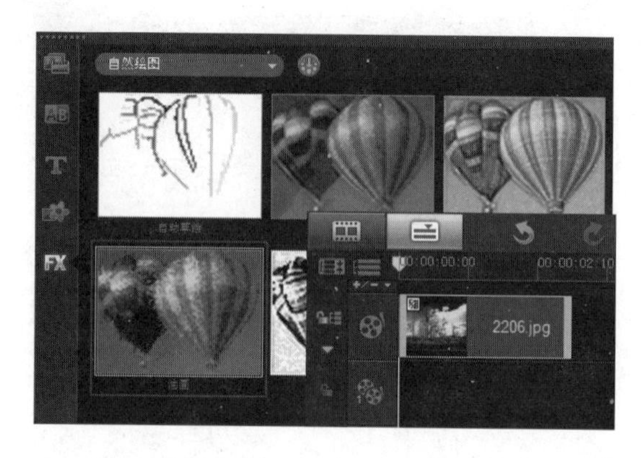

06 在“滤镜”素材库中将“油画”滤镜拖曳到视频轨的照片素材上。

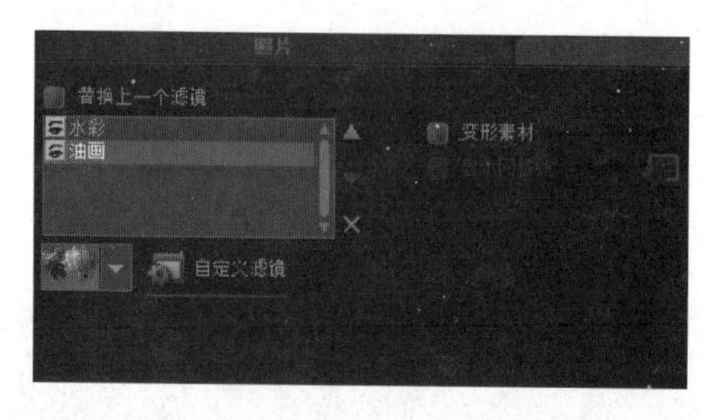

07 打开“选项”面板，选择“油画”滤镜，单击“自定义滤镜”按钮。

08 弹出“油画”对话框，设置“笔画长度”为10、“程度”为30。选择第2个关键帧，进行相同的设置。

09 单击“确定”按钮，完成“油画”对话框的设置，从而完成油画风格的处理，得到最终效果。

> ☆ 操作小贴士 ☆
>
> 在为素材添加多个滤镜时需要注意滤镜的顺序，在“选项”面板中，素材会先应用位于上层的滤镜，然后再应用下一层的滤镜。很多时候，滤镜的数量和参数设置不变，只需要调整滤镜的先后顺序就能产生截然不同的效果。

8 / 制作细雨蒙蒙效果

特殊的滤镜可以模拟云、雨、闪电等自然效果。在本实例中，首先会利用多个“暗房”类滤镜调整素材的亮度和色调，使之符合我们要模拟的天气环境，然后使用“雨点”滤镜模拟下雨的效果。

使用到的技术	“色调和饱和度”滤镜、“自动调配”滤镜、“雨点”滤镜
学习时间	10分钟
视频地址	光盘\视频\第2天\制作细雨蒙蒙效果.swf
源文件地址	光盘\源文件\第2天\制作细雨蒙蒙效果.VSP

01 打开会声会影X4，将视频素材“光盘\源文件\第2天\素材\2207.jpg”插入到项目时间轴中。

02 打开“选项”面板，设置“照片区间”为8秒。

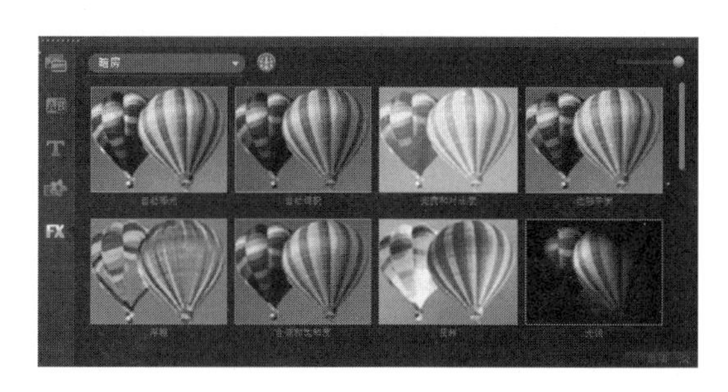

03 切换到“滤镜”面板，在“滤镜”素材库的下拉列表中选择“暗房”类别。

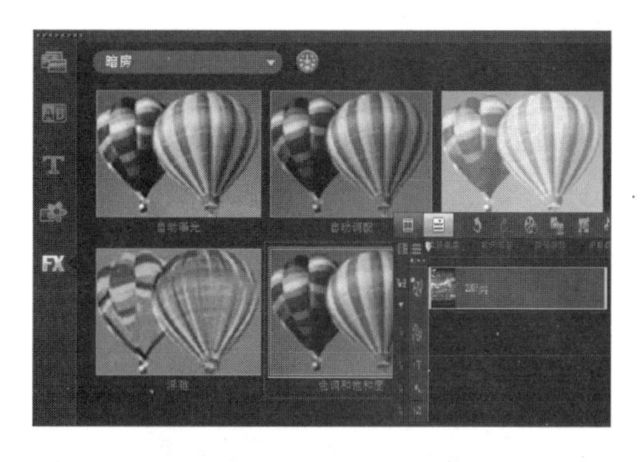

04 将“色调和饱和度”滤镜拖曳到视频轨的照片素材上，并为其应用“色调和饱和度”滤镜。

05 打开“选项”面板，单击“自定义滤镜”按钮，弹出“色调和饱和度”对话框，设置“色调”为10、“饱和度”为-60。

06 选择第2个关键帧，进行相同的设置。单击“确定”按钮，完成“色调和饱和度”对话框的设置。

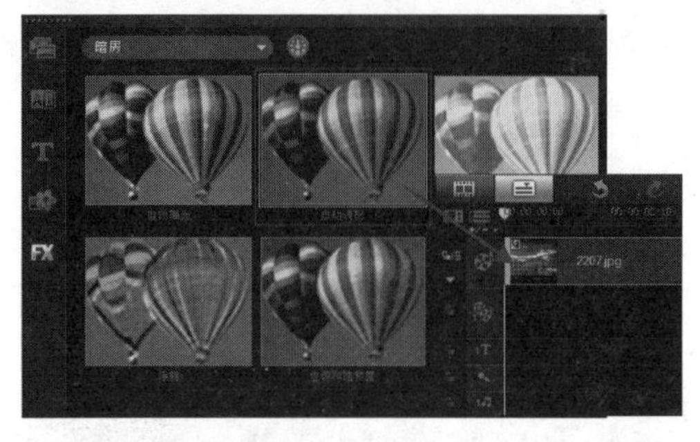

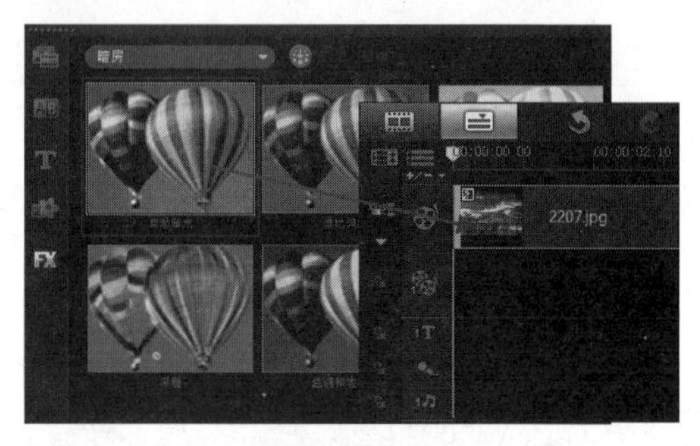

07 在“滤镜”素材库中选择“自协调配”滤镜，将其拖动到视频轨的素材上。

08 在“滤镜”素材库中选择“自动曝光”滤镜，将其拖动到视频轨的素材上。

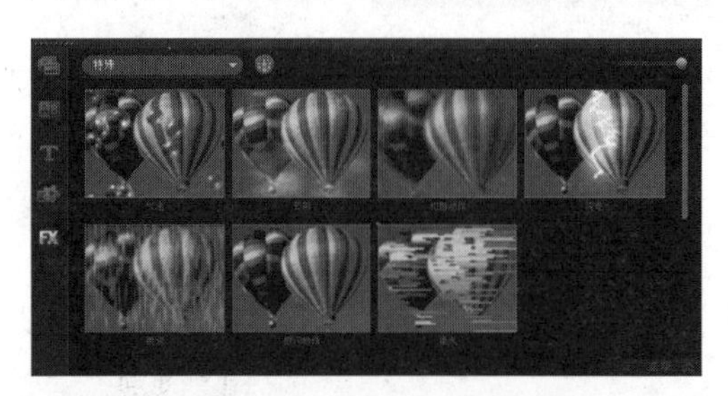

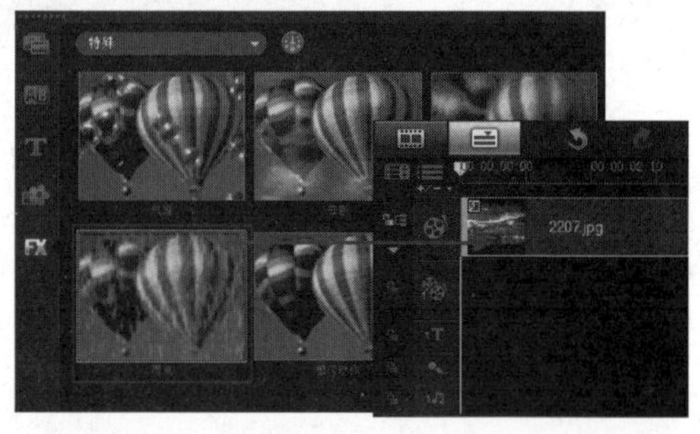

09 在“滤镜”素材库的下拉列表中选择“特殊”类别。

10 选择“雨点”滤镜，将其拖动到视频轨的素材上。

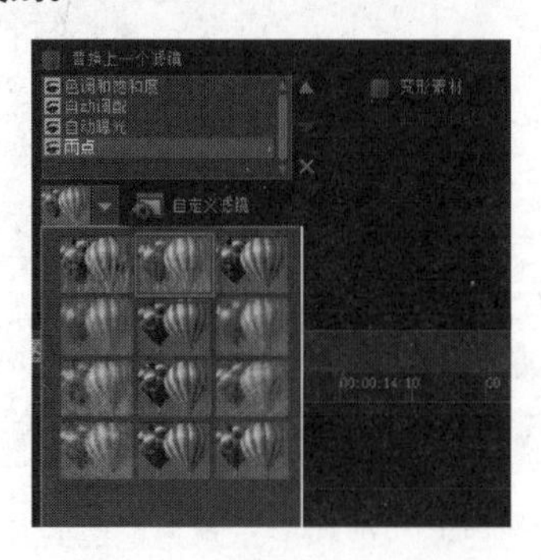

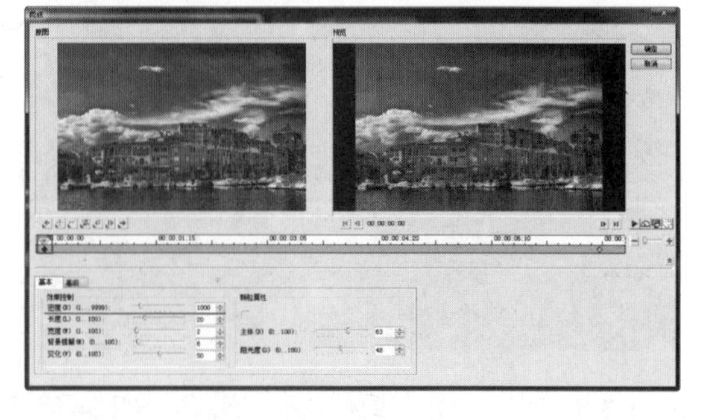

11 打开“选项”面板，选择“雨点”滤镜，然后单击▾按钮，选择相应的预设效果。

12 单击“自定义滤镜”按钮，弹出“雨点”对话框，选择第1个关键帧，进行相应的设置。

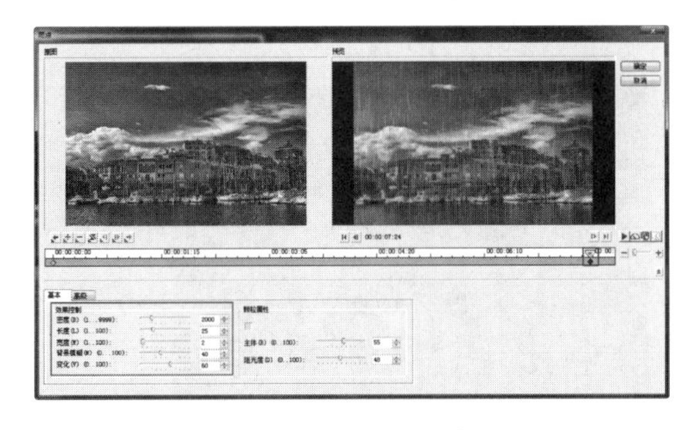

13 在“雨点”对话框中选择第2个关键帧，进行相应的设置。

14 单击“确定”按钮，完成“雨点”对话框的设置。

15 完成细雨蒙蒙效果的处理，得到最终效果。

☆ 操作小贴士 ☆

特殊类滤镜都是根据两个帧的参数差值产生动态的效果，例如，利用“密度”参数的差值可以产生雨越下越大或越下越小的效果，利用“风向”参数的差值可以模拟风向的变化。雨点类动态的滤镜不能使用复制粘贴的方法复制关键帧的参数，否则不能产生动态效果。

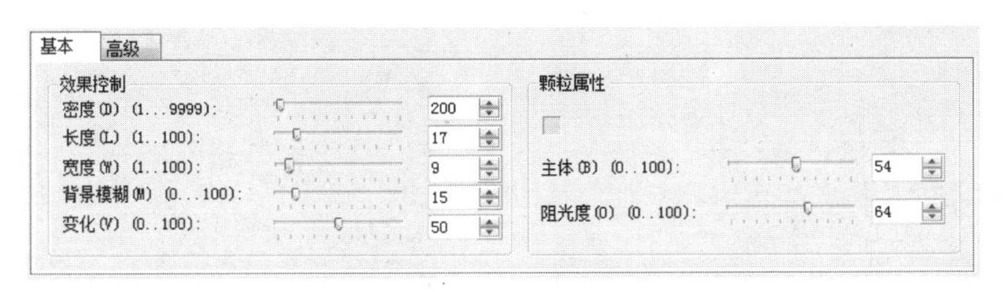

9 / 制作雪花飞舞效果

使用会声会影中的“雨点”滤镜不仅可以制作出下雨的效果，还可以制作出雪花飞舞的效果。本实例使用上一实例所制作的项目，经过一些简单的调整后制作出雪花飞舞的效果。

使用到的技术	“雨点”滤镜
学习时间	10分钟
视频地址	光盘\视频\第2天\制作雪花飞舞效果.swf
源文件地址	光盘\源文件\第2天\制作雪花飞舞效果.VSP

01 复制上一个实例项目，并将复制得到的项目重命名为“制作雪花飞舞效果.VSP”。在会声会影X4中打开该文件。

02 在视频轨的素材上单击鼠标右键，在弹出的菜单中选择“替换素材>照片”命令。

03 在弹出的对话框中选择需要替换成的素材“光盘\源文件\第2天\素材\2208.jpg”，单击“打开”按钮，替换素材。

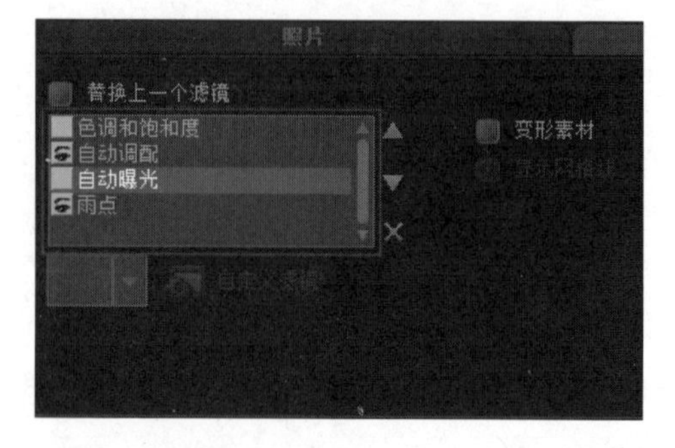

04 双击视频轨上的素材，打开“选项”面板，将“色调和饱和度”和“自动曝光”滤镜关闭。

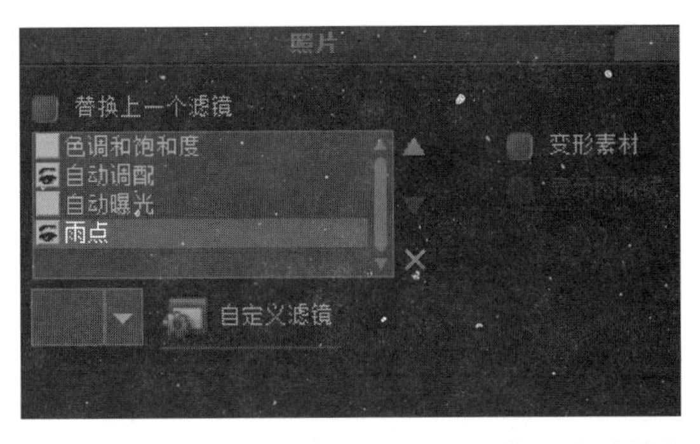

05 选中“雨点”滤镜，单击“自定义滤镜”按钮。

06 弹出“雨点”对话框，选择第一个关键帧，对相关选项进行设置。

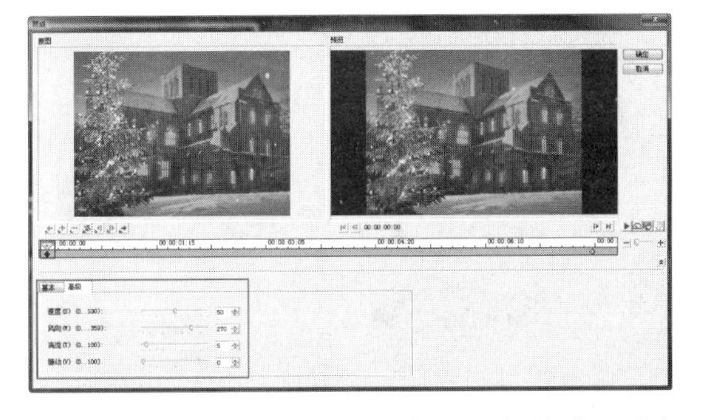

07 切换到“高级”选项卡，对相关选项进行设置。

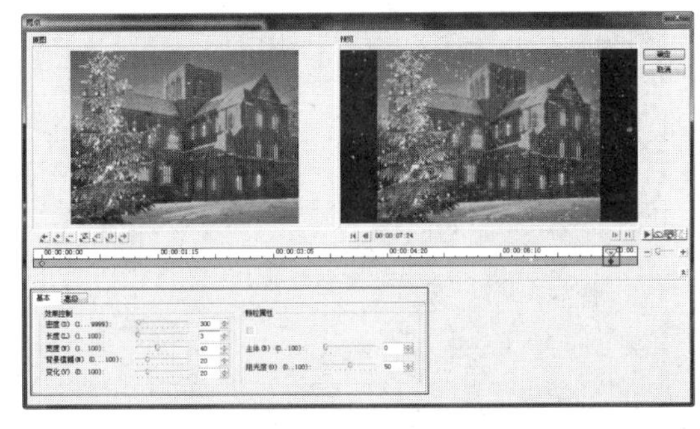

08 选择第二个关键帧，对“基本”选项卡中的相关选项进行设置。

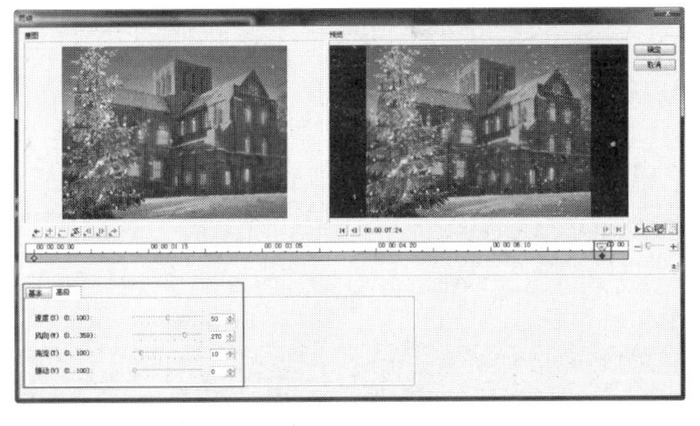

09 切换到“高级”选项卡，对相关选项进行设置。

10 单击“确定”按钮，完成“雨点”对话框的设置。

11 完成雪花飞舞动画效果的制作，在预览窗口中单击“播放”按钮，可以看到所制作的雪花飞舞的动画效果。

☆ 操作小贴士 ☆

在“雨点”对话框的“基本”选项卡中可以设置雨的形态，在“高级”选项卡中可以设置雨的运动。大家只要把握好雨的形态和运动规律，就可以模拟出真实的下雨效果。

10 / 制作镜头光晕效果

使用会声会影X4中的“镜头闪光”滤镜，可以将具有真实感的物理光斑和光晕效果添加到素材上，为影片增加气氛。在本实例中，我们来学习“镜头闪光”滤镜的设置方法。

- 使用到的技术　“镜头闪光”滤镜
- 学习时间　10分钟
- 视频地址　光盘\视频\第2天\制作镜头光晕效果.swf
- 源文件地址　光盘\源文件\第2天\制作镜头光晕效果.VSP

01 打开会声会影X4，将图像素材“光盘\源文件\第2天\素材\2209.jpg”插入到项目时间轴中。

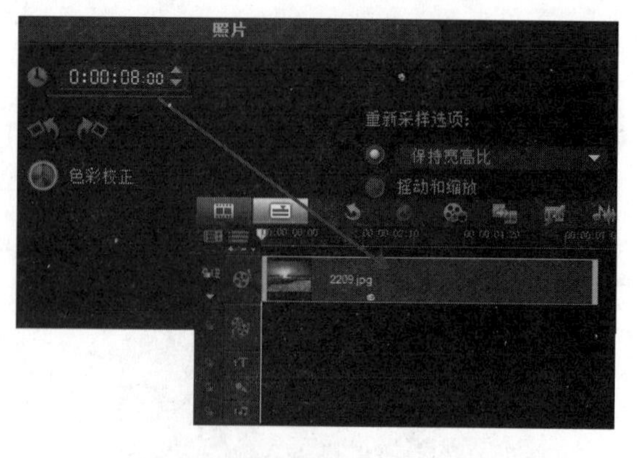

02 双击视频轨上的素材，打开“选项”面板，设置“照片区间”为8秒。

03 切换到“滤镜”素材库，在该素材库的下拉列表中选择“相机镜头”类别。

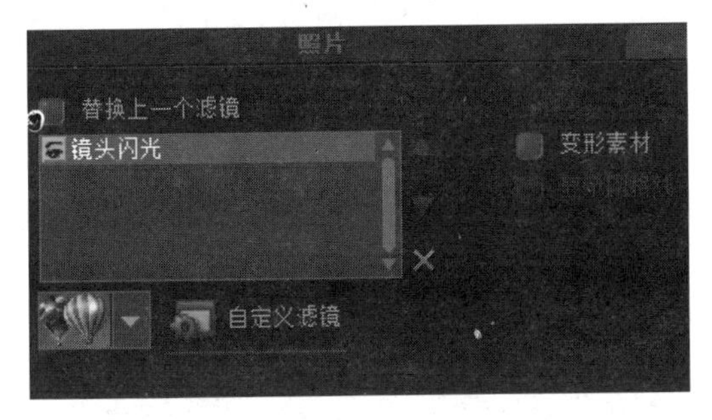

04 将“镜头闪光”滤镜拖曳到视频轨的素材上，为其添加该滤镜。

05 打开“选项”面板，选中“镜头闪光”滤镜，单击“自定义滤镜”按钮。

06 弹出“镜头闪光”对话框，在“镜头类型”下拉列表中选择“50～300mm缩放”选项，并调整十字标记的位置。

07 对第一个关键帧上的其他相关选项进行设置。

08 选择第二个关键帧，调整十字标记的位置，并对相关选项进行设置。

09 单击“确定”按钮，完成“镜头闪光”对话框的设置。完成镜头光晕动画效果的制作后，在预览窗口中单击“播放”按钮，可以看到所制作的镜头光晕效果。

☆ 操作小贴士 ☆

在“镜头闪光”对话框中，“亮度”选项用于设置产生光晕的光源亮度，“额外强度”选项用于设置光晕的亮度。如果不希望光晕的位置发生变化，就可以选中“静止”复选框。

除了“镜头闪光”滤镜以外，“光芒”、“星形”和“缩放动作”滤镜也可以产生光芒的效果，充分利用这些滤镜可以为影片增加气氛和趣味性。

11 / 制作画中画效果

画中画是指在主画面中插入一个或多个尺寸较小的画面，从而达到同时显示多个镜头的目的。画中画能够在同一时间内向观众传送更多、更炫目、更全面的视觉信息。在本实例中，我们将通过使用会声会影X4中的“画中画”滤镜制作出画中画效果。

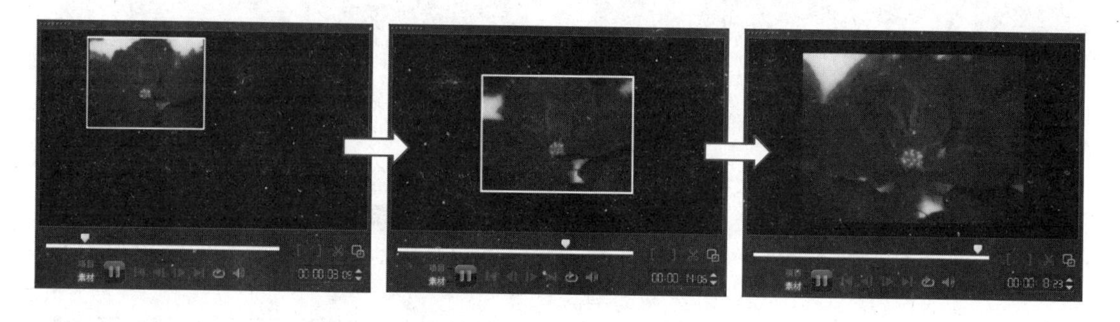

- 使用到的技术　“画中画”滤镜
- 学习时间　20分钟
- 视频地址　光盘\视频\第2天\制作画中画效果.swf
- 源文件地址　光盘\源文件\第2天\制作画中画效果.VSP

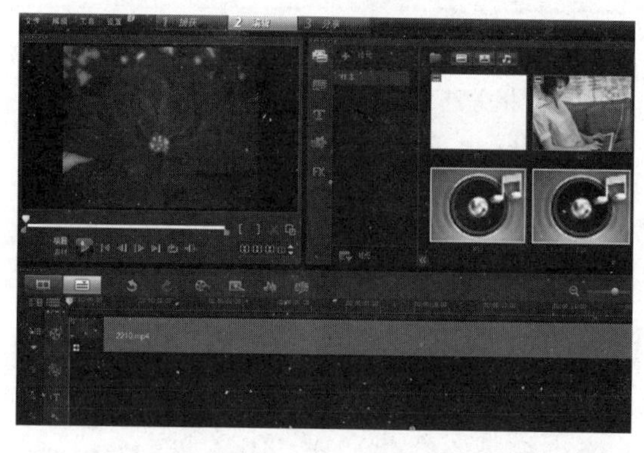

01 打开会声会影X4，将视频素材“光盘\源文件\第2天\素材\2210.mp4”插入到项目时间轴中。

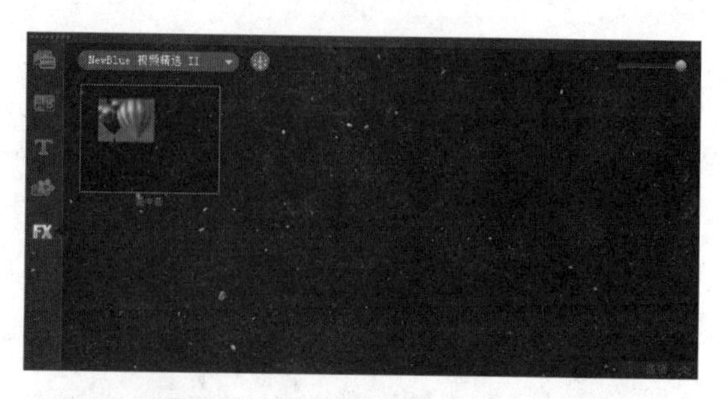

02 切换到“滤镜”素材库，在该素材库的下拉列表中选择“NewBlue视频精选II”类别。

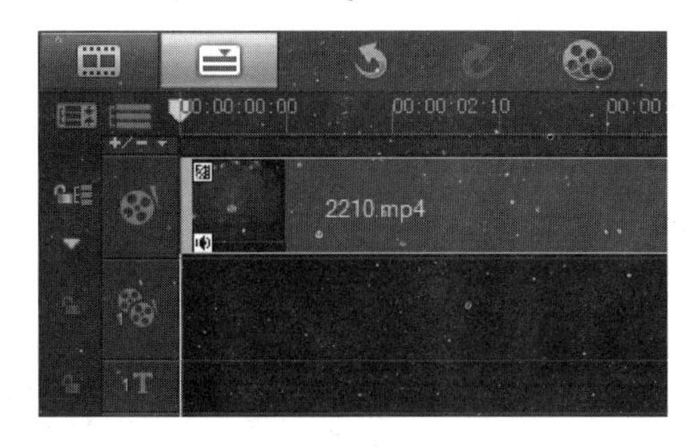

03 将“画中画”滤镜拖曳到视频轨的素材上，为其应用该滤镜。

04 双击视频轨上的素材，打开“选项”面板，选择“画中画”滤镜，然后单击“自定义滤镜”按钮。

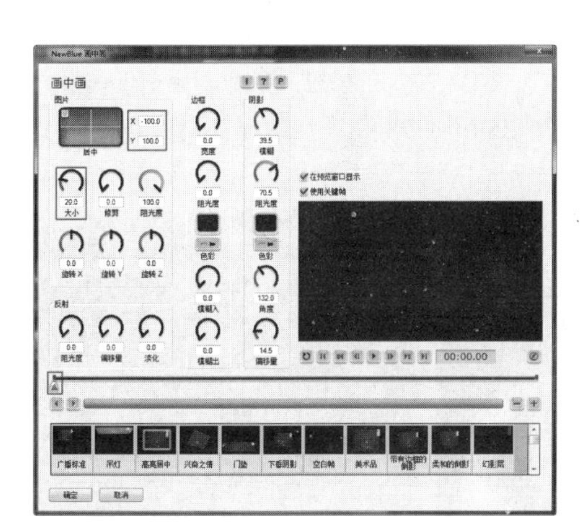

05 弹出“NewBlue画中画”对话框，将擦洗器拖曳到第一帧位置，设置X为-100、Y为100、“大小”为20。

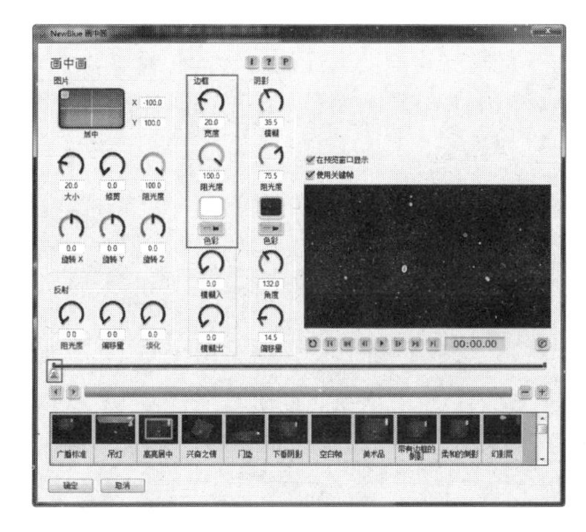

06 在“边框”选项组中设置“宽度”为20、“阻光度”为100、“色彩”为白色。

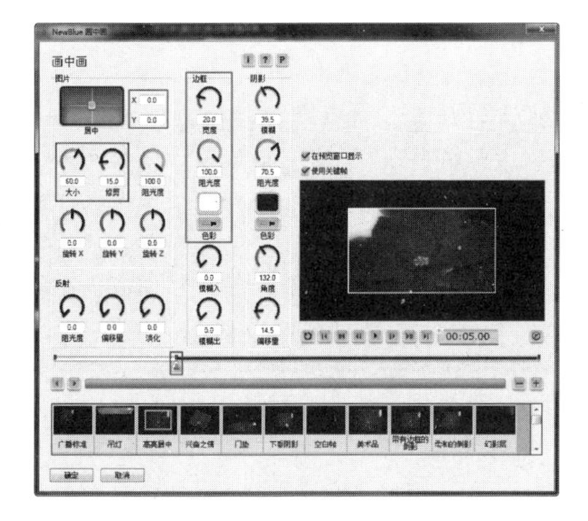

07 将擦洗器拖曳到5秒位置，设置X和Y均为0、“大小”为60、“修剪”为15。在“边框”选项组中设置“宽度”为20、“阻光度”为100、“色彩”为白色。

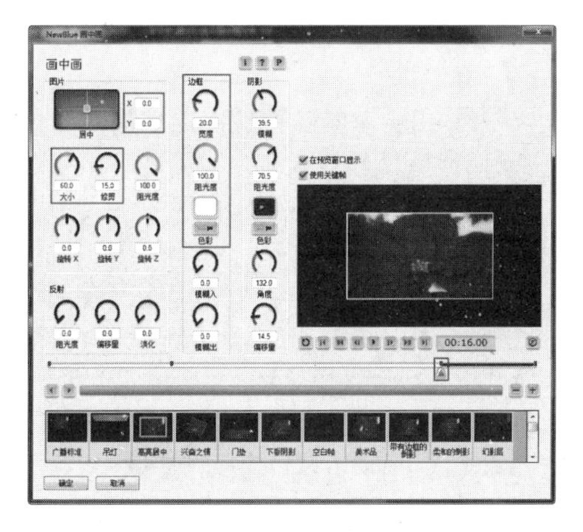

08 将擦洗器拖曳到16秒位置，并将该关键帧上的参数设置为与5秒位置的相同。

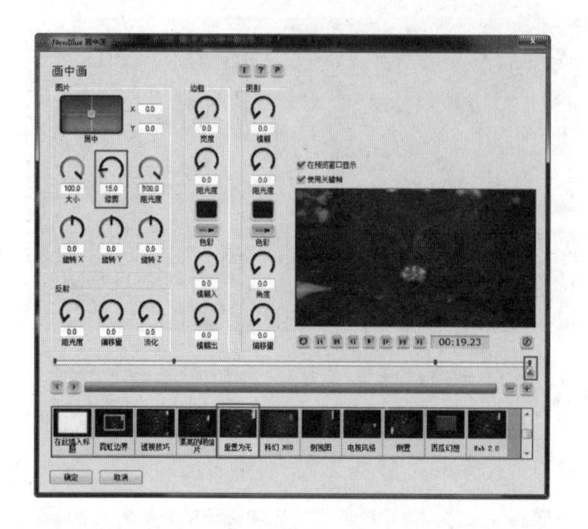

09 将擦洗器拖曳到最后一帧的位置，单击预设栏中的“重设为无”缩览图，并设置Y为0、“修剪”为15。

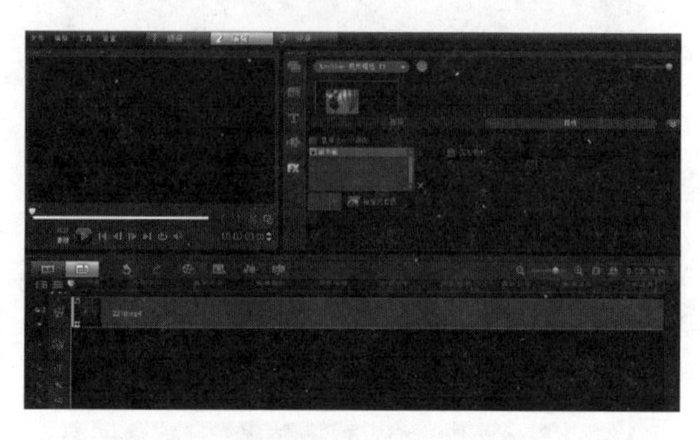

10 单击“确定”按钮，完成“NewBlue画中画”对话框的设置。

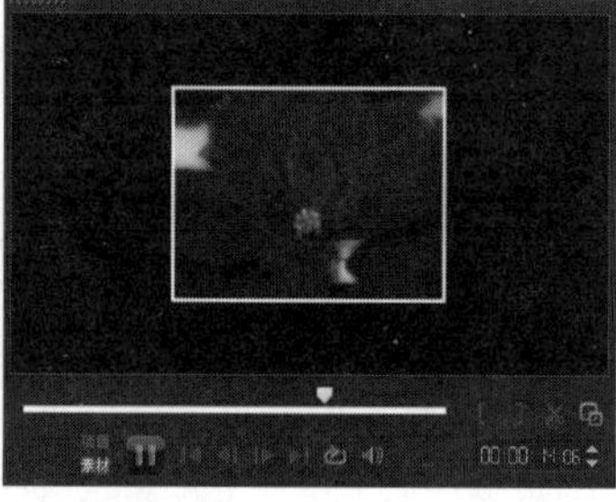

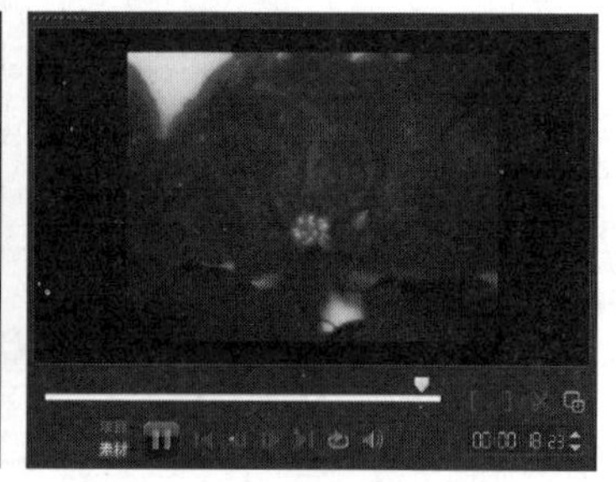

11 完成画中画效果的制作，在预览窗口中单击“播放”按钮，可以看到所制作的画中画效果。

☆ 操作小贴士 ☆

“NewBlue画中画”滤镜没有提供复制和粘贴关键帧的功能，如果需要快速设置两个参数完全相同的关键帧，则可以在需要复制关键帧的位置单击按钮P，在弹出的菜单中选择“将预设另存为”，将擦洗器拖动到粘贴关键帧的位置，再次单击按钮P，在弹出的菜单中选择“打开预设”命令。

要制作真正的画中画效果，需要使用“画中画”滤镜配合覆叠轨和色度键功能实现，该部分功能我们将会在第3天的学习中进行讲解。

12 / 制作动态涟漪效果

在会声会影X4中还可以制作出模拟水面动态涟漪的效果，本实例将首先使用“FX涟漪”滤镜制作出动态的水面涟漪效果，然后使用“平均”滤镜制作出模糊的涟漪消退的效果。

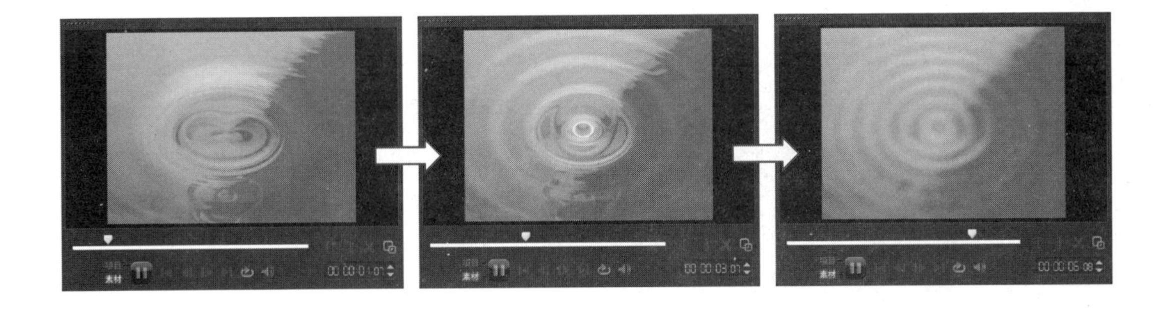

- 使用到的技术　“FX涟漪”滤镜、“平均”滤镜
- 学习时间　15分钟
- 视频地址　光盘\视频\第2天\制作动态涟漪效果.swf
- 源文件地址　光盘\源文件\第2天\制作动态涟漪效果.VSP

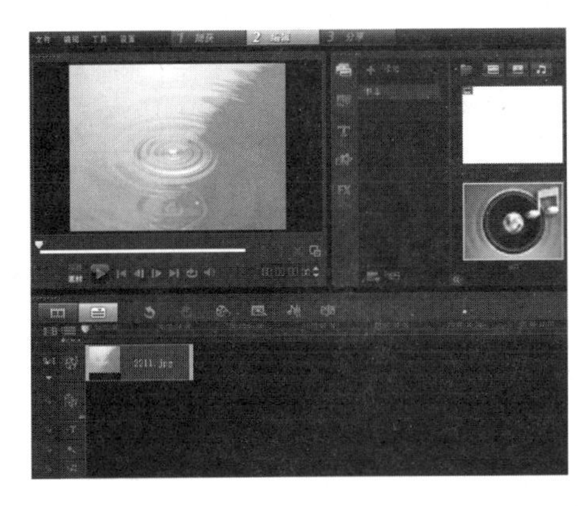

01 打开会声会影X4，将图像素材“光盘\源文件\第2天\素材\2211.jpg”插入到项目时间轴中。

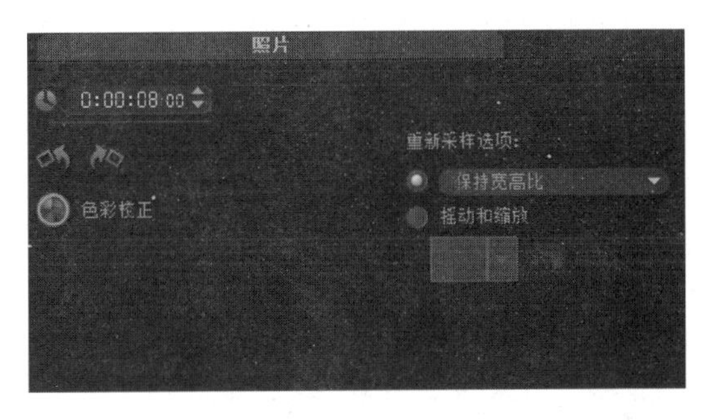

02 双击视频轨上的素材，打开“选项”面板，设置“照片区间”为8秒。

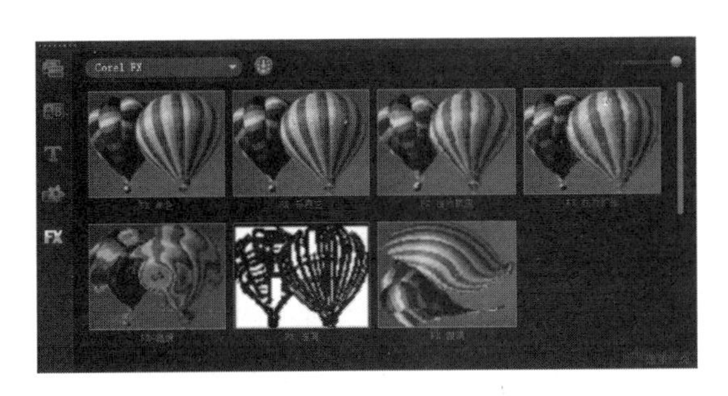

03 切换到“滤镜”素材库，在素材下拉列表中选择“Corel FX”类别。

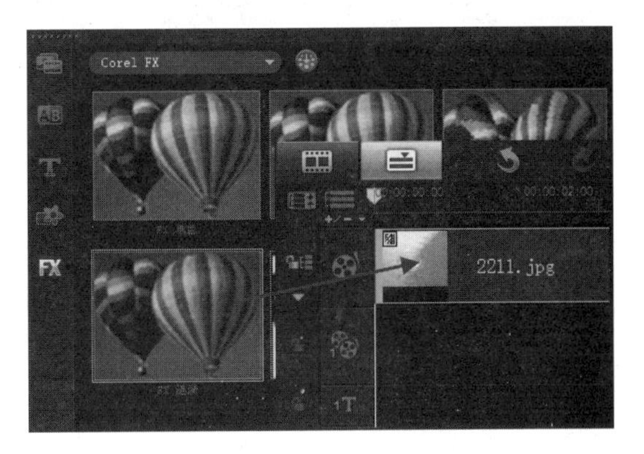

04 将“FX涟漪”滤镜拖曳到视频轨的素材上。

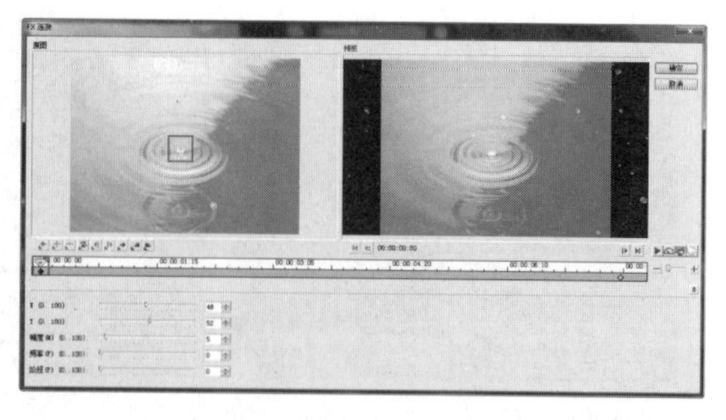

05 双击视频轨上的素材，打开“选项”面板，进入“属性”选项卡，单击“自定义滤镜”按钮。

06 弹出“FX涟漪”对话框，选中第一个关键帧，拖曳调整波纹的中心，其他参数采用默认设置。

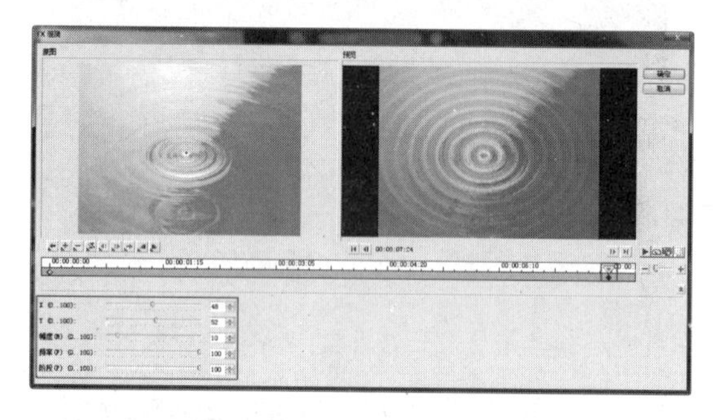

07 选择第二个关键帧，对相关选项进行设置。

08 单击“确定”按钮，完成“FX涟漪”对话框的设置。在“滤镜”素材库的下拉列表中选择“焦距”类别。

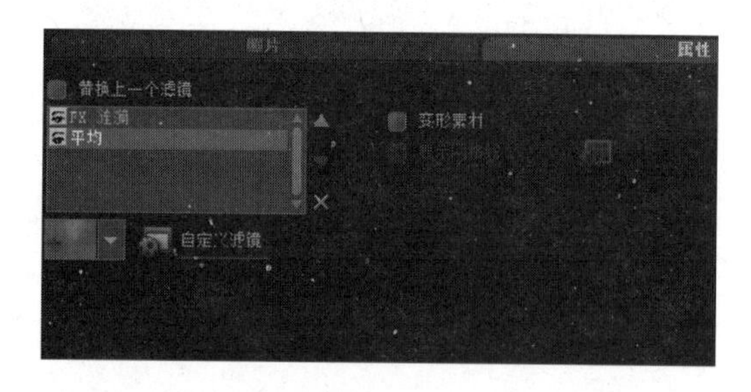

09 将“平均”滤镜拖曳到视频轨的素材上。

10 打开“选项”面板，选择“平均”滤镜，单击“自定义滤镜”按钮。

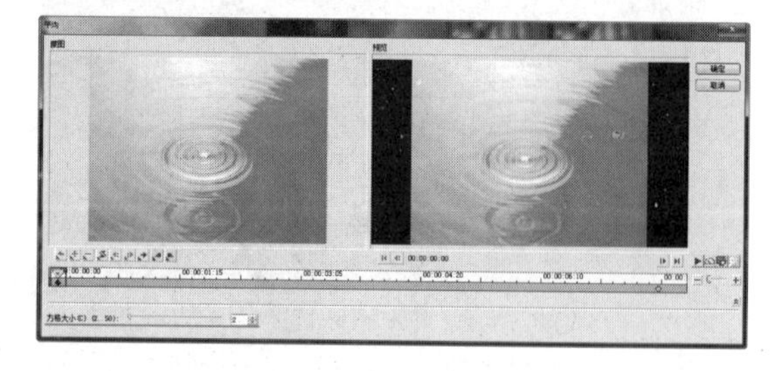

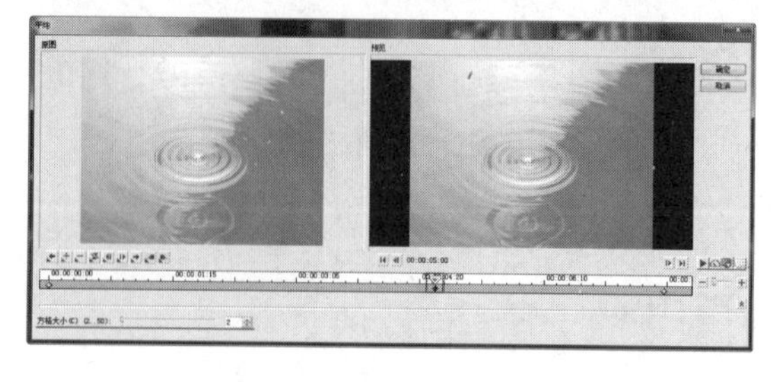

11 弹出“平均”对话框，选择第一个关键帧，设置“方格大小”为2。

12 将擦洗器拖曳至5秒位置，单击“添加关键帧”按钮，插入关键帧，设置该关键帧上的“方格大小”为2（最后一个关键采用帧默认设置）。

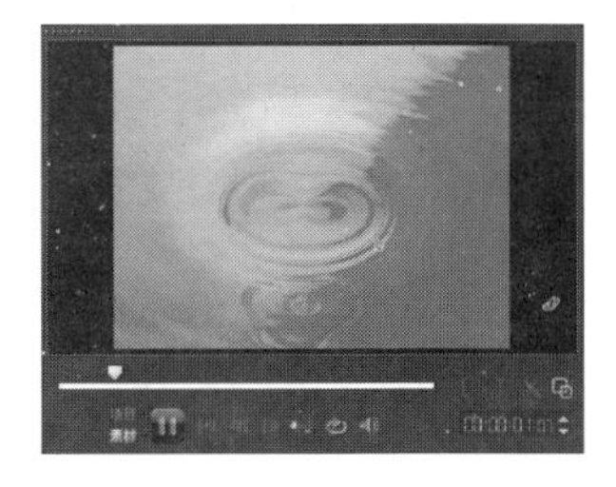

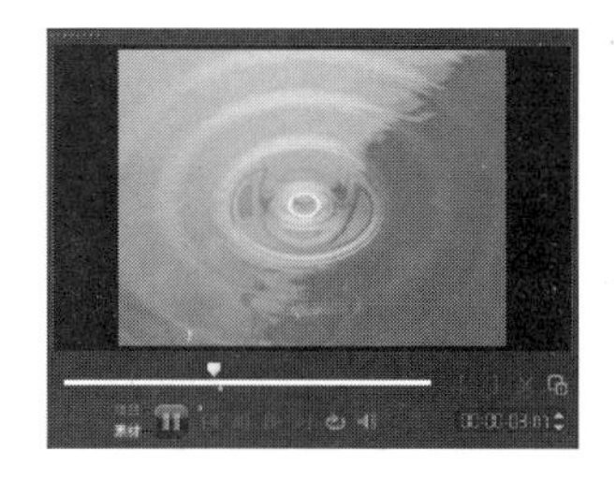

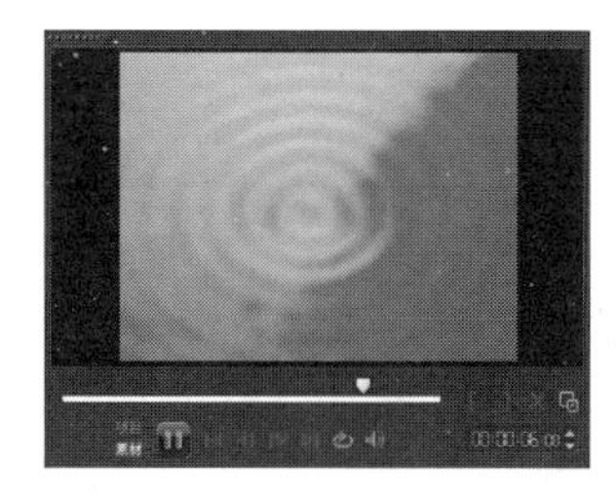

13 单击“确定”按钮，完成“平均”对话框的设置，从而完成涟漪效果的制作。在预览窗口中单击“播放”按钮，可以看到所制作的涟漪效果。

☆ 操作小贴士 ☆

在会声会影的“二维映射”类滤镜中提供了更多的变形类滤镜，使用这些变形类滤镜除了可以制作变形或扭曲效果以外，还可以模拟涟漪、水流等物理现象。

13 / 制作聚光灯效果

聚光灯效果是视频处理中的一种常见效果，通过使用会声会影中的“光线”滤镜可以轻松实现这一效果。在本实例中，我们将使用“光线”滤镜制作类似聚光灯的动态照明效果。

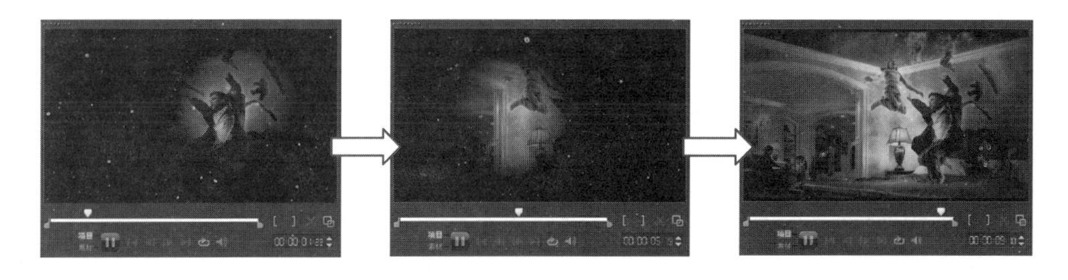

- 使用到的技术　“光线”滤镜
- 学习时间　15分钟
- 视频地址　光盘\视频\第2天\制作聚光灯效果.swf
- 源文件地址　光盘\源文件\第2天\制作聚光灯效果.VSP

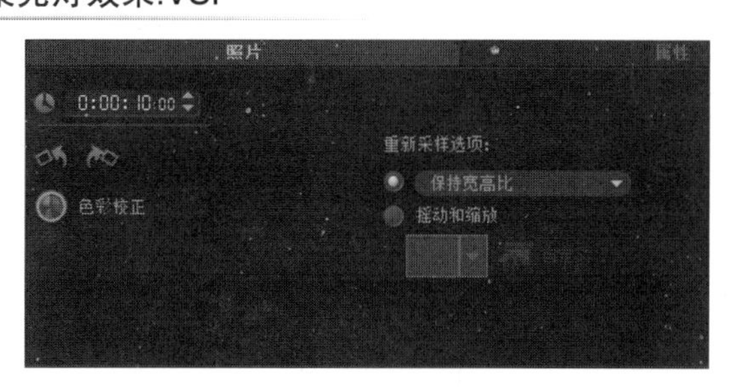

01 打开会声会影X4，将图像素材“光盘\源文件\第2天\素材\2212.jpg”插入到项目时间轴中。

02 双击视频轨上的素材，打开“选项”面板，设置“照片区间”为10秒。

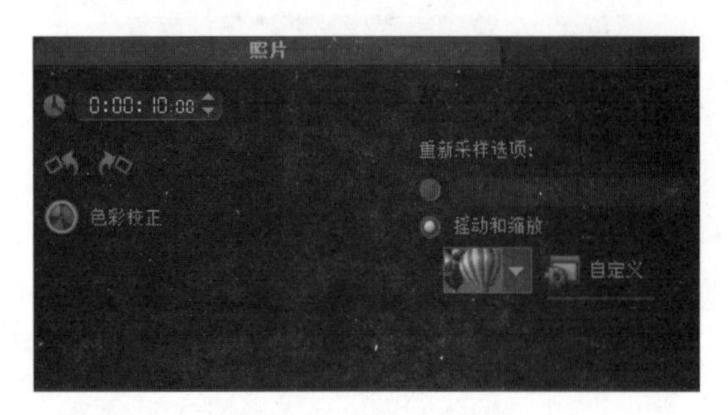

03 选中“摇动和缩放”单选按钮，单击“自定义”按钮。

04 弹出“摇动和缩放”对话框，设置“缩放率”为130%，然后在“停靠”选项组中单击右侧中间的按钮。

05 选择第二个关键帧，设置“缩放率”为120%，然后在“停靠”选项组中单击左侧中间的按钮。

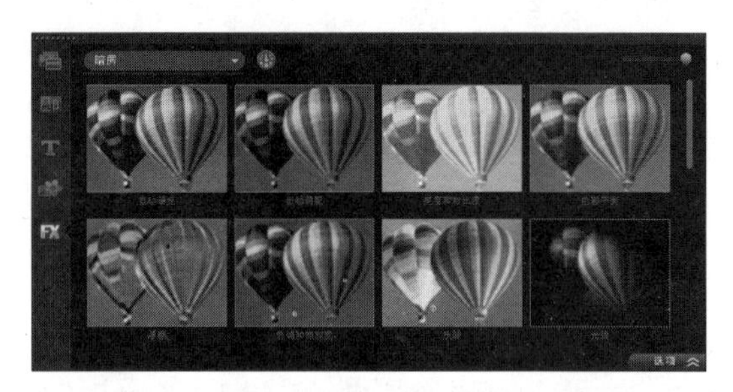

06 单击“确定”按钮，完成“摇动和缩放”对话框的设置。切换到“滤镜”素材库，在素材下拉列表中选择“暗房”类别。

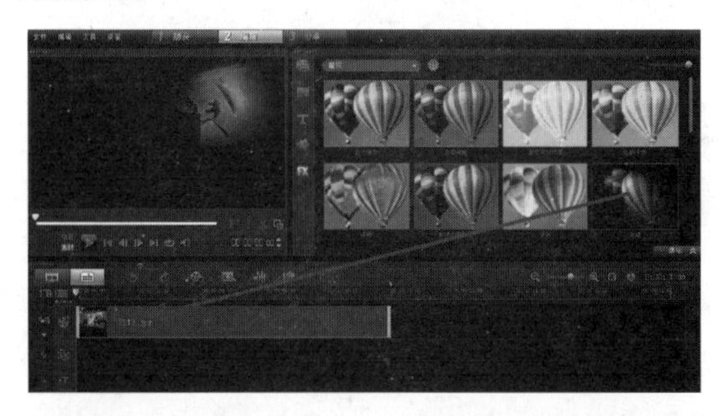

07 选中“光线”滤镜，将其拖曳至视频轨的素材上。

08 在“选项”面板中单击“自定义滤镜”按钮，弹出“光线”对话框。

09 选择第一个关键帧，设置“光线色彩”为浅黄色、“高度”为90，然后调整十字光标的位置。

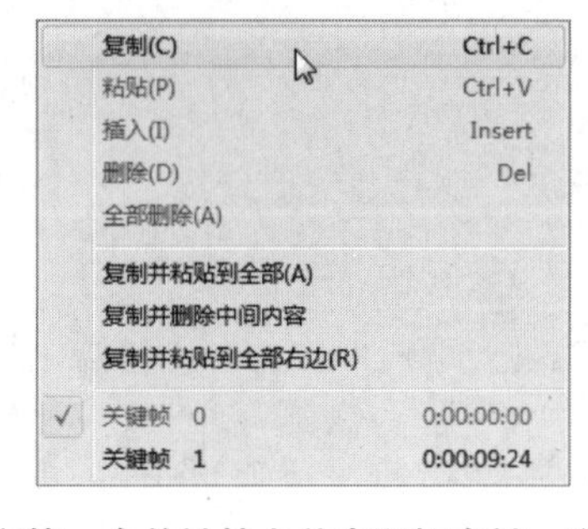

10 在第一个关键帧上单击鼠标右键，在弹出的菜单中选择“复制”命令。

11 将擦洗器拖曳至4秒位置，单击“添加关键帧”按钮，插入关键帧。在该关键帧上单击鼠标右键，在弹出的菜单中选择“粘贴”命令，并调整十字光标的位置。

12 将擦洗器拖曳至8秒位置，单击“添加关键帧”按钮，插入关键帧。在该关键帧上单击鼠标右键，在弹出的菜单中选择“粘贴”命令，并调整十字光标的位置。

13 选中最后一个关键帧，设置“光线色彩”为白色，“高度”和“发散”均为90。

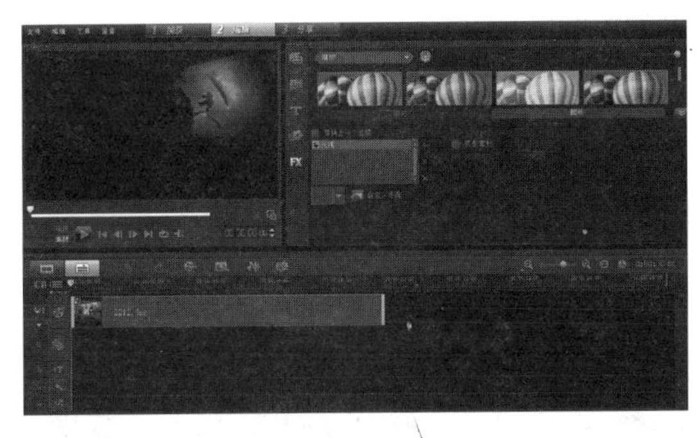

14 单击“确定”按钮，完成“光线”对话框的设置。

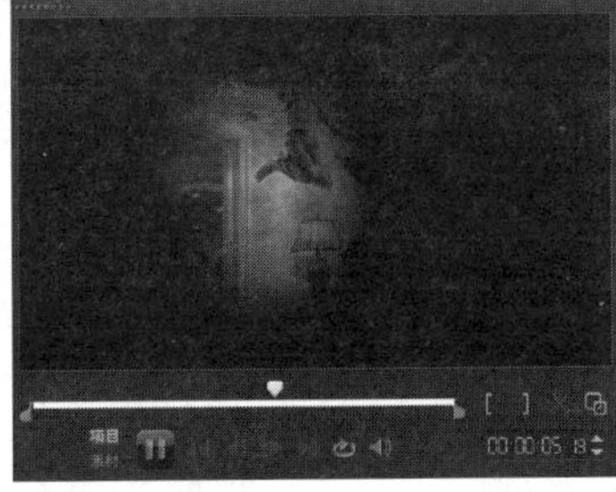

15 完成聚光灯效果的制作，在预览窗口中单击“播放”按钮，可以看到所制作的聚光灯效果。

☆ 操作小贴士 ☆

“光线”滤镜的应用范围很广，既可以模拟各类光的照明效果，也可以通过光线的颜色增强影片的气氛，还经常被应用到标题素材上模拟金属质感。

14 / 制作幻影入场效果

本实例我们将使用会声会影制作一个幻影入场的效果，在制作过程中，将综合使用“幻影动作”滤镜和“光线”滤镜制作出光线从无到有幻化入场的效果。

- 使用到的技术　“幻影动作”滤镜、“光线”滤镜
- 学习时间　15分钟
- 视频地址　光盘\视频\第2天\制作幻影入场效果.swf
- 源文件地址　光盘\源文件\第2天\制作幻影入场效果.VSP

01 打开会声会影X4，将图像素材“光盘\源文件\第2天\素材\2213.jpg”插入到项目时间轴中。

02 切换到“滤镜”素材库，在下拉列表中选择“特殊”类别。

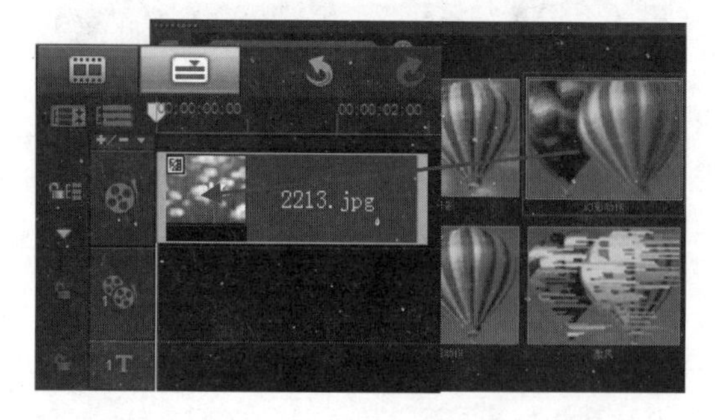

03 将“幻影动作”滤镜拖曳至视频轨的素材上。

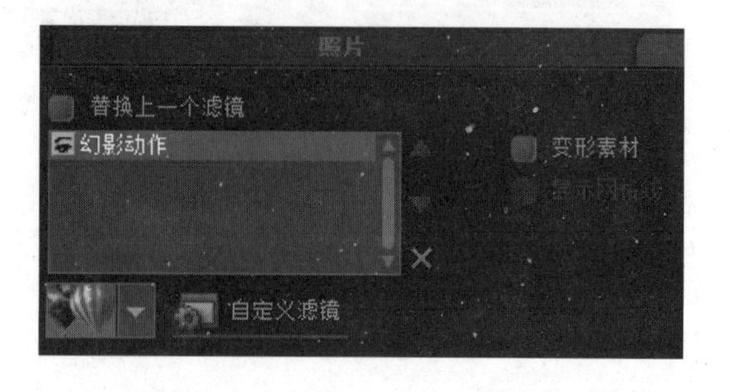

04 双击视频轨上的素材，打开“选项”面板，选中“幻影动作”滤镜，单击“自定义滤镜”按钮。

05 弹出“幻影动作”对话框，选择第一个关键帧，设置“步骤边框”为6、“缩放”为150、“透明度”为100。

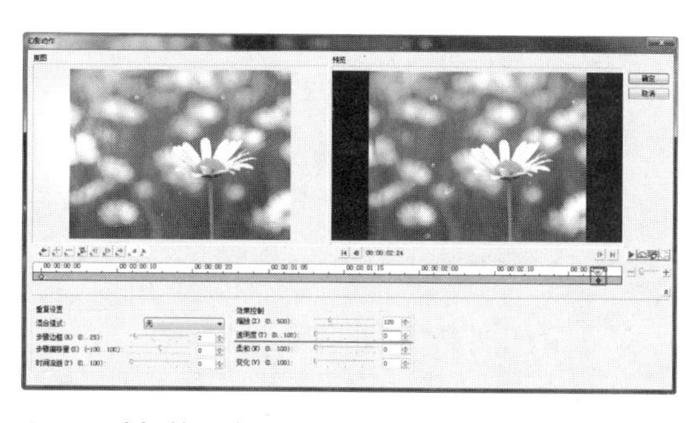

06 选择第二个关键帧，设置“透明度”为0。

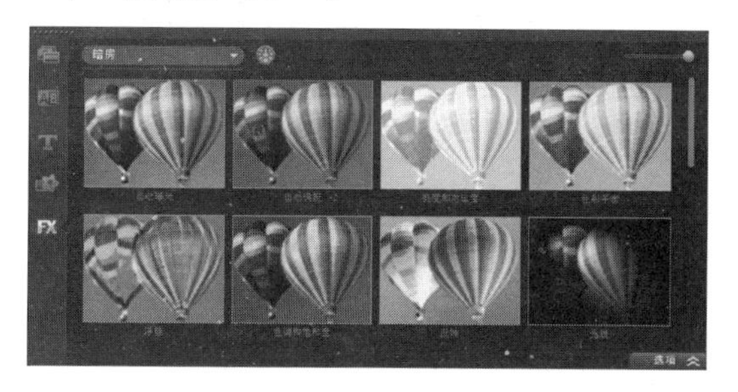

07 单击“确定”按钮，完成“幻影动作”对话框的设置。在“滤镜”素材库下拉列表中选择“暗房”类别。

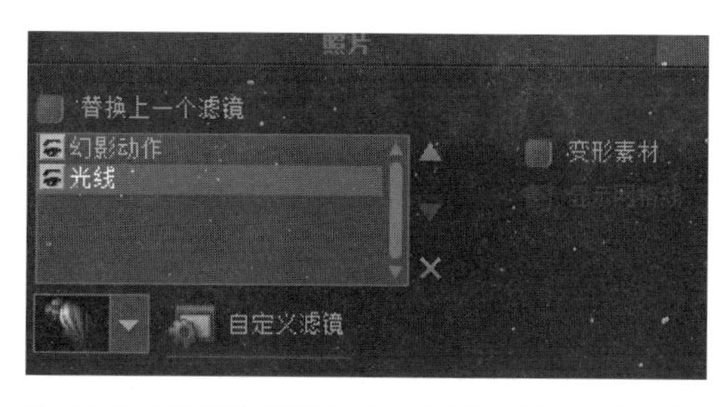

08 将“光线”滤镜拖曳至视频轨的素材上，打开“选项”面板，选择“光线”滤镜，然后单击“自定义滤镜”按钮。

09 弹出“光线”对话框，选择第一个关键帧，设置“光线色彩”为黄色。在“距离”下拉列表中选择“最远”，并对其他参数进行设置。

10 选择第二个关键帧，设置“光线色彩”为白色，并对其他相关参数进行设置。

11 单击“确定”按钮，完成“光线”对话框的设置，从而完成幻影入场效果的制作。在预览窗口中单击“播放”按钮，可以看到所制作的幻影入场效果。

☆ 操作小贴士 ☆

“幻影入场”滤镜经常被用于影片的片头部分或是标题素材上，从而表现出极具动感的入场效果。

15 / 制作动态手绘效果

会声会影中的“自动草绘”滤镜是一个可以模拟手绘过程的滤镜。在本实例中，将结合使用“自动草绘”滤镜与“水彩”滤镜制作出动态手绘的效果。

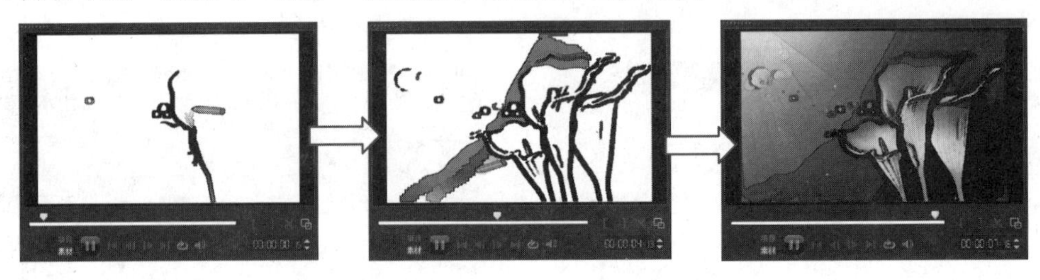

- 使用到的技术　“自动草绘”滤镜、“水彩”滤镜
- 学习时间　10分钟
- 视频地址　光盘\视频\第2天\制作动态手绘效果.swf
- 源文件地址　光盘\源文件\第2天\制作动态手绘效果.VSP

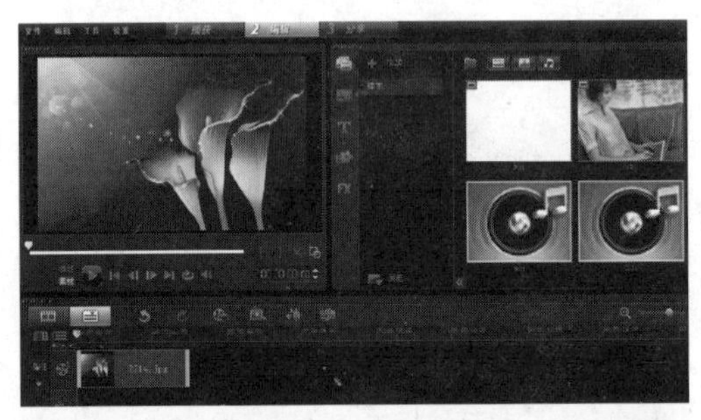

01 打开会声会影X4，将图像素材“光盘\源文件\第2天\素材\2214.jpg”插入到项目时间轴中。

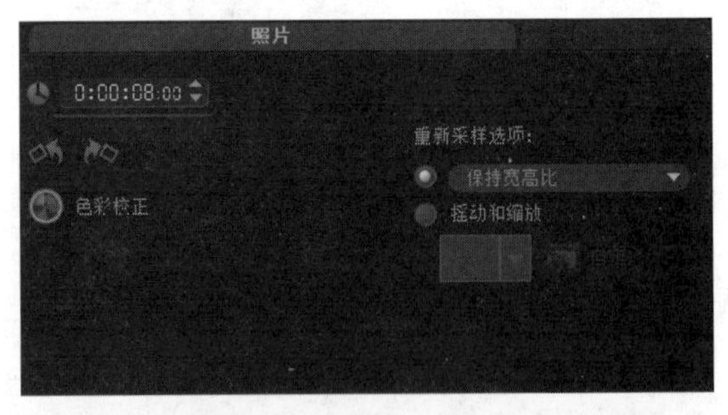

02 双击视频轨上的素材，打开“选项”面板，设置照片的“照片区间”为8秒。

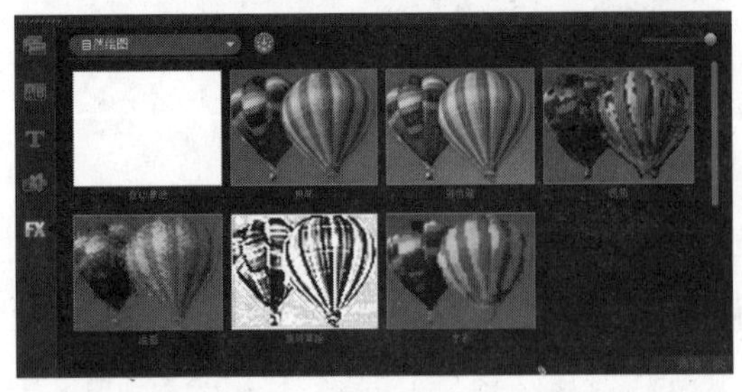

03 切换到“滤镜”素材库，在下拉列表中选择“自然绘图”类别。

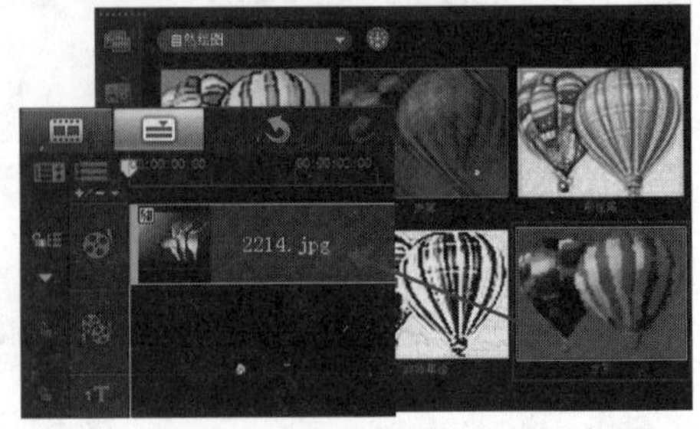

04 将“水彩”滤镜拖曳到视频轨的素材上，为该素材应用“水彩”滤镜。

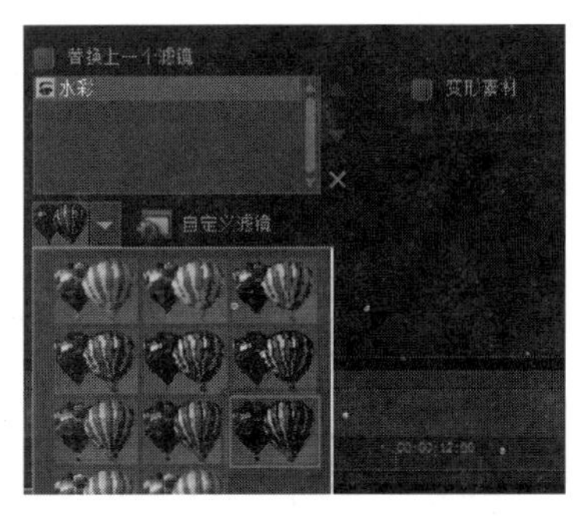

05 打开“选项”面板，选择“水彩”滤镜，然后单击按钮▾，选择相应的预设效果。

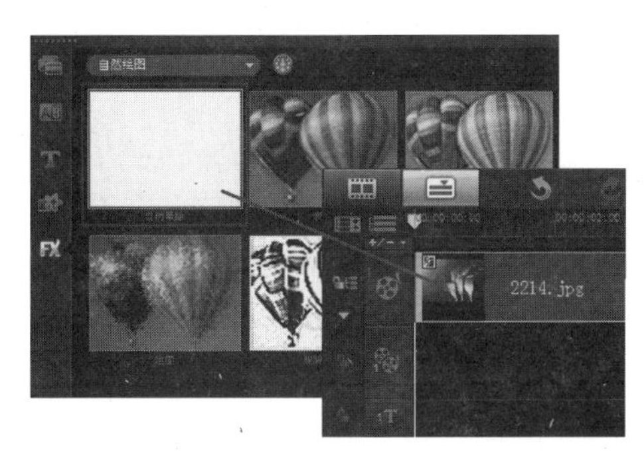

06 在“滤镜”素材库中选择“自动草绘”滤镜，将其拖曳至视频轨的素材上，为其应用该滤镜。

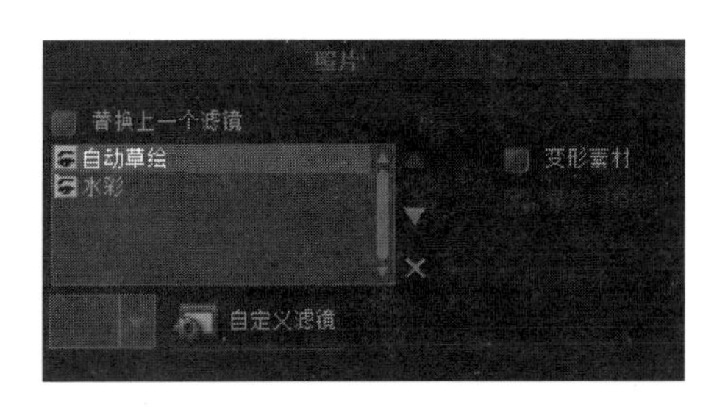

07 打开“选项”面板，选择“自动草绘”滤镜。单击“上移滤镜”按钮▲，将其移至“水彩”滤镜上方，然后单击“自定义滤镜”按钮。

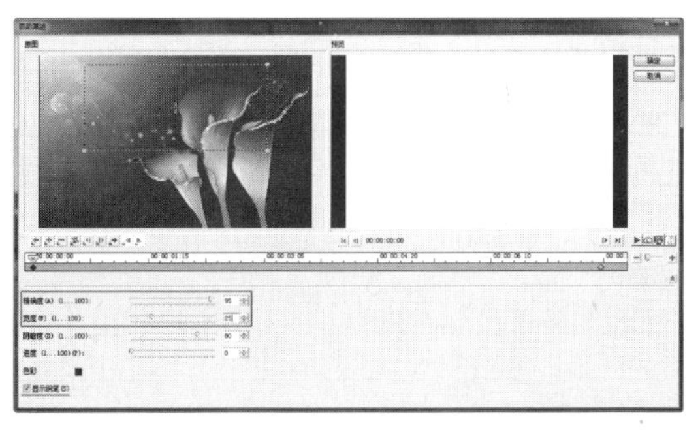

08 弹出“自动草绘”对话框，设置“精确度”为75、“宽度”为25，并选中“显示钢笔”复选框。对于第二个关键帧，采用默认设置。

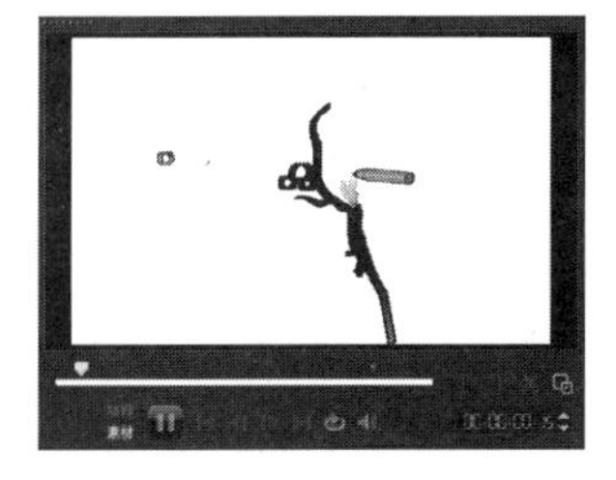

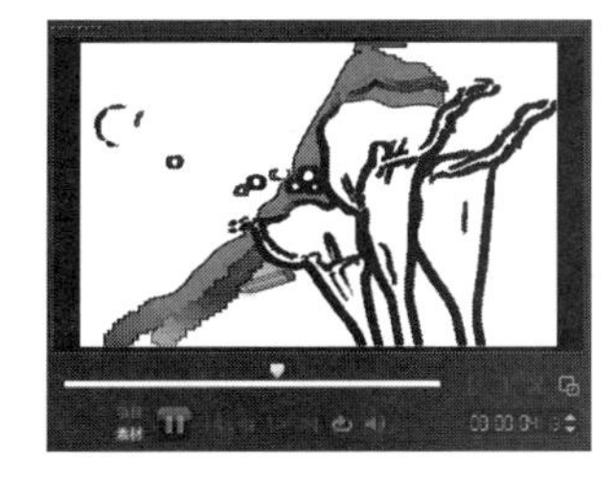

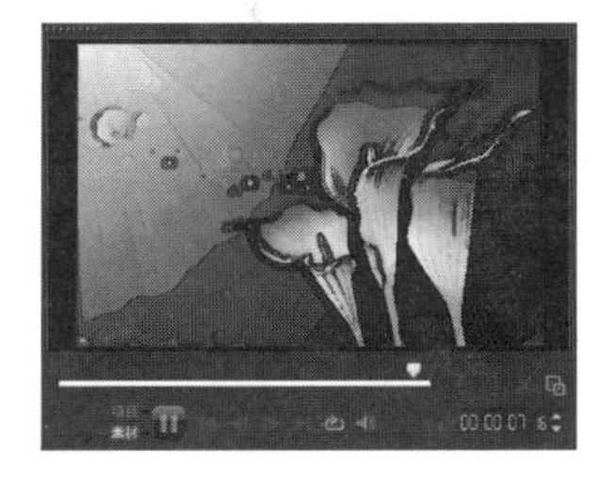

09 单击“确定”按钮，完成“自动草绘”对话框的设置，从而完成动态手绘效果的制作。在预览窗口中单击“播放”按钮，可以看到所制作的动态手绘效果。

☆ 操作小贴士 ☆

“自动草绘”滤镜与其他滤镜不同，添加新的关键帧没有作用，并且设置一个关键帧的参数，另一个关键帧的参数也会随之改变。

“自动草绘”滤镜的计算速度较慢，会影响影片的编辑速度。因此，读者可以在设置完“自动草绘”滤镜的参数后，在“选项”面板中暂时关闭该滤镜的显示，在完成全部影片的编辑后再开启“自动草绘”滤镜。

☆ 自我评价 ☆

通过多个视频基本编辑和滤镜效果处理的练习，大家能够深深感受到会声会影对视频和图像编辑处理的方便性。通过为视频或图像添加滤镜可以实现各种各样特殊的效果，但一天的时间是有限的，不可能将所有的滤镜都仔细讲解，读者需要利用业余的时间多思考、多练习，把基础打牢。

☆ 总结扩展 ☆

在今天的讲解中，主要向读者介绍了在会声会影中如何对视频进行基本的编辑处理，以及应用会声会影中的滤镜功能，制作出一些简单的效果，具体要求如下表：

	了解	理解	精通
设置项目属性的方法	√		
添加视频、图像素材		√	
设置素材区间			√
图像色彩校正		√	
摇动和缩放图像			√
素材变形操作	√		
分割视频素材			√
多重修整视频		√	
保存项目		√	
慢动作和快动作播放			√
反转播放视频		√	
“自动曝光”滤镜	√		
“亮度和对比度”滤镜		√	
“水彩”滤镜		√	
“油画”滤镜			√
“色调和饱和度”滤镜		√	
“雨点”滤镜			√
“镜头闪光”滤镜		√	
“画中画”滤镜		√	
“FX涟漪”滤镜		√	

视频和图像的基本编辑处理是学习会声会影最基础的内容，读者需要掌握对视频和图像素材的基本编辑，才能够为以后的学习打下坚实的基础。为视频或图像添加相应的滤镜，可以制作一些特殊效果，这也是在会声会影中对视频和图像进行处理的最基本的方法。通过今天的学习，希望读者能够掌握视频和图像的基本编辑处理方法，以及会声会影中滤镜的使用方法。在接下来的一天中，我们将学习如何在会声会影中制作转场效果以及覆叠特效。

第3天 丰富的视频利器

今天是学习的第3天，前一天我们学习了有关视频编辑的方法，以及使用会声会影中的滤镜功能制作一些特殊效果的方法，相信读者已经对视频的基本编辑处理和效果制作有了一定的认识和了解。我们经常会看到从一个场景很自然地切换到另一个场景的效果，这样的场景切换是怎样实现的呢？今天我们将带领读者一起学习如何在会声会影中实现多素材的转场效果。

通过今天的学习，大家可以将多个视频或图像素材连接在一起，并且制作出素材与素材之间完美转场的效果。

好，让我们开始今天的行程吧。

学习目的：掌握多素材之间转场效果的制作

知 识 点：各种转场效果、转场效果的应用和设置

学习时间：一天

多素材的转场效果

视频中场景的转换是怎么制作的

镜头之间的过渡或者素材之间的转换称为转场，每一个非线性编辑软件都很重视视频转场效果的设计。会声会影中提供了多种转场效果，除了经典的转场效果以外，许多新增的转场效果都是非常炫目的。转场效果是吸引用户和观众最直接的方法之一。从心理学角度来讲，人都喜欢华丽的内容，而炫目的转场效果能使用户体会到高品质的感觉。

会声会影中的转场效果

什么是硬切换

最常用的切换方法是一个素材与另一个素材紧密连接，使素材自然过渡，这种方法称为“硬切换”。

什么是软切换

使用一些特殊的效果，在素材与素材之间产生自然、流畅和平滑的过渡效果，这样的方法称为“软切换”，会声会影中的转场效果就是软切换的效果。

转场的作用

转场效果运用得当，可以增强影片的观赏性和流畅性，从而提高影片的艺术档次。相反，如果运用不当，会使观众产生错觉，或者产生画蛇添足的效果，大大降低影片的观赏价值。

3.1 自动批量添加转场效果

在制作电子相册时需要添加大量的转场效果，如果在项目中逐一添加转场并且设置转场的区间必然会花费很多的时间。为此，会声会影提供了批量添加转场的功能，只需经过简单的设置，就可以在素材之间添加转场，还可以自动设置转场区间。

提示：

在“参数选择”对话框的“编辑”选项卡中，用户可以根据自己的需要设置默认转场的效果。

打开会声会影X4，执行“设置>参数选择”命令，弹出“参数选择”对话框，切换到“编辑”选项卡，如图3-1所示。

设置“默认照片/色彩区间”为5，在“转场效果”选项组中设置“默认转场效果的区间”为2，选中“自动添加转场效果”复选框，在“默认转场效果”下拉列表中选择相应的选项，如图3-2所示。

图3-1 “参数选择”对话框

图3-2 设置“参数选择”对话框

提示：

默认转场效果主要用于帮助初学者快速、方便地添加转场效果，如果需要灵活地控制转场效果，则需要取消选中“参数选择”对话框中的“自动添加转场效果”复选框，以便手动添加转场效果。

单击“确定”按钮，完成“参数选择”对话框的设置。将图像文件“光盘\源文件\第3天\素材\305.jpg”插入到项目时间轴中，并依次将306.jpg、307.jpg和308.jpg插入到项目时间轴中，如图3-3所示。

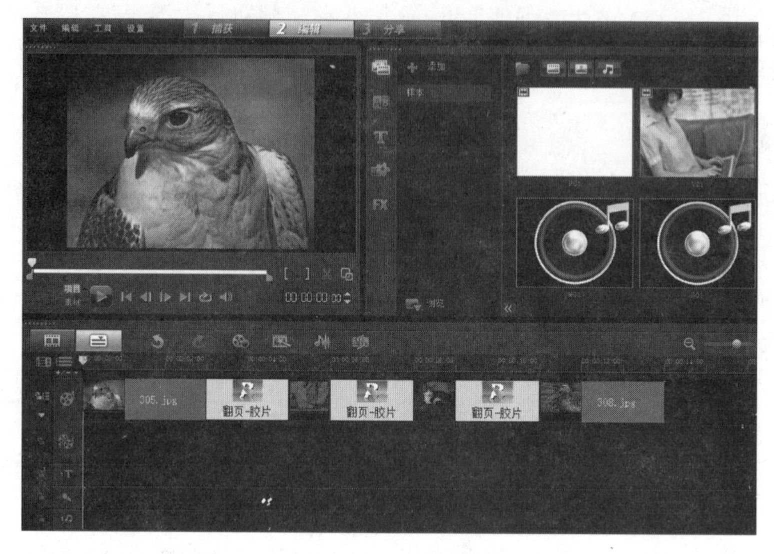

图3-3 添加素材

提示：

还有一种自动添加随机转场的方法，在项目时间轴中添加相应的素材后，切换到“转场”素材库，然后单击素材库上方的“对视频轨应用随机效果”按钮。在素材库中选择一个转场效果后，单击“对视频轨应用当前效果”按钮，可以在所有素材之间插入相同的转场。

在项目时间轴中双击第一个图像素材，打开“选项”面板，设置“照片区间”为3秒。使用相同的方法，设置最后一个素材的“照片区间”为3秒，如图3-4所示。

在项目时间轴中双击第二个转场，打开“选项”面板，在“方向”选项组中单击“由右下至左上”按钮，如图3-5所示。

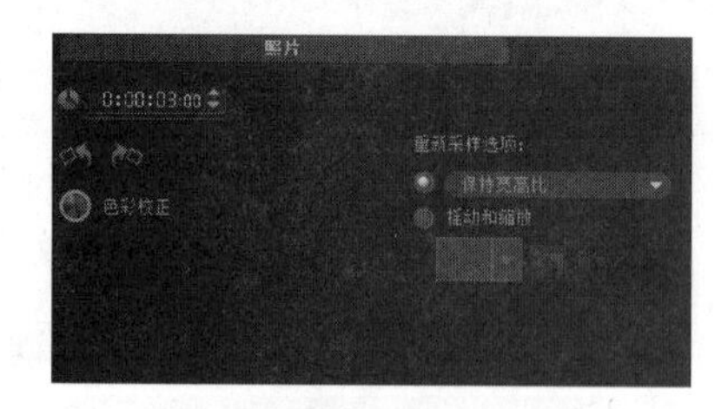

图3-4 设置“选项”面板

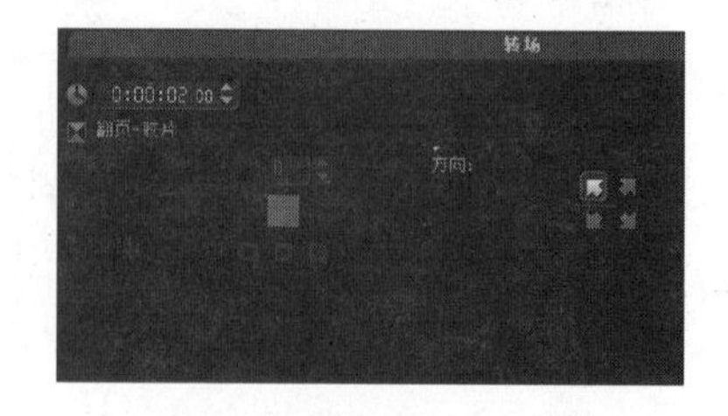

图3-5 设置“选项”面板

完成素材与转场的调整，可以看到项目时间轴的效果，如图3-6所示。

完成转场效果的批量添加，在预览窗口中单击“播放”按钮，即可看到素材与素材之间批量添加的转场效果，如图3-7所示。

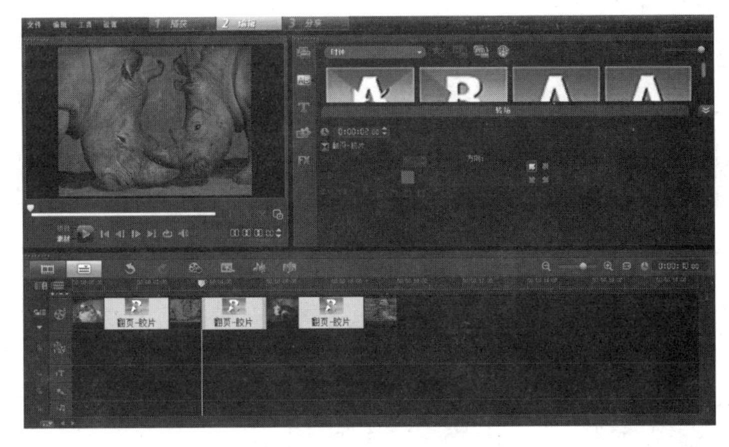

图3-6 项目时间轴

图3-7 自动批量添加的转场效果

3.2 手动添加转场效果

在项目中手动添加转场效果与添加素材库中其他素材的操作基本是一致的，因此，可以将转场当做一种特殊的视频素材，下面向读者介绍手动添加转场效果的方法。

打开会声会影X4，单击项目时间轴上的“故事板视图”按钮，切换到故事板视图。将图像文件“光盘\源文件\第3天\素材\3201.jpg”插入到项目时间轴中。使用相同的方法，将3202.jpg插入到项目时间轴中，如图3-8所示。

图3-8 添加图像素材

切换到“转场”素材库中，在下拉列表中选择“擦拭”类别，如图3-9所示。将“圆形”转场效果拖曳至项目时间轴中的两个素材图像之间，如图3-10所示。由于转场效果是用于素材之间的过渡，所以必须将转场效果添加到两个素材之间。

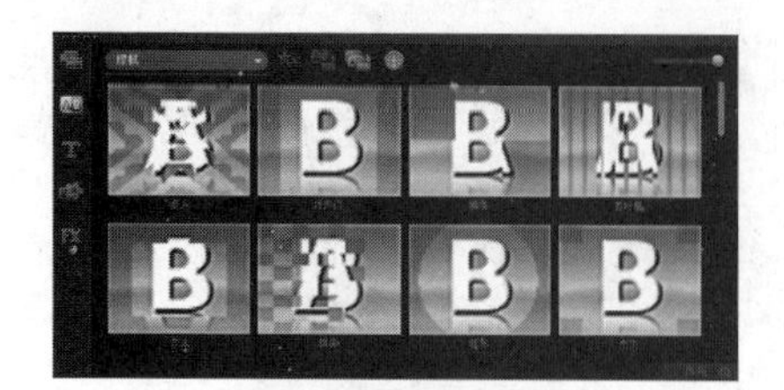

图3-9 “转场”素材库

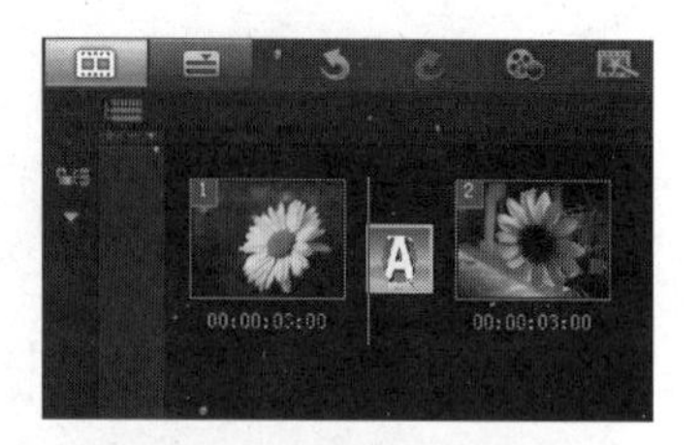

图3-10 添加转场效果

完成手动添加转场效果，在预览窗口中单击“播放”按钮，即可看到素材与素材之间手动添加的转场效果，如图3-11所示。

图3-11 手动添加的转场效果

3.3 应用随机转场效果

当将随机效果应用于整个项目时，会声会影将随机挑选转场效果，并应用到项目的素材与素材之间，下面向读者介绍如何应用随机的转场效果。

打开会声会影X4，将图像文件“光盘\源文件\第3天\素材\3301.jpg”插入到项目时间轴中。使用相同的方法，将3302.jpg、3303.jpg和3304.jpg插入到项目时间轴中，如图3-12所示。

图3-12 添加多个素材

切换到“转场”素材库，单击素材库右上角的“对视频轨应用随机效果”按钮，即可在素材之间添加随机转场效果，如图3-13所示。

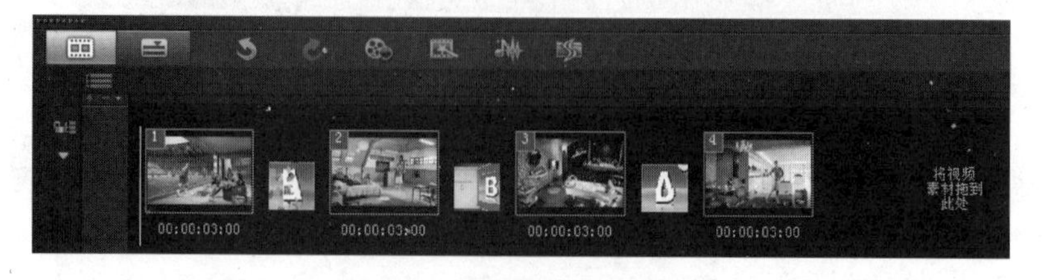

图3-13 添加随机转场效果

完成随机添加的转场效果，在预览窗口中单击“播放”按钮，即可看到素材与素材之间的转场效果，如图3-14所示。

图3-14 随机添加的转场效果

3.4 应用当前转场效果

单击素材库右上角的“对视频轨应用当前效果”按钮，会声会影会把当前选中的转场效果应用到当前项目的所有素材之间。

打开会声会影X4，将图像文件“光盘\源文件\第3天\素材\3401.jpg”插入到项目时间轴中。使用相同的方法，将3402.jpg、3403.jpg和3404.jpg插入到项目时间轴中，如图3-15所示。

图3-15 添加多个素材

切换到“转场”素材库，在下拉列表中选择“过滤”选项，选择“遮罩”转场效果，如图3-16所示。单击素材库右上角的“对视频轨应用当前效果”按钮，此时，在各素材之间即可自动添加选中的“遮罩”转场效果，如图3-17所示。

图3-16 选择相应的转场效果

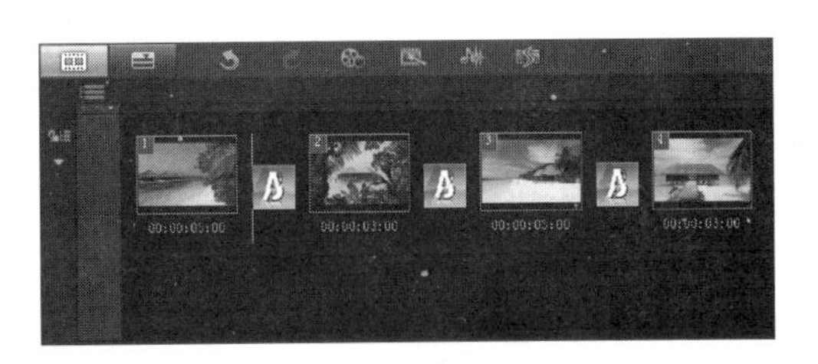

图3-17 自动添加多个指定转场

注意：

如果在当前项目中已经运用了转场效果，单击“对视频轨应用当前效果”按钮时，将弹出信息提示框，单击“否”按钮，将保留原先的转场效果，并在其他素材之间添加选择的转场效果；单击“是”按钮，将用选择的转场效果替换原先的转场效果。

完成转场效果的添加，在预览窗口中单击“播放”按钮，即可看到素材与素材之间的转场效果，如图3-18所示。

图3-18 遮罩转场效果

转场的其他操作

在会声会影的素材之间添加转场效果以后，用户还可以根据需要对所添加的转场效果进行替换、移动和删除操作。

如果需要替换转场效果，可以直接在素材库中选中相应的转场效果，将其拖曳至项目时间轴中需要替换的转场效果上。

如果用户需要调整转场效果的位置，则可以先选择需要移动位置的转场效果，然后将其拖曳至合适的位置。

如果所添加的转场效果不符合用户的需要，可以在该转场效果上单击鼠标右键，在弹出的菜单中选择“删除”选项。

3.5 设置转场的时间长度

在会声会影中，转场默认的时间长度为1秒，用户可以根据实际需要设置转场的播放时间长度。

打开会声会影X4，将图像文件“光盘\源文件\第3天\素材\3501.jpg”插入到项目时间轴中。使用相同的方法，将3502.jpg插入到项目时间轴中，如图3-19所示。在素材之间添加任意一种转场效果，如图3-20所示。

双击项目时间轴中的转场效果，打开“选项”面板，可以看到默认的转场时间为1秒，如图3-21所示。直接在“区间”文本框中输入需要的时间长度，即可调整转场效果的时间长度，如图3-22所示。

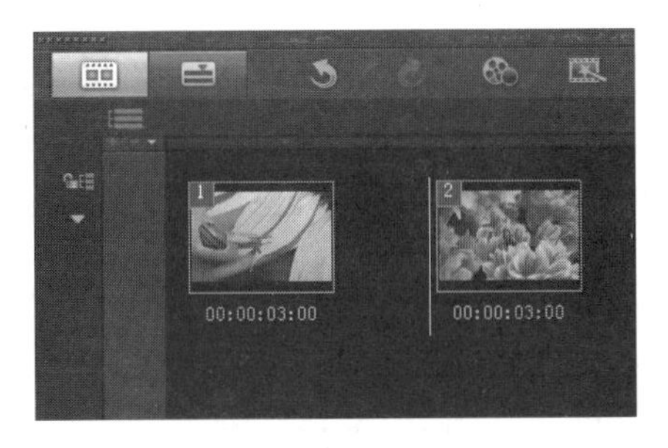

图3-19 添加素材

图3-20 添加转场效果

图3-21 默认转场区间

图3-22 设置转场区间

还有另外一种直接调整的方法，即在为素材添加了转场效果后，单击项目时间轴上的“时间轴视图”按钮，转换到时间轴视图，如图3-23所示。选中转场效果，将光标移至黄色标记上拖动鼠标调整转场效果的区间，如图3-24所示。

图3-23 时间轴视图

图3-24 拖动调整转场区间

3.6 设置转场的边框大小

在会声会影中为项目添加了转场效果后，用户还可以为许多转场效果设置边框，例如“三维”类型中的“旋转门”转场效果。

打开会声会影X4，将图像文件“光盘\源文件\第3天\素材\3601.jpg”插入到项目时间轴中。使用相同的方法，将3602.jpg插入到项目时间轴中，如图3-25所示。切换到“转场”素材库中，在下拉列表中选择“取代”选项，如图3-26所示。

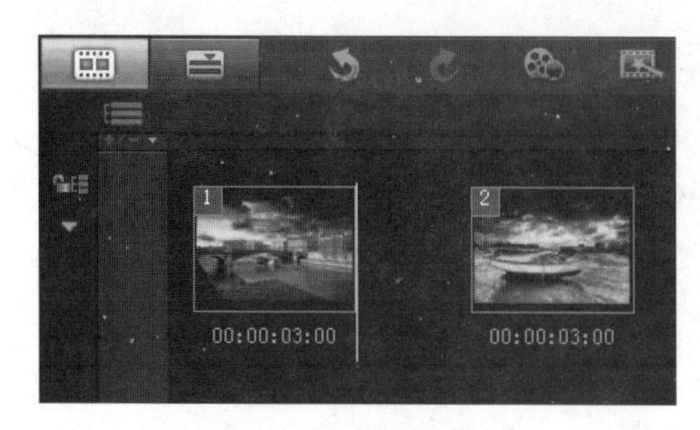

图3-25 添加素材图像

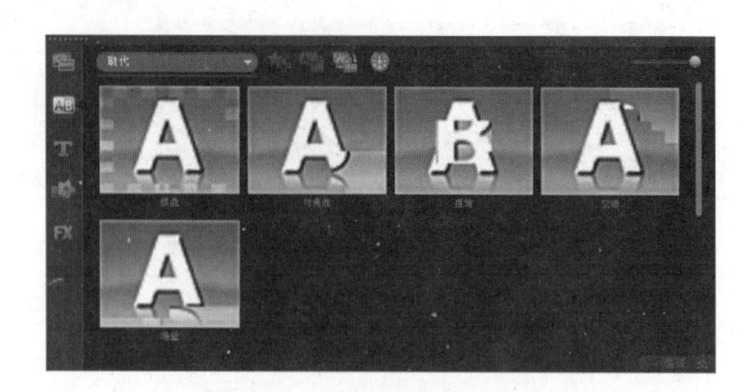

图3-26 切换到转场素材库

将“棋盘”转场效果拖曳到项目时间轴中的两个素材之间，添加转场效果，如图3-27所示。在预览窗口中单击“播放”按钮，可以看到素材与素材之间的转场效果，如图3-28所示。

图3-27 添加转场效果

图3-28 预览转场效果

在项目时间轴中双击刚添加的转场效果，打开“选项”面板，设置“边框”为1，如图3-29所示。在预览窗口中单击“播放”按钮，可以看到素材与素材之间的转场效果，如图3-30所示。

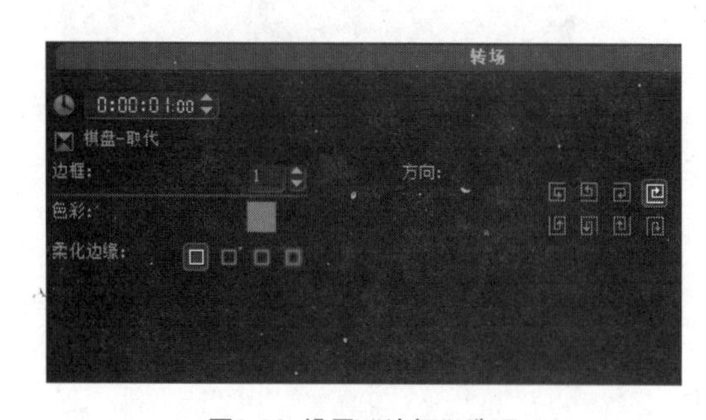

图3-29 设置“边框”选项

图3-30 预览转场效果

单击“选项”面板中的色彩右侧的绿色色块，在弹出的下拉列表中选择白色，将边框的颜色设置为白色，如图3-31所示。在预览窗口中单击“播放”按钮，可以看到素材与素材之间的转场效果，如图3-32所示。

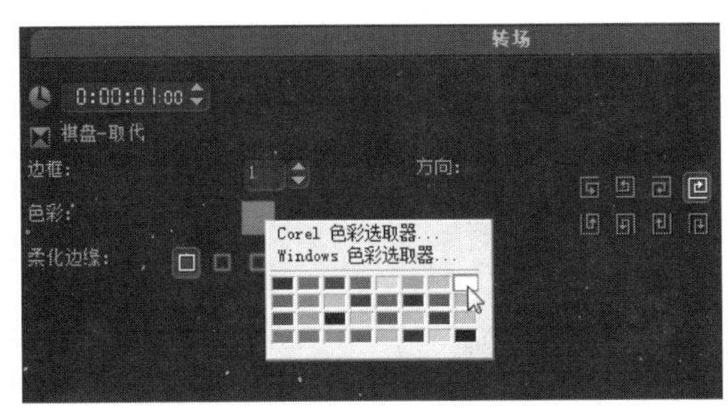

图3-31 设置边框颜色

图3-32 预览转场效果

在设置转场效果时，用户还可以单击“边框”文本框右侧的三角按钮来调整数值的大小。单击上三角按钮，可以调大数值，单击下三角按钮，可以调小数值。

自我检测

了解了什么是转场，以及转场的基本操作，如何才能为视频或图像添加简单又实用的转场效果呢？在会声会影中又能添加哪些转场效果呢？

接下来，我们将通过多个不同类型转场实例的练习，学习在会声会影中制作各种转场效果的方法和技巧，最终掌握在会声会影中制作各种转场效果的方法。

让我们一起开始实例的练习吧，为实现完美的转场效果而努力。

- 制作四季交替效果
- 制作淡隐淡入转场效果
- 制作3D彩屑转场效果
- 制作闪光转场效果
- 制作对开门转场效果
- 制作打碎转场效果
- 制作遮罩转场效果
- 制作扭曲转场效果
- 制作翻页转场效果
- 制作画卷打开转场效果
- 制作动感模糊转场效果
- 制作拼图转场效果
- 制作相册翻页转场效果

1 / 制作四季交替效果

利用会声会影中的转场功能既可以使素材与素材之间的过渡变得自然平滑，还可以用来制作一些特殊的效果。在本实例中，我们将通过制作四季交替的效果学习在会声会影中添加转场的方法。

使用到的技术	条带转场、转动转场、分割转场
学习时间	10分钟
视频地址	光盘\视频\第3天\制作四季交替效果.swf
源文件地址	光盘\源文件\第3天\制作四季交替效果.VSP

01 打开会声会影X4，将图像文件“光盘\源文件\第3天\素材\301.jpg”插入到项目时间轴中，并依次将302.jpg、303.jpg和304.jpg插入到项目时间轴中。

02 单击“故事板视图”按钮，切换到故事板视图，拖曳图像素材，按四季顺序进行排列。

03 切换到“转场”素材库中，在下拉列表中选择“擦拭”类别。

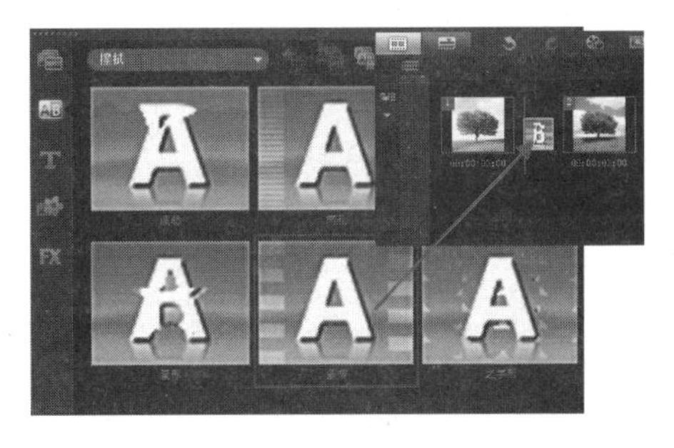

04 将“条带”转场素材拖曳至素材1和素材2之间。

05 在“转场”素材库的下拉列表中选择“时钟”类别，将“转动”转场拖曳到素材2与素材3之间。

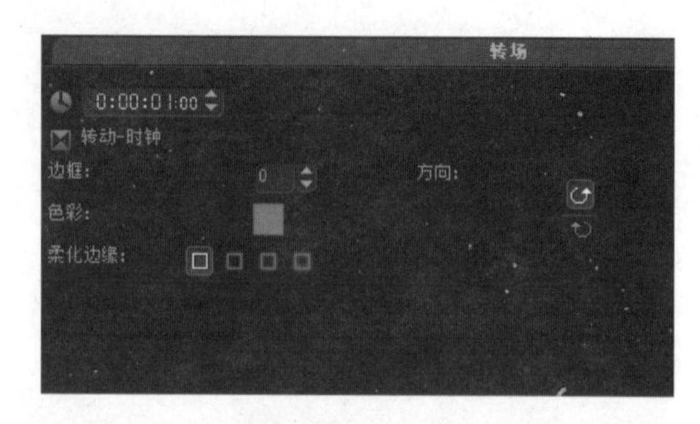

06 在故事板视图中双击“转动”转场，打开“选项”面板，单击“逆时针”按钮，改变旋转方向。

07 将“分割”转场拖曳到素材3与素材4之间。

08 完成素材图像之间转场效果的添加，可以看到故事板视图的效果。

09 完成四季交替效果的制作，在预览窗口中单击“播放”按钮，即可看到所制作的四季交替效果。

☆ 操作小贴士 ☆

在添加和编辑转场时，在故事板视图中可以更加直观地显示素材与转场之间的顺序关系，使编辑更加方便。在时间轴视图的覆叠轨中也可以添加转场效果，因为故事板视图只能显示视频轨中的内容，所以在为覆叠轨添加转场效果时需要切换到时间轴视图。

添加转场的方法有3种，第一种方法是将素材库中的转场效果直接拖曳到两个素材之间。第二种方法是直接双击素材库中的转场效果，这样转场会自动插入到没有应用转场的两个素材之间。第三种方法是在素材库中选择一个转场效果，单击鼠标右键，在弹出的菜单中选择“对视频轨应用当前效果”选项，则项目中的所有素材之间都会应用相同的转场效果。

2 / 制作淡隐淡入转场效果

淡隐淡入转场效果是最简单，也是过渡最自然的转场效果之一。在本实例中，我们将在两个图像素材之间连续应用两个“交叉淡化”转场，从而制作出先由素材淡隐到黑场，然后再由黑场淡入到另一个素材的效果。

使用到的技术	“交叉淡化”转场
学习时间	10分钟
视频地址	光盘\视频\第3天\制作淡隐淡入转场效果.swf
源文件地址	光盘\源文件\第3天\制作淡隐淡入转场效果.VSP

01 打开会声会影X4，按快捷键F6，弹出“参数选择”对话框。切换到“编辑”选项卡，设置“默认照片/色彩区间”为4。

02 在“转场效果”选项组中设置“默认转场效果的区间”为2，取消选中“自动添加转场效果”复选框，在“默认转场效果”下拉列表中选择“随机”选项。

03 单击“确定”按钮，完成“参数选择”对话框的设置。将图像文件“光盘\源文件\第3天\素材\309.jpg”插入到项目时间轴中，并将310.jpg插入到项目时间轴中。

04 单击“故事板视图”按钮，切换到故事板视图。

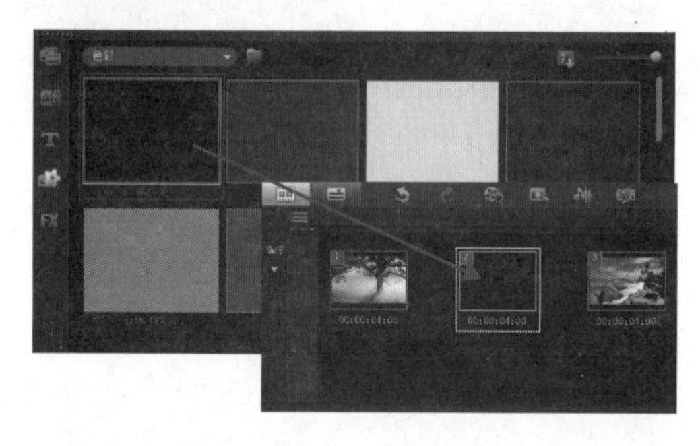

05 切换到“图形”素材库，将“黑色”图形拖曳到两个素材图像之间。

06 切换到“转场”素材库，在下拉列表中选择“收藏夹”类别。

07 选中“交叉淡化”转场，单击“对视频轨应用当前效果”按钮。

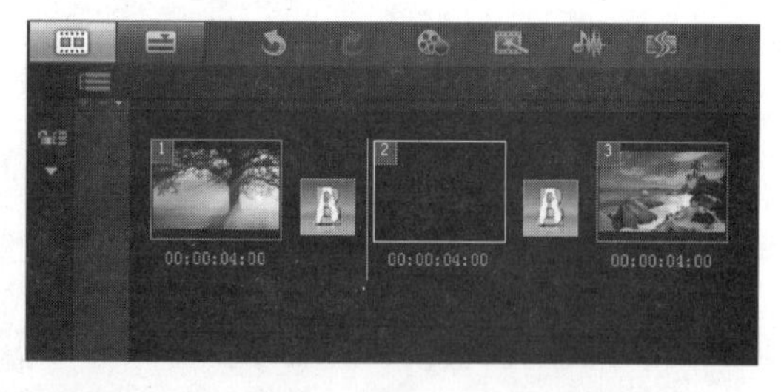

08 将“交叉淡化”转场同时应用到过渡的转场中，可以看到项目时间轴的效果。

09 完成淡隐淡入转场效果的制作，在预览窗口中单击“播放”按钮，即可看到淡隐淡入的转场效果。

☆ 操作小贴士 ☆

如果希望得到素材淡入到白场的效果，可以双击黑色图形，打开“选项”面板，单击“色彩选取器”左侧的颜色块，将图形的颜色设置为白色。

转场的种类非常多，要在“转场”素材库中查找一个特定的转场往往比较困难。如果我们经常使用某个转场效果，可以在选中这个转场后单击鼠标右键，执行“添加到收藏夹”命令，将其放置到素材库的“收藏夹”类别中。

在两个素材之间只能应用一个转场效果，要想连续应用两个转场效果，则必须在两个素材之间插入一段起“空白帧”作用的色彩图形。色彩图形的颜色可以根据素材的色调或者影片的需要进行设置。

3 / 制作3D彩屑转场效果

在一些视频作品中，我们经常会看到画面被打碎或者是被拼合的效果。在本实例中，我们使用会声会影中的“3D彩屑”转场制作在空白背景中飞入彩色纸屑，逐渐拼合成一幅完整的图像效果。

- 使用到的技术　“单向擦拭”转场
- 学习时间　10分钟
- 视频地址　光盘\视频\第3天\制作3D彩屏转场效果.swf
- 源文件地址　光盘\源文件\第3天\制作3D彩屏转场效果.VSP

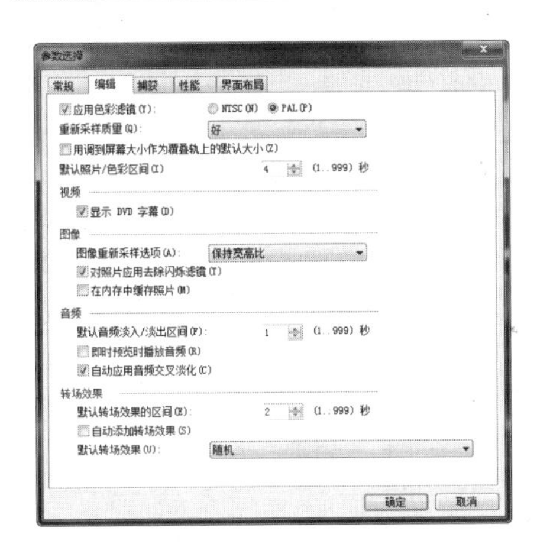

01 打开会声会影X4，按快捷键F6，弹出“参数选择”对话框，切换到“编辑”选项卡中。

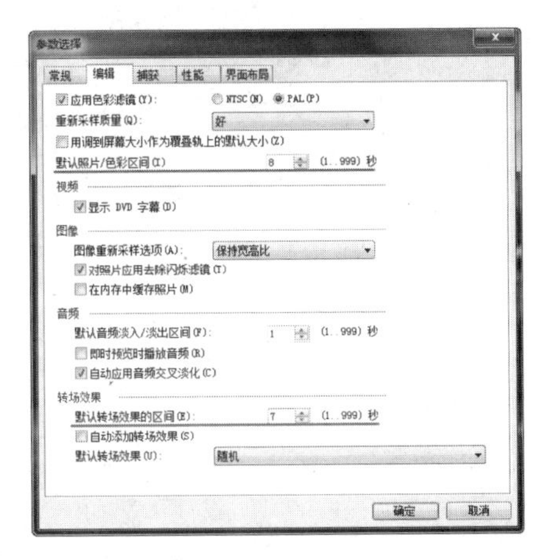

02 双击故事板视图中的第二个素材图像，打开“选项”面板，设置其“照片区间”为8秒。

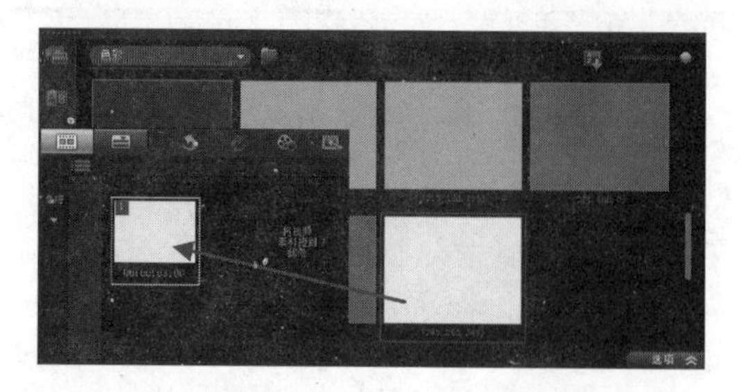

03 单击“确定”按钮，完成“参数选择”对话框的设置。切换到“图形”素材库中，将白色图形拖曳到视频轨上。

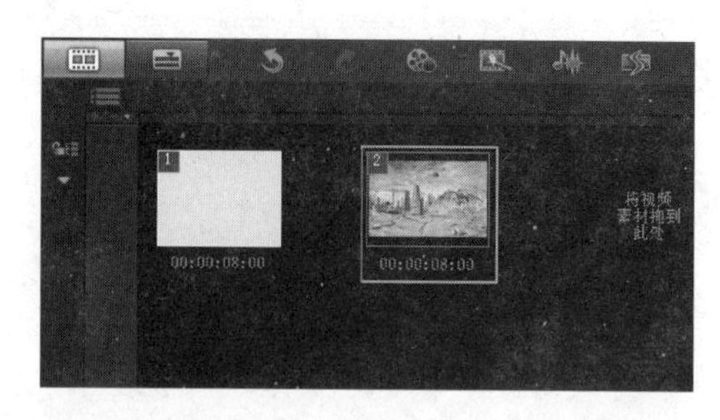

04 在故事板视图中单击鼠标右键，在弹出的菜单中选择“插入照片”命令，插入图像“光盘\源文件\第3天\素材\314.jpg”。

05 切换到“转场”素材库，在下拉列表中选择“NewBlue样品转场”类别。

06 将“3D彩屑”转场拖曳到素材之间。

07 在项目时间轴中双击“3D彩屑”转场，打开“选项”面板，单击“自定义”按钮。

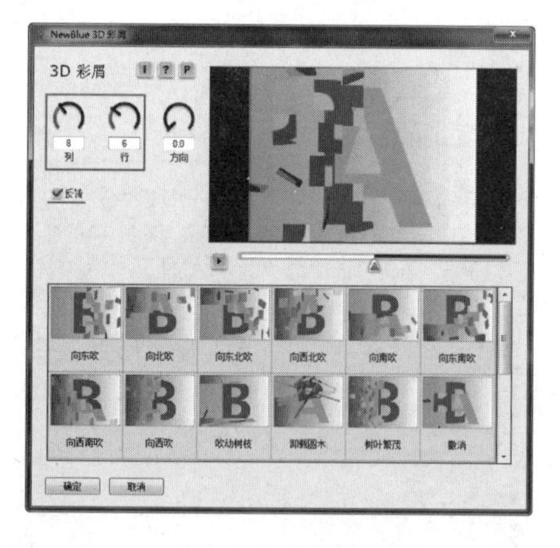

08 弹出“NewBlue 3D彩屑”对话框，设置“列”为8、“行”为6，并选中“反转”复选框。

09 单击“确定”按钮，完成“NewBlue 3D彩屑”对话框的设置，结束3D彩屑转场效果的制作。在预览窗口中单击“播放”按钮，即可看到3D彩屑的转场效果。

☆ 操作小贴士 ☆

NewBlue系列的滤镜和转场都有一个特点，那就是效果出色，而且提供了大量的预设，设置起来非常方便。读者需要注意的是，制作影片的要点是突出主题，而不是展现华丽的转场，因此在选择转场类型时首先要考虑转场是否符合影片的需要，其次才是效果。

4 / 制作闪光转场效果

转场不仅可以用来过渡影片，还可以制作一些比较特别的动态效果。“闪光”转场是一种过渡比较强烈的转场效果。在本实例中，我们将使用“闪光”转场模拟照相机的拍摄过程，这种效果比较适用于段落或影片的结尾部分。

- 使用到的技术　“闪光”转场
- 学习时间　10分钟
- 视频地址　光盘\视频\第3天\制作闪光转场效果.swf
- 源文件地址　光盘\源文件\第3天\制作闪光转场效果.VSP

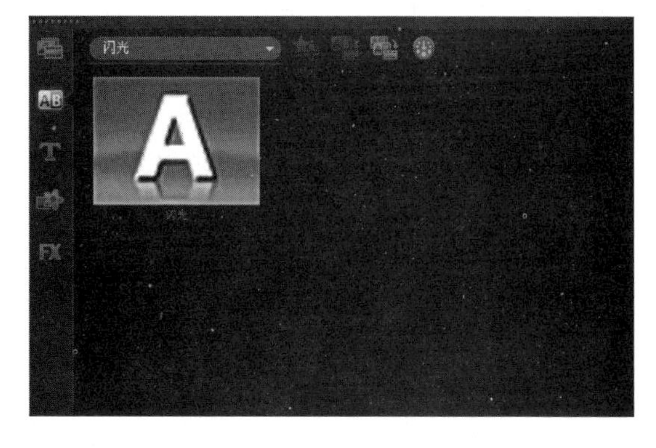

01 打开会声会影X4，在故事板视图中插入视频文件“光盘\源文件\第3天\素材\315.mp4”和“光盘\源文件\第3天\素材\316.mp4”。

02 切换到“转场”素材库，在下拉列表中选择“闪光”类别。

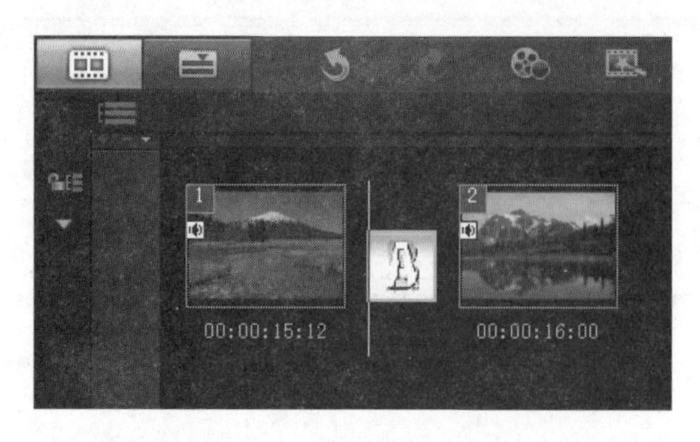

03 将“闪光”转场拖曳到项目时间轴中的两个素材之间。

04 在项目时间轴中双击“闪光”转场，打开“选项”面板，设置转场的“区间”为2秒。

05 在“选项”面板中单击“自定义”按钮，弹出“闪光-闪光”对话框，对相关选项进行设置。

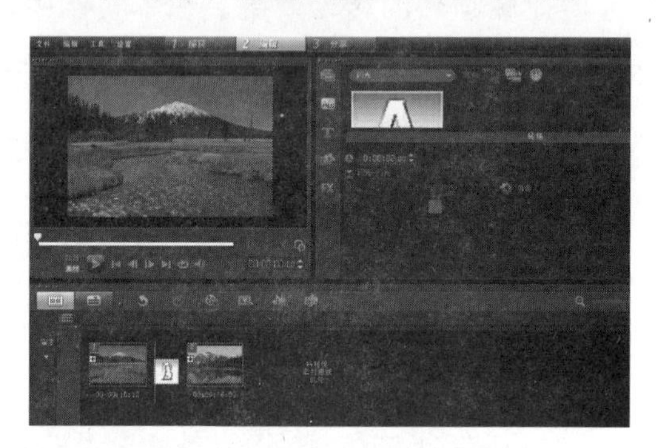

06 单击“确定”按钮，完成“闪光-闪光”对话框的设置。

07 完成闪光转场效果的制作，在预览窗口中单击“播放”按钮，即可看到闪光转场效果。

☆ 操作小贴士 ☆

其实，使用一段视频也可以制作出本实例的效果。在预览窗口中将擦洗器拖曳至视频素材的最后一帧，执行“编辑>抓拍快照”命令，将截图拖入到项目时间轴中，并为其添加“画中画”滤镜。

5 / 制作对开门转场效果

会声会影在三维、果皮、滑动及伸展类别中都提供了很多不同效果的“对开门”转场。

在本实例中，我们使用“对开门”转场配色合“淡化到黑色”转场制作一个花朵开放的转场效果。

- 使用到的技术　“对开门”转场、“淡化到黑色”转场
- 学习时间　10分钟
- 视频地址　光盘\视频\第3天\制作对开门转场效果.swf
- 源文件地址　光盘\源文件\第3天\制作对开门转场效果.VSP

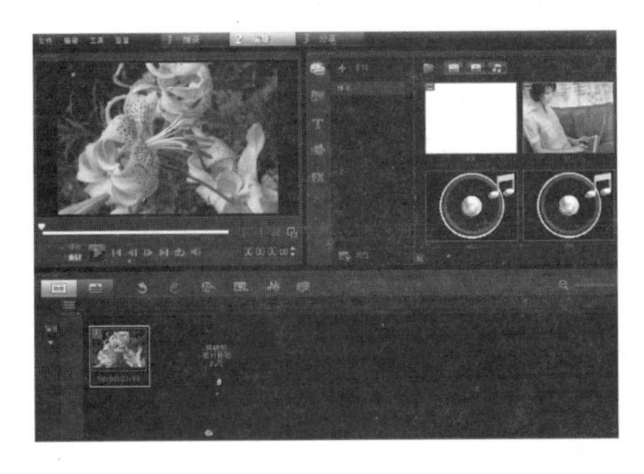

01 打开会声会影X4，在故事板视图中插入图像“光盘\源文件\第3天\素材\317.jpg”。

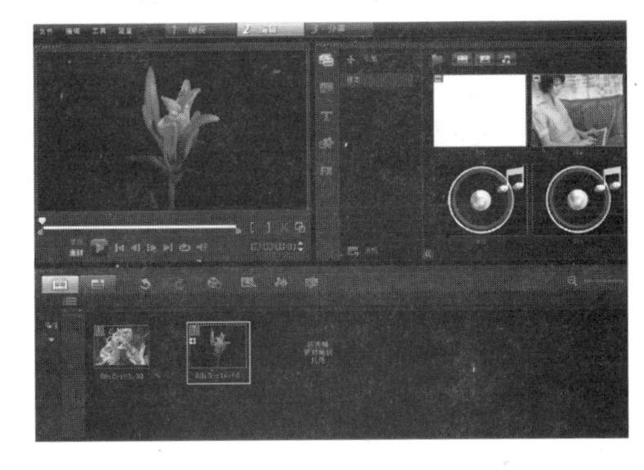

02 在图像素材后插入视频“光盘\源文件\第3天\素材\318.mp4”。

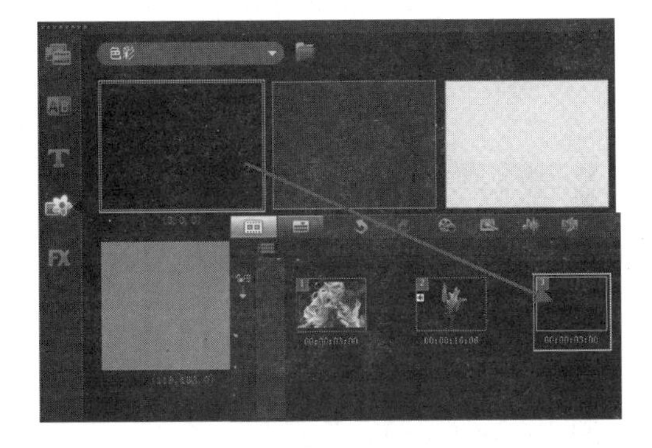

03 切换到“图形”素材库，将黑色图形拖曳到视频轨上的视频素材之后。

04 切换到“转场”素材库，在下拉列表中选择“3D”类别。

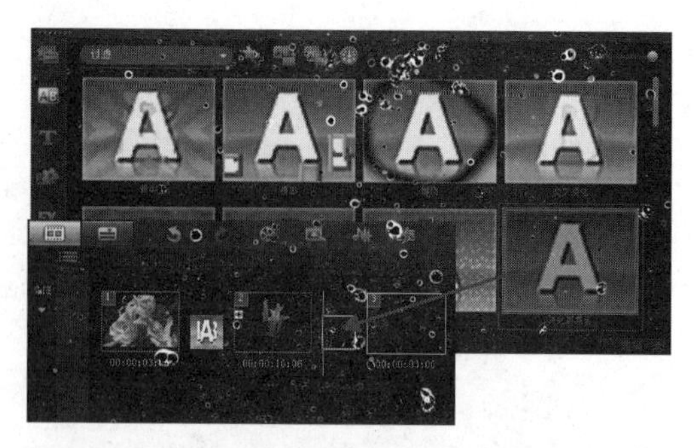

05 将“对开门”转场拖曳到第一个和第二个素材之间。

06 在“转场”素材库的下拉列表中选择“过滤”类别，将“淡化到黑色”转场拖曳到第二个和第三个素材之间。

07 完成该转场效果的制作，在预览窗口中单击“播放”按钮，即可看到对开门的转场效果。

☆ 操作小贴士 ☆

“淡化到黑色”转场属于比较简单的转场类型，通常应用于影片或段落的结尾部分，可以非常自然地结束影片。

6 / 制作打碎转场效果

在影视作品中，大家经常可以看到画面破碎四散转入下一场的效果。在会声会影中可以通过“打碎”转场轻松实现这样的效果，“打碎”转场效果是镜头A以打碎的形式炸开，然后露出镜头B。

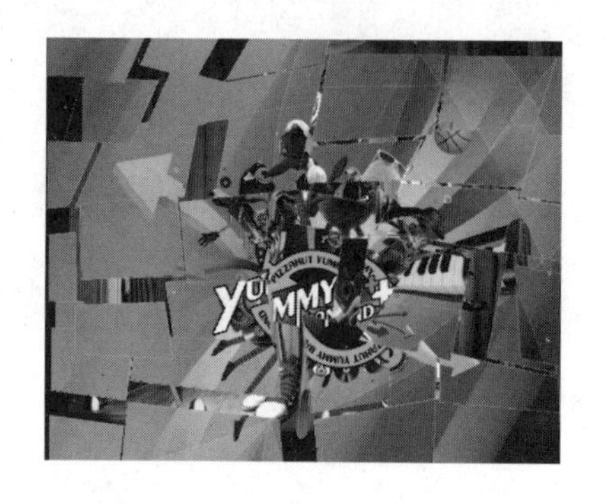

使用到的技术	“打碎”转场
学习时间	10分钟
视频地址	光盘\视频\第3天\制作打碎转场效果.swf
源文件地址	光盘\源文件\第3天\制作打碎转场效果.VSP

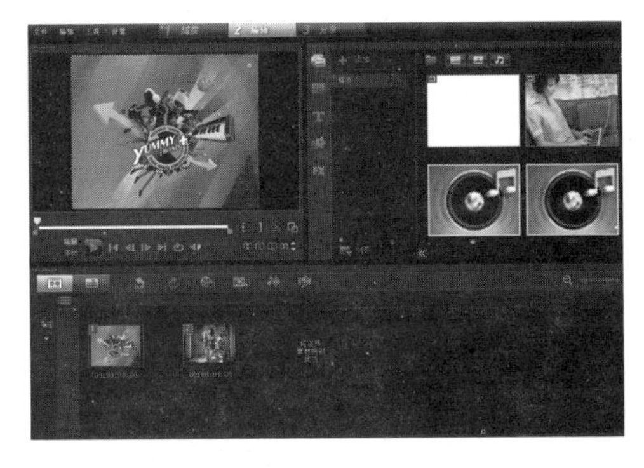

01 打开会声会影X4，在故事板视图中插入图像“光盘\源文件\第3天\素材\319.jpg”和“光盘\源文件\第3天\素材\320.jpg”。

02 切换到“转场”素材库，在下拉列表中选择“过滤”类别。

03 将“打碎”转场效果拖曳到项目时间轴上的两个素材之间。

04 双击项目时间轴上的“打碎”转场，打开“选项”面板，设置转场区间为2秒。

05 完成打碎转场效果的制作，在预览窗口中单击“播放”按钮，即可看到打碎的转场效果。

☆ 操作小贴士 ☆

类似于“打碎”的转场效果还有很多，在“转场”素材库的“过滤”类别中可以看到其他的转场效果，例如，喷出、燃烧、飞行等，这些转场效果的应用都非常简单，读者可以自己动手试一试。

7 / 制作遮罩转场效果

遮罩转场很多，其中，“转场”素材库的“过滤”类别中的“遮罩”转场可以模拟动态的擦拭效果。在本实例中，我们将使用“遮罩”转场制作一个擦拭玻璃上水珠的转场效果。

- 使用到的技术　“遮罩”转场、“遮罩F”转场
- 学习时间　20分钟
- 视频地址　光盘\视频\第3天\制作遮罩转场效果.swf
- 源文件地址　光盘\源文件\第3天\制作遮罩转场效果.VSP

01 打开会声会影X4，在项目时间轴中插入图像“光盘\源文件\第3天\素材\321.jpg”。

02 切换到“滤镜”素材库，在下拉列表中选择“平均”类别。

03 将“平均”滤镜拖曳到项目时间轴的图像素材上，为图像素材应用该滤镜效果。

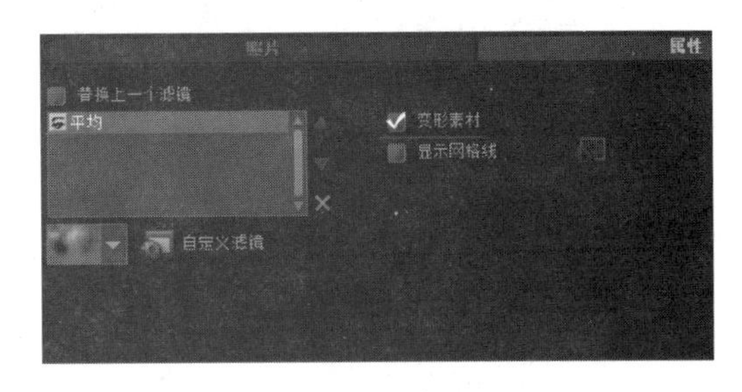

04 双击项目时间轴中的图像素材，打开“选项”面板，选中“变形素材”复选框。

05 在预览窗口中调整素材图像的大小。

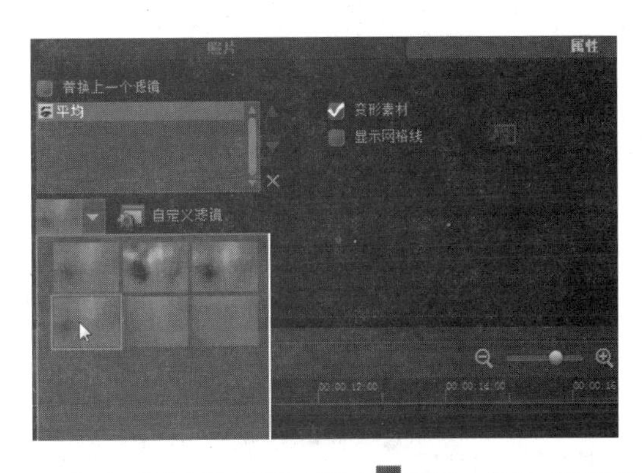

06 在“选项”面板中单击▼按钮，打开“平均”滤镜预设，选择相应的预设效果。

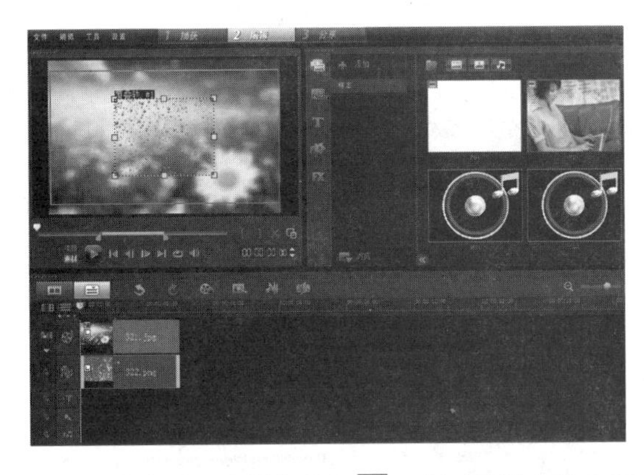

07 单击“覆叠轨”按钮，在覆叠轨上单击鼠标右键，在弹出的菜单中选择“插入照片”选项，插入图像“光盘\源文件\第3天\素材\322.jpg”。

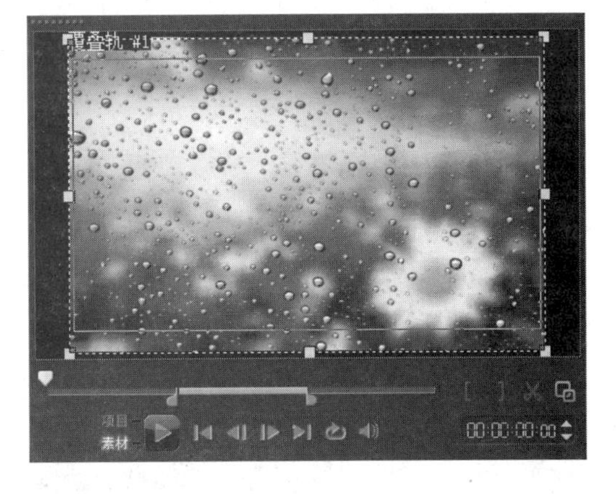

08 在预览窗口中对刚添加到覆叠轨上的图像素材进行调整。

09 在覆盖轨上插入图像“光盘\源文件\第3天\素材\321.jpg”。

10 复制覆叠轨上的321.jpg图像，将其粘贴到原素材之后，并设置该素材的“照片区间”为2秒。

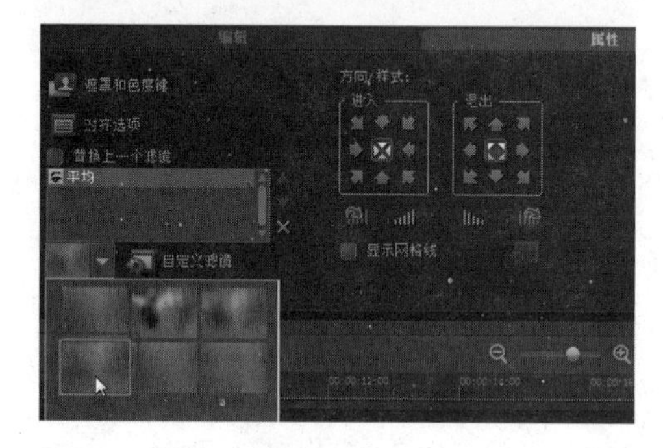

11 切换到“滤镜”素材库，在下拉列表中选择“焦距”类别，将“平均”滤镜拖曳到覆叠轨的第二个素材上。

12 双击覆叠轨上的第二个图像素材，打开“选项”面板。单击▼按钮，打开“平均”滤镜预设，选择相应的预设效果。

13 切换到“转场”素材库，在下拉列表中选择“过滤”类别。

14 将“遮罩”转场拖曳至覆叠轨的前两个素材之间。

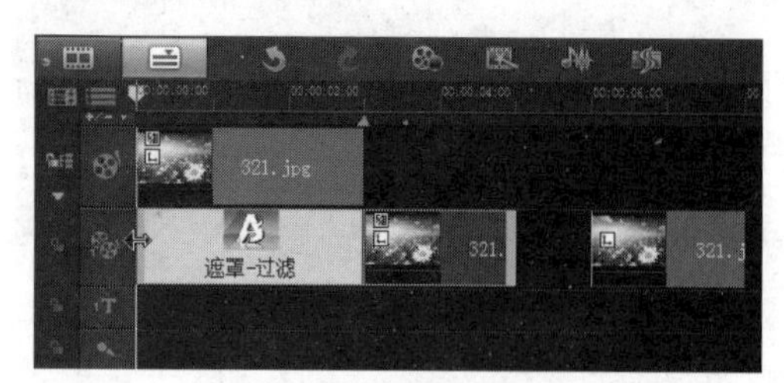

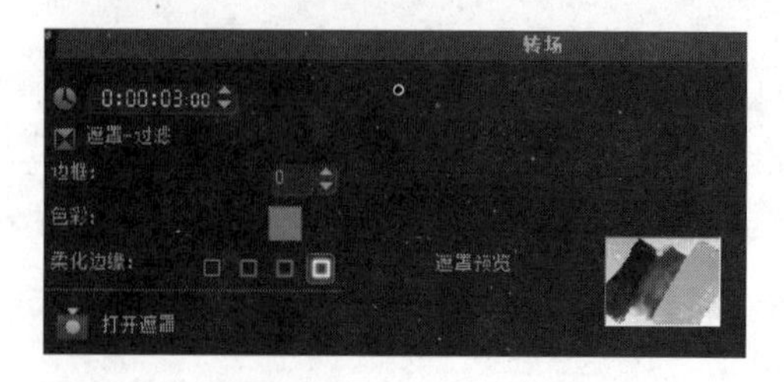

15 选中覆叠轨中的“遮罩”转场，向左侧拖曳转场的边框至最前端。

16 双击“遮罩”转场，打开“选项”面板，在“柔化边缘”选项组中单击“强柔化边缘”按钮▣。

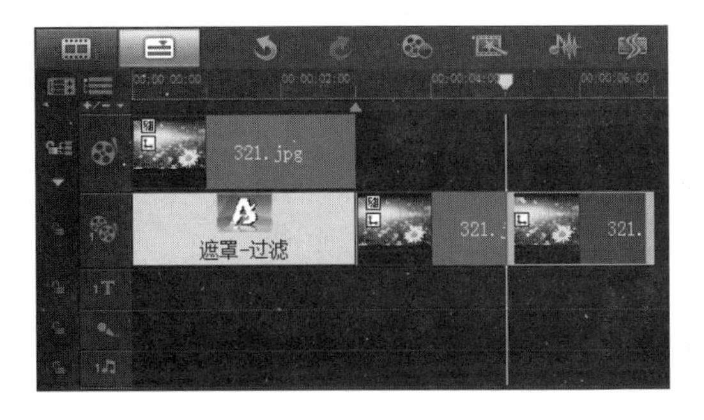

17 调整覆叠轨中的最后一个图像素材，将其向左移动，使其与前一个素材相连。

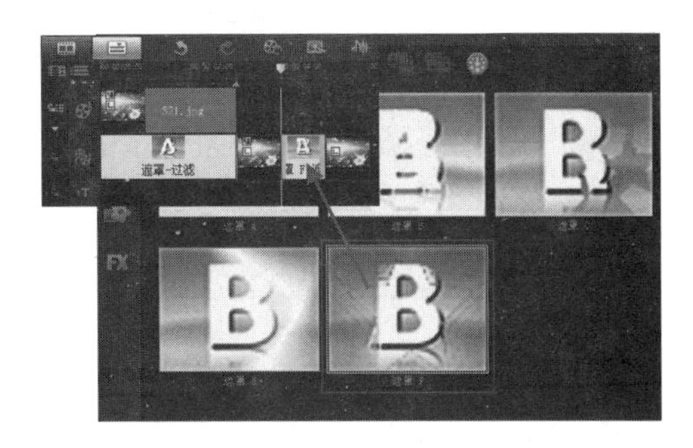

18 在“转场”素材库的下拉列表中选择“遮罩”类别，将“遮罩F”转场拖曳至覆叠轨的后两个素材之间。

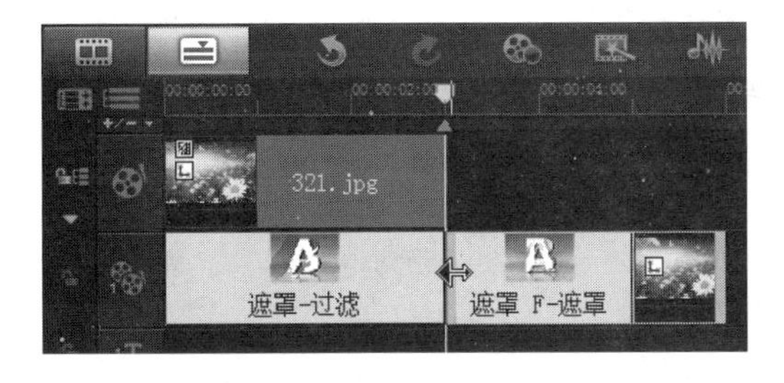

19 选中覆叠轨中的“遮罩F”转场，向左侧拖曳转场的边框，直至与前一个转场相连。

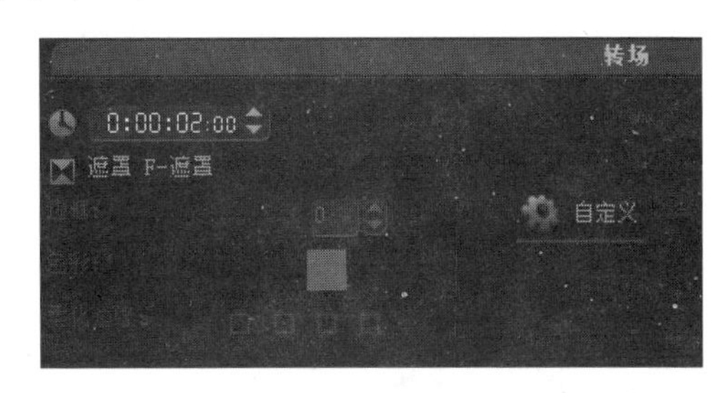

20 在覆叠轨中双击“遮罩F”转场，打开“选项”面板，单击“自定义”按钮。

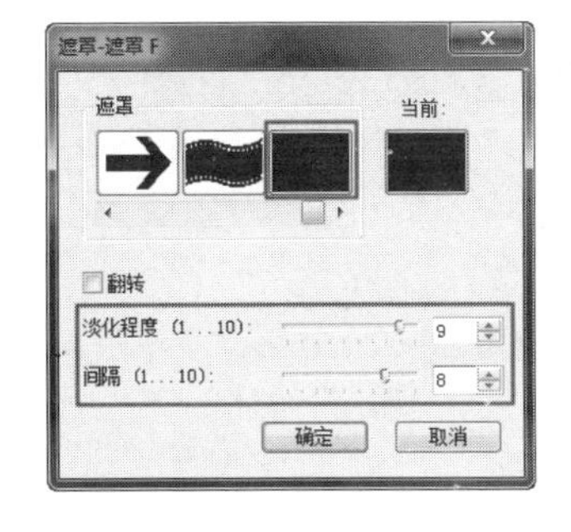

21 弹出“遮罩-遮罩F”对话框，在“遮罩”选项组中选择最后一个长方形遮罩，并对相关选项进行设置。

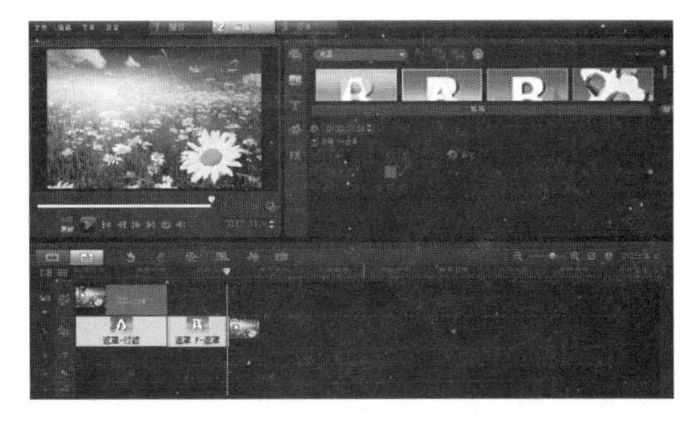

22 单击“确定”按钮，完成“遮罩-遮罩F”对话框的设置。

23 完成遮罩转场效果的制作，在预览窗口中单击“播放”按钮，即可看到遮罩的转场效果。

☆ 操作小贴士 ☆

在“转场”素材库的“过滤”类别中，“遮罩”转场和“遮罩F”转场都可以自定义遮罩图像，读者在自定义遮罩图像时要注意，遮罩图像应该尽量使用灰度图。因为遮罩类转场的原理是，根据图像上的灰度值来确定透明度，遮罩图像越接近黑色，透明度越高。

8 / 制作扭曲转场效果

扭曲转场是一种在视频和电子相册中常见的转场效果，扭曲转场效果是镜头A以轮辐的形式进行回旋，然后显示镜头B的转场方式。

- 使用到的技术　“扭曲”转场
- 学习时间　10分钟
- 视频地址　光盘\视频\第3天\制作扭曲转场效果.swf
- 源文件地址　光盘\源文件\第3天\制作扭曲转场效果.VSP

01 打开会声会影X4，在故事板视图中插入图像“光盘\源文件\第3天\素材\323.jpg”和“光盘\源文件\第3天\素材\324.jpg”。

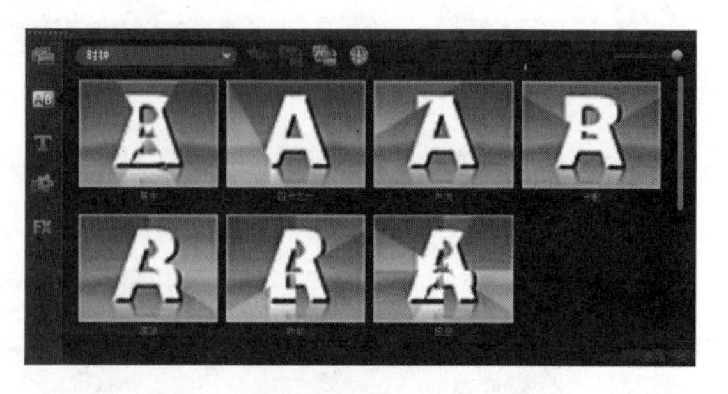

02 切换到“转场”素材库，在下拉列表中选择“时钟”类别。

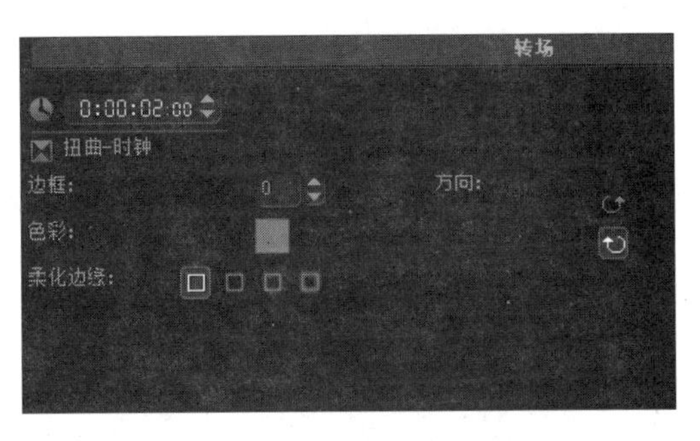

03 将“扭曲”转场效果拖曳到项目时间轴上的两个素材之间。

04 双击项目时间轴上的“扭曲”转场，打开“选项”面板，设置转场区间为2秒。

05 完成扭曲转场效果的制作，在预览窗口中单击“播放”按钮，即可看到扭曲的转场效果。

☆ 操作小贴士 ☆

在扭曲转场的“选项”面板中，除了可以设置转场区间以外，还可以单击“逆时针”或“顺时针”按钮设置扭曲转场的方向。

在“转场”素材库的“时钟”类别中，还有其他一些常见的转场效果，例如，“转动”、“清除”、“分割”等，这些转场效果的应用方法都很简单，读者可以利用业余时间多加练习。

9 / 制作翻页转场效果

翻页效果是电子相册中非常常见的一种转场效果，翻页转场效果是镜头A以书本翻页的形式从一角卷起，从而显示出镜头B的转场效果。在本实例中，我们将使用会声会影制作出翻页的转场效果。

使用到的技术	“翻页”转场
学习时间	10分钟
视频地址	光盘\视频\第3天\制作翻页转场效果.swf
源文件地址	光盘\源文件\第3天\制作翻页转场效果.VSP

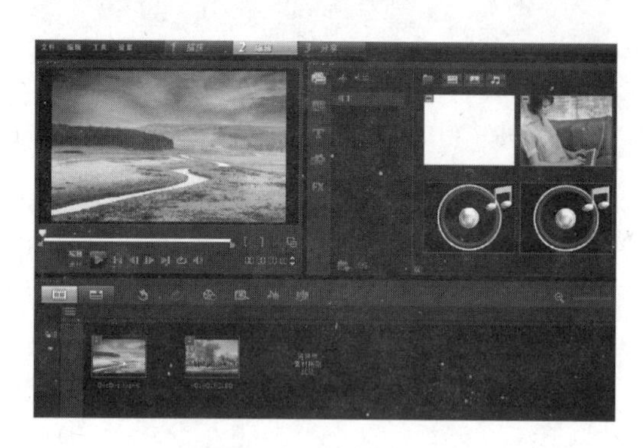

01 打开会声会影X4，在故事板视图中插入图像“光盘\源文件\第3天\素材\325.jpg”和“光盘\源文件\第3天\素材\326.jpg”。

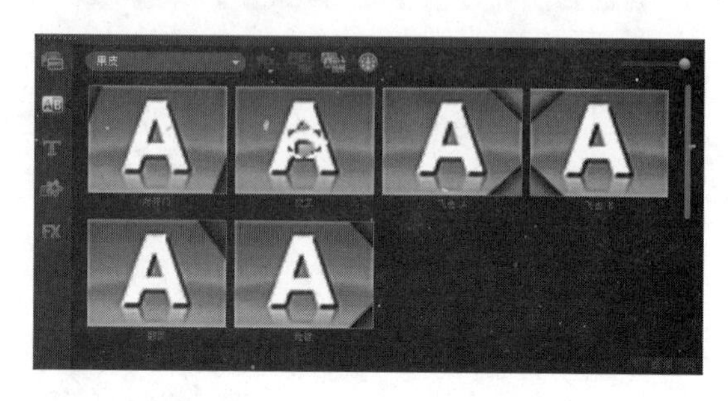

02 切换到“转场”素材库，在下拉列表中选择“果皮”类别。

03 将“翻页”转场效果拖曳到项目时间轴上的两个素材之间。

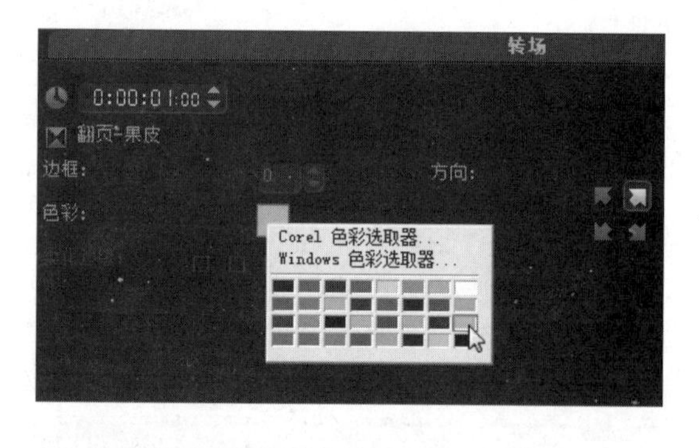

04 双击项目时间轴上的“翻页”转场，打开“选项”面板。单击“色彩”选项后的色块，在弹出的色彩选取器中选择一种灰色。

05 完成翻页转场效果的制作，在预览窗口中单击“播放”按钮，即可看到翻页的转场效果。

☆ 操作小贴士 ☆

在翻页转场的“选项”面板的“方向”选项组中，可以设置翻页的方向。在默认情况下，选中的是“左下到右上”的翻页方式，读者可以根据自己的需要选择合适的翻页方式。

10 / 制作画卷打开转场效果

一幅徐徐展开的画卷能够展现出古朴的气息，这种效果通过使用会声会影中的转场效果可以轻松实现。在本实例中，我们将制作一个画卷打开的转场效果。

使用到的技术	“单向”转场
学习时间	20分钟
视频地址	光盘\视频\第3天\制作画卷打开转场效果.swf
源文件地址	光盘\源文件\第3天\制作画卷打开转场效果.VSP

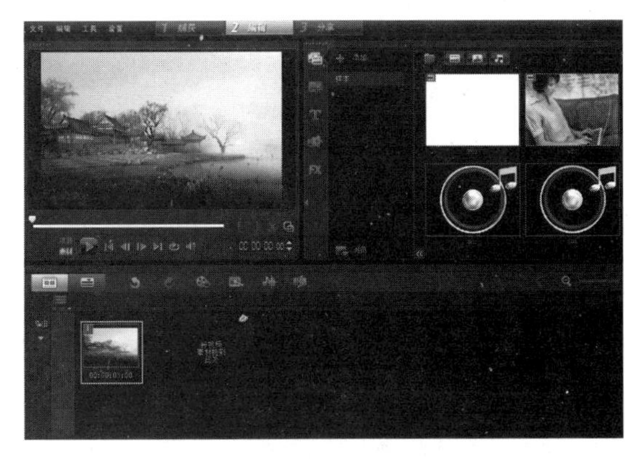

01 打开会声会影X4，在故事板视图中插入图像“光盘\源文件\第3天\素材\327.jpg”。

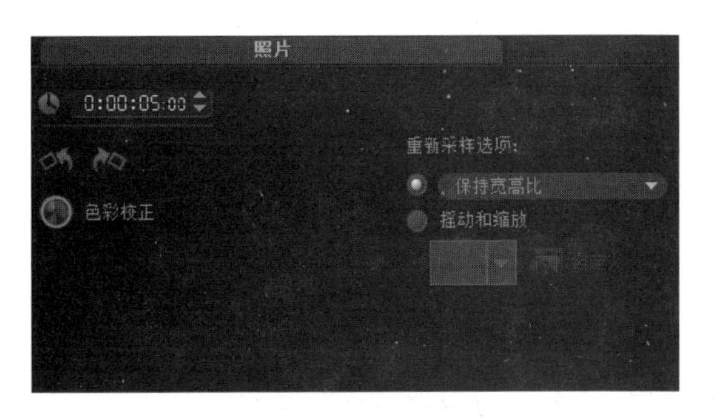

02 双击项目时间轴中的图像素材，打开“选项”面板，设置“照片区间”为5秒。

03 切换到“图形”素材库，将“白色”图形拖曳到故事板视图中。

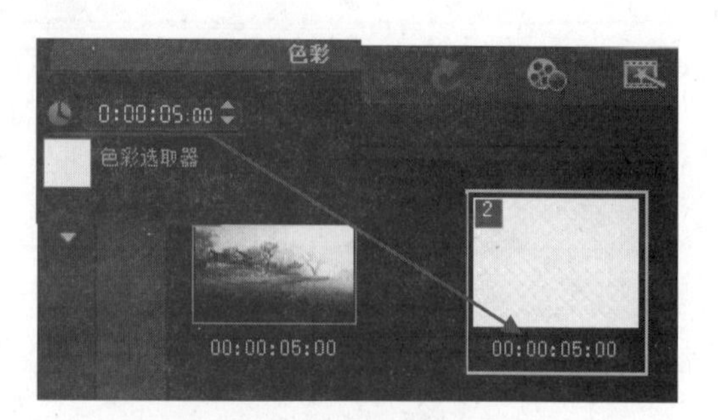

04 双击项目时间轴上的色彩素材，打开“选项”面板，设置“色彩区间”为5秒。

05 切换到“转场”素材库，在下拉列表中选择“卷动”类别。

06 将“单向”转场拖曳到项目时间轴中的两个素材之间。

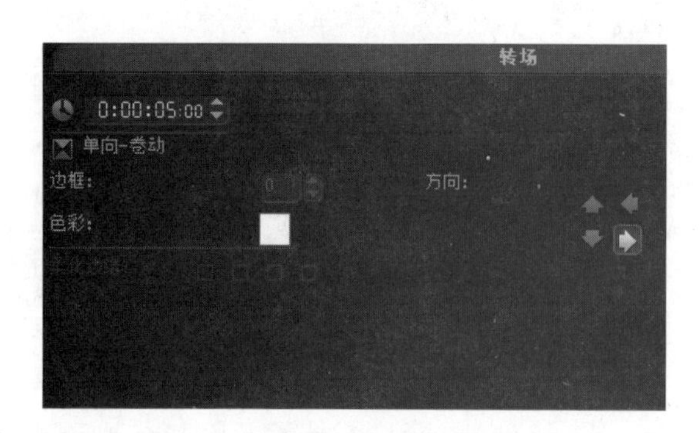

07 在项目时间轴中双击“单击”转场，打开“选项”面板，然后设置“区间”为5秒、“色彩”为白色。

08 执行“文件>保存”命令，弹出“另存为”对话框，将其保存为“光盘\源文件\第3天\卷轴.VSP”。

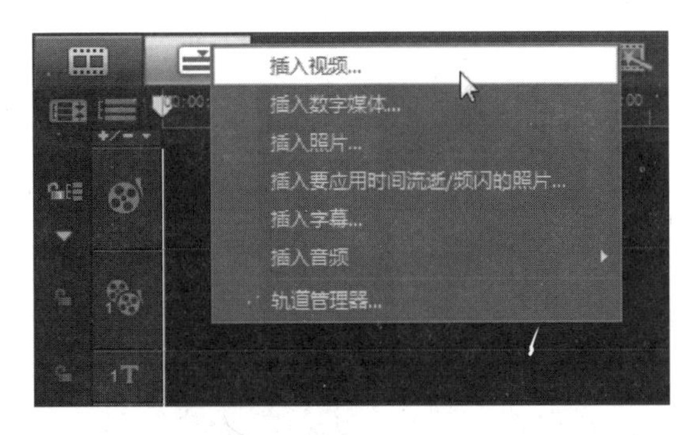

09 执行“文件>新建项目”命令，新建一个新的项目。切换到时间轴视图中，单击“覆叠轨”按钮，在覆叠轨上单击鼠标右键，在弹出的菜单中选择“插入视频”命令。

10 将刚保存的项目文件“光盘\源文件\第3天\卷轴.VSP”插入到覆叠轨中。

11 在预览窗口中调整项目文件到合适的大小。

12 双击覆叠轨上的素材，打开“选项”面板，选中“反转视频”复选框。

13 完成卷轴打开转场效果的制作，在预览窗口中单击“播放”按钮，即可看到卷轴打开的转场效果。

☆ 操作小贴士 ☆

使用“转场”素材库的“卷动”类别中的“单向”转场只能实现卷轴收起的效果，在本实例中，我们通过逆向播放视频的方式实现了卷轴打开的转场效果。

11 / 制作动感模糊转场效果

使用会声会影中的“跑动和停止”转场或“涂抹”转场都可以实现具有动感模糊效果的转场效果。在本实例中，我们将通过使用“涂抹”转场制作具有动感模糊的转场效果。

使用到的技术	“涂抹”转场
学习时间	10分钟
视频地址	光盘\视频\第3天\制作动感模糊转场效果.swf
源文件地址	光盘\源文件\第3天\制作动感模糊转场效果.VSP

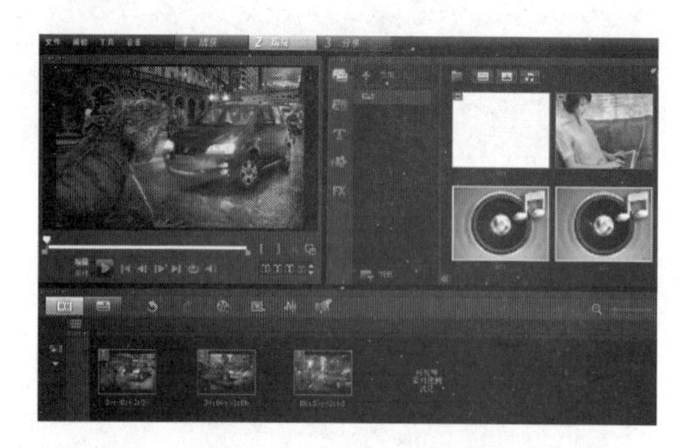

01 打开会声会影X4，在故事板视图中插入图像“光盘\源文件\第3天\素材\328.jpg”，然后插入图像素材329.jpg和330.jpg。

02 切换到“转场”素材库中，在下拉列表中选择“NewBlue样品转场”类别。

03 选中“涂抹”转场，单击“对视频轨应用当前效果”按钮。

04 可以将所选中的“涂抹”转场应用于当前视频轨的所有素材与素材之间的转场。

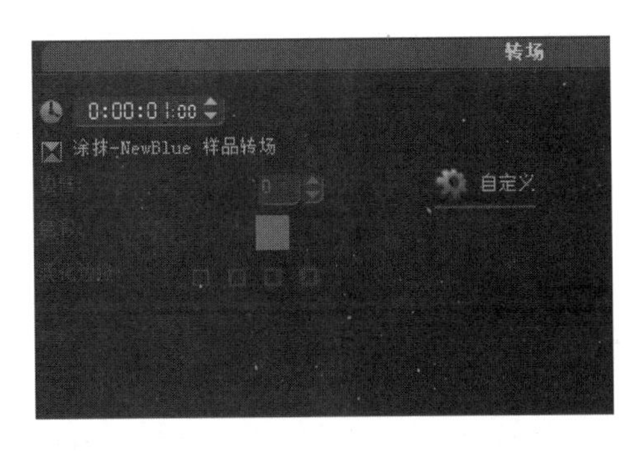

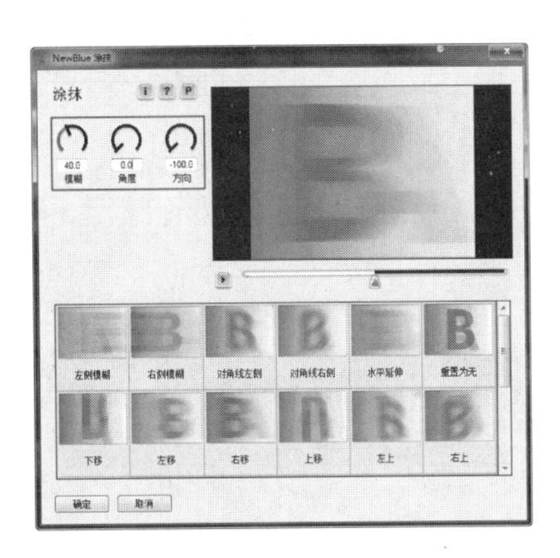

05 在项目时间轴中双击素材1与素材2之间的“涂抹”转场，打开“选项”面板，单击“自定义”按钮。

06 弹出“NewBlue涂抹”对话框，设置“模糊”为40、“方向”为-100。

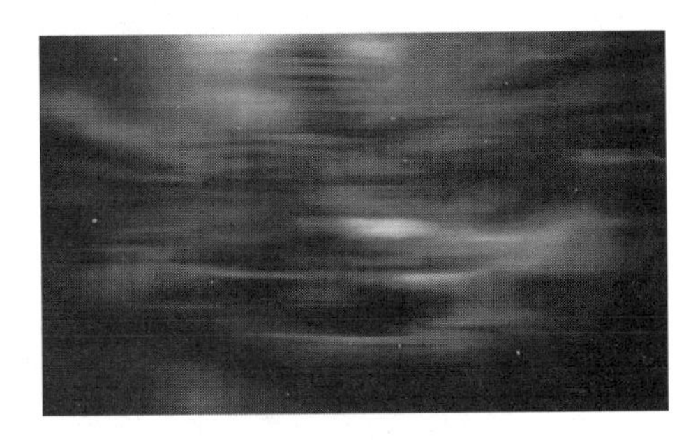

07 单击“确定”按钮，完成“NewBlue涂抹”对话框的设置。使用相同的方法，可以对第2个转场进行同样的设置。在预览窗口中单击“播放”按钮，即可看到动感模糊的转场效果。

☆ 操作小贴士 ☆

如果在项目时间轴中添加两个相同的素材，然后让转场的区间覆盖素材的区间，这样“涂抹”转场效果会起到滤镜的作用，从而实现运动模糊的动态效果。

12 / 制作拼图转场效果

“拼图”转场也是NewBlue系列的转场效果，使用“拼图”转场可以产生具有很明显的过渡和层次感。本实例将通过“拼图”转场，在两个素材图像之间产生具有层次感的过渡效果。

- 使用到的技术　“拼图”转场
- 学习时间　10分钟
- 视频地址　光盘\视频\第3天\制作拼图转场效果.swf
- 源文件地址　光盘\源文件\第3天\制作拼图转场效果.VSP

01 打开会声会影X4，在故事板视图中插入图像“光盘\源文件\第3天\素材\331.jpg”，然后插入图像素材332.jpg。

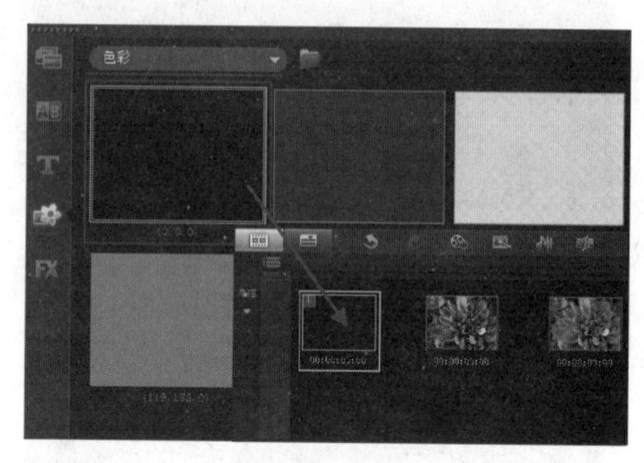

02 切换到“图形”素材库中，将黑色图形拖曳到视频轨上的素材图像之前。

03 切换到“转场”素材库中，在下拉列表中选择“NewBlue样品转场”类别。选中“拼图”转场，单击“对视频轨应用当前效果”按钮。

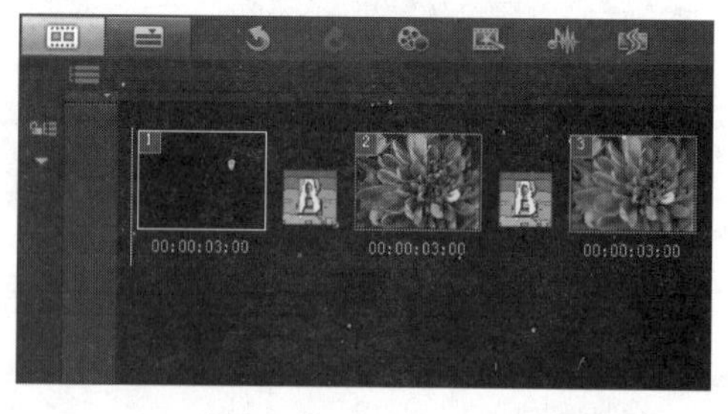

04 可以将所选中的“拼图”转场应用于当前视频轨的所有素材与素材之间。

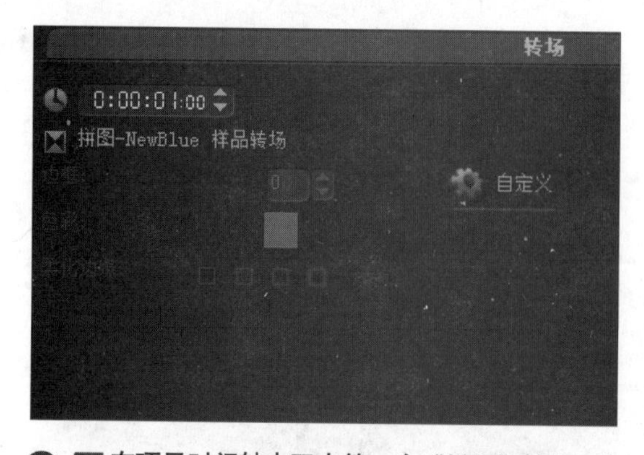

05 在项目时间轴中双击第一个“拼图”转场，打开“选项”面板，单击“自定义”按钮。

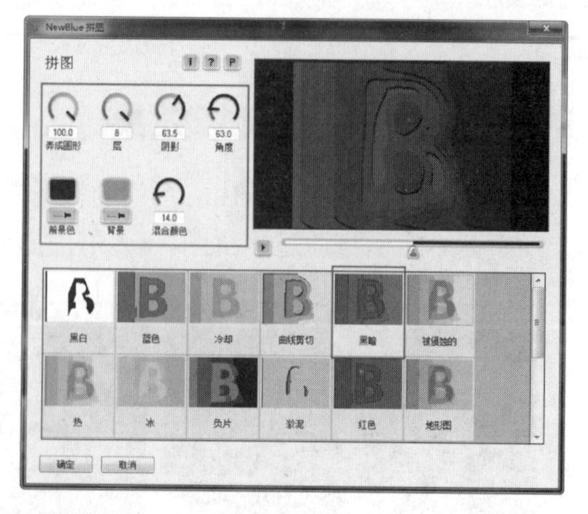

06 弹出“NewBlue拼图”对话框，单击“黑暗”预设，对其选项进行设置。

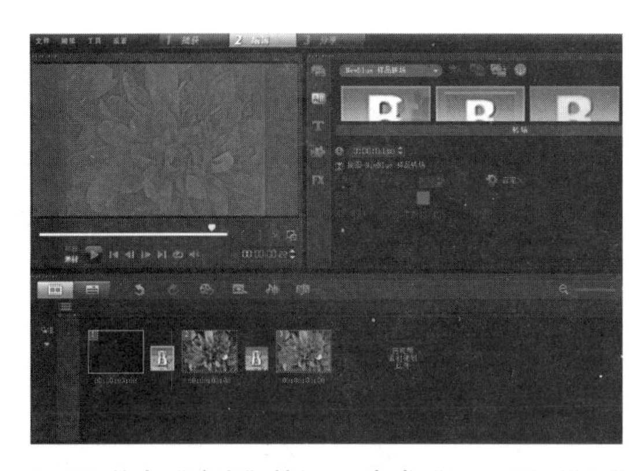

07 单击“确定”按钮，完成“NewBlue拼图”对话框的设置。

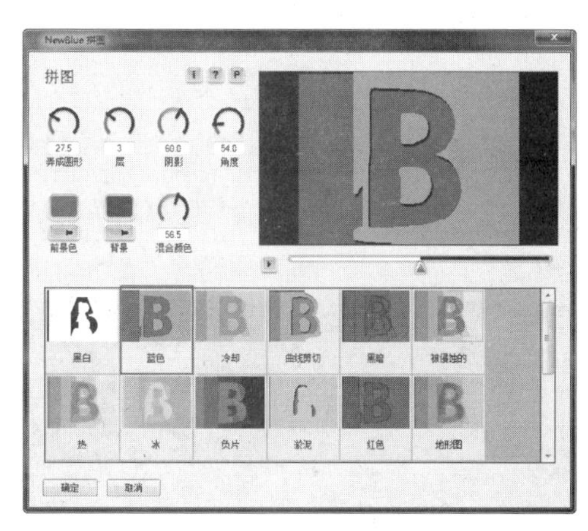

08 双击第二个“拼图”转场，打开“选项”面板。单击“自定义”按钮，弹出“NewBlue拼图”对话框，单击“蓝色”预设，对其选项进行设置。

09 单击“确定”按钮，完成“NewBlue拼图”对话框的设置。在预览窗口中单击“播放”按钮，即可看到拼图的转场效果。

☆ 操作小贴士 ☆

NewBlue是美国的影像特效公司，其开发了大量的滤镜、转场等视频特效。在会声会影X4中只是集成了其中一小部分NewBlue特效，读者可以安装NewBlue Video Essentials软件，这样在会声会影中就可以使用更多的NewBlue效果了。

13 / 制作相册翻页转场效果

使用会声会影中的“翻转”转场可以制作出书本翻页的转场效果，“翻转”转场有很多选项可以设置，很适合制作电子相册。本实例将使用“翻转”转场制作电子相册的效果。

- 使用到的技术　“翻转”转场
- 学习时间　20分钟
- 视频地址　光盘\视频\第3天\制作相册翻页转场效果.swf
- 源文件地址　光盘\源文件\第3天\制作相册翻页转场效果.VSP

01 打开会声会影X4，在故事板视图中插入图像“光盘\源文件\第3天\素材\333.jpg”，然后插入图像素材334.jpg和335.jpg。

02 双击项目时间轴中的第2个图像素材，打开“选项”面板，设置“照片区间”为7秒。

03 使用相同的方法，设置第3个图像素材的“照片区间”为4秒。

04 切换到“转场”素材库，在下拉列表中选择“相册”类别。选中“翻转”转场，单击“对视频轨应用当前效果”按钮。

05 可以在项目时间轴中的素材与素材之间添加“翻转”转场效果。

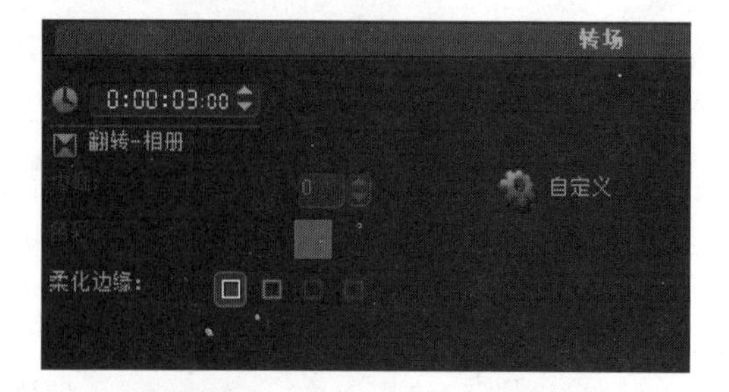

06 双击素材1与素材2之间的“翻转”转场，打开“选项”面板，设置“区间”为3秒。使用相同的方法，设置第2个转场的“区间”为3秒。

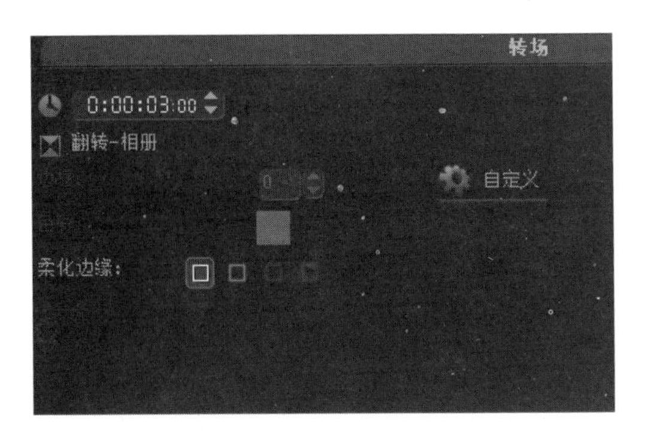

07 在项目时间轴中双击第1个转场效果，打开“选项”面板，单击“自定义”按钮。

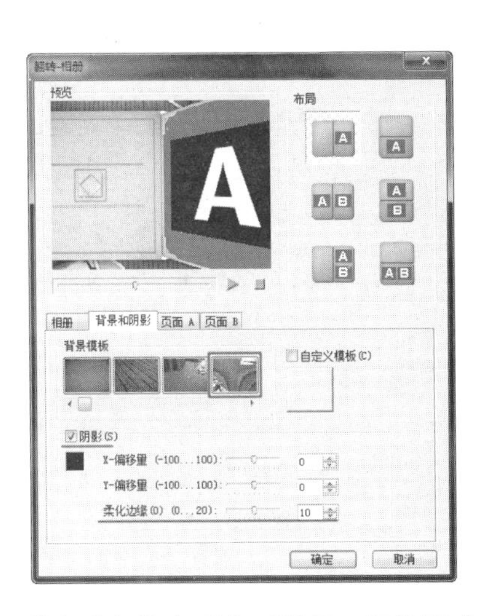

08 弹出“翻转-相册”对话框，切换到“背景和阴影”选项卡进行相关设置。单击“确定”按钮，完成“翻转-相册”对话框的设置。

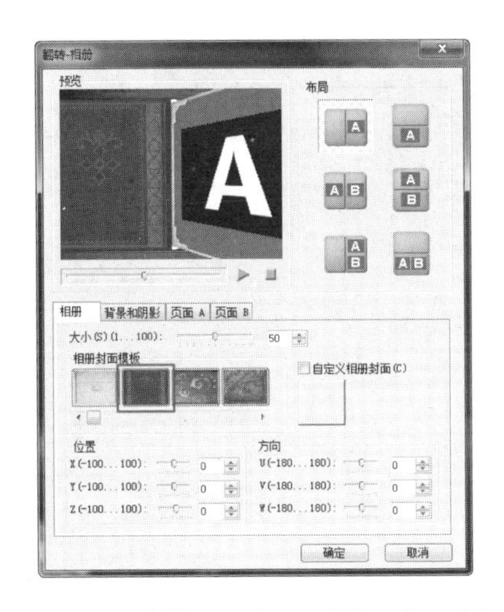

09 双击第2个转场，打开“选项”面板，单击“自定义”按钮，弹出“翻转-相册”对话框，对相关选项进行设置。

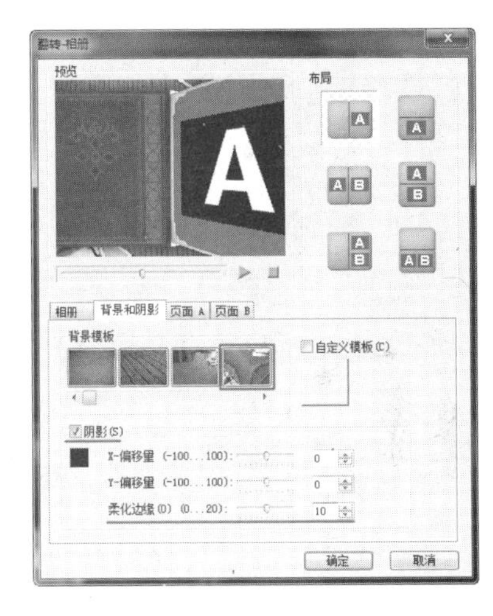

10 切换到“背景和阴影”选项卡中，对相关选项进行设置。

11 单击“确定”按钮，完成“翻转-相册”对话框的设置。在预览窗口中单击“播放”按钮，即可看到相册翻页的转场效果。

☆ 操作小贴士 ☆

在“翻转-相册”对话框的“布局”选项组中，选择“A”布局会产生翻页的效果。如果选择“AB”布局，相册不会翻页，而是从一个页面切换到另一个页面。只有对所有转场都选择了“A”布局，才能得到连续翻页的效果。

相册转场的封面、背景、页面等元素都可以使用自定义图像，在选择自定义图像时要注意保持风格一致。

☆ 自我评价 ☆

通过今天对转场效果的练习，我们已经基本掌握了在会声会影中添加各种转场效果的方法。在课后的练习中，大家可以大胆使用会声会影提供的各种转场效果，并能举一反三、融会贯通，让制作的影片更加精彩、漂亮和丰富。

☆ 总结扩展 ☆

在今天的学习中，我们主要学习了有关转场的基础知识，以及在会声会影中添加各种转场效果的方法和技巧，通过转场的应用可以实现很多精美的场景转换效果。在今天的学习中，具体需要掌握以下内容：

	了解	理解	精通
什么是转场	√		
转场的作用是什么		√	
如何自动批量添加转场		√	
如何添加转场效果			√
如何应用随机转场效果		√	
转场选项的相关设置		√	
添加各种转场效果			√

转场是影片中最常运用的效果之一，转场效果的好坏将直接影响场景的连续性和可观赏性。我们首先需要理解转场的基础知识，然后通过多个实例的制作练习，达到边学边用、快速精通的效果。在接下来的一天中，我们将学习在会声会影中制作覆叠特效，以逐步掌握会声会影中的各项功能。

第4天 合成的妙用

今天我们一起进入第4天的学习，在前一天的学习中，我们学习了如何在会声会影中添加转场的效果。通过对转场效果的应用，我们熟练掌握了视频中场景转换的方法和技巧。在前几天的学习中，我们学习的都是比较基础的视频处理方法，在今天的学习中，我们将一起学习覆叠效果的处理方法，即将两个素材或多个素材进行叠加合成处理，使最终的视频效果更加丰富。

通过今天的学习，大家就可以将两个或多个素材覆叠在一起，制作出更加具有层次感和画面更加丰富的视频效果了。

好，让我们开始今天的行程吧。

学习目的：掌握覆叠轨的使用

知 识 点：各种覆叠效果的实现方法，以及遮罩等特殊效果的使用

学习时间：一天

覆叠特效

怎样才能将几个视频或素材叠放在一起

在电视或电影中，大家经常会看到播放一段视频的同时，往往还嵌套播放另一段视频，这就是常说的“画中画”效果。画中画视频技术的应用，在有限的画面空间中创造了更加丰富的画面内容。通过会声会影中的覆叠功能，可以很轻松地制作出静态及动态的画中画效果，从而使视频作品更具有观赏性。

会声会影中的覆叠效果

什么是覆叠

覆叠的概念类似于图像处理软件中的图层，就是将多个视频、图像等素材叠加到一起，通过色度键或图像遮罩来决定叠加在一起的素材各自显示的部分。

覆叠轨的作用

在覆叠轨中可以添加图像或视频等素材，使用覆叠轨功能可以使视频轨上的视频与图像相互交织，组成各式各样的视觉效果。

如何设置覆叠轨上的素材

可以通过“选项”面板上的各种选项参数对覆叠轨上的素材进行控制。在覆叠轨上允许有两种类型的素材，一种是视频，另一种是图像，它们所对应的“选项”面板上的选项有所不同。

4.1 添加和删除覆叠效果

将素材添加至覆叠轨的方法与将素材添加至视频轨的方法非常类似，本节将向大家介绍添加覆叠效果的方法。

提示：
默认情况下，在项目时间轴的任意位置单击鼠标右键，在弹出的菜单中选择“插入照片”选项，可以在视频轨中插入素材。

打开会声会影X4，在时间轴视图中单击鼠标右键，在弹出的菜单中选择“插入照片”选项，将素材图像“光盘\源文件\第4天\素材\4101.jpg”添加到项目时间轴中，如图4-1所示。

图4-1 在视频轨上添加素材

提示：
如果需要在覆叠轨中添加素材，必须先在项目时间轴中单击“覆叠轨”按钮，如要没有单击“覆叠轨”按钮直接添加素材，则素材默认会添加到视频轨中。

单击“覆叠轨”按钮，在覆叠轨中单击鼠标右键，在弹出的菜单中选择“插入照片”选项，将素材图像“光盘\源文件\第4天\素材\4102.png”添加到覆叠轨中，如图4-2所示。

图4-2 在覆叠轨上添加素材

提 示:

选中覆叠轨上的素材，在预览窗口中，覆叠轨素材的周围将显示一个虚线框，在预览窗口中直接拖动覆叠轨素材，即可调整覆叠轨素材的位置。

在覆叠轨中选择刚插入的素材图像，在预览窗口中拖曳该素材图像，将其调整到合适的位置，如图4-3所示。

图4-3 调整覆叠轨中素材的位置

双击覆叠轨中的素材图像，打开“选项”面板，单击“淡入动画效果”按钮（见图4-4），使覆叠轨中的素材应用淡入效果。

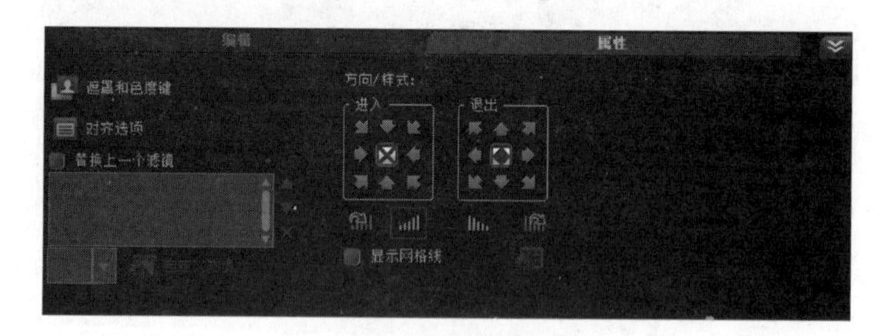

图4-4 “选项”面板

提 示:

根据覆叠轨上视频素材或图像素材的不同，其“选项”面板中的相关设置选项也会有所不同，在下一节中将向读者介绍“选项”面板中各选项的作用。

完成在覆叠轨中添加素材的操作，在预览窗口中单击“播放”按钮，可以看到覆叠素材的效果，如图4-5所示。

图4-5 覆叠素材效果

提示：

在覆叠轨中选择需要删除的素材，执行“编辑>删除”命令或按Delete键，也可以将选中的覆叠轨素材删除。

如果不需要覆叠轨中的素材，可以将其删除。在覆叠轨中选择需要删除的素材，单击鼠标右键，在弹出的菜单中选择“删除”选项（见图4-6），即可将覆叠轨中的素材删除。

图4-6 删除覆叠素材

4.2 覆叠轨素材的设置选项

在覆叠轨上可以添加两种类型的素材，一种是视频素材，另一种是图像素材，这两种素材所对应的“选项”面板上的选项有所不同。在“选项”面板中包含“编辑”和“属性”两个选项卡，下面分别对这两个选项卡进行介绍。

1. “编辑”选项卡

“选项”面板中的“编辑”选项卡主要用于编辑覆叠轨素材，如控制覆叠素材的声音、素材区间等，如图4-7所示。

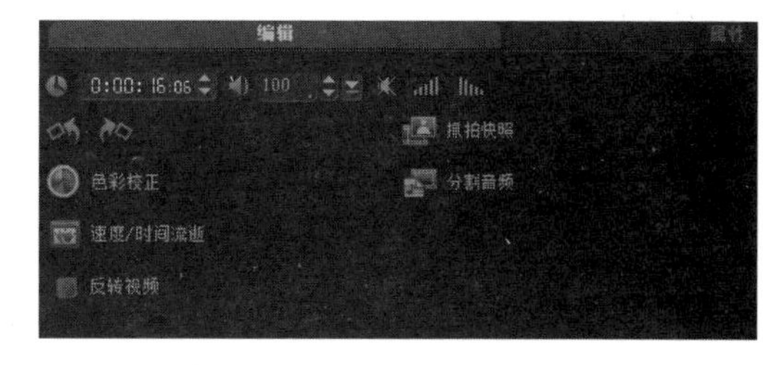

图4-7 “编辑”选项卡

- 区间：该选项用于设置覆叠素材的播放时间长度，显示了播放当前所选覆叠素材所需的时间，即时间码上的数字代码。单击其右边的微调按钮，可以调整数值的大小，也可以单击时间码上的数字，待数字处于闪烁状态时输入新的数字，然后按Enter键确认，改变素材的播放时间长度。

- 素材音量：该选项用于设置素材声音的大小，可以在后面的文本框中直接输入数值，也可以单击文本框后的下三角按钮，在弹出的音量调节器中拖曳滑块来调整素材的音量。
- 静音：单击该按钮可以消除素材的声音，使其呈静音状态，但并不删除素材的音频。
- 淡入：单击该按钮，可以将声音淡入效果添加到当前素材中，淡入效果是素材的音频音量从零开始逐渐增大。
- 淡出：单击该按钮，可以将声音淡出效果添加到当前素材中，淡出效果是素材的音频音量从大逐渐减小为零。
- 旋转素材：单击“逆时针旋转90度”按钮，可以将素材逆时针旋转90度；单击“顺时针旋转90度”按钮，可以将素材顺时针旋转90度。
- 色彩校正：单击该按钮，可以打开相应的面板，如图4-8所示。在该面板中可以对素材的色调、饱和度、亮度及对比度等进行设置。
- 速度/时间流逝：单击该按钮，将弹出“速度/时间流逝”对话框（见图4-9），用户可以根据需要调整视频的播放速度。

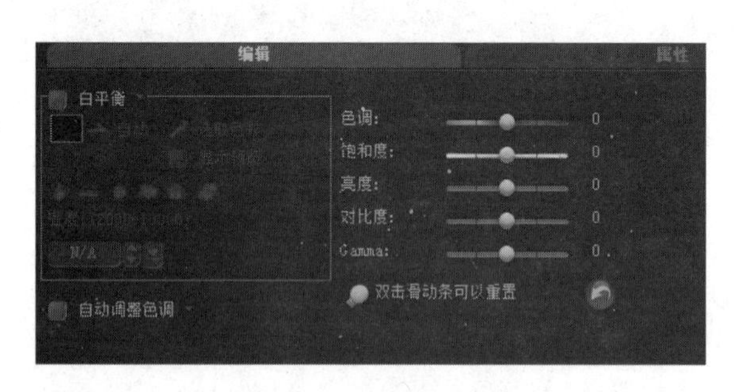

图4-8 色彩校正的相关选项

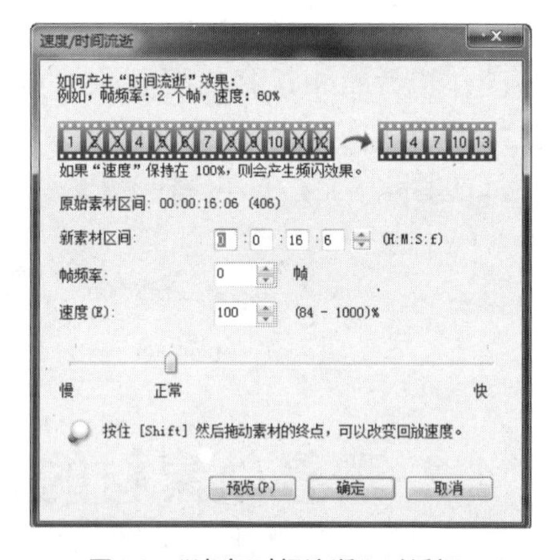

图4-9 “速度/时间流逝”对话框

- 反转视频：选中该复选框，可以将当前视频进行反转，此时，视频内容将反向进行播放。
- 抓拍快照：单击该按钮，可以将当前播放的视频图像保存为快照，并自动添加到“媒体”素材库中。
- 分割音频：单击该按钮，可以将视频文件中的音频分割出来，并将画面切换至“音频”面板。

2. “属性”选项卡

“选项”面板中的“属性”选项卡主要用于设置素材的动画效果，并可以为覆叠的素材添加各种滤镜效果，如图4-10所示。

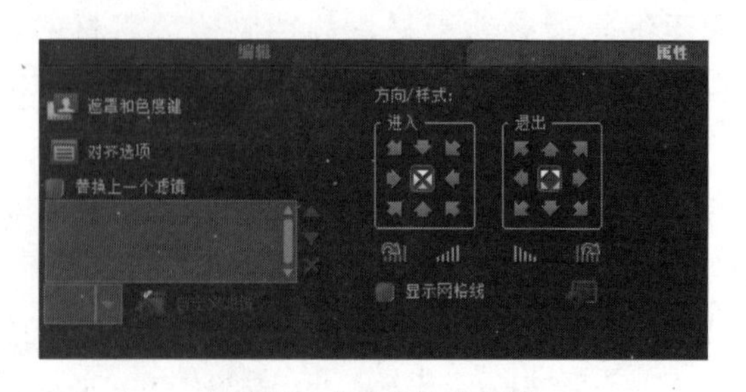

图4-10 “属性”选项卡

- 遮罩和色度键：单击该按钮，将转换到相应的选项面板中，如图4-11所示。在该面板中可以设置覆叠素材的透明度、边框、色度键类型和相似度等选项。
- 对齐选项：单击该按钮，在弹出的菜单中可以设置当前视频的位置，以及视频对象的宽高比，如图4-12所示。

图4-11 遮罩和色度键的相关选项

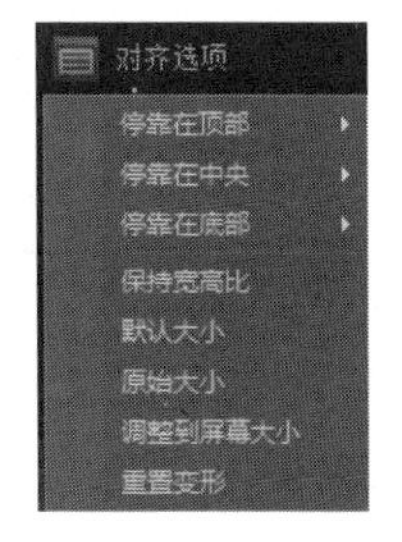

图4-12 对齐选项的弹出菜单

- 替换上一个滤镜：选中该复选框，新的滤镜将替换素材原来的滤镜效果，并应用到素材上。如果需要在素材上应用多个滤镜效果，则需要取消该复选框的选中状态。
- 自定义滤镜：单击该按钮，用户可以根据需要对当前添加的滤镜进行自定义设置。
- 显示网格线：选中该复选框，可以在视频中添加网格线。

4.3 覆叠轨素材的位置调整

覆叠轨中素材的位置主要指覆叠轨中的视频素材或图像素材相对于屏幕窗口的位置，在会声会影中有9个预设的位置可以选择，用户也可以通过手动方式调整覆叠轨素材的位置。

1. 使用预设进行调整

在覆叠轨中选择需要调整位置的素材，然后在预览窗口中的该素材上单击鼠标右键，在弹出的菜单中选择相应的选项，即可调整该素材的位置。

打开会声会影X4，分别在项目时间轴面板的视频轨和覆叠轨中添加相应的素材图像，如图4-13所示。在预览窗口中可以看到插入的素材图像的效果，如图4-14所示。

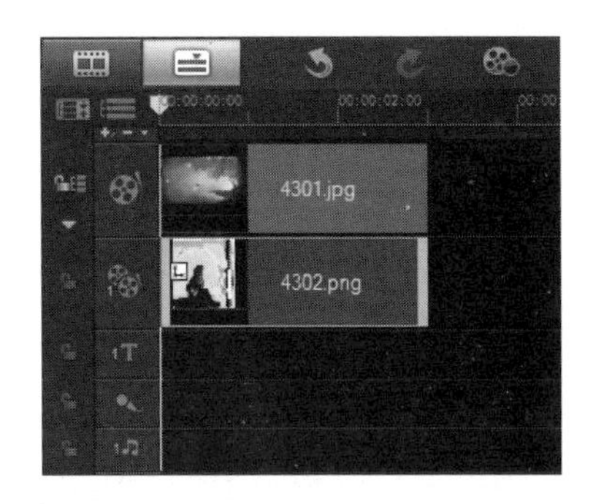

图4-13 添加相应的素材

图4-14 素材的效果

在覆叠轨中选择素材图像，在预览窗口中的该素材上单击鼠标右键，在弹出的菜单中选择“停靠在底部>居左”选项，如图4-15所示。此时，可以看到调整位置后的图像效果，如图4-16所示。

图4-15 选择相应的选项

图4-16 调整后的效果

2. 手动进行调整

在预览窗口中选择需要调整的覆叠素材，此时鼠标指针呈四箭头形状，按住鼠标左键并拖动鼠标即可手动调整覆叠素材的位置。

打开会声会影X4，分别在项目时间轴面板上的视频轨和覆叠轨中添加相应的素材图像。选择覆叠轨中的素材，在预览窗口中单击鼠标左键并进行拖动操作，如图4-17所示。将覆叠轨中的素材拖至合适的位置后释放鼠标左键，即可调整覆叠素材的位置，如图4-18所示。

图4-17 拖动覆叠轨中的素材

图4-18 调整后的效果

4.4 覆叠轨素材的大小调整

打开会声会影X4，分别在项目时间轴面板上的视频轨和覆叠轨中添加相应的素材图像，如图4-19所示。在预览窗口中可以看到插入的素材图像的效果，如图4-20所示。

图4-19 添加相应的素材

图4-20 素材的效果

在覆叠轨中选择素材图像，在预览窗口中可以看到覆叠轨素材的四周显示了黄色的调节点。将光标移至图像右上角的调节点上，当其显示为双向箭头时，按住鼠标左键并向左上方拖动，如图4-21所示。

拖曳至合适的大小后释放鼠标左键，即可调整覆叠轨中素材的大小，如图4-22所示。

图4-21 调整素材图像大小

图4-22 调整后的效果

调整素材大小

选中覆叠轨上的素材，在预览窗口中该素材将显示8个可调节的黄色调节点，拖动左上角、右上角、左下角和右下角的4个调整点可以将素材进行等比例缩放操作，如图4-23所示。拖动其他的调整点，可以不等比例地调整素材大小。

图4-23 等比例缩放的4个调节点

4.5 覆叠轨素材的形状调整

在会声会影中，用户可以任意倾斜或者扭曲图像及视频素材，从而对素材进行变形操作，以配合倾斜或扭曲的覆叠画面。

打开会声会影X4，分别在项目时间轴面板上的视频轨和覆叠轨中添加相应的素材图像，如图4-24所示。在预览窗口中可以看到插入的素材图像的效果，如图4-25所示。

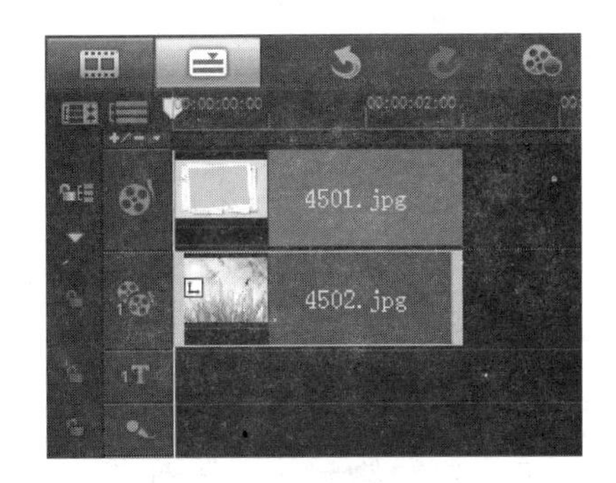

图4-24 添加相应的素材

图4-25 素材的效果

选择覆叠轨中需要调整的素材图像，在预览窗口中，将鼠标移至右下角的绿色调节点上，按下鼠标左键并向右下角拖动，如图4-26所示。拖动至合适的位置后释放鼠标左键，即可调整素材图像右下角的调节点，如图4-27所示。

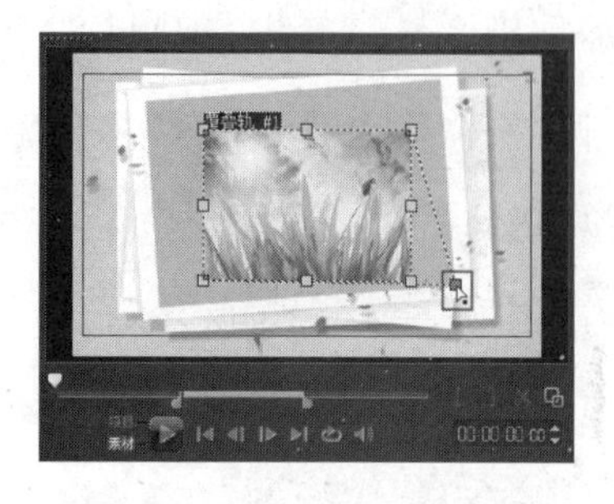

图4-26 拖曳右下角的调节点

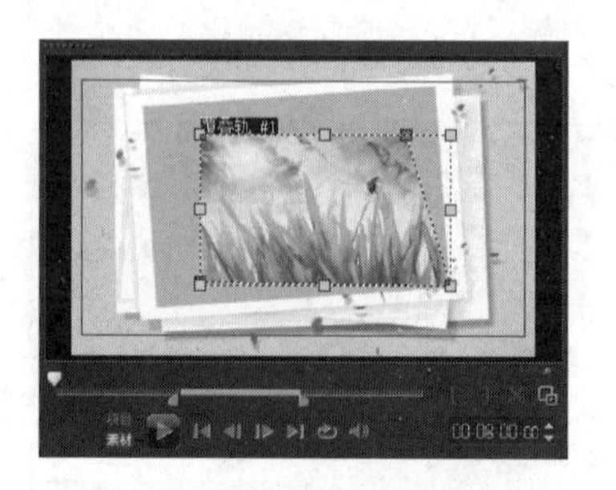

图4-27 调整后的图像效果

将鼠标指针移至右上角的绿色调节点上，单击并拖曳该调节点，将其调整到合适的位置，从而改变素材的形状，如图4-28所示。使用相同的方法，对素材左侧的两个绿色调节点分别进行调整，改变素材的形状，如图4-29所示。

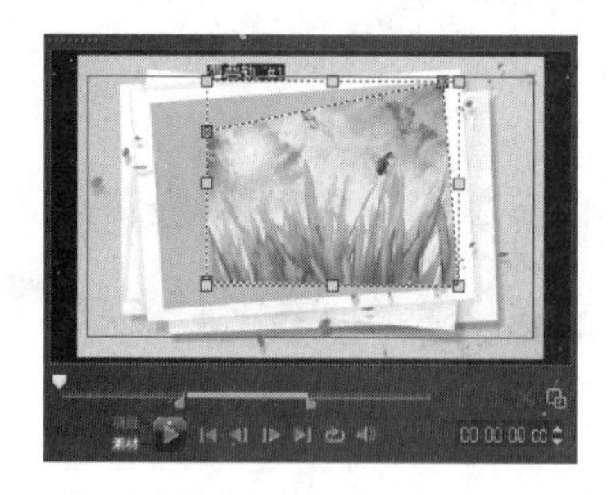

图4-28 调整右上角调节点后的效果

图4-29 调整后的图像效果

4.6 为覆叠轨素材设置动画效果

为了使制作的影片具有动画效果，用户还可以为覆叠轨中的素材设置动画效果，使制作的影片更加生动、活泼。

打开会声会影X4，分别在项目时间轴面板上的视频轨和覆叠轨中添加相应的素材图像，如图4-30所示。在预览窗口中可以看到插入的素材图像的效果，如图4-31所示。

图4-30 添加相应的素材

图4-31 素材的效果

双击覆叠轨中的素材，打开“选项”面板，在“方向/样式”选项区的“进入”列表框中单击“从右上方进入”按钮，在“退出”列表框中单击“从左边退出”按钮，如图4-32所示。

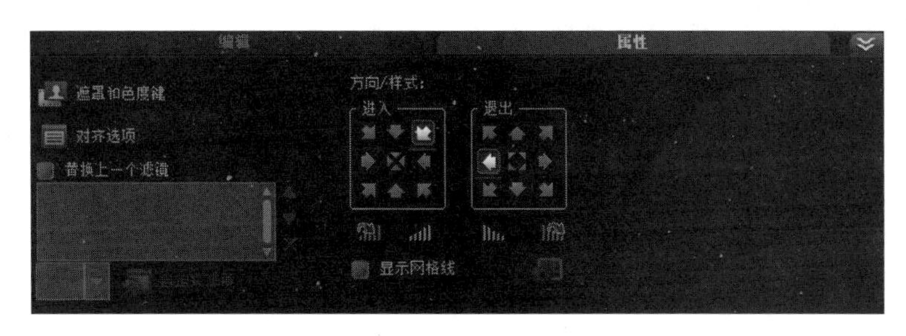

图4-32 设置“选项”面板

设置完成后，在预览窗口中单击“播放”按钮，即可看到为视频轨素材设置的动画效果，如图4-33所示。

图4-33 覆叠轨素材的动画效果

各按钮的作用

在“方向/样式”选项区中，主要按钮的作用如下：

- “从左上方进入”按钮：单击该按钮，素材将从左上方进入影片。
- “从右上方进入”按钮：单击该按钮，素材将从右上方进入影片。
- “从左上方退出”按钮：单击该按钮，素材将从左上方退出影片。
- “从右下方退出”按钮：单击该按钮，素材将从右下方退出影片。
- “进入”选项区中的“静止”按钮：单击该按钮，可以取消为素材添加的进入影片效果。
- “退出”选项区中的“静止”按钮：单击该按钮，可以取消为素材添加的退出影片效果。

4.7 覆叠轨素材的其他设置

除了动画效果以外，用户还可以为覆叠轨素材设置边框、透明度等属性，从而美化影片。本节将通过为覆叠轨素材设置透明度，向读者介绍为覆叠轨素材设置其他效果的方法。

接着4.6节所制作的项目，双击覆叠轨上的素材，打开“选项”面板，然后单击“遮罩和色度键”按钮，如图4-34所示。切换到“遮罩和色度键”选项设置面板，在“透明度”文本框中输入50，如图4-35所示。

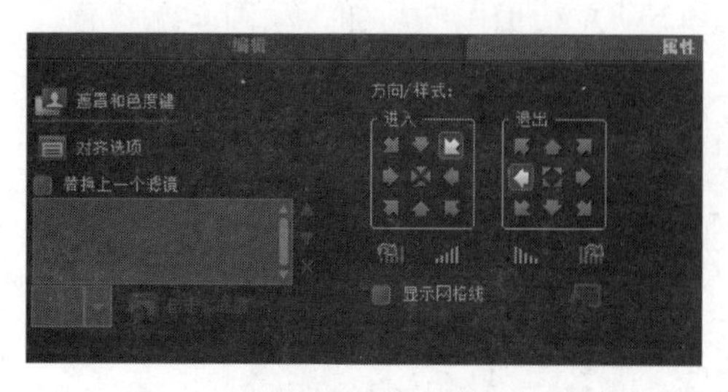

图4-34 单击“遮罩和色度键”按钮

图4-35 设置“遮罩和色度键”相关选项

设置完成后，在预览窗口中单击“播放”按钮，即可看到为视频轨素材设置透明度后的效果，如图4-36所示。

图4-36 设置透明度后覆叠轨素材的效果

相关选项说明

在“遮罩和色度键”选项设置面板中，主要选项的作用如下：

- “透明度”文本框：在该文本框中输入相应的数值，可以改变素材的透明度。
- “边框”文本框：在该文本框中输入相应的数值，可以设置覆叠轨中素材的边框效果。
- “类型”下拉列表：在该下拉列表中有两个选项可以选择，分别是“色度键”和“遮罩帧”，使用它们可以设置覆叠轨中素材的类型。
- “相似度”色块：单击该颜色块，在弹出的拾色器中可以设置色度键的取色类型。
- “宽度”文本框：在该文本框中输入相应的数值，可以修剪覆叠轨中素材的宽度。
- “高度”文本框：在该文本框中输入相应的数值，可以修剪覆叠轨中素材的高度。

用户还可以根据需要设置覆叠轨中素材的边框效果。边框是为影片添加装饰的另一种简单而实用的方式，它能够让枯燥的画面变得生动。其操作方法很简单，只需要在覆叠轨中选择需要设置边框的素材图像，然后单击“选项”面板中的“遮罩和色度键”按钮，切换到相应的选项面板，在“边框”文本框中输入相应的数值即可。

自我检测

了解了什么是覆叠，以及会声会影中覆叠轨的基本操作和设置后，如何使用覆叠轨实现精彩的视频效果呢？

接下来，我们将通过多个不同类型的覆叠合成实例的制作练习，学习在会声会影中制作各种覆叠特效的方法和技巧，最终熟练掌握覆叠轨的多种使用方法，并能够应用到实际的操作中。

让我们大家一起开始实例的练习吧，为实现更多精彩的覆叠特效而努力，加油！

- 制作会动的图像
- 制作海市蜃楼效果
- 制作胶片效果
- 制作画中画效果
- 制作递进的画中画效果
- 制作动态婚纱照
- 为美女添加纹身效果
- 模拟恐怖气氛
- 添加静态马赛克效果
- 添加动态马赛克效果
- 制作视频分屏显示效果
- 为视频添加动态边框效果
- 制作具有转场效果的画中画

1 / 制作会动的图像

覆叠指将一个素材叠加到另一个素材之上，而覆叠轨指用来实现覆盖与叠加效果的轨道。本实例我们将利用覆叠轨的特性为视频添加相框的效果，从而制作会动的图像效果。

使用到的技术	在覆叠轨中添加素材
学习时间	10分钟
视频地址	光盘\视频\第4天\制作会动的图像.swf
源文件地址	光盘\源文件\第4天\制作会动的图像.VSP

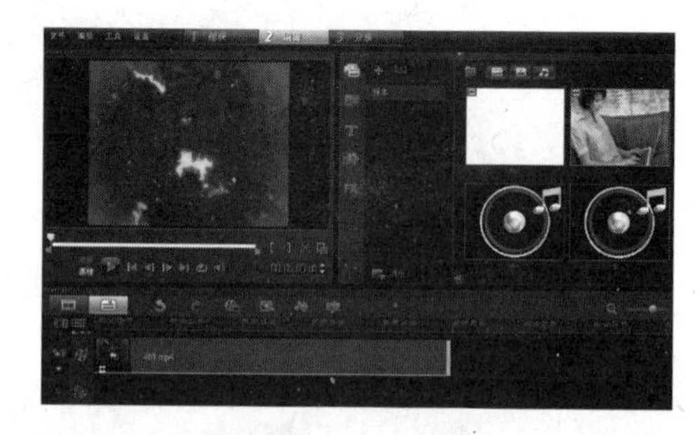

01 打开会声会影X4，将视频文件“光盘\源文件\第4天\素材\401.mp4”插入到项目时间轴中。

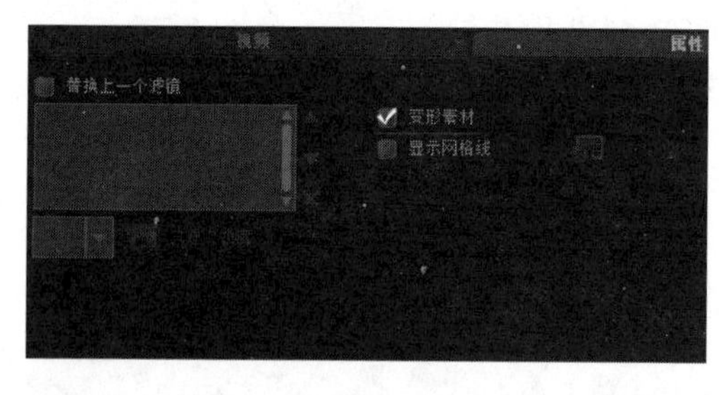

02 双击视频轨上的视频素材，打开“选项”面板。切换到“属性”选项卡，选中“变形素材”复选框。

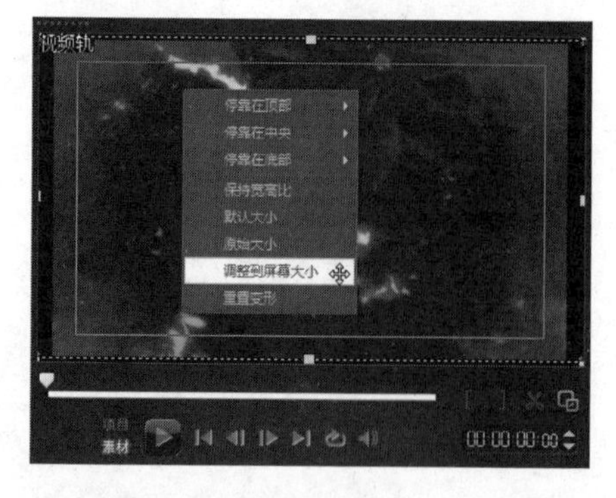

03 在预览窗口中的视频素材上单击鼠标右键，在弹出的菜单中选择“调整到屏幕大小”选项。

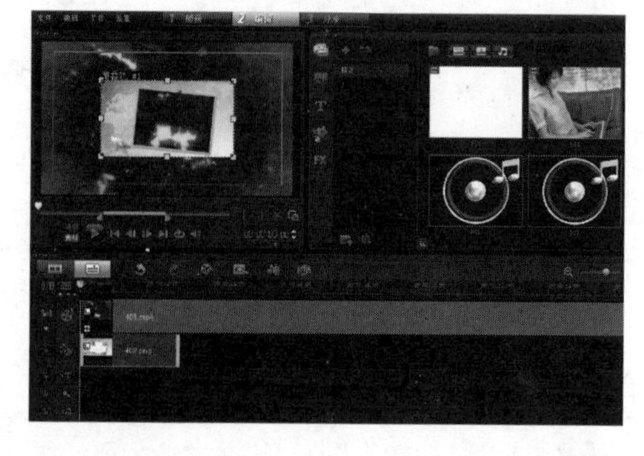

04 在项目时间轴中单击“覆叠轨”按钮，在覆叠轨中添加图像素材“光盘\源文件\第4天\素材\402.png”。

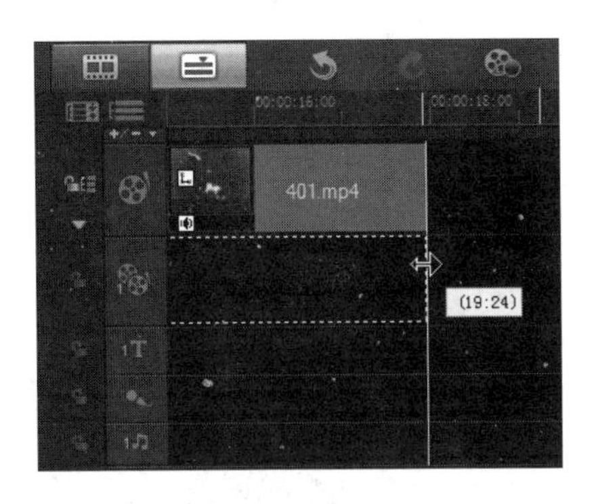

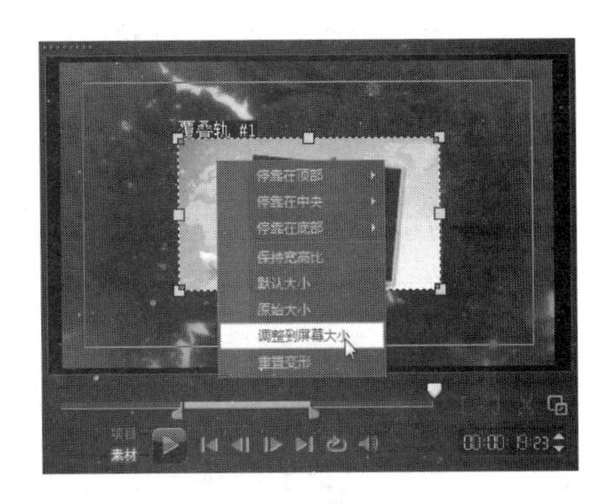

05 选择覆叠轨上的素材，向右侧拖曳素材的边框，使覆叠轨中素材的区间与视频轨中素材的区间相同。

06 在预览窗口中的覆叠轨素材上单击鼠标右键，在弹出的菜单中选择“调整到屏幕大小”选项。

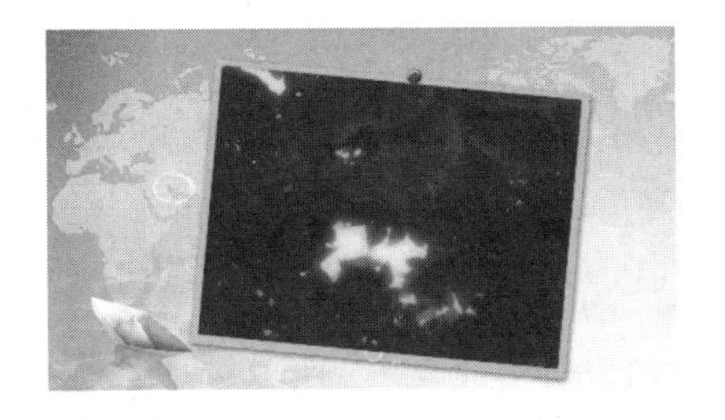

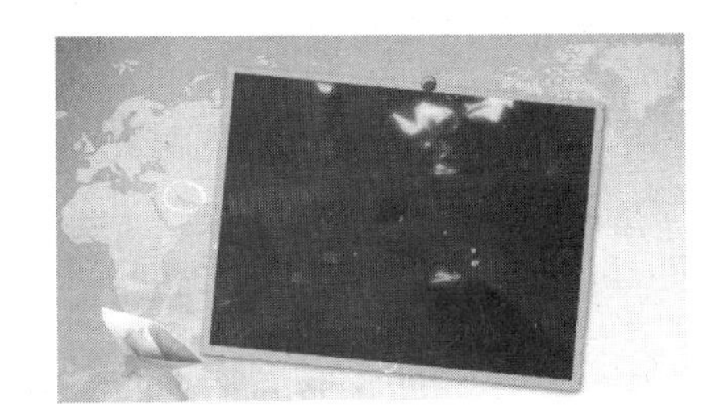

07 完成效果的制作，在预览窗口中激活“项目”模式，单击“播放”按钮，即可看到所制作的会动的图像效果。

> ☆ 操作小贴士 ☆
>
> 在默认设置下，添加到覆叠轨中的素材会被调整为比较小的尺寸。如果要使添加到覆叠轨中的素材能够自动匹配屏幕的大尺寸，可以按快捷键F6，打开“参数选择”对话框，在“编辑”选项卡中选中“用调到屏幕大小覆叠轨上的默认大小”复选框。
>
> 覆叠轨可以看做是特殊的视频轨。覆叠轨不仅具有大部分视频轨的功能，如支持图像和视频素材，可以应用滤镜和转场，还支持Alpha通道，可以调整素材的透明度。

2 / 制作海市蜃楼效果

在会声会影中，在覆叠素材的“选项”面板中可以对其相关选项进行设置。通过为覆叠素材应用透明度和淡入/淡出效果，可以模拟出海市蜃楼的效果。

- 使用到的技术　透明度、淡入和淡出动画效果
- 学习时间　10分钟
- 视频地址　光盘\视频\第4天\制作海市蜃楼效果.swf
- 源文件地址　光盘\源文件\第4天\制作海市蜃楼效果.VSP

01 打开会声会影X4，将图像文件“光盘\源文件\第4天\素材\403.jpg”插入到项目时间轴中。

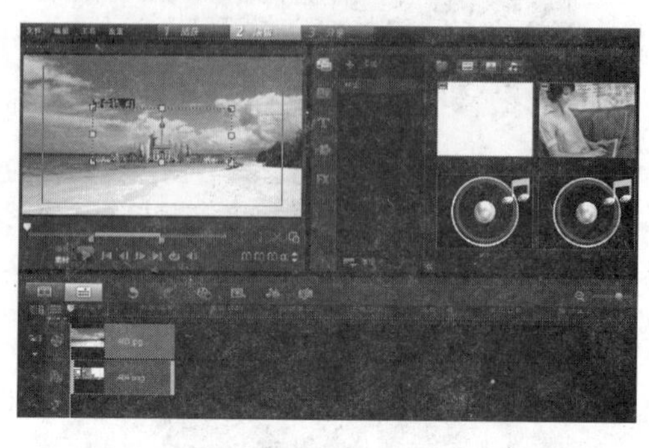

02 在项目时间轴的覆叠轨中添加图像素材“光盘\源文件\第4天\素材\404.png”。

03 选择覆叠轨中的素材，在预览窗口中调整其到合适的大小和位置。

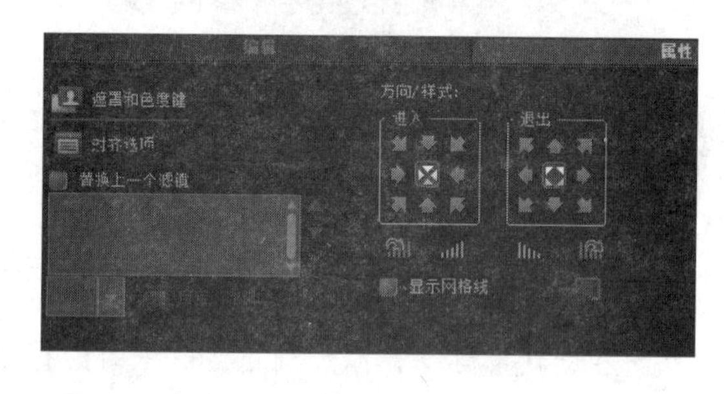

04 双击覆叠轨中的素材，打开“选项”面板，单击“遮罩和色度键”按钮。

05 切换到“遮罩和色度键”选项设置面板，设置“透明度”为70。

06 设置透明度后，可以在预览窗口中看到覆叠素材的效果。

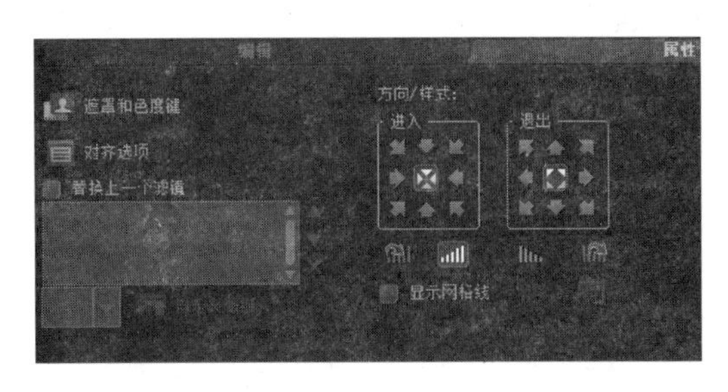

07 打开“选项”面板，单击“淡入动画效果”按钮，为覆叠素材添加淡入动画效果。

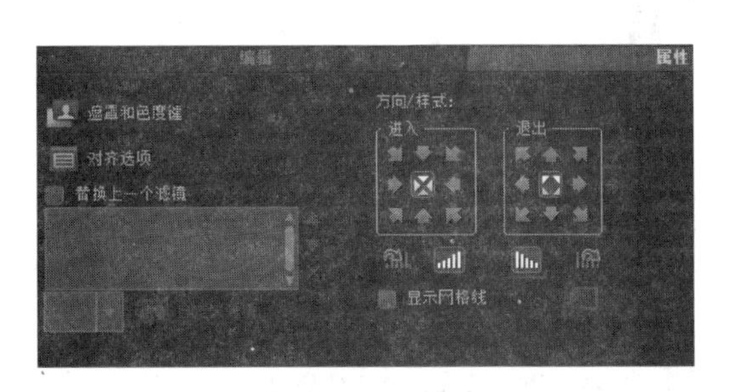

08 在“选项”面板中单击“淡出动画效果”按钮，为覆叠素材添加淡出动画效果。

09 完成效果的制作，在预览窗口中激活“项目”模式，单击“播放”按钮，即可看到所制作的海市蜃楼效果。

☆ 操作小贴士 ☆

通过设置覆叠素材“选项”面板中的相关选项设置，可以轻松实现各种淡入淡出效果。在对覆叠素材的“透明度”进行设置时，值越高，透明度越大，当值为0时，表示素材不透明，当值为100时，表示素材完全透明。还可以通过“透明度”文本框后的三角形按钮，对透明度值进行微调。

3 / 制作胶片效果

在会声会影中，不仅可以在覆叠轨中添加视频和图像素材，还可以添加Flash动画素材。在本实例中，我们将为静态图像添加动态的Flash动画效果，从而增加画面的动感。

- 使用到的技术　添加Flash动画
- 学习时间　10分钟
- 视频地址　光盘\视频\第4天\制作胶片效果.swf
- 源文件地址　光盘\源文件\第4天\制作胶片效果.VSP

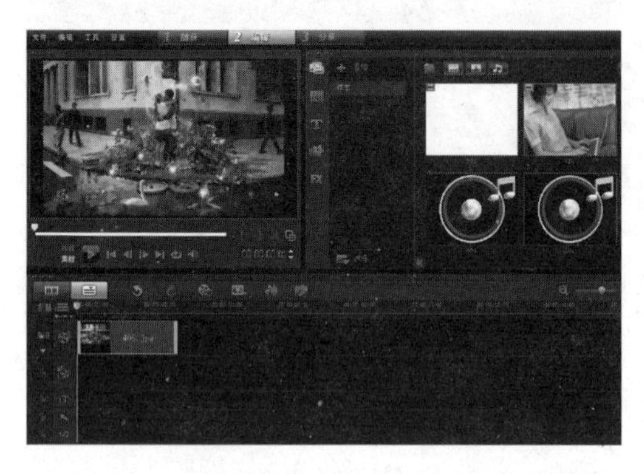

01 打开会声会影X4，将图像文件“光盘\源文件\第4天\素材\405.jpg”插入到项目时间轴中。

02 切换到“图形”素材库中，在下拉列表中选择“Flash动画”选项。

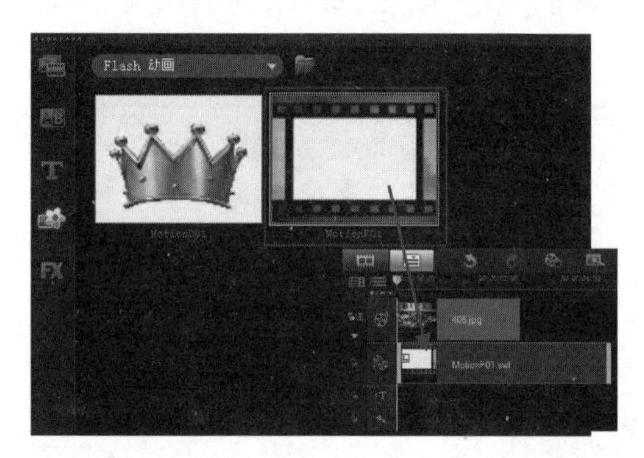

03 将MotionF01素材拖曳至项目时间轴的覆叠轨上。

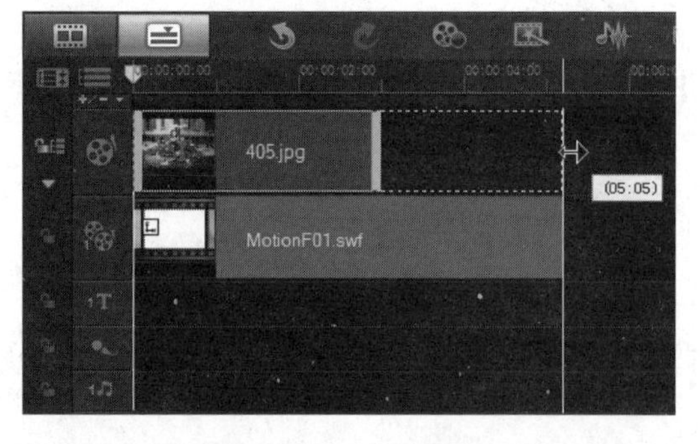

04 选择视频轨上的素材，向右拖动其边框，调整该素材的区间与覆叠轨素材的区间相同。

05 完成效果的制作，在预览窗口中激活“项目”模式，单击“播放”按钮，即可看到所制作的胶片效果。

☆ 操作小贴士 ☆

在会声会影中，用户不仅可以将软件自带的素材库中的Flash素材动画添加到覆叠轨中，还可以将外部的Flash动画素材添加到覆叠轨中。如果要将外部的Flash动画素材添加到覆叠轨中，可以单击项目时间轴上的“覆叠轨”按钮，然后在覆叠轨上单击鼠标右键，在弹出的菜单中选择“插入视频”选项，接着在弹出的对话框中选择需要添加的Flash动画素材。

4 / 制作画中画效果

画中画是影片中常用的镜头效果之一，在会声会影中运用覆叠轨的特性，可以很轻松地制作出中画的效果。在本实例中，我们将使用多个覆叠轨来实现多个素材从动态背景中飞行而过的效果。

使用到的技术	多个覆叠轨、覆叠轨动作
学习时间	20分钟
视频地址	光盘\视频\第4天\制作画中画效果.swf
源文件地址	光盘\源文件\第4天\制作画中画效果.VSP

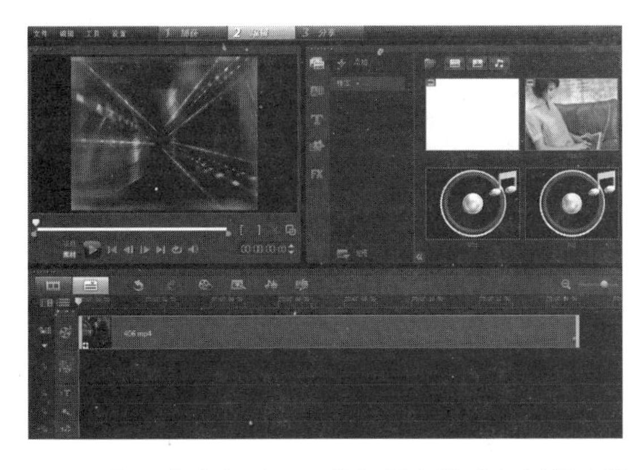

01 打开会声会影X4，将视频文件“光盘\源文件\第4天\素材\406.mp4”插入到项目时间轴中。

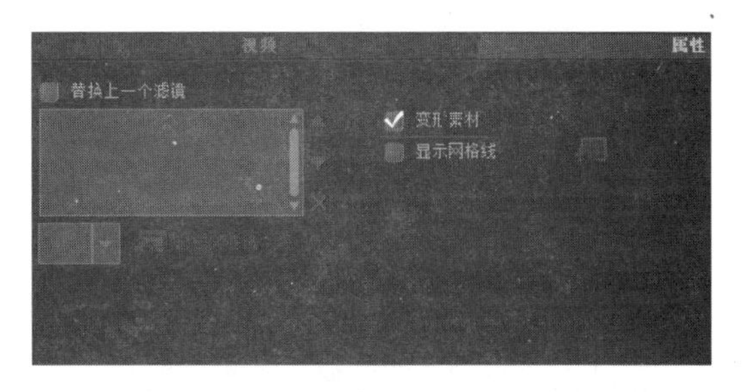

02 双击视频轨上的视频素材，打开“选项”面板，选中“变形素材”复选框。

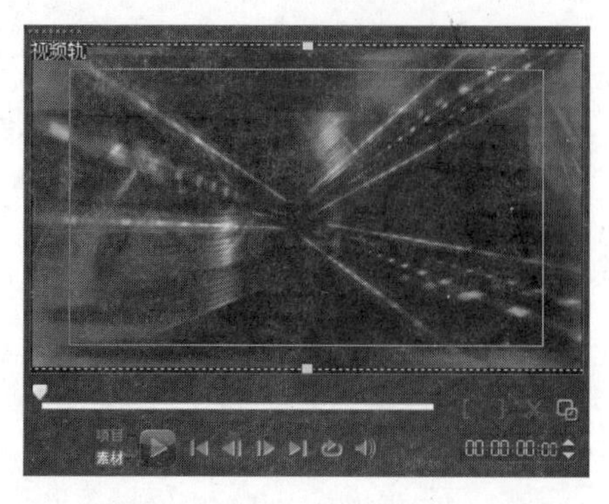

03 在预览窗口中调整视频素材到合适的大小。

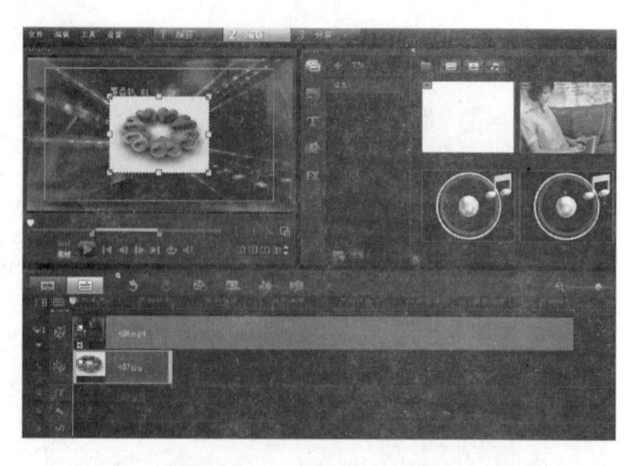

04 单击“覆叠轨”按钮，将图像文件“光盘\源文件\第4天\素材\407.jpg”插入到覆叠轨中。

05 双击覆叠轨上的图像素材，打开“选项”面板，设置“照片区间”为5秒。

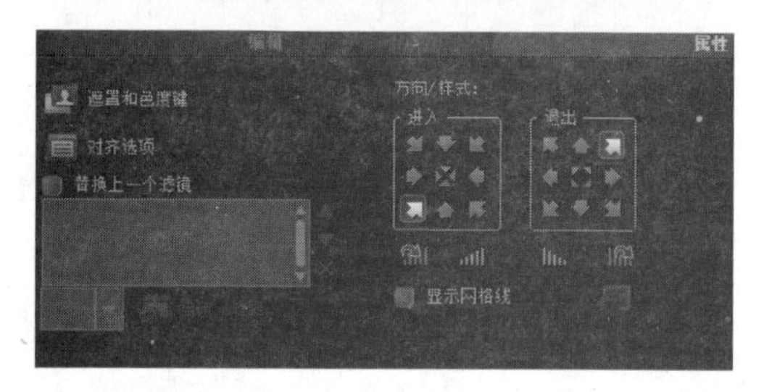

06 切换到“属性”选项卡中，在“进入”选项组中单击“从左下进入”按钮，在“退出”选项组中单击“从右上方退出”按钮。

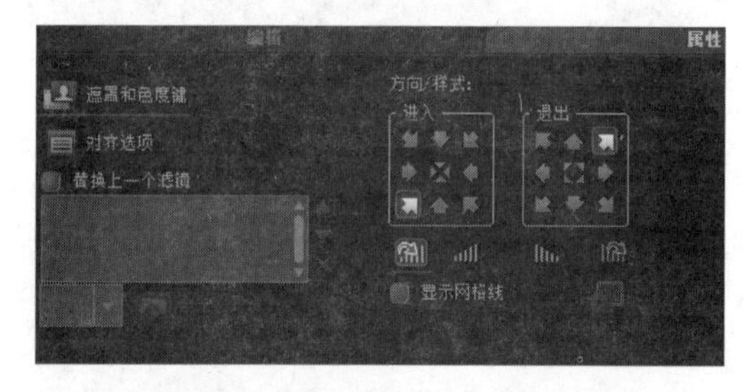

07 在“选项”面板中单击“暂停区间前旋转”按钮，然后单击“遮罩和色度键”按钮。

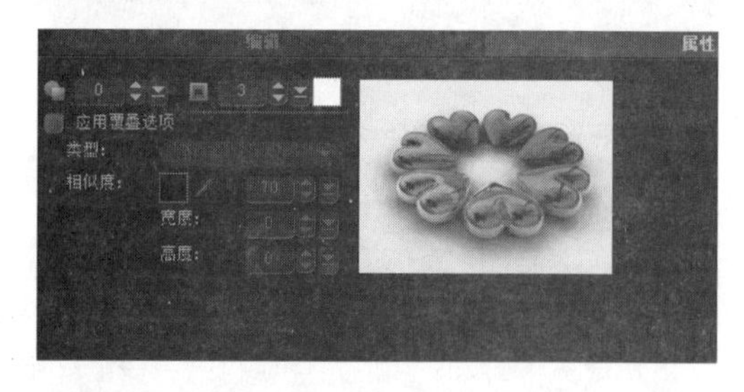

08 切换到“遮罩和色度键”相关选项，设置“边框”为3、“边框颜色”为白色。

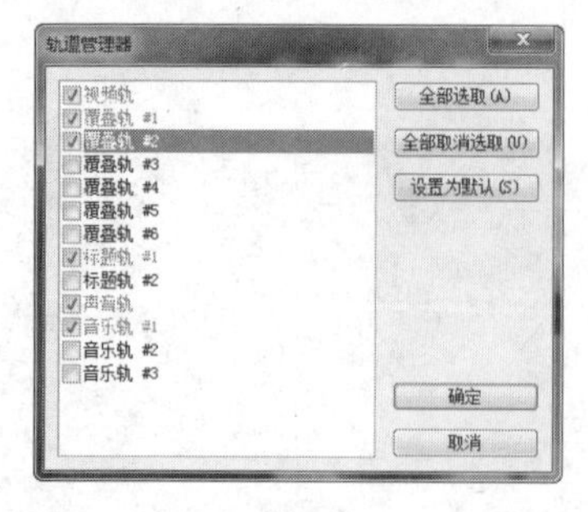

09 在项目时间轴上单击“轨道管理器”按钮，弹出“轨道管理器”对话框，选中“覆叠轨 #2”复选框。

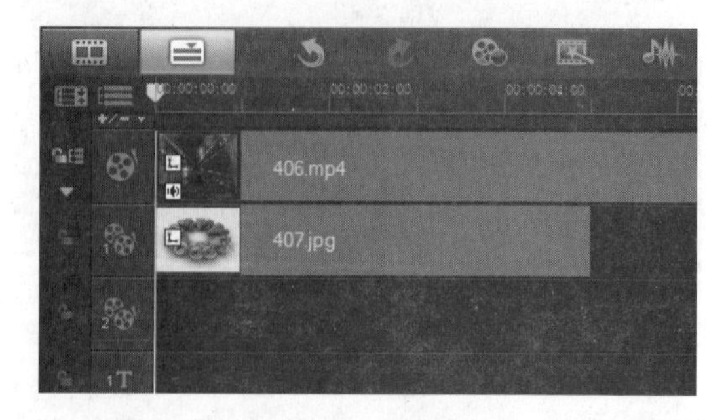

10 单击“确定”按钮，在项目时间轴上显示“覆叠轨2”。

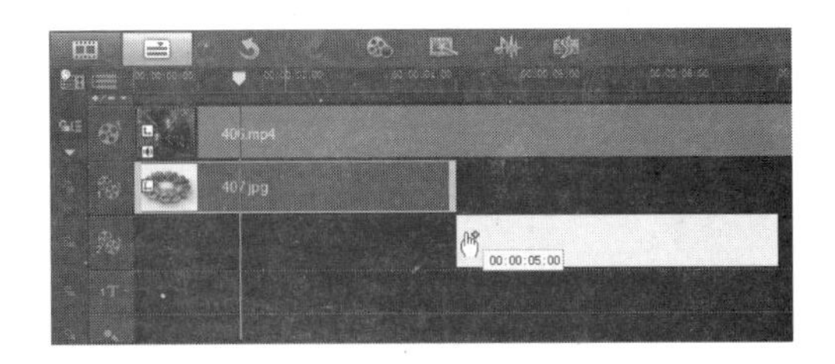

11 复制覆叠轨1上的素材图像，将光标移至覆叠轨2上照片区间为5秒的位置，然后单击鼠标粘贴素材。

12 在覆叠轨2的素材上单击鼠标右键，在弹出菜单中选择“替换素材>照片”选项，将素材替换为“光盘\源文件\第4天\素材\408.jpg”。

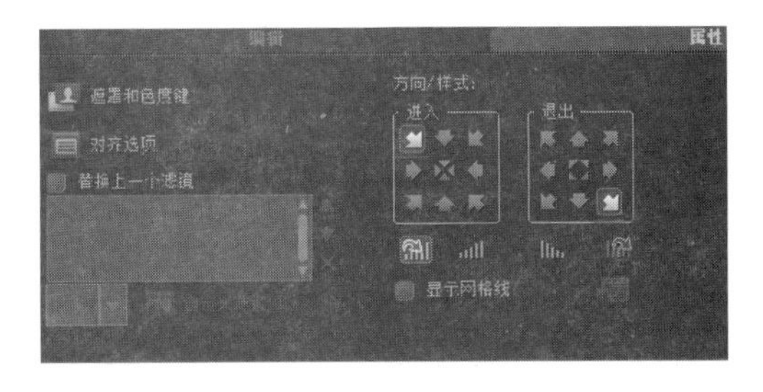

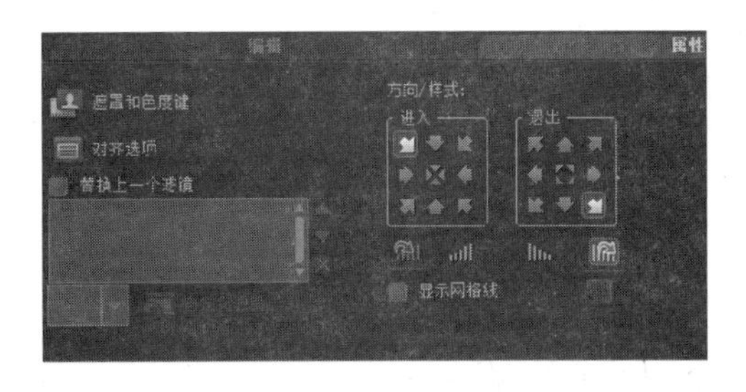

13 双击覆叠轨2上的素材，打开“选项”面板，在“进入”选项组中单击“从左上方进入”按钮，在“退出”选项组中单击“从右下方退出”按钮。

14 取消“暂停区间前旋转”按钮的选中状态，单击“暂停区间后旋转”按钮。

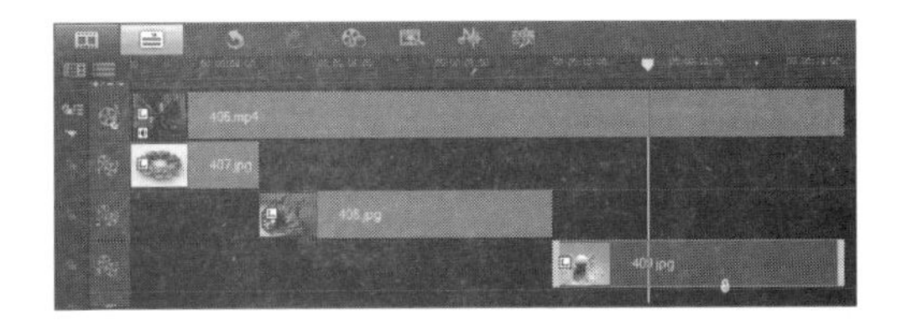

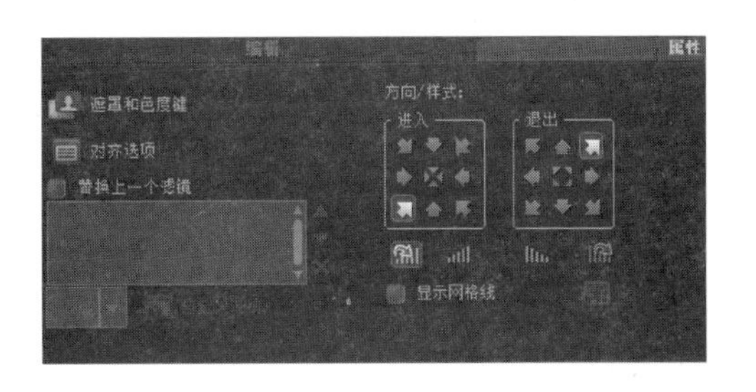

15 使用相同的方法，显示出覆叠轨3，并制作出覆叠轨3上的效果。

16 双击覆叠轨3上的素材，打开“选项”面板，对相关选项进行设置。

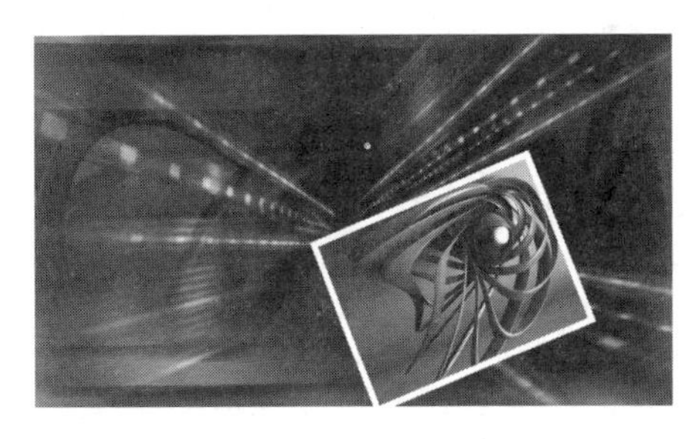

17 完成画中画效果的制作，在预览窗口中激活“项目”模式，单击“播放”按钮，即可看到所制作的画中画效果。

☆ 操作小贴士 ☆

当素材较多并且设置参数基本相同时，可以使用复制素材然后替换素材的方法提高制作效率。

会声会影中提供了6个覆叠轨，基本可以满足大多数用户的需要。如果需要使用更多的覆叠轨，可以在6个覆叠轨都被使用后保存项目文件，然后新建一个项目，将刚保存的项目文件作为视频插入到新的项目中，接着还可以使用6个覆叠轨。

5 / 制作递进的画中画效果

本实例我们将利用会声会影中的覆叠轨制作出递进的画中画效果，制作关键是通过素材的暂停区间使素材运动同步，让素材以递进的方式逐个显示出来。

使用到的技术	覆叠轨动作、暂停区间
学习时间	20分钟
视频地址	光盘\视频\第4天\制作递进的画中画效果.swf
源文件地址	光盘\源文件\第4天\制作递进的画中画效果.VSP

01 打开会声会影X4，将图像文件“光盘\源文件\第4天\素材\413.jpg”插入到项目时间轴中。

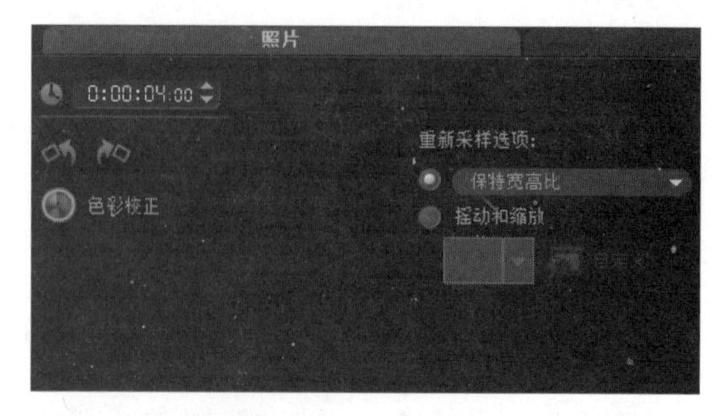

02 双击视频轨上的素材，打开“选项”面板，设置该素材的“照片区间”为4秒。

03 单击“覆叠轨”按钮，将图像文件“光盘\源文件\第4天\素材\414.jpg”插入到覆叠轨中。

04 调整覆叠轨1上的素材区间为4秒，并在预览窗口中调整覆叠轨1上的素材到合适的大小和位置。

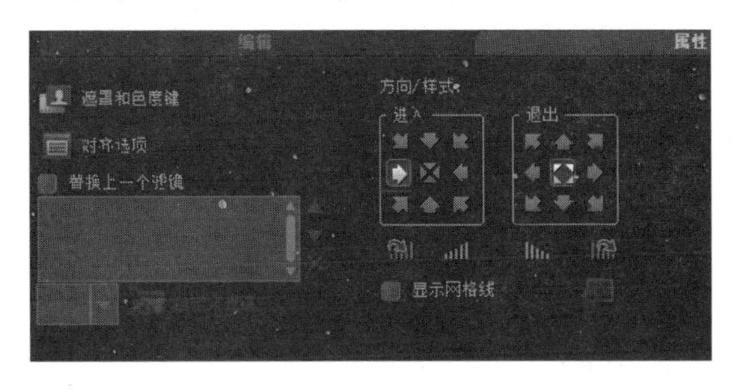

05 双击覆叠轨1上的图像素材，打开“选项”面板，在“进入”选项组中单击“从左边进入”按钮。

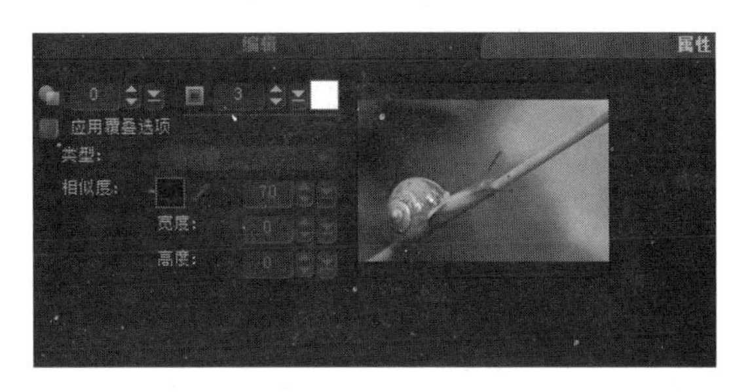

06 在“选项”面板中单击“遮罩和色度键”，切换到“遮罩和色度键”的相关选项，设置“边框”为3。

07 在“预览”窗口中调整覆叠轨1上的素材的暂停区间。

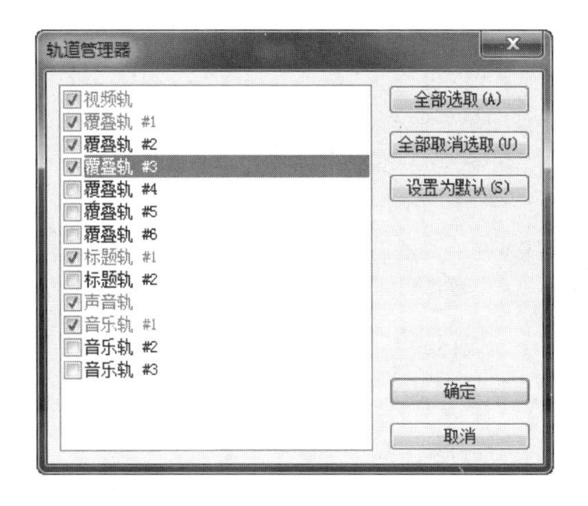

08 在项目时间轴上单击“轨道管理器”按钮，弹出“轨道管理器”对话框，选中“覆叠轨 #2”和“覆叠轨 #3”复选框。

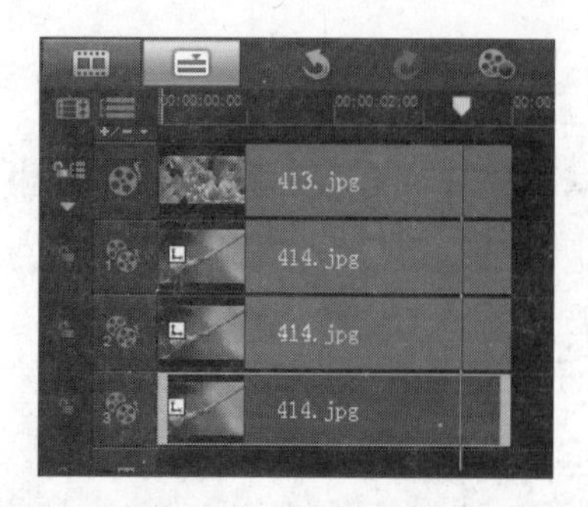

09 分别将覆叠轨1上的图像素材粘贴到覆叠轨2和覆叠轨3上。

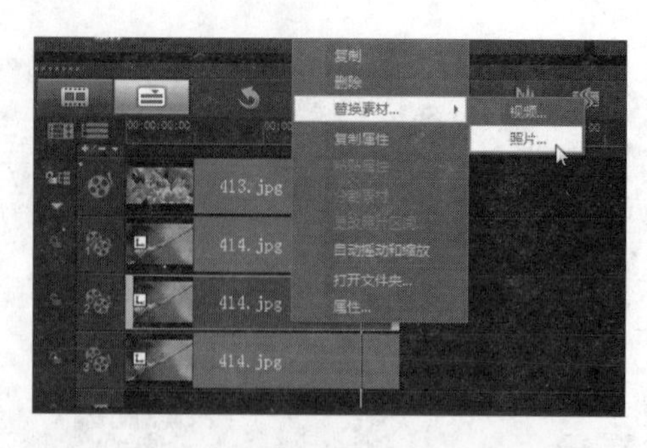

10 在覆叠轨2的图像素材上单击鼠标右键，在弹出的菜单中选择“替换素材>照片”命令，将其替换为“光盘\源文件\第4天\素材\415.jpg”。

11 在预览窗口中调整覆叠轨2上的素材到合适的位置和暂停区间。

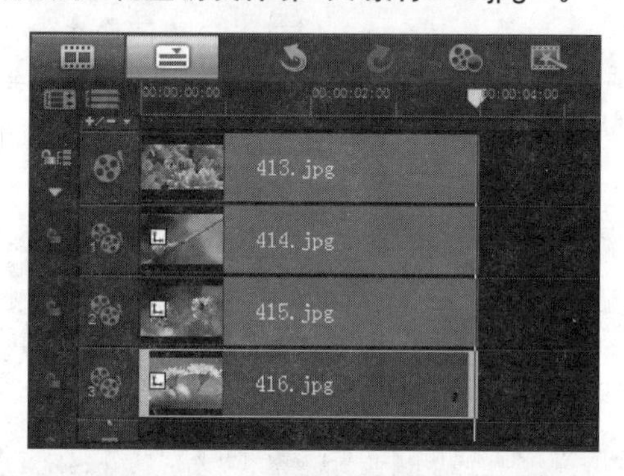

12 使用相同的方法，将覆叠轨3上的图像素材替换为“光盘\源文件\第4天\素材\416.jpg”。

13 在预览窗口中调整覆叠轨3上的素材到合适的位置和暂停区间。

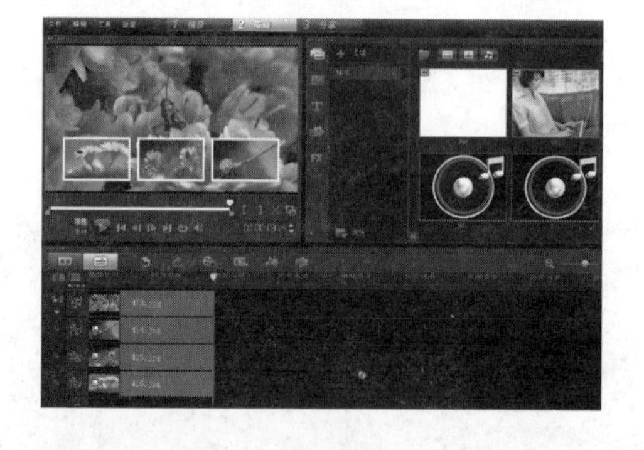

14 完成递进的画中画效果的制作，可以看到整体的效果。

15 在预览窗口中激活“项目”模式，单击“播放”按钮，即可看到所制作的递进的画中画效果。

☆ 操作小贴士 ☆

在使用多个覆叠轨时需要注意顺序的问题，当素材的位置重合时，覆叠轨1中的素材会被覆叠轨2中的素材覆盖，依此类推。因此，要将最上方显示的素材放置到最后一个覆叠轨上。

当调整素材的暂停区间长度时，为了保持素材的运动同步，可以先选择覆叠轨2上的素材，然后在预览视图中将擦洗器拖曳至第一张图像运动完成后停止的位置，此时再调整“暂停区间”的位置，使两张图像完全重合。

6 / 制作动态婚纱照

遮罩是一种8位通道，根据通道上的灰度值来定义素材的透明度。遮罩的白色区域为透明部分，可以显示覆叠轨上的素材。遮罩的黑色区域为遮挡部分，可以显示视频轨上的素材。在本实例中，我们将利用会声会影中遮罩的特性制作出动态婚纱照效果。

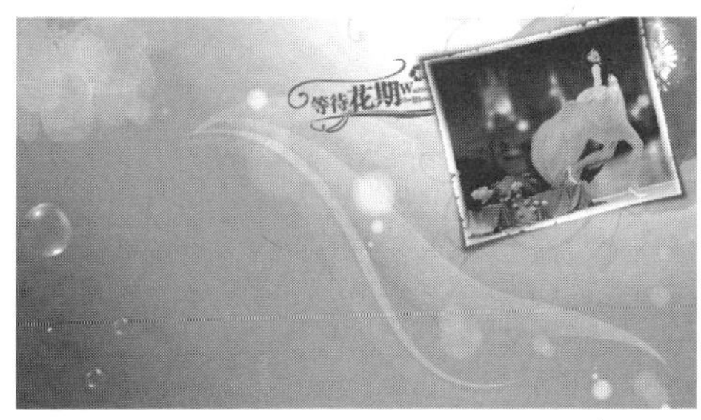

使用到的技术	覆叠轨动作、遮罩
学习时间	20分钟
视频地址	光盘\视频\第4天\制作动态婚纱照.swf
源文件地址	光盘\源文件\第4天\制作动态婚纱照.VSP

01 打开会声会影X4，将图像文件“光盘\源文件\第4天\素材\410.jpg”插入到项目时间轴中。

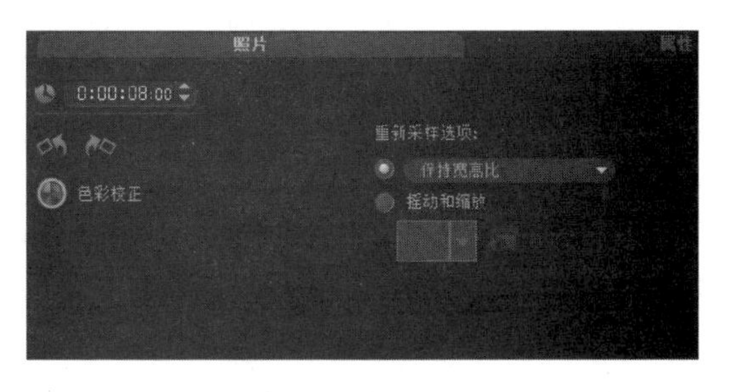

02 双击视频轨上的素材，打开“选项”面板，设置其“照片区间”为8秒。

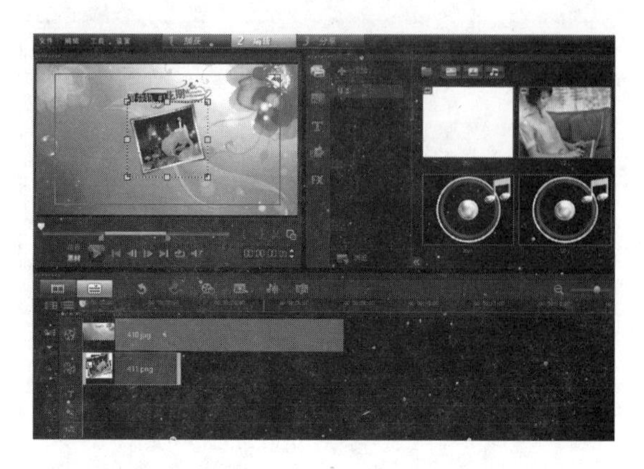

03 单击“覆叠轨”按钮，将图像文件“光盘\源文件\第4天\素材\411.png”插入到覆叠轨中。

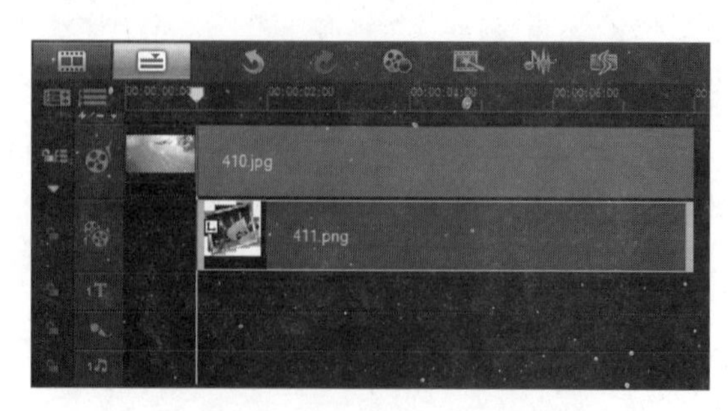

04 设置覆叠轨1上的素材的区间为7秒，然后拖曳覆叠轨1上素材的区间到合适位置。

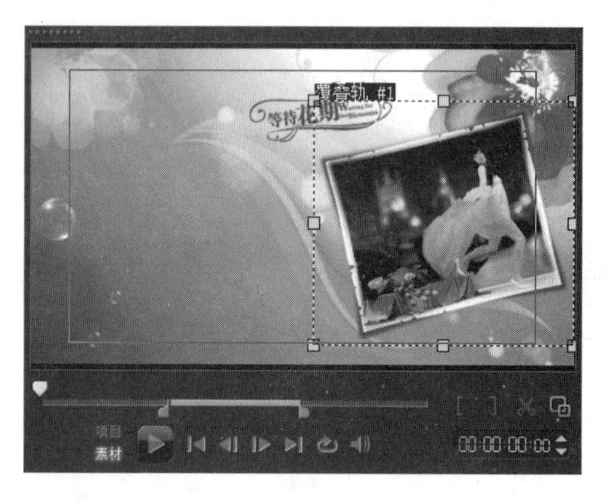

05 选中覆叠轨1上的素材，在预览窗口中调整该素材图像到合适的大小和位置。

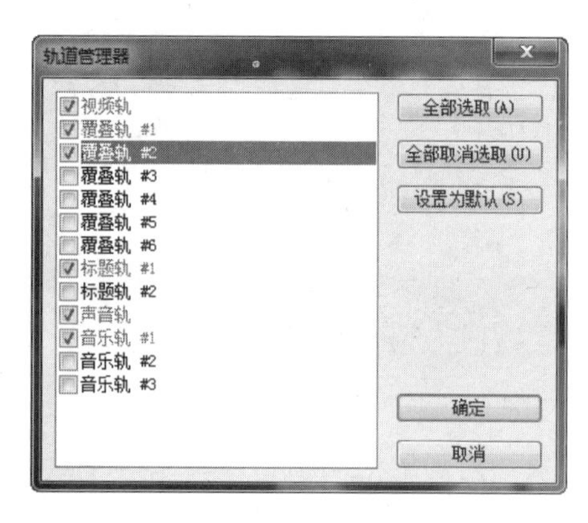

06 在项目时间轴上单击“轨道管理器”按钮，弹出“轨道管理器”对话框，选中“覆叠轨#2”复选框。

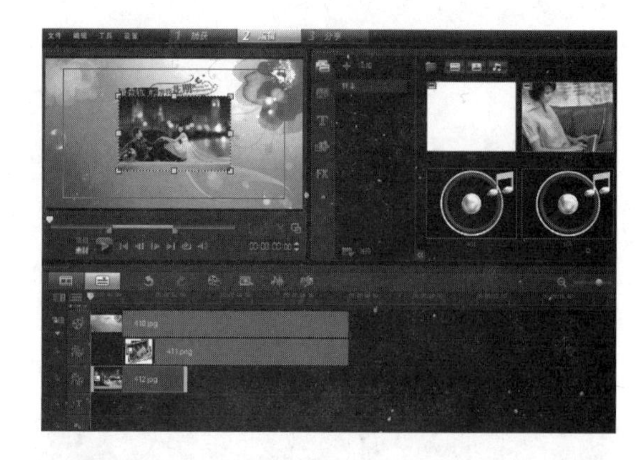

07 单击“确定”按钮，显示出覆叠轨2，将图像文件“光盘\源文件\第4天\素材\412.jpg”插入到覆叠轨2中。

08 设置覆叠轨2上的素材的区间为4秒，然后拖曳覆叠轨2上素材的区间到合适位置。

09 选中覆叠轨2上的素材，在预览窗口中调整该素材图像到合适的大小和位置。

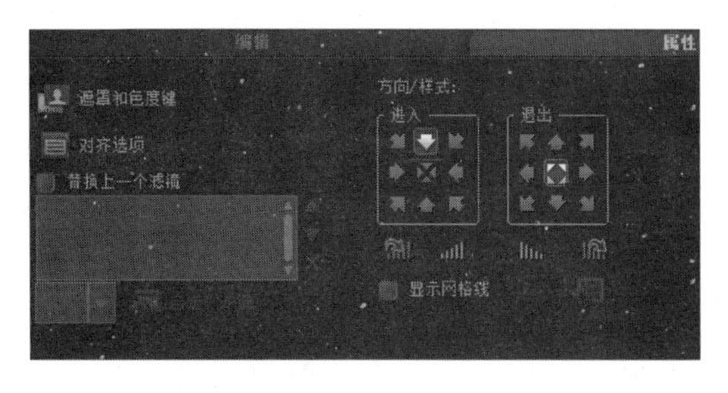

10 双击覆叠轨1上的素材，打开“选项”面板，在“进入”选项组中单击“从上方进入”按钮。

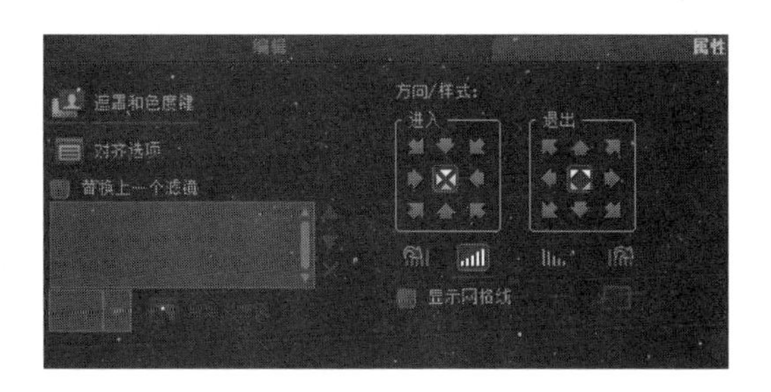

11 双击覆叠轨2上的素材，打开“选项”面板，单击“淡入动画效果”按钮，然后单击“遮罩和色度键”按钮。

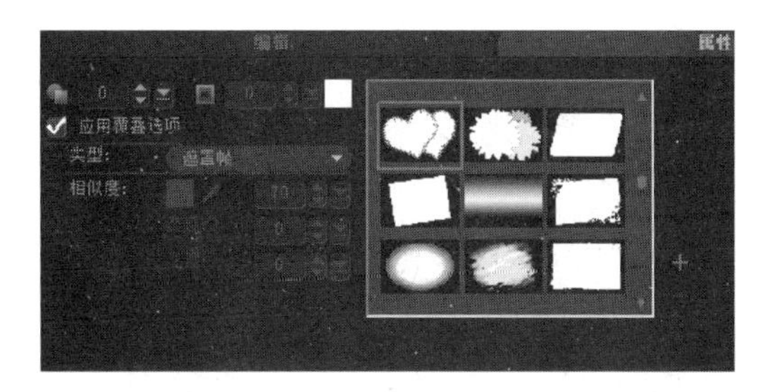

12 切换到“遮罩和色度键”设置选项，选中“应用覆叠选项”复选框，在“类型”下拉列表中选择“遮罩帧”选项，然后选择遮罩图像。

13 在预览窗口中可以看到应用遮罩的效果。

14 分别调整覆叠轨1和覆叠轨2上的素材图像到合适的大小和位置。

15 完成动态婚纱照的制作，在预览窗口中激活“项目”模式，单击“播放”按钮，即可看到所制作的动态婚纱照效果。

☆ 操作小贴士 ☆

遮罩有两个方面的作用，一是为素材制作透明的边框效果，二是起“抠图”的作用，遮挡或显示素材上的特定区域。

单击遮罩库右下方的加号按钮，可以添加自定义的遮罩图像。会声会影支持的图像格式都可以作为遮罩图像，会声会影会自动将其转换为8位的灰度图。

7 / 为美女添加纹身效果

在会声会影中通过为覆叠轨素材设置透明度，可以使画面具有神秘感，从而提高画面的观赏性。本实例，我们通过为覆叠轨素材设置透明度，来实现为美女添加纹身的效果。

使用到的技术	覆叠轨透明度
学习时间	10分钟
视频地址	光盘\视频\第4天\为美女添加纹身效果.swf
源文件地址	光盘\源文件\第4天\为美女添加纹身效果.VSP

01 打开会声会影X4，将图像文件“光盘\源文件\第4天\素材\417.jpg”插入到项目时间轴中。

02 单击“覆叠轨”按钮，将图像文件“光盘\源文件\第4天\素材\418.png”插入到覆叠轨中。

03 在预览窗口中可以调整覆叠轨素材到合适的大小和位置。

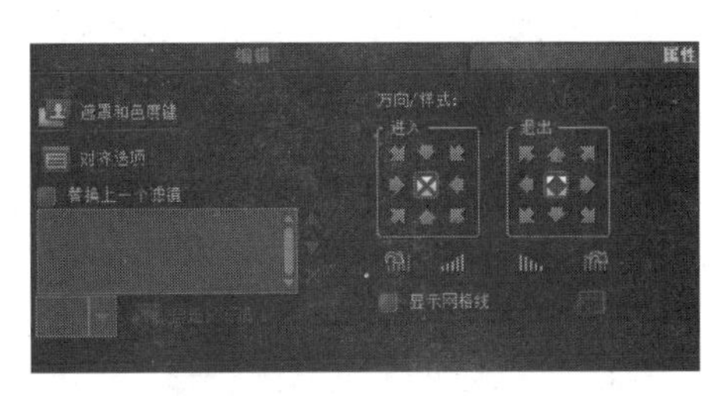

04 双击覆叠轨上的素材，打开“选项”面板，单击“遮罩和色度键”按钮。

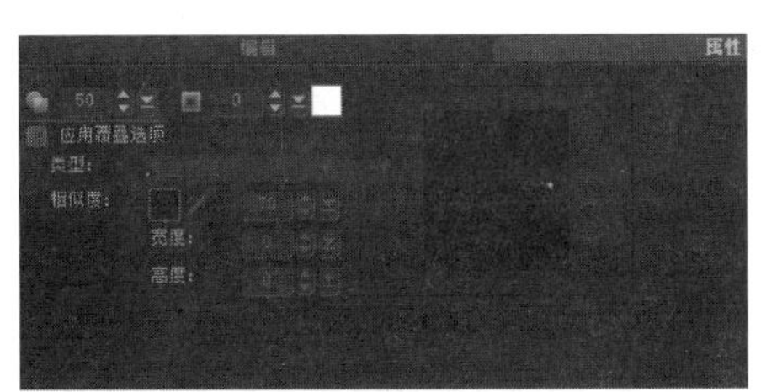

05 切换到“遮罩和色度键”选项，设置“透明度”为50。

06 在预览窗口中可以看到设置透明度后覆叠素材的效果。

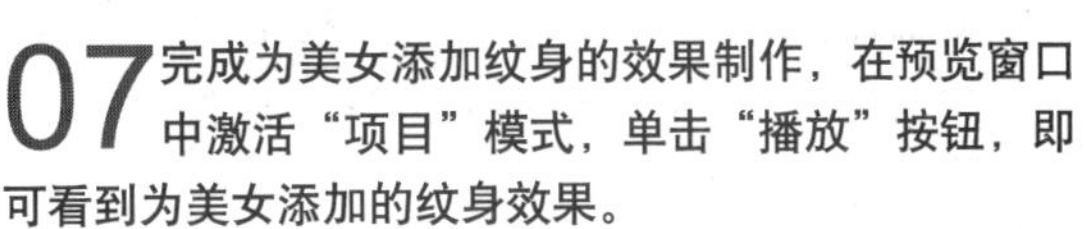

07 完成为美女添加纹身的效果制作，在预览窗口中激活“项目”模式，单击“播放”按钮，即可看到为美女添加的纹身效果。

☆ 操作小贴士 ☆

"透明度"是覆叠轨的一个基本属性，通过为覆叠素材设置透明度可以实现许多很好的效果，为覆叠轨上的视频素材设置透明度，可以实现半透明的视频播放效果。

8 / 模拟恐怖气氛

电影中的一些镜头在拍摄时会使用带有颜色的滤光镜，从而获得特殊的艺术效果。在会声会影中实现这种效果是非常简单的，本实例我们就通过会声会影中的遮罩功能来模拟恐怖的气氛效果。

使用到的技术	使用遮罩帧
学习时间	10分钟
视频地址	光盘\视频\第4天\模拟恐怖气氛.swf
源文件地址	光盘\源文件\第4天\模拟恐怖气氛.VSP

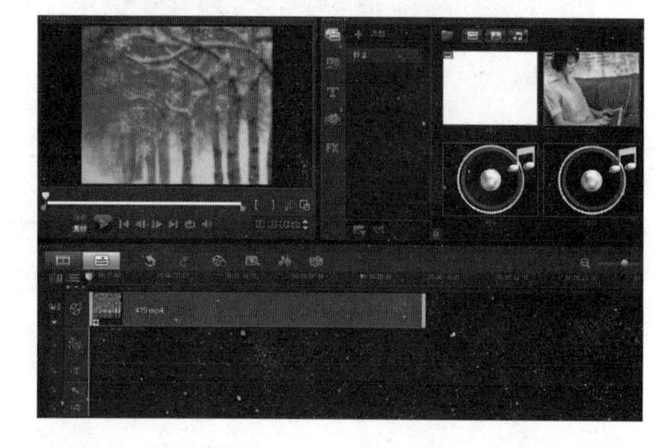

01 打开会声会影X4，将视频文件"光盘\源文件\第4天\素材\419.mp4"插入到项目时间轴中。

02 切换到"图形"素材库，在下拉列表中选择"色彩"类别。

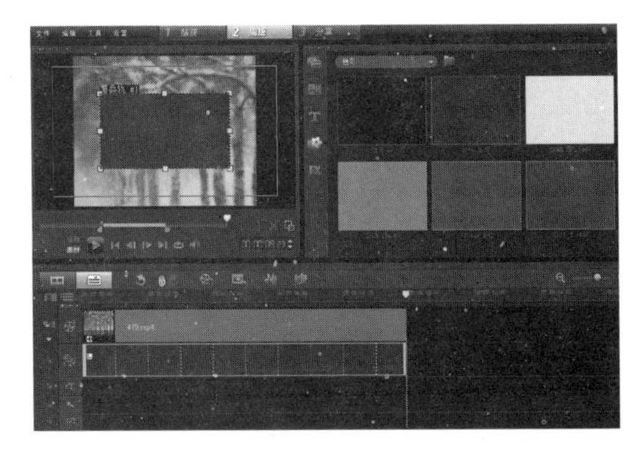

03 将红色图形素材拖曳到覆叠轨上，调整该图形素材的区间与视频轨上素材的区间相同。

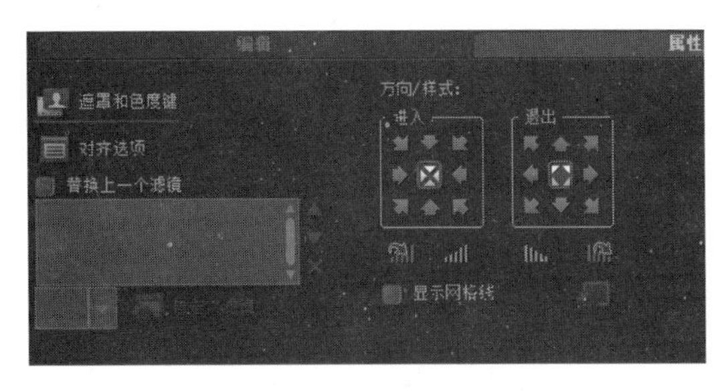

04 双击覆叠轨上的素材，打开“选项”面板，然后单击“遮罩和色度键”按钮，切换到“遮罩和色度键”选项设置面板。

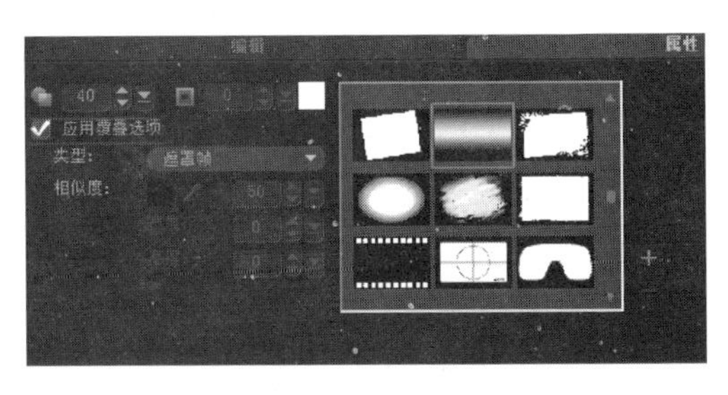

05 选中“应用覆叠选项”复选框，在“类型”下拉列表中选择“遮罩帧”选项。选择相应的遮罩图形，设置“透明度”为40。

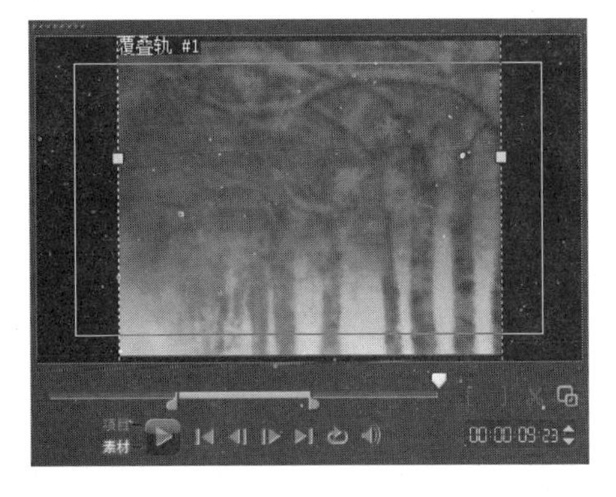

06 在预览窗口中，通过黄色的节点调整覆叠素材的尺寸。

07 完成恐怖气氛的处理，在预览窗口中激活“项目”模式，单击“播放”按钮，即可看到模拟出的恐怖气氛效果。

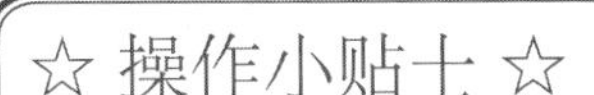

☆ 操作小贴士 ☆

本实例中使用的方法灵活性很高，只需要修改图形的颜色就可以模拟出不同的气氛，调整覆叠素材的高度尺寸可以修改颜色渐变的范围，设置“透明度”选项可以控制滤色的颜色强度。

9 / 添加静态马赛克效果

由于个人隐私的问题，在制作视频时可能需要将素材上的某些部分使用马赛克进行遮挡。在本实例中，我们将学习使用覆叠轨的遮罩功能与“马赛克”滤镜相结合，为图像添加局部静态的马赛克效果。

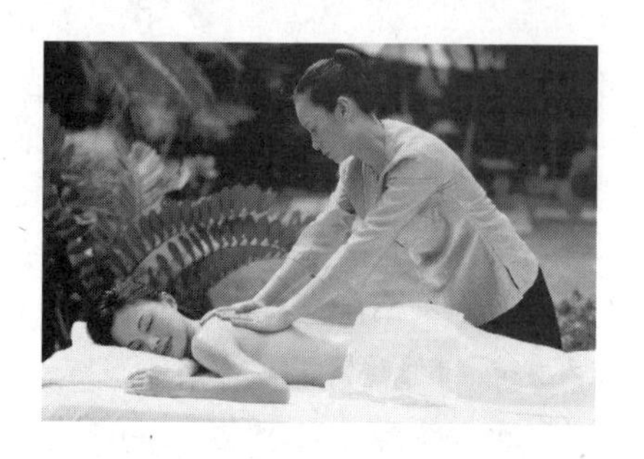

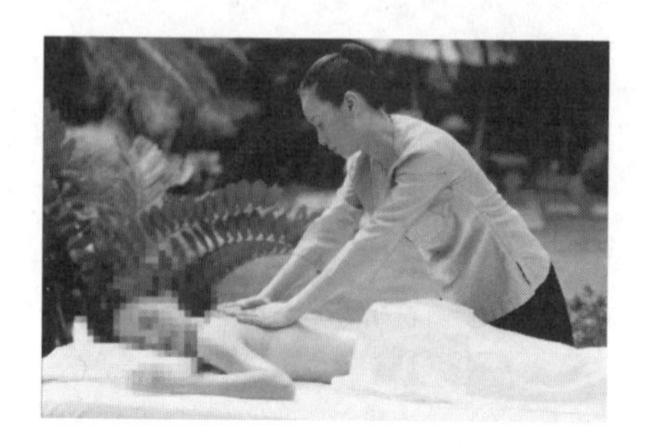

使用到的技术	自定义遮罩、“马赛克”滤镜
学习时间	20分钟
视频地址	光盘\视频\第4天\添加静态马赛克效果.swf
源文件地址	光盘\源文件\第4天\添加静态马赛克效果.VSP

01 打开会声会影X4，将图像文件“光盘\源文件\第4天\素材\420.jpg”插入到项目时间轴中。

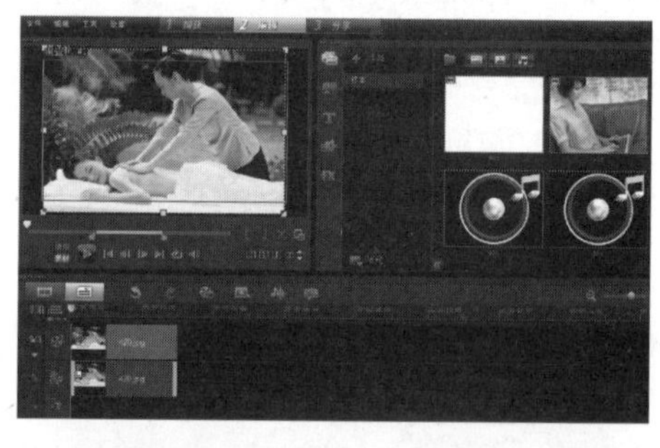

02 复制视频素上的素材，将其粘贴到覆叠轨中。在预览窗口中，调整覆叠轨上的素材与视频轨上的素材到相同的大小和位置。

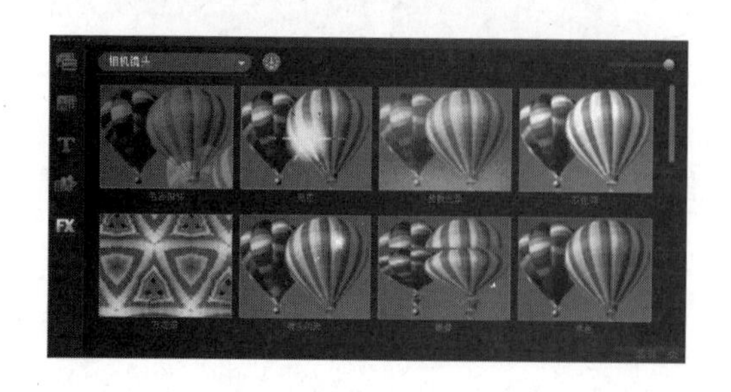

03 切换到“滤镜”素材库，在下拉列表中选择“相机镜头”类别。

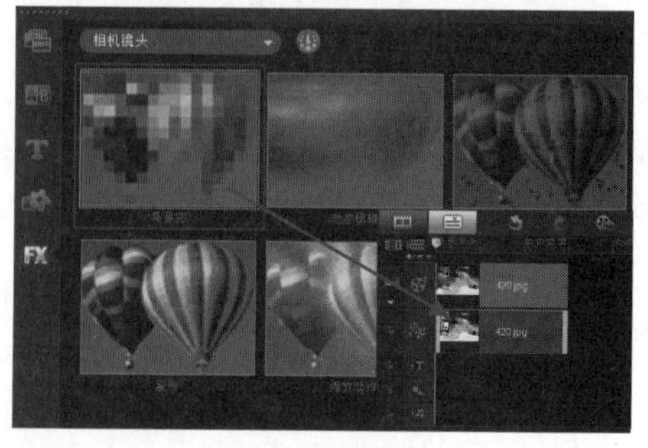

04 将“马赛克”滤镜拖曳到覆叠轨的素材上，为其应用“马赛克”滤镜效果。

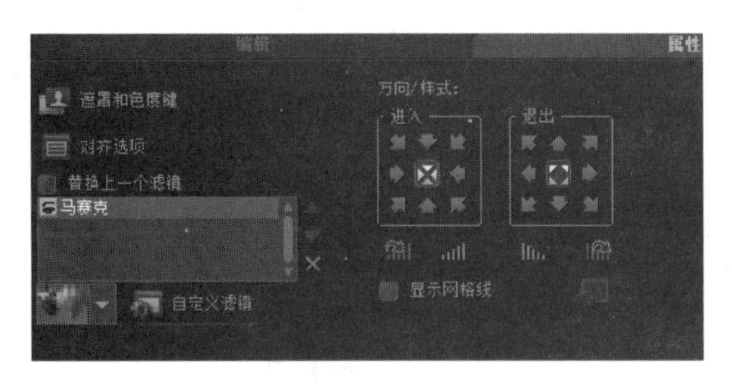

05 双击覆叠轨上的素材，打开“选项”面板，单击“自定义滤镜”按钮。

06 弹出“马赛克”对话框，设置两个关键帧的“宽度”和“高度”均为10。

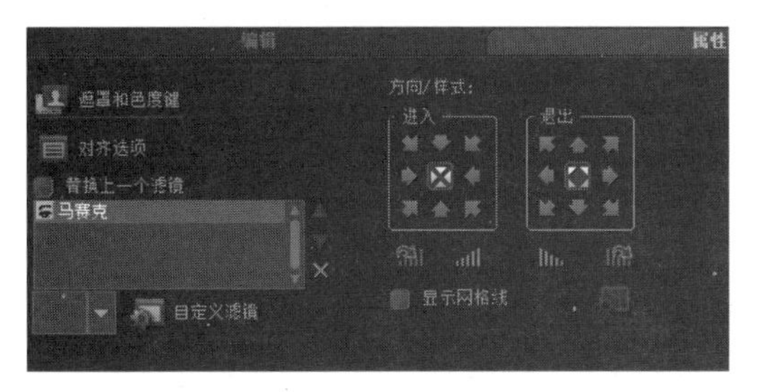

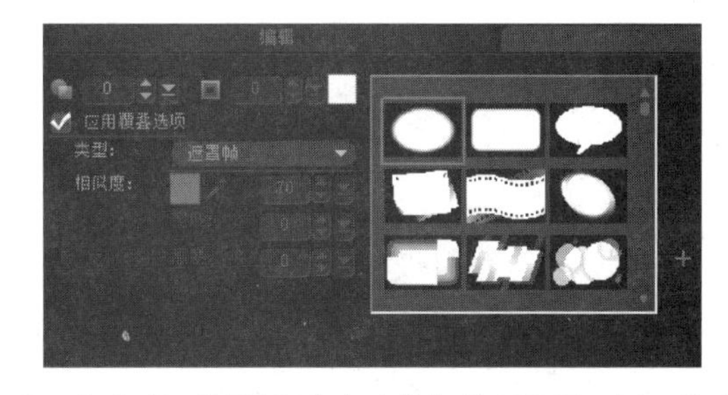

07 完成“马赛克”对话框的设置。单击“选项”面板中的“遮罩和色度键”按钮。

08 切换到“遮罩和色度键”选项设置面板，选中“应用覆叠选项”复选框，在“类型”下拉列表中选择“遮罩帧”选项。

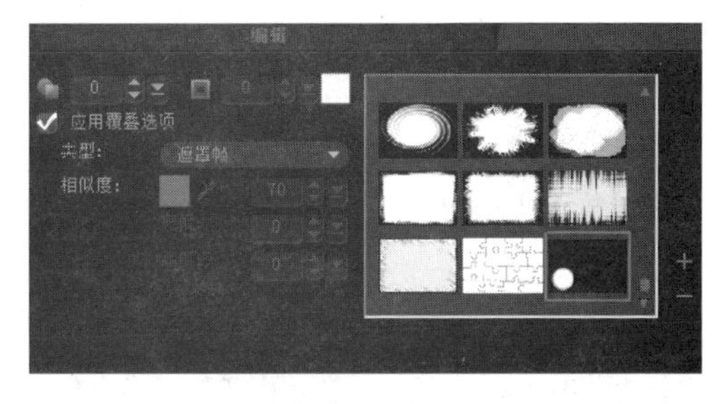

09 单击“添加遮罩项”按钮，在弹出的对话框中选择自定义的遮罩素材。

10 单击“打开”按钮，即可将自定义的遮罩图像添加到会声会影中，并自动选中所添加的遮罩图像。

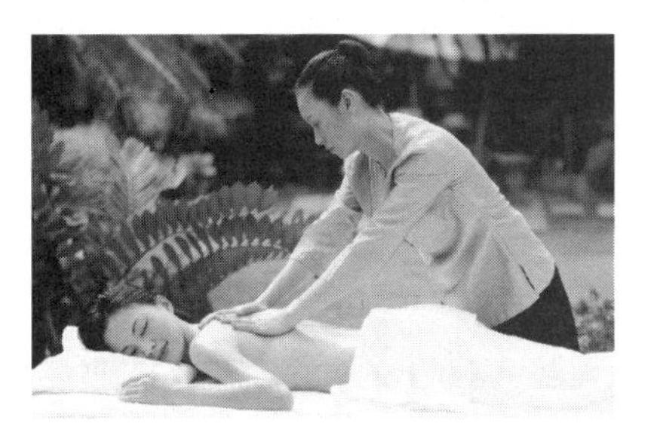

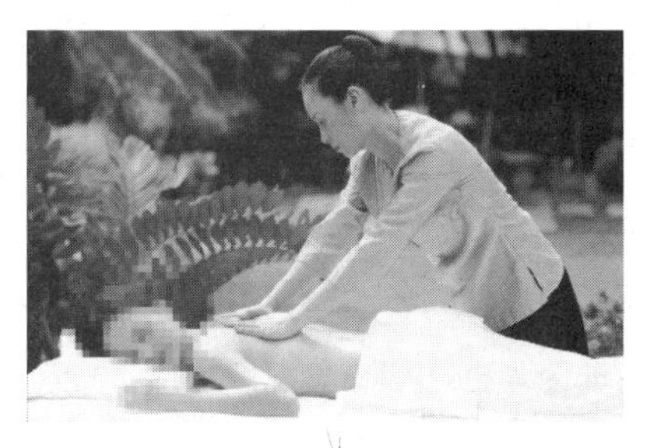

11 完成图像静态马赛克效果的添加，在预览窗口中激活“项目”模式，单击“播放”按钮，即可看到所添加的静态马赛克效果。

☆ 操作小贴士 ☆

会声会影中的遮罩图形选项很多时候不能满足我们进行视频处理的需要，这时需要使用自定义的素材作为遮罩选项，自定义的滤镜图像可以在Photoshop中进行绘制。

10 / 添加动态马赛克效果

在会声会影中，不仅可以添加静态的马赛克效果，还可以添加动态的马赛克效果。在上一个实例中已经讲解了添加静态马赛克的方法，在本实例中，我们将使用“马赛克”和“修剪”滤镜为视频添加动态的马赛克效果。

- 使用到的技术　“马赛克”滤镜、“修剪”滤镜
- 学习时间　20分钟
- 视频地址　光盘\视频\第4天\添加动态马赛克效果.swf
- 源文件地址　光盘\源文件\第4天\添加动态马赛克效果.VSP

01 打开会声会影X4，将视频文件“光盘\源文件\第4天\素材\422.mp4”插入到项目时间轴中。

02 复制视频素上的素材，将其粘贴到覆叠轨中。在预览窗口中，调整覆叠轨上的素材与视频轨上的素材到相同的大小和位置。

03 切换到“滤镜”素材库，在下拉列表中选择“相机镜头”类别。

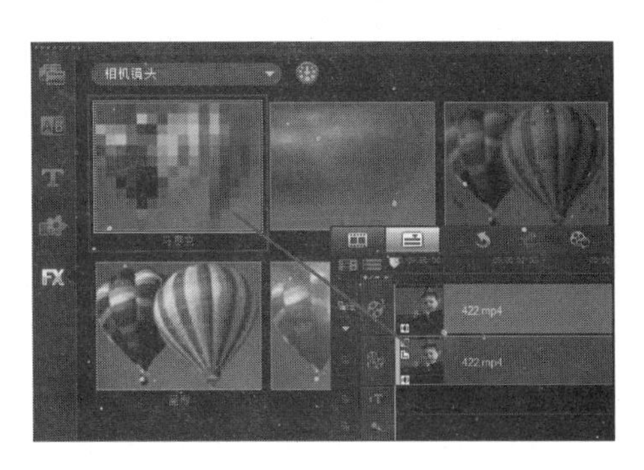

04 将“马赛克”滤镜拖曳到覆叠轨的素材上，为其应用“马赛克”滤镜效果。

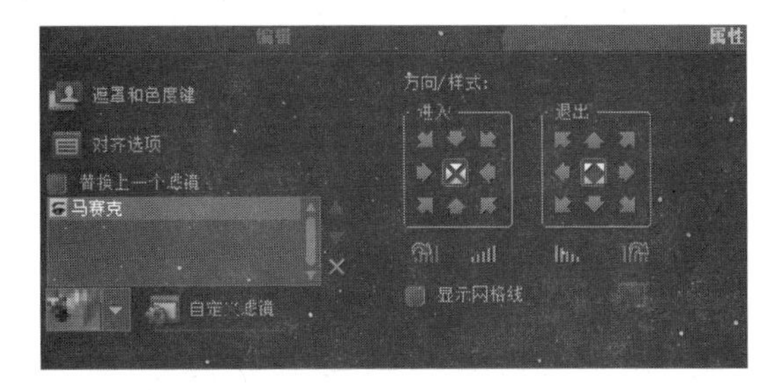

05 双击覆叠轨上的素材，打开“选项”面板，单击“自定义滤镜”按钮。

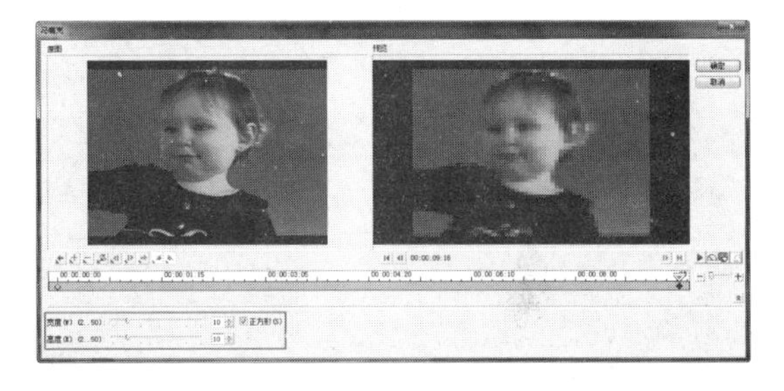

06 弹出“马赛克”对话框，设置两个关键帧的“宽度”和“高度”均为10。

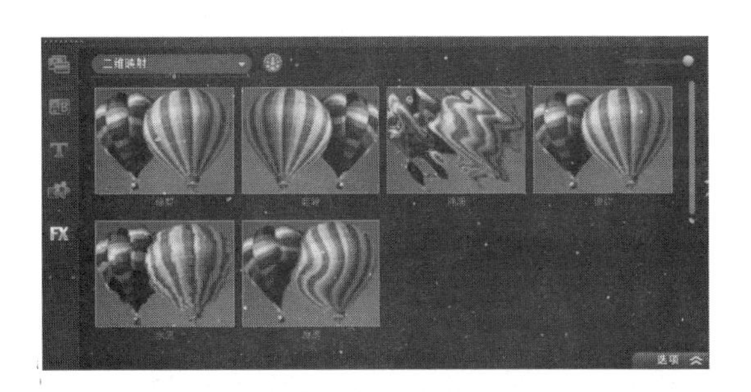

07 完成“马赛克”对话框的设置，切换到“滤镜”素材库，在下拉列表中选择“二维映射”类别。

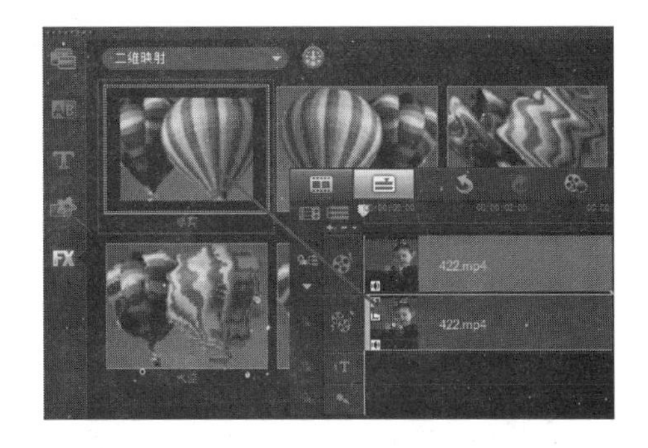

08 将“修剪”滤镜拖曳到覆叠轨的素材上，为其应用“修剪”滤镜效果。

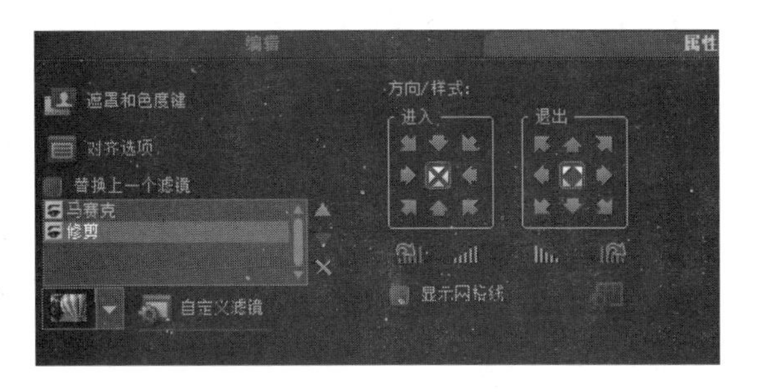

09 双击覆叠轨上的素材，打开“选项”面板，选择“修剪”滤镜，单击“自定义滤镜”按钮。

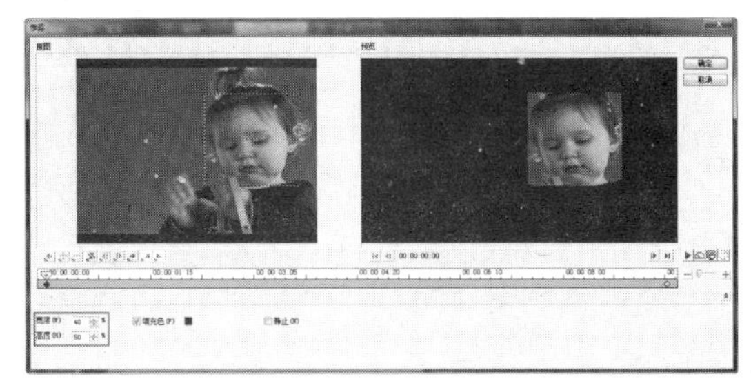

10 弹出“修剪”对话框，选择第1个关键帧，对相关选项进行设置，并调整十字光标的位置。

11 复制第1个关键帧，拖动擦洗器到相应的位置，粘贴关键帧，并根据儿童面部的位置调整十字光标。

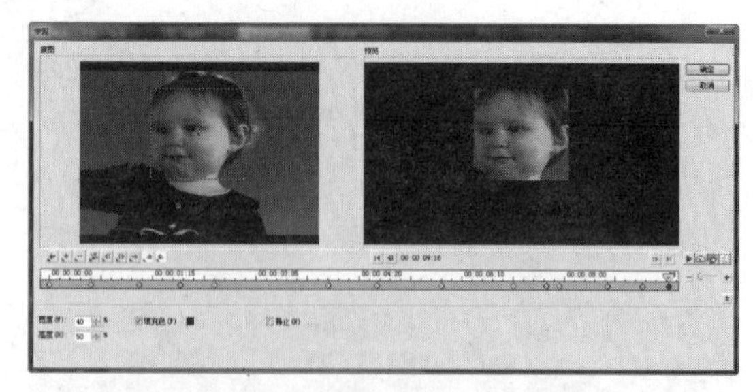

12 使用相同的方法，添加多个关键帧，并分别调整各关键帧上十字光标的位置。

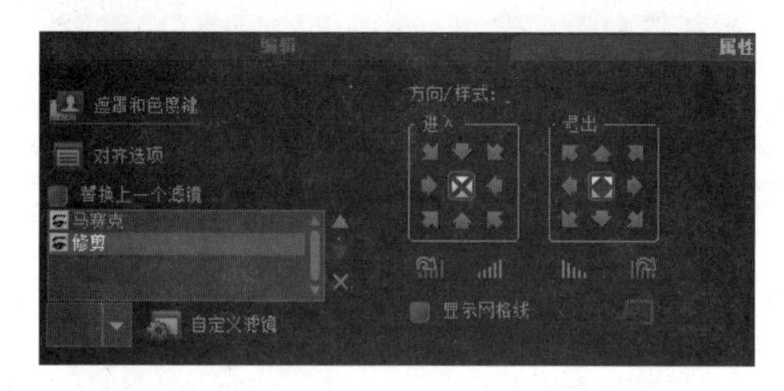

13 完成“修剪”对话框的设置，单击“选项”面板中的“遮罩和色度键”按钮，切换到“遮罩和色度键”选项设置面板。

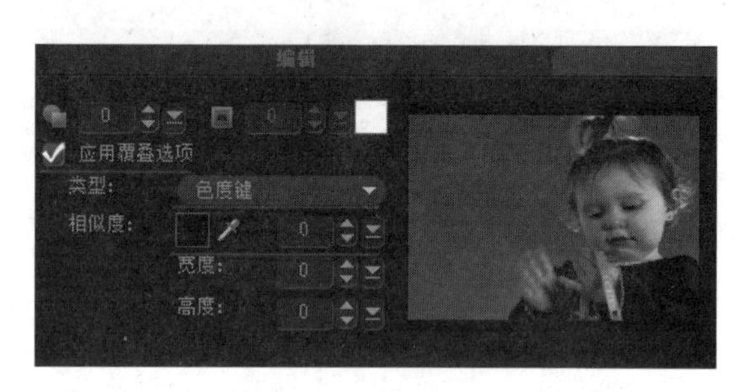

14 选中“应用覆叠选项”复选框，在“类型”下拉列表中选择“色度键”选项，设置“相似度”为0。

15 完成动态马赛克效果的添加，在预览窗口中激活“项目”模式，单击“播放”按钮，即可看到所添加的动态马赛克效果。

> ☆ 操作小贴士 ☆
>
> 本实例的制作原理就是通过使用会声会影中的“修剪”滤镜跟踪人物的动作，从而实现动态的马赛克效果。在设置“修剪”滤镜的参数时，关键帧越多，跟踪的效果越明显。

11 / 制作视频分屏显示效果

覆叠轨与视频轨一样，也可以为其应用滤镜。在本实例中，我们使用覆叠轨的运动功能与“修剪”滤镜相结合，制作出视频分屏显示的效果。

使用到的技术	“修剪”滤镜、覆叠轨动作
学习时间	20分钟
视频地址	光盘\视频\第4天\制作视频分屏显示效果.swf
源文件地址	光盘\源文件\第4天\制作视频分屏显示效果.VSP

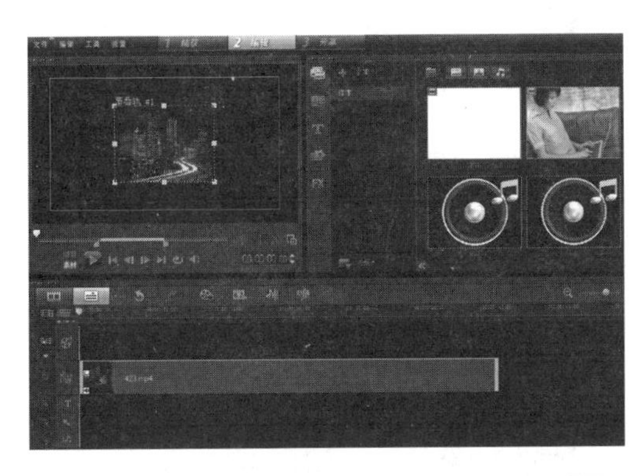

01 打开会声会影X4，单击“覆叠轨”按钮，将视频文件“光盘\源文件\第4天\素材\423.mp4”插入到覆叠轨中。

02 选择覆叠轨上的素材，在预览窗口中单击鼠标右键，在弹出的菜单中选择“调整到屏幕大小”命令。

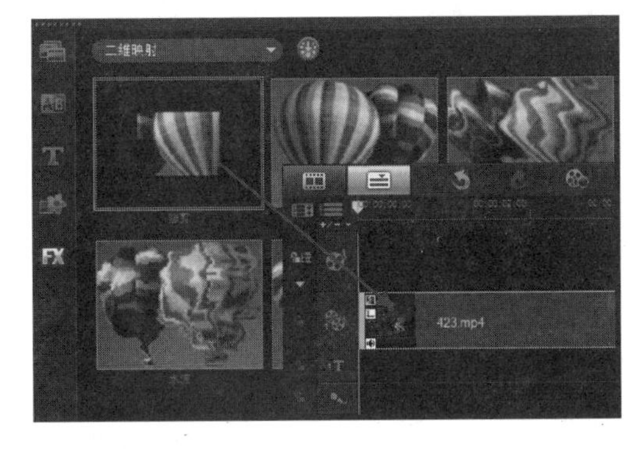

03 切换到“滤镜”素材库，在下拉列表中选择“二维映射”类别，将“修剪”滤镜拖曳到覆叠轨的素材上。

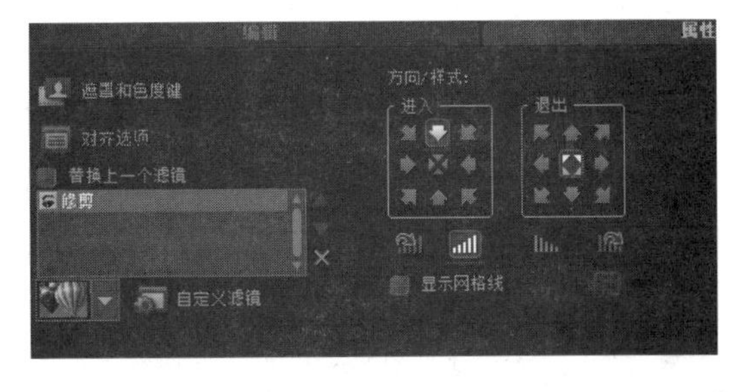

04 双击覆叠轨中的素材，打开“选项”面板，在“进入”选项组中单击“从上方进入”按钮，并单击“淡入动画效果”按钮。

05 单击“自定义滤镜”按钮，弹出“修剪”对话框，对相关参数进行设置。调整十字光标的位置，并选中“静止”复选框。

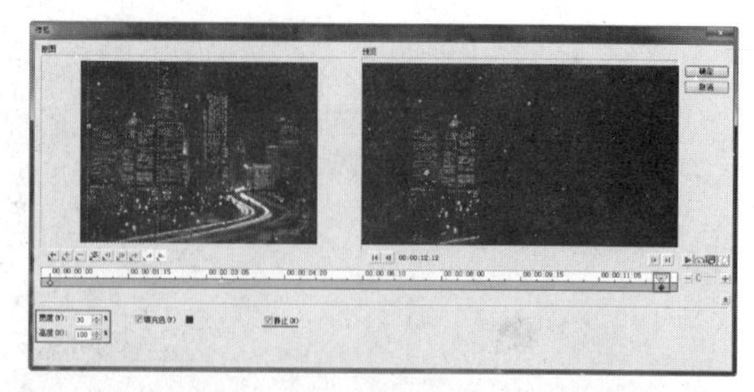

06 选择第2个关键帧进行相同的设置，然后单击“确定”按钮，完成“修剪”对话框的设置。

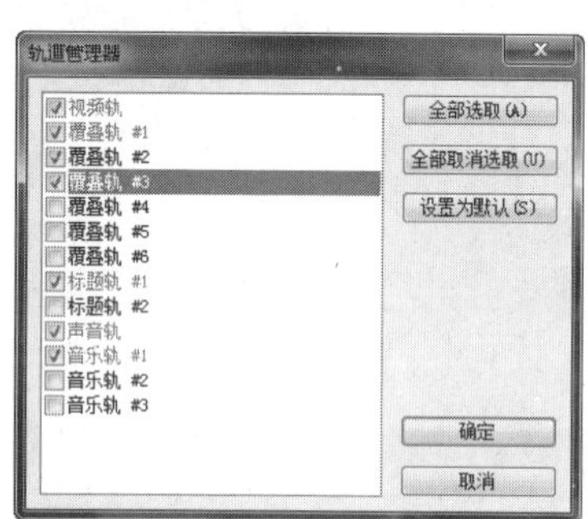

07 在项目时间轴上单击“轨道管理器”按钮，弹出“轨道管理器”对话框，选中“覆叠轨 #2”和“覆叠轨 #3”复选框。

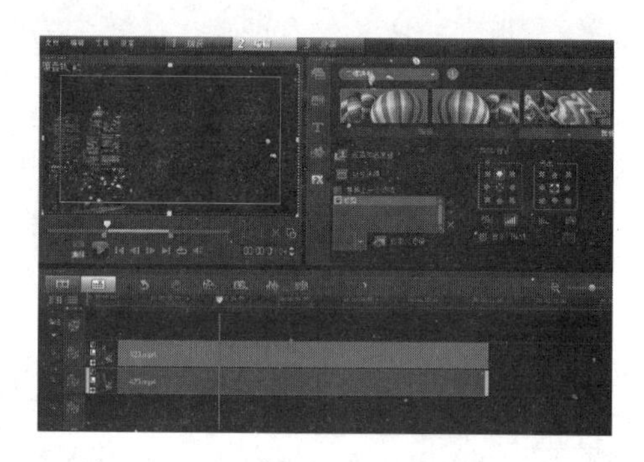

08 单击“确定”按钮，显示覆叠轨2和覆叠轨3。复制覆叠轨1上的素材，将其粘贴到覆叠轨2上。

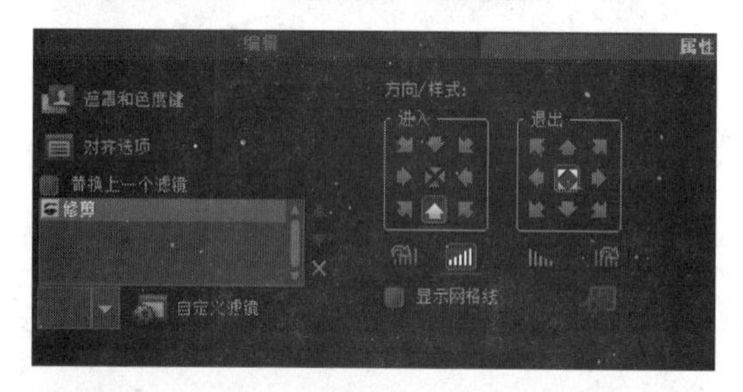

09 双击覆叠轨2上的素材，打开“选项”面板，在“进入”选项组中单击“从下方进入”按钮，并单击“淡入动画效果”按钮。

10 单击“自定义滤镜”按钮，弹出“修剪”对话框，将十字光标调整至相应的位置。单击“确定”按钮，完成“修剪”对话框的设置。

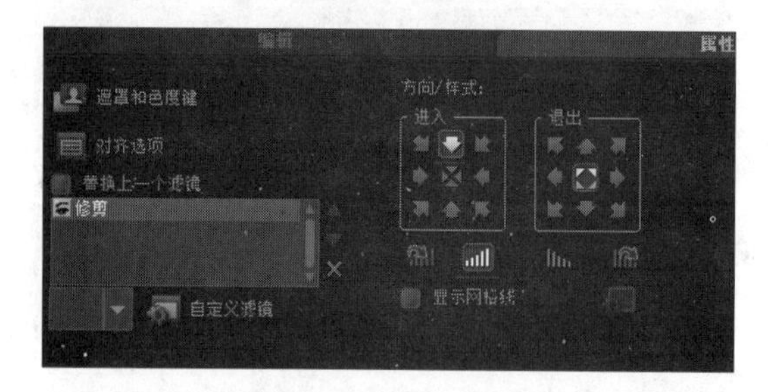

11 复制覆叠轨1上的素材，将其粘贴到覆叠轨3上。双击覆叠轨3上的素材，打开“选项”面板，单击“自定义滤镜”按钮。

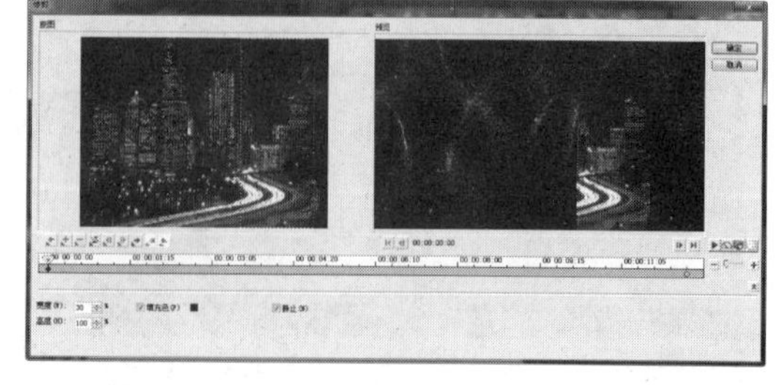

12 弹出“修剪”对话框，将十字光标调整至相应的位置。单击“确定”按钮，完成“修剪”对话框的设置。

13 完成视频分屏显示效果的制作，在预览窗口中激活“项目”模式，单击“播放”按钮，即可看到所制作的视频分屏显示的效果。

☆ 操作小贴士 ☆

因为会声会影支持6个覆叠轨，所以在会声会影中我们最多可以使用“修剪”滤镜将视频切割成6个部分。通过移动、旋转、淡入淡出的覆叠动作组合，可以制作出许多精彩的效果。

12 / 为视频添加动态边框效果

使用覆叠轨中的遮罩和色度键功能可以制作出许多精美的效果，在本实例中，我们通过使用自定义遮罩的功能，为视频添加动态的边框效果。

使用到的技术	自定义遮罩
学习时间	20分钟
视频地址	光盘\视频\第4天\为视频添加动态边框效果.swf
源文件地址	光盘\源文件\第4天\为视频添加动态边框效果.VSP

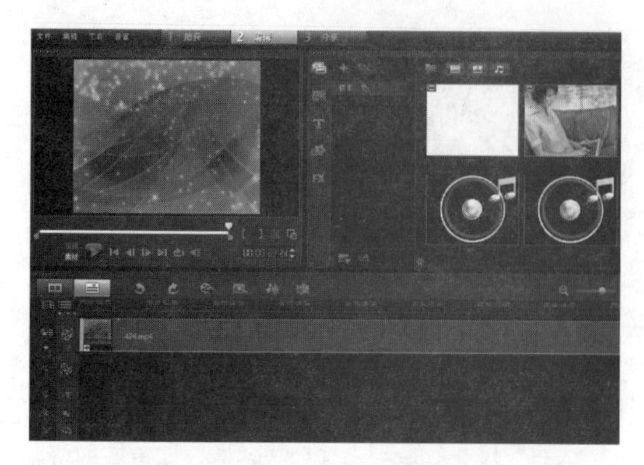

01 打开会声会影X4，将视频文件“光盘\源文件\第4天\素材\424.mp4”插入到项目时间轴中。

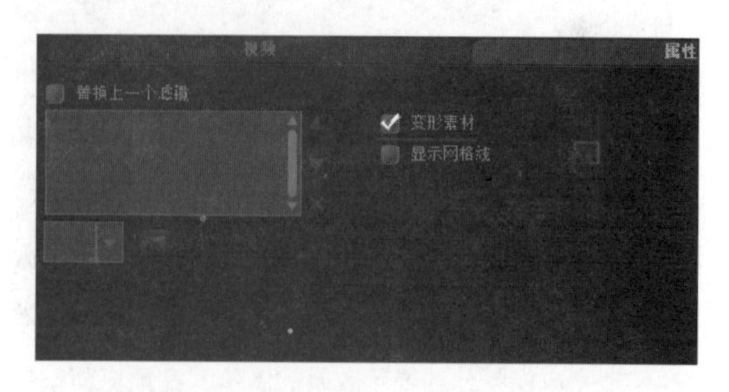

02 双击视频轨上的素材，打开“选项”面板，在“属性”选项卡中选中“变形素材”复选框。

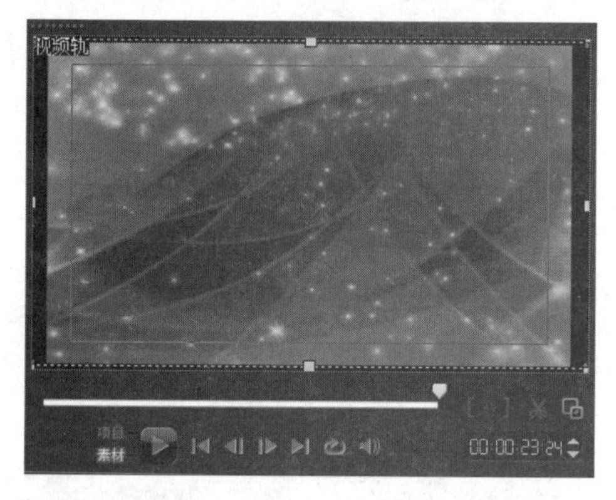

03 在预览窗口中调整视频素材的大小。

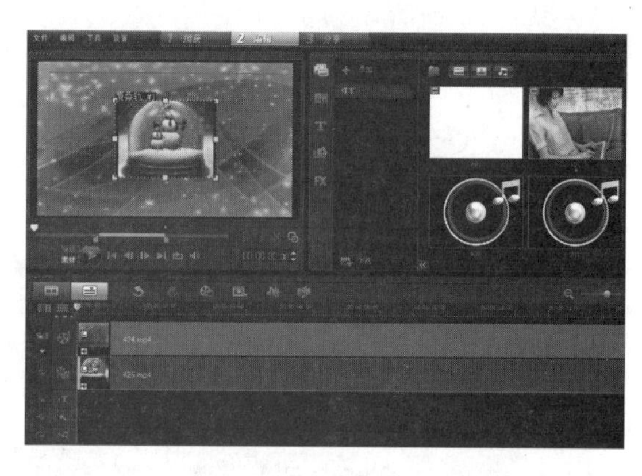

04 单击“覆叠轨”按钮，将视频文件“光盘\源文件\第4天\素材\425.mp4”插入到覆叠轨中。

05 选中覆叠轨上的素材，调整该素材的区间与视频轨上的素材区间相同，在预览窗口中调整覆叠轨素材到合适的大小。

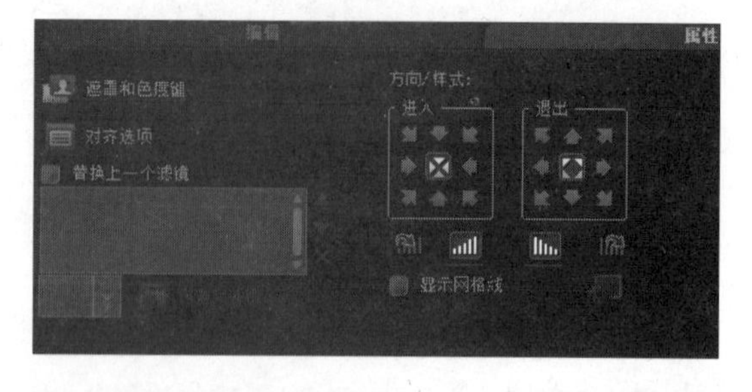

06 双击覆叠轨上的素材，打开“选项”面板，单击“淡入动画效果”和“淡出动画效果”按钮。

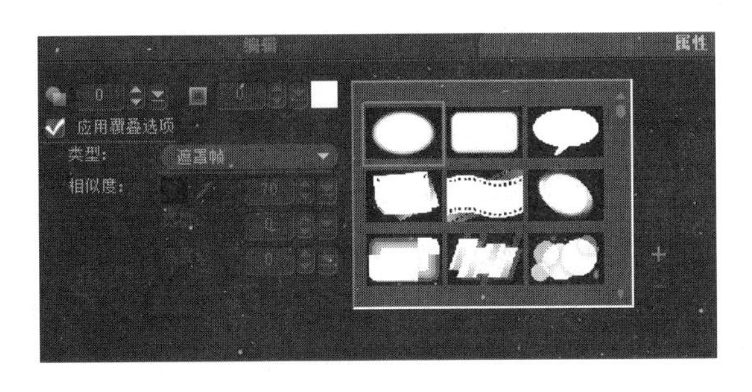

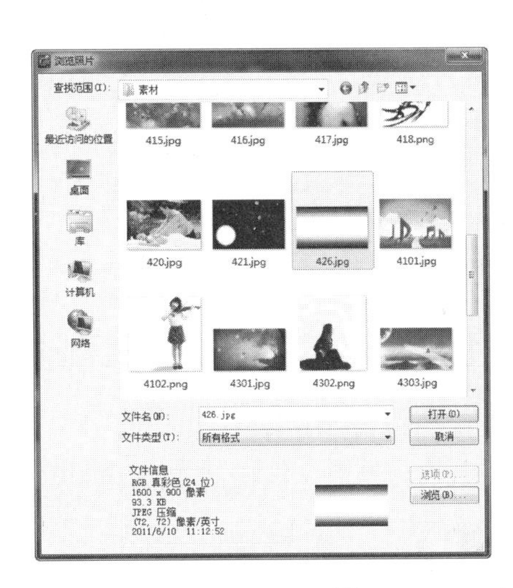

07 单击“遮罩和色度键”按钮，切换到“遮罩和色度键”选项设置面板，选中“应用覆叠选项”复选框，在“类型”下拉列表中选择“遮罩帧”选项。

08 单击“添加遮罩项”按钮，弹出“浏览览照片”对话框，选择已经准备好的遮罩素材。

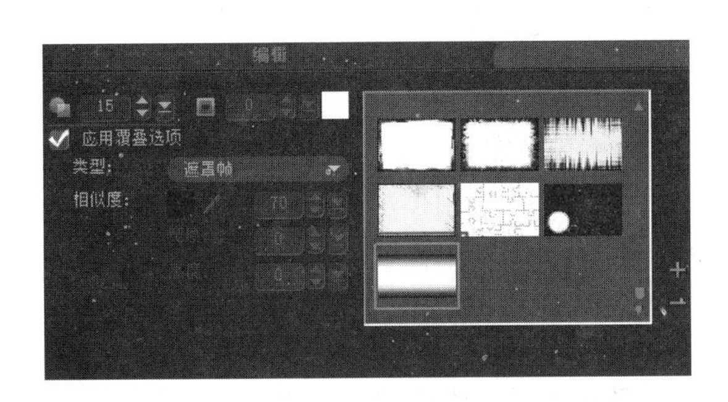

09 单击“打开”按钮，将其添加到遮罩项中。选择应用覆盖选项，设置“透明度”为15。

10 在预览窗口中可以看到应用遮罩的效果。

11 完成视频动态边框的添加，在预览窗口中激活“项目”模式，单击“播放”按钮，即可看到为视频添加的动态边框效果。

☆ 操作小贴士 ☆

遮罩和色度键的功能都是用来确定素材显示的范围和透明度，也就是常说的抠图。对于色差大、色调单一、形状不规则的素材可以使用色度键抠图，对于不适合使用色度键抠图的素材可以尝试使用遮罩。

13 / 制作具有转场效果的画中画

添加到覆叠轨中的素材，在会声会影中不仅可以为其添加滤镜效果，还可以为其使用转场效果。在本实例中，我们将通过为覆叠轨素材添加转场效果制作出更加精彩的画中画效果。

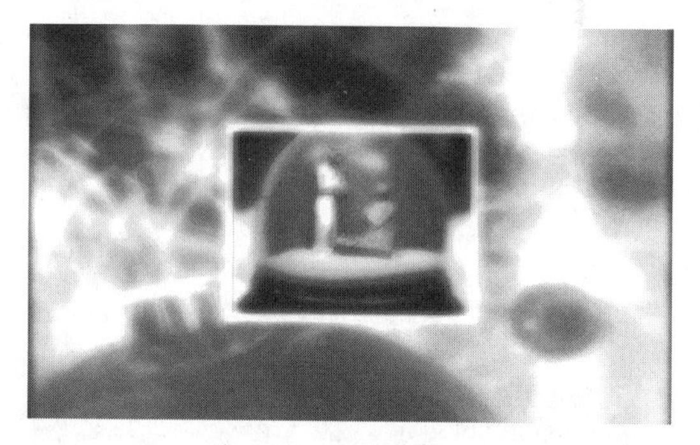

- 使用到的技术　遮罩边框、覆叠转场
- 学习时间　20分钟
- 视频地址　光盘\视频\第4天\制作具有转场效果的画中画.swf
- 源文件地址　光盘\源文件\第4天\制作具有转场效果的画中画.VSP

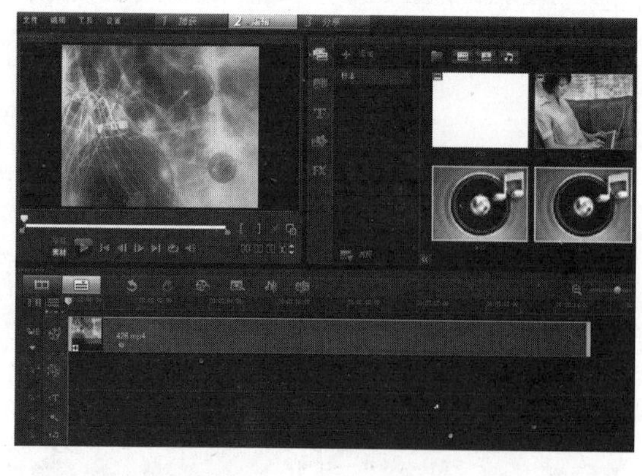

01 打开会声会影X4，将视频文件“光盘\源文件\第4天\素材\426.mp4”插入到项目时间轴中。

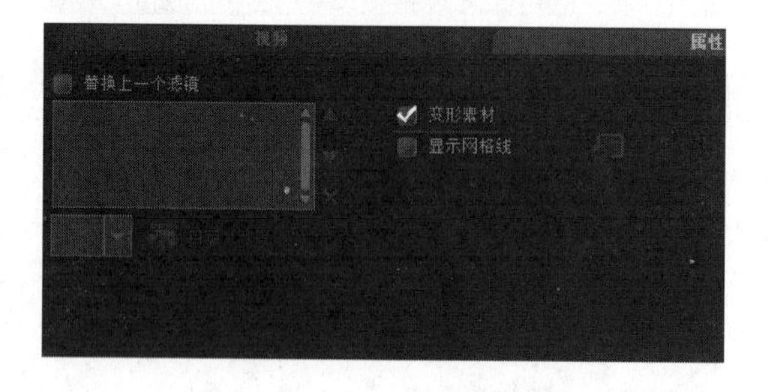

02 双击视频轨上的素材，打开“选项”面板，在“属性”选项卡中选中“变形素材”复选框。

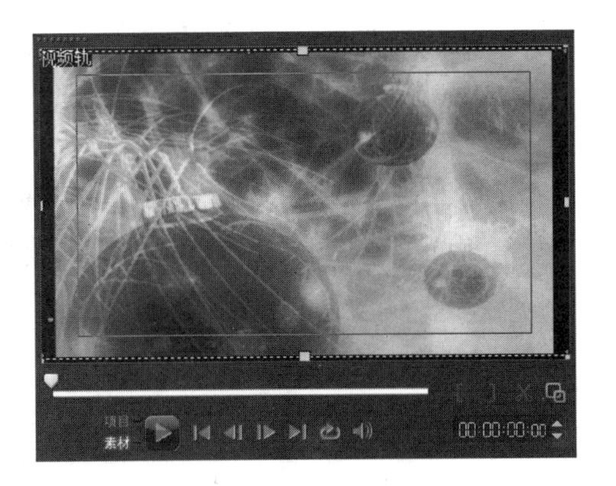

03 在预览窗口中调整视频素材的大小。

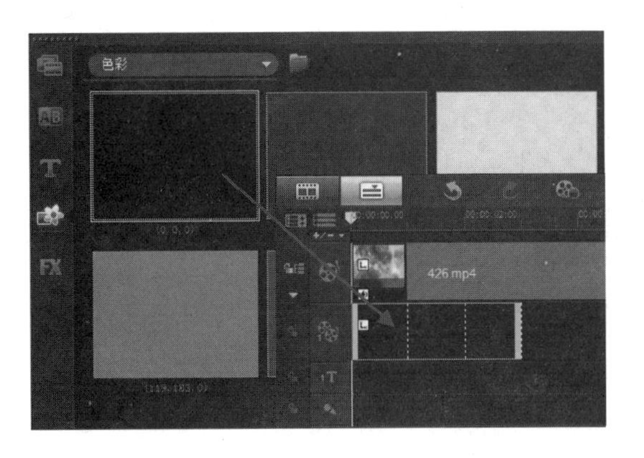

04 切换到“图形”素材库，在下拉列表中选择“色彩”类别，将黑色图形拖曳到覆叠轨中。

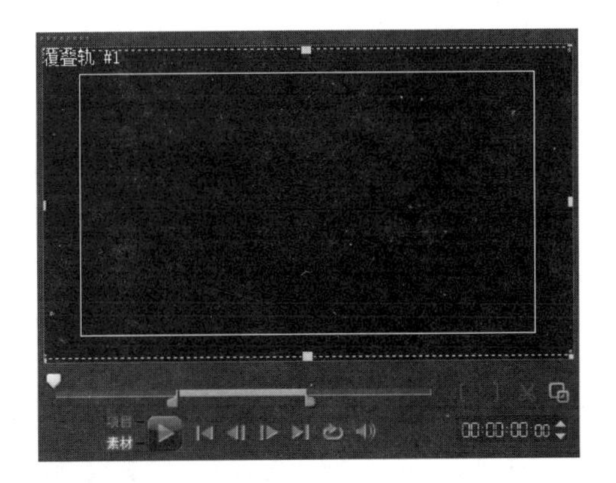

05 在预览窗口中调整覆叠轨中的图形素材到合适的大小。

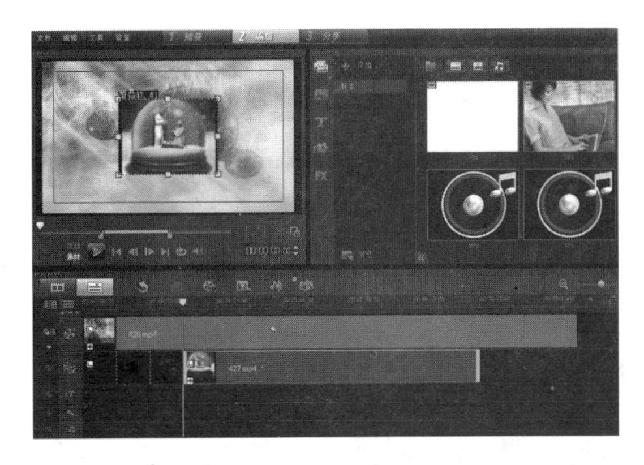

06 单击“覆叠轨”按钮，将视频文件“光盘\源文件\第4天\素材\427.mp4”插入到覆叠轨中。

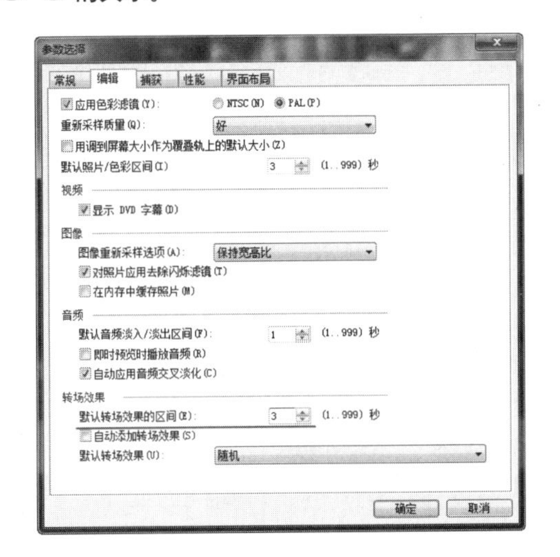

07 按快捷键F6，弹出“参数选项”对话框，切换到“编辑”选项卡中，设置“默认转场效果的区间”为3，单击“确定”按钮。

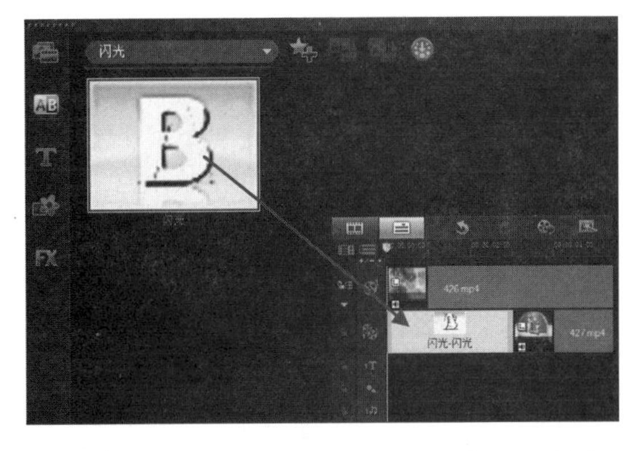

08 切换到“转场”素材库，在下拉列表中选择“闪光”类别，将“闪光”转场拖曳到覆叠轨的素材之间。

09单击“覆叠轨”按钮，将视频文件“光盘\源文件\第4天\素材\428.mp4”插入到覆叠轨中。

10切换到“转场”素材库，在下拉列表中选择“收藏夹”类别，将“交叉淡化”转场拖曳到覆叠轨的两个视频素材之间。

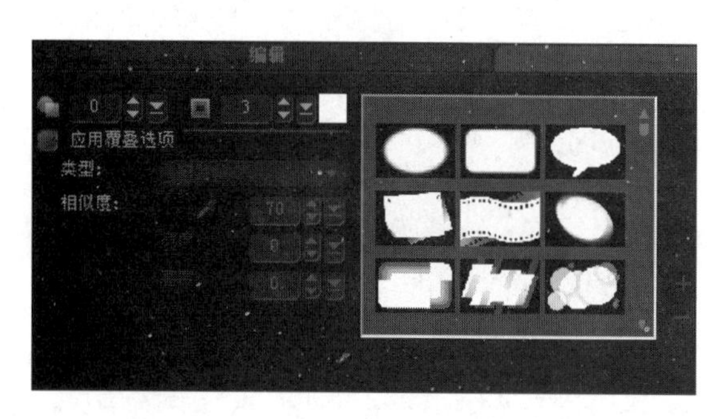

11双击覆叠轨上的第1个视频素材，打开“选项”面板，单击“遮罩和色度键”按钮，设置“边框”为3。

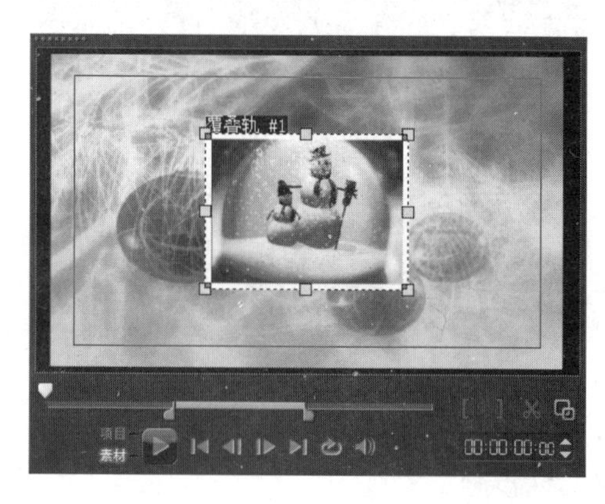

12设置覆叠轨中第2个视频素材的“边框”为3，在预览窗口中可以看到覆叠轨上视频的效果。

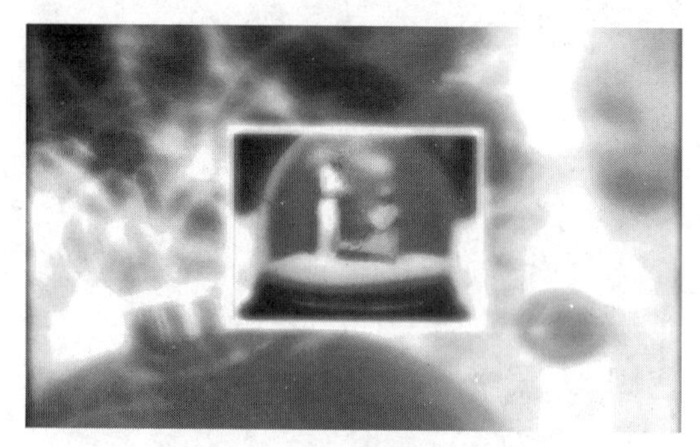

13完成带转场的画中画效果的制作，在预览窗口中激活“项目”模式，单击“播放”按钮，即可看到具有转场的画中画效果。

☆ 操作小贴士 ☆

通过本实例的制作，读者可能已经发现覆叠轨上的转场会带动视频轨上的素材一起变形。如果不希望发生这种情况，读者可以将视频轨上的素材删除，只保存覆叠轨的项目文件，新建项目后再将保存的项目文件作为视频插入到覆叠轨中。

☆ 自我评价 ☆

通过今天对覆叠轨的操作和多个覆叠特效的制作练习，我们已经会在会声会影中使用覆叠轨制作各种特效了。在课后的练习中，大家可以根据覆叠轨的功能和特性，多加思考，创意制作出更多的覆叠轨特效。

☆ 总结扩展 ☆

运用会声会影中的覆叠功能，可以使用户在编辑视频的过程中有更多的表现方式，通过会声会影中的覆叠功能，可以制作出很多用常规方法无法实现的特殊视频效果。在今天的学习中，具体需要掌握以下内容：

	了解	理解	精通
覆叠轨的作用是什么	√		
如何添加和删除覆叠效果			√
覆叠轨素材的设置选项		√	
调整覆叠轨素材的位置		√	
调整覆叠轨素材的大小		√	
调整覆叠轨素材的形状		√	
覆叠轨素材的动画效果			√
覆叠轨素材的其他设置		√	

覆叠特效在视频处理过程中的应用非常广泛，通过应用覆叠效果可以制作出许多非常精美的视频效果。通过学习今天的内容，我们能够熟练掌握会声会影中覆叠轨的使用方法和技巧，并且能够制作出许多常见的覆叠效果。在接下来的一天中，我们将学习在会声会影中为视频添加字幕的方法和技巧，继续努力吧。

第5天 体现视频内容

今天我们一起进入第5天的学习，在前一天的学习中，我们学习了如何在会声会影中通过覆叠轨和覆叠特效的应用合成视频。今天我们主要学习在会声会影中输入标题内容、设置标题样式、选择标题动画、制作标题效果等一系列与标题字幕相关的操作。

通过今天的学习，大家就可以为影片添加标题或字幕效果了，通过为视频添加文字内容，可以使视频更具有说明性，并且文字的应用更能够明确地表达视频的主题。

好，让我们开始今天的行程吧。

学习目的：掌握标题和字幕的制作

知 识 点：标题的输入、标题样式的应用及标题动画的制作

学习时间：一天

添加标题和字幕

标题和字幕有什么不同

标题和字幕是两个不同的概念，标题指影片的题目，作用是体现影片的内容或主题思想。字幕指影片中的对话、旁白等以文字形式出现的非影像内容。在会声会影中，标题和字幕功能合并到了一起，今天我们就学习在会声会影中为视频添加标题和字幕的方法和技巧。

会声会影中的标题字幕效果

标题字幕的作用

标题字幕是影视作品中的重要组成部分，在影片中加入一些说明性的文字内容，能够更有效地帮助观众理解视频的内容，所以标题字幕也是视频中不可缺少的一部分。

如何输入标题字幕

在预览窗口中双击标题内容可以进入输入模式，在输入模式下可以输入和更改标题的内容。在预览窗口的空白位置单击鼠标可以进入编辑模式，在编辑模式下可以设置所有标题内容的样式。

标题边框上节点的作用

在编辑模式的标题边框上有两种颜色的节点，拖动黄色节点可以缩放标题的大小，拖动紫色节点可以旋转标题的角度。

5.1 创建标题字幕

在会声会影X4中，可以使用多个标题和单个标题添加文字。多个标题能够灵活地将文字中的不同单词放到视频帧的任何位置，并允许排列文字的叠放顺序。单个标题则可以方便地为影片创建开幕词和闭幕词。

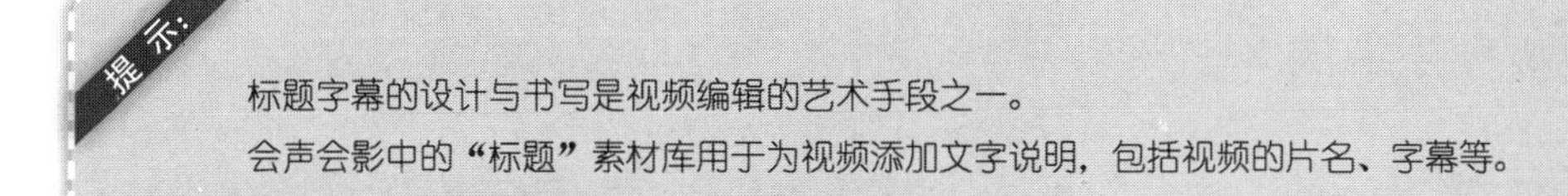

提示：

标题字幕的设计与书写是视频编辑的艺术手段之一。

会声会影中的“标题”素材库用于为视频添加文字说明，包括视频的片名、字幕等。

1. 创建单个标题字幕

打开会声会影X4，在时间轴视图中单击鼠标右键，在弹出的菜单中选择“插入照片”选项，将素材图像“光盘\源文件\第5天\素材\5101.jpg”添加到项目时间轴中，如图5-1所示。

图5-1 在视频轨上添加素材

提示：

在预览窗口中有一个用矩形标出的区域，表示标题的安全区，即程序允许输入标题的范围，只有在该范围内输入的文字才会在视频播放时正确显示。

单击“标题”按钮T，切换到“标题”素材库中，在预览窗口中可以看到“双击这里可以添加标题”字样，如图5-2所示。

图5-2 切换到“标题”素材库

提示：

在标题的“选项”面板中有多个选项可以设置，包括字体、字体大小、字体颜色、加粗、倾斜、下画线、对齐方式等，这些选项的设置与其他软件中对文字的设置基本相同。

在预览窗口中双击显示的字样，打开“选项”面板，选中“单个标题”单选按钮，如图5-3所示。

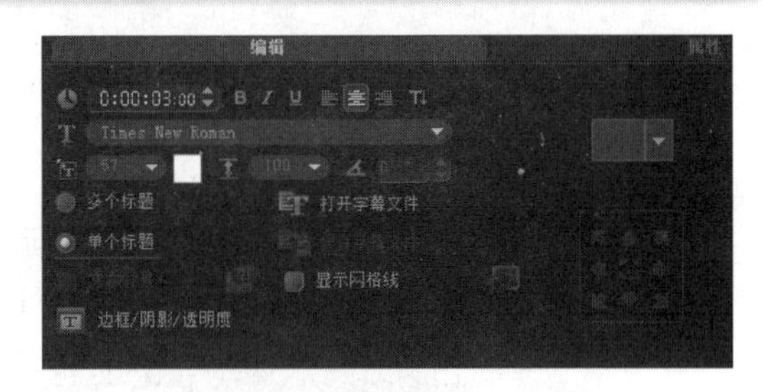

图5-3 选中“单个标题”单选按钮

提示：

在输入文字的过程中，按键盘上的Backspace键，可以删除输入错误的文字。

在预览窗口中双击显示的字幕，将会出现一个文本输入框，其中有光标在不停的闪烁，如图5-4所示。在文本框中输入文字，在“选项”面板中可以对文字的字体、大小和对齐等属性进行设置，如图5-5所示。

图5-4 显示闪烁光标

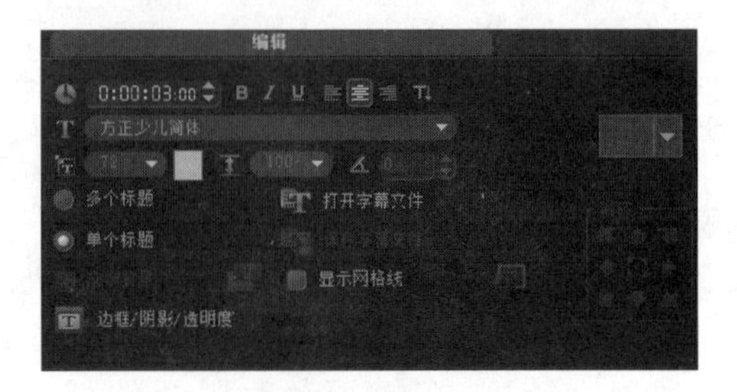

图5-5 设置文字属性

输入完成后，在标题轨上单击鼠标左键，如图5-6所示，则所输入的文字将被添加到预览窗口中，如图5-7所示。

图5-6 添加到标题轨

图5-7 添加的标题字幕效果

2. 创建多个标题字幕

使用“多个标题”模式可以灵活地将不同单词和文字放置在视频帧的任何位置，并且允许排列文字的叠放顺序。

打开会声会影X4，在时间轴视图中单击鼠标右键，在弹出的菜单中选择“插入照片”选项，将素材图像“光盘\源文件\第5天\素材\5102.jpg”添加到项目时间轴中，如图5-8所示。单击“标题”按钮T，切换到“标题”素材库中，预览窗口如图5-9所示。

图5-8 在视频轨上添加素材

图5-9 预览窗口效果

双击预览窗口中的显示字样，在“选项”面板中选择“多个标题”单选按钮，然后在预览窗口中需要输入文字的位置双击鼠标，此时会出现闪烁的光标，如图5-10所示。输入文字，在“选项”面板中对文字的相关属性进行设置，如图5-11所示。

图5-10 确定文字输入位置

图5-11 输入文字

在预览窗口中需要添加文字的位置双击，会出现闪烁的光标，如图5-12所示。输入文字，在“选项”面板中对文字的相关属性进行设置，如图5-13所示。

图5-12 确定文字输入位置

图5-13 输入文字

完成多个标题文字的输入后，可以在预览窗口中选中需要调整位置的文字，则文字的四周会出现黄色的小方块，此时拖动文字，即可对文字的位置进行调整，如图5-14所示。

图5-14 调整文字位置

3. 使用标题模板创建标题字幕

在会声会影的素材库中提供了丰富的预设标题，用户可以直接将其添加到标题轨上，再根据需要修改标题的内容，使预设的标题能够与视频相吻合。

打开会声会影X4，在时间轴视图中单击鼠标右键，在弹出的菜单中选择“插入照片”选项，将素材图像“光盘\源文件\第5天\素材\5103.jpg”添加到项目时间轴中，如图5-15所示。单击“标题”按钮，切换到“标题”素材库中，可以看到多种标题预设，如图5-16所示。

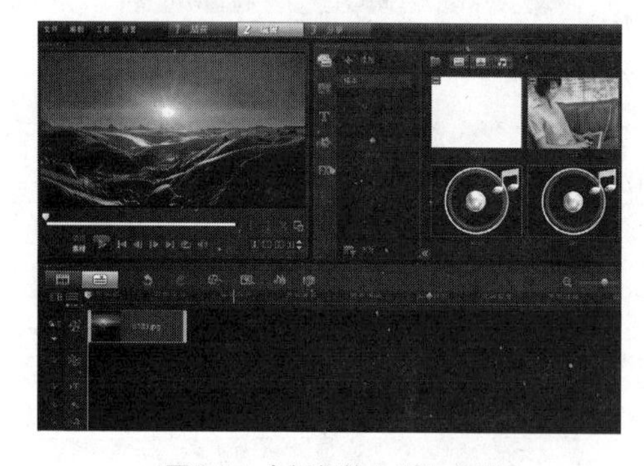

图5-15 在视频轨上添加素材

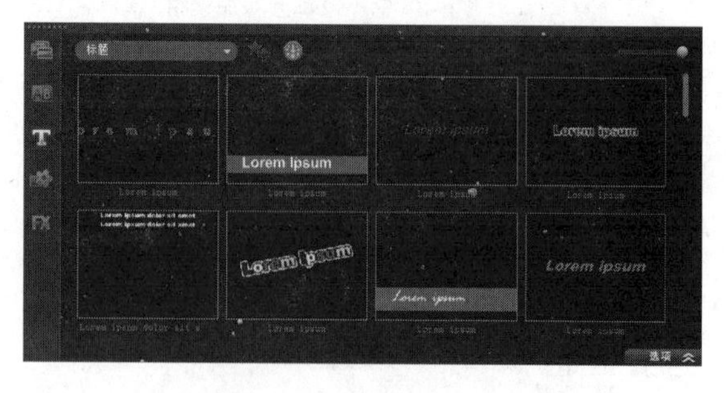

图5-16 “标题”素材库

在“标题”素材库中选择需要的标题样式，将其拖曳至标题轨上，如图5-17所示。

双击标题轨上的素材，在预览窗口中的文字上双击鼠标，即可进入文字的编辑状态，如图5-18所示。然后根据自己的需要输入相应的文字，也可以对文字的字体、大小等属性进行修改，如图5-19所示。

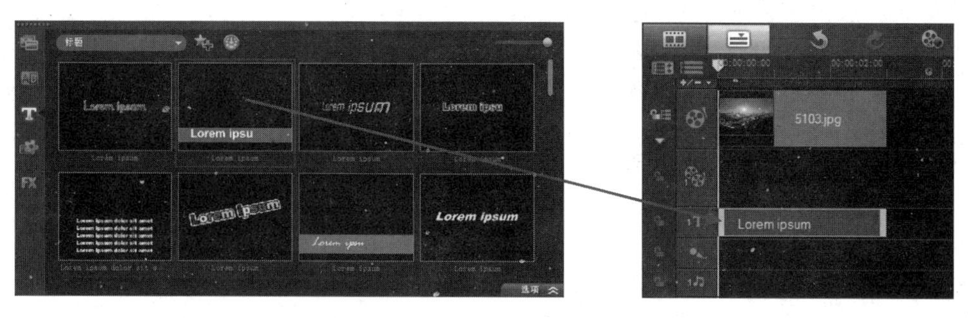

图5-17 将标题样式拖曳至标题轨上

图5-18 进入文字的编辑状态

图5-19 修改文字

标题的注意事项

会声会影的单个标题功能主要用于制作片尾的长段字幕。一般情况下，建议使用多个标题功能。用户还可以在单个标题与多个标题之间进行转换，但需要注意以下几个问题：

- 单个标题转换为多个标题之后，将无法撤销还原。
- 多个标题转换为单个标题时有两种情况：如果选择了多个标题中的某一个标题，转换时将只有选中的标题被保留，未被选中的标题内容将被删除；如果没有选中任何标题，那么在转换时将只保留首先输入的标题。在这两种情况下，如果应用了文字背景，该效果将会被删除。

5.2 修改标题字幕区间

在标题轨中添加标题后，可以调整标题的时间长度，以控制标题文本的播放时间，下面学习两种修改标题字幕区间的方法。

执行“文件>打开项目”命令，找开项目文件“光盘\源文件\第5天\通过区间调整长度.VSP”，效果如图5-20所示。在项目时间轴的标题轨中选择标题字幕，如图5-21所示。

双击标题轨中的标题字幕，打开“选项”面板，修改“区间”为5秒，如图5-22所示。完成区间的修改后，在项目时间轴中可以看到修改后的效果，如图5-23所示。

图5-20 项目文件效果

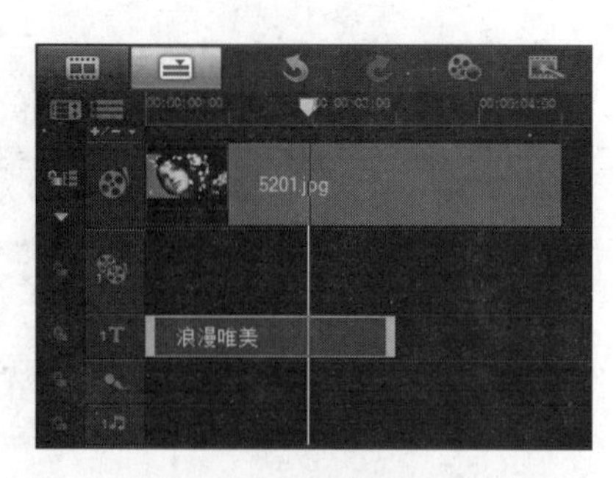

图5-21 选择标题字幕

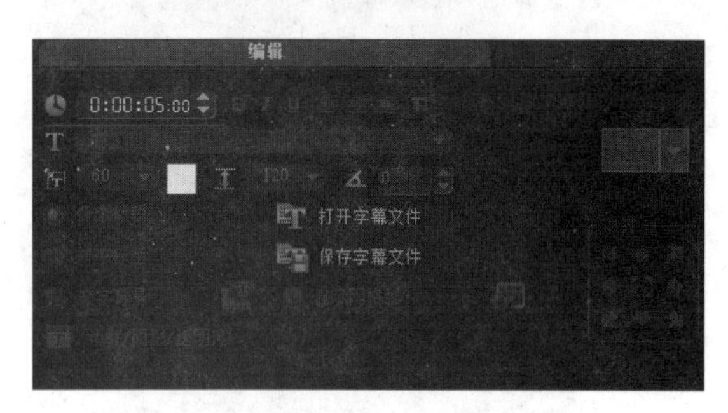

图5-22 修改“区间”

图5-23 项目时间轴

除了可以在“选项”面板中设置标题字幕的“区间”修改其长度以外，还可以在项目时间轴中选择标题轨上的标题字幕，将光标移至黄色框的右侧，通过拖曳方式修改标题字幕的长度，如图5-24所示。

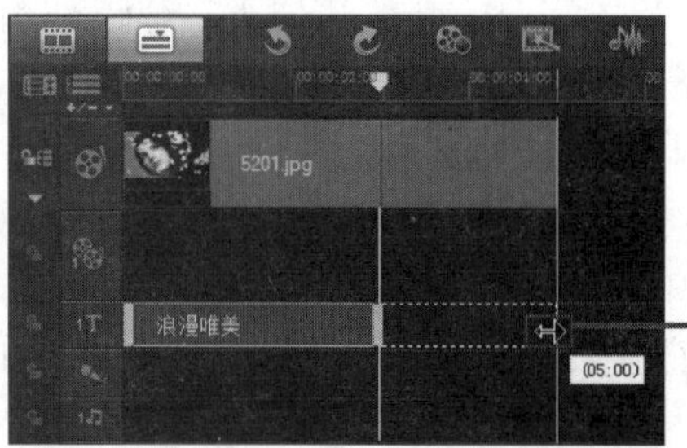

图5-24 通过拖曳修改标题字幕的长度

完成标题字幕区间的修改，单击预览窗口中的“播放”按钮，可以看到视频的效果，如图5-25所示。

图5-25 视频效果

5.3 标题字幕属性的设置

在会声会影中，我们可以在标题字幕的“选项”面板中对标题字幕的颜色、字体、大小和样式等多种属性进行设置，从而使添加的标题字幕更加美观。

1．修改字体和字体大小

在视频中添加标题文字后，设置合适的字体、字体大小，可以使标题与画面更加协调。

执行“文件>打开项目”命令，找开项目文件“光盘\源文件\第5天\修改字体和字体大小.VSP”，效果如图5-26所示。在项目时间轴的标题轨中选择标题字幕，如图5-27所示。

图5-26 项目文件效果

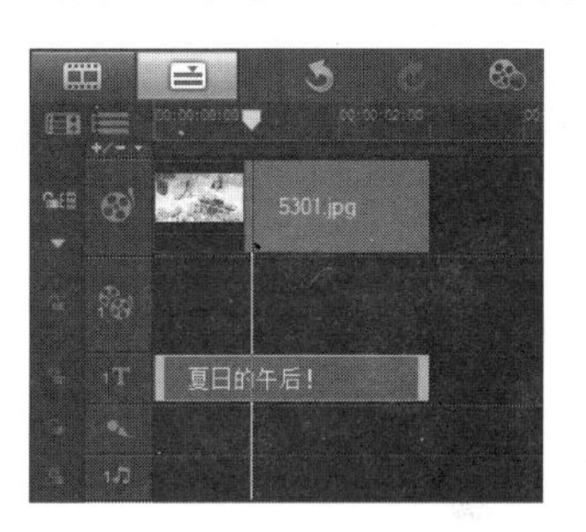

图5-27 选择标题字幕

在预览窗口中单击需要设置字体的文本，文本的四周会显示黄色的小方块，如图5-28所示。在“选项”面板的“字体”下拉列表中选择合适的字体，如图5-29所示。

图5-28 选择文本

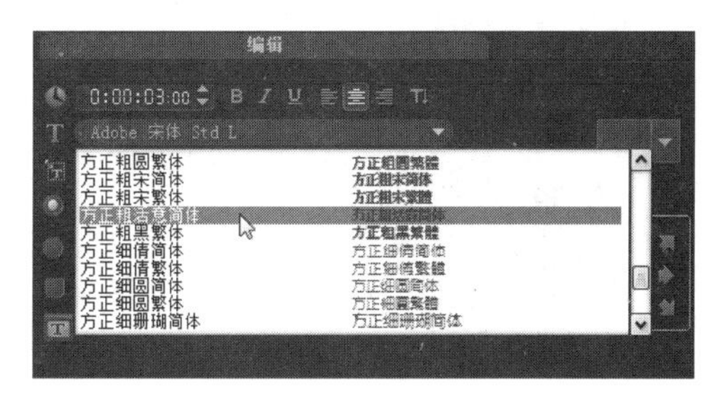

图5-29 设置字体

完成字体的修改，可以看到修改字体后的文字效果，如图5-30所示。还可以在“选项”面板的“字体大小”下拉列表中选择合适的字体大小，或者直接在“字体大小”下拉列表中输入字体大小的值，如图5-31所示。

图5-30 字体的效果

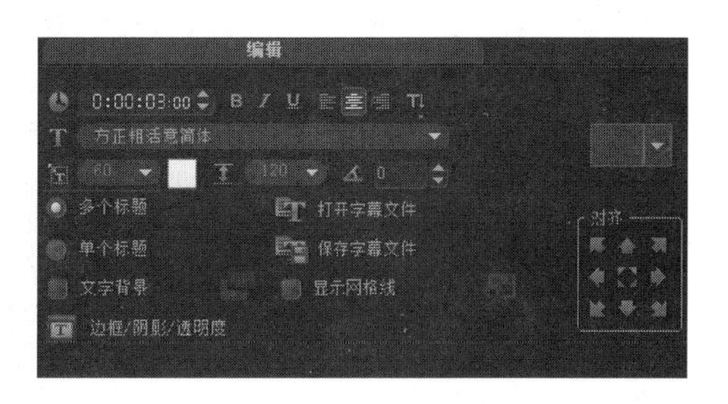

图5-31 设置字体大小

完成字体大小的设置，可以看到文字的效果，如图5-32所示。在“选项”面板中不仅可以修改字体、字体大小等属性，还可以设置文字的行间距、加粗、倾斜、下画线等效果，如图5-33所示。

图5-32 字体大小的效果

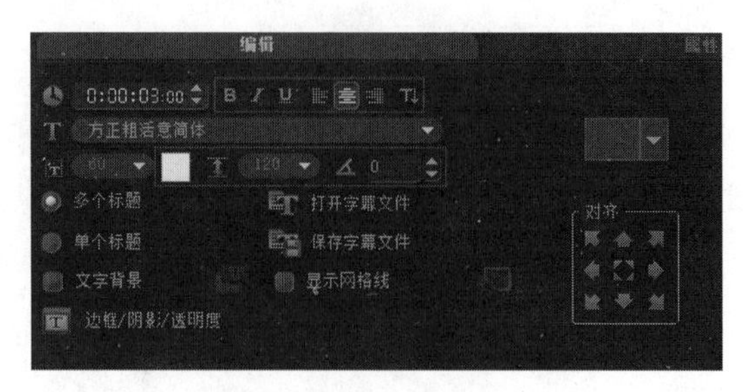

图5-33 其他设置选项

2. 为标题文字添加背景

为标题文字添加背景是指在文字下方显示一个颜色块，以突出文字的效果。

执行“文件>打开项目”命令，找开项目文件“光盘\源文件\第5天\为标题文字添加背景.VSP”，效果如图5-34所示。在项目时间轴的标题轨中选择标题字幕，如图5-35所示。

图5-34 项目文件效果

图5-35 选择标题字幕

在预览窗口中单击选中需要修改的文字，打开“选项”面板，选中“文字背景”复选框，如图5-36所示。单击“自定义文字背景的属性”按钮，弹出“文字背景”对话框，如图5-37所示。

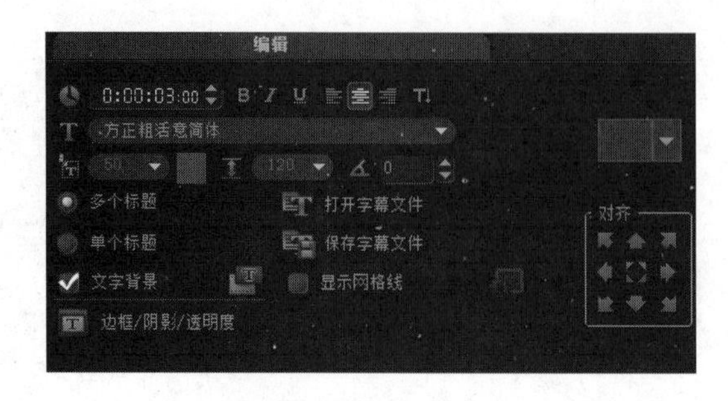

图5-36 “选项”面板

图5-37 “文字背景”对话框

在“背景类型”选项区中选中“单色背景栏”单选按钮，在“色彩设置”选项区中选中“单色”按钮，设置颜色为白色，设置“透明度”为60，如图5-38所示。单击“确定”按钮，完成“文字背景”对话框的设置，在预览窗口中可以看到文字背景的效果，如图5-39所示。

图5-38 设置“文字背景”对话框

图5-39 为标题文字添加背景的效果

5.4 标题字幕效果的设置

在会声会影中，除了可以设置文字的字体、字体大小和背景效果以外，还可以为文字添加一些其他效果，从而使其更加出彩。最常用的方法就是为文字添加边框、阴影和透明度等。灵活运用这些装饰，可以制作出非常精美的文字效果。

1. 设置文字的描边

在项目时间轴中插入图像素材“光盘\源文件\第5天\素材\5401.jpg”，如图5-40所示。单击项目时间轴上的“标题轨”按钮，在预览窗口中双击并输入文字，如图5-41所示。

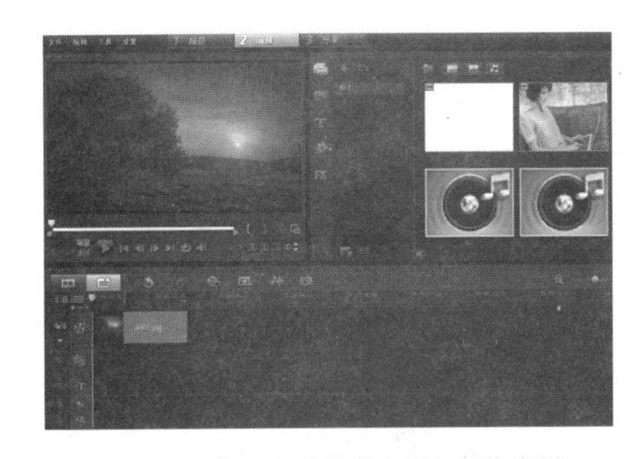

图5-40 在项目时间轴中插入图像素材

图5-41 添加标题文字

在预览窗口中选择输入的标题字幕，在“选项”面板中单击“边框/阴影/透明度”按钮，弹出“边框/阴影/透明度”对话框。选中“外部边界”复选框，设置边框宽度和线条颜色，如图5-42所示。单击“确定”按钮，完成“边框/阴影/透明度”对话框的设置，可以看到文字设置描边的效果，如图5-43所示。

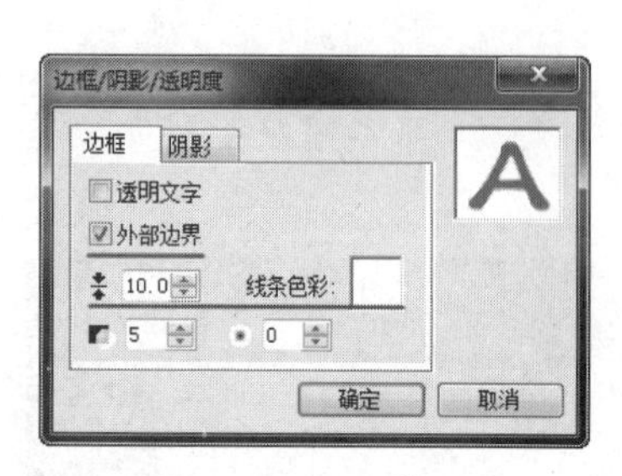

图5-42 设置“边框/阴影/透明度”对话框

图5-43 文字描边的效果

2. 设置透明文字效果

在项目时间轴中插入图像素材“光盘\源文件\第5天\素材\5402.jpg”，如图5-44所示。单击项目时间轴上的“标题轨”按钮，在预览窗口中双击并输入文字，如图5-45所示。

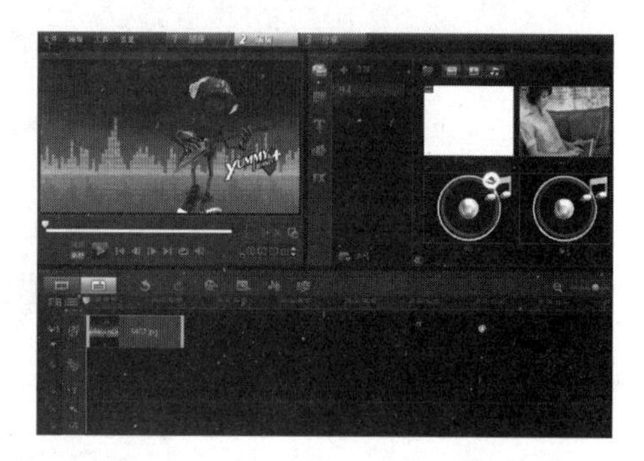

图5-44 在项目时间轴中插入图像素材

图5-45 添加标题文字

在预览窗口中选择输入的标题字幕，在“选项”面板中单击“边框/阴影/透明度”按钮，弹出“边框/阴影/透明度”对话框。选中“透明文字”复选框，设置边框宽度和线条颜色，如图5-46所示。单击“确定”按钮，完成“边框/阴影/透明度”对话框的设置，可以看到透明文字的效果，如图5-47所示。

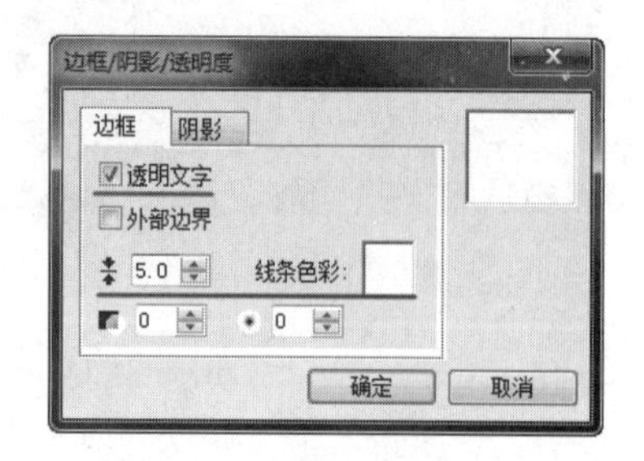

图5-46 设置“边框/阴影/透明度”对话框

图5-47 透明文字效果

3. 设置文字的阴影

在项目时间轴中插入图像素材“光盘\源文件\第5天\素材\5403.jpg”，如图5-48所示。单击项目时间轴上的“标题轨”按钮，在预览窗口中双击并输入文字，如图5-49所示。

图5-48 在项目时间轴中插入图像素材

图5-49 添加标题文字

在预览窗口中选择输入的标题字幕，在“选项”面板中单击“边框/阴影/透明度”按钮，弹出“边框/阴影/透明度”对话框。切换到“阴影”选项卡，单击“下垂阴影”按钮，设置参数如图5-50所示。单击“确定”按钮，完成“边框/阴影/透明度”对话框的设置，可以看到文字阴影的效果，如图5-51所示。

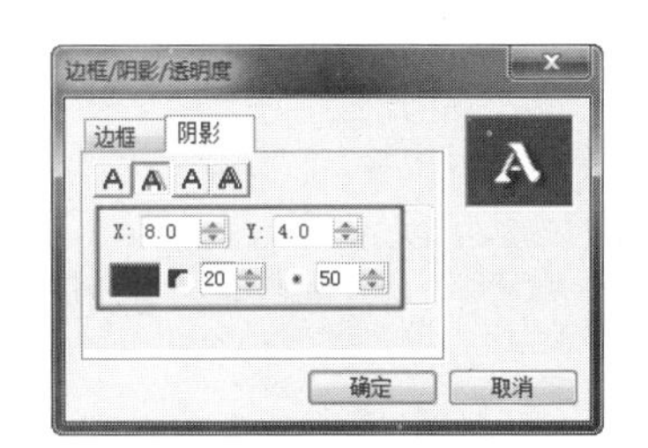

图5-50 设置“边框/阴影/透明度”对话框

图5-51 透明文字效果

4. 设置文字的光晕

在项目时间轴中插入图像素材“光盘\源文件\第5天\素材\5404.jpg”，如图5-52所示。单击项目时间轴上的“标题轨”按钮，在预览窗口中双击并输入文字，如图5-53所示。

图5-52 在项目时间轴中插入图像素材

图5-53 添加标题文字

在预览窗口中选择输入的标题字幕，在“选项”面板中单击“边框/阴影/透明度”按钮，弹出“边框/阴影/透明度”对话框。切换到“阴影”选项卡，单击“光晕阴影”按钮，设置参数如图5-54所示。单击“确定”按钮，完成“边框/阴影/透明度”对话框的设置，可以看到文字光晕的效果，如图5-55所示。

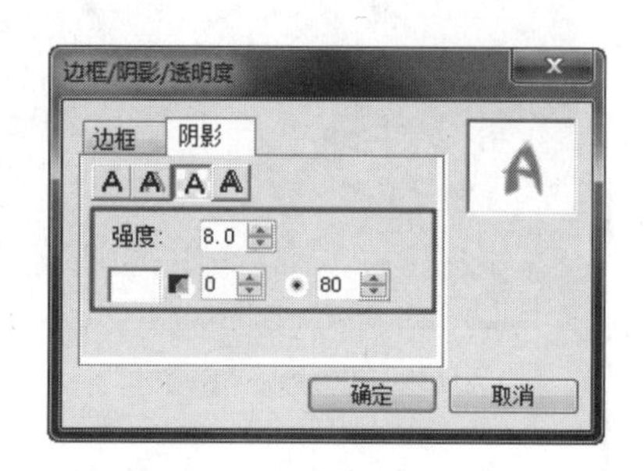

图5-54 设置“边框/阴影/透明度”对话框

图5-55 透明文字效果

5. 设置文字突起效果

在项目时间轴中插入图像素材“光盘\源文件\第5天\素材\5405.jpg”，如图5-56所示。单击项目时间轴上的“标题轨”按钮，在预览窗口中双击并输入文字，如图5-57所示。

图5-56 在项目时间轴中插入图像素材

图5-57 添加标题文字

在预览窗口中选择输入的标题字幕，在“选项”面板中单击“边框/阴影/透明度”按钮，弹出“边框/阴影/透明度”对话框。切换到“阴影”选项卡，单击“突起阴影”按钮，设置如图5-58所示。单击“确定”按钮，完成“边框/阴影/透明度”对话框的设置，可以看到文字突起的效果，如图5-59所示。

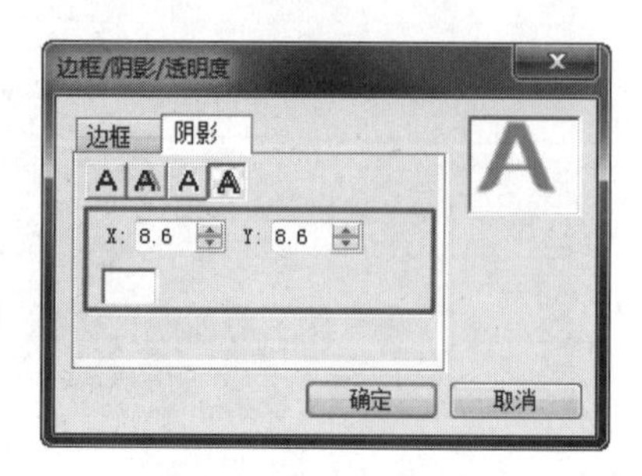

图5-58 设置“边框/阴影/透明度”对话框

图5-59 透明文字效果

自我检测

在前面的内容中，大家已经学习了如何在会声会影中为影片添加标题字幕，并且为标题字幕设置相应的效果。

接下来，我们将进入实战练习，通过多个不同标题字幕动画的制作练习，开拓大家在标题字幕制作方面的思路，并掌握一些常见标题字幕效果的制作方法和技巧。

让我们一起开始实例的练习吧，为实现更多精彩的字幕效果而努力。

- 制作字幕淡入效果
- 制作字幕淡入淡出效果
- 制作字幕弹出效果
- 制作字幕下降效果
- 制作霓虹变色字效果
- 制作运动模糊字效果
- 制作多标题动画效果
- 制作过光文字效果
- 制作滚动字幕效果
- 制作片头字幕效果
- 制作片尾字幕效果

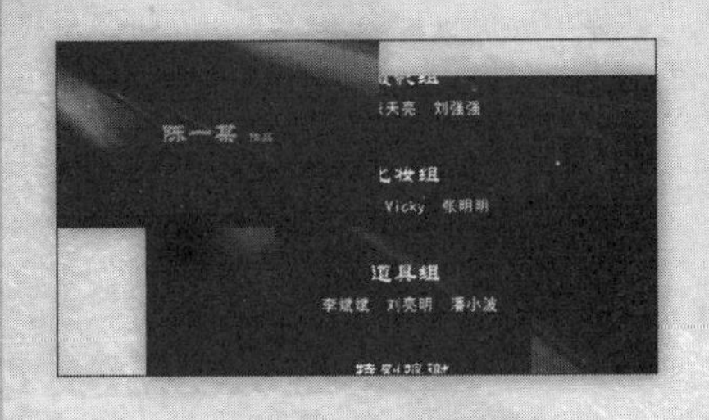

1 / 制作字幕淡入效果

在会声会影中提供了多种淡化字幕的效果，本实例使用会声会影中提供的“淡化”效果来制作字幕的淡入效果。

使用到的技术	输入文字、淡化效果
学习时间	10分钟
视频地址	光盘\视频\第5天\制作字幕淡入效果.swf
源文件地址	光盘\源文件\第5天\制作字幕淡入效果.VSP

01 打开会声会影X4，将图像文件“光盘\源文件\第5天\素材\501.jpg”插入到项目时间轴中。

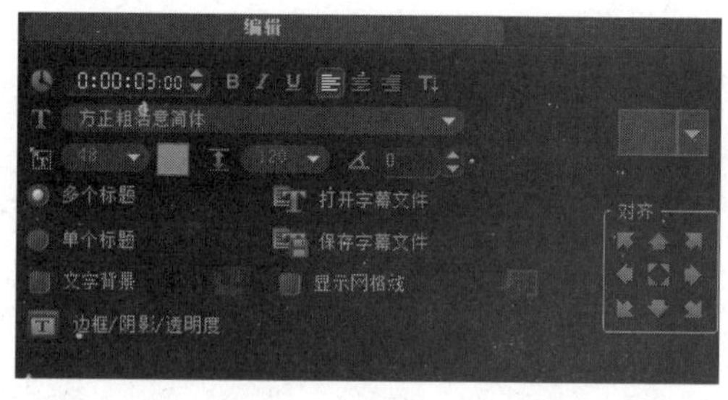

02 切换到“标题”素材库中，在预览窗口中双击，进入文字输入模式，在“选项”面板中对文字的属性进行设置。

03 输入文字，并调整文字到合适的位置。

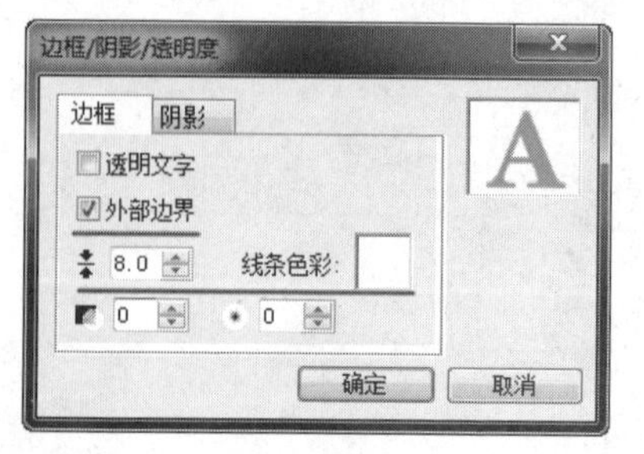

04 选中文字，单击“选项”面板上的“边框/阴影/透明度”按钮，弹出“边框/阴影/透明度”对话框，对相关选项进行设置。

05 完成文字边框的设置，可以看到为文字添加的描边效果。

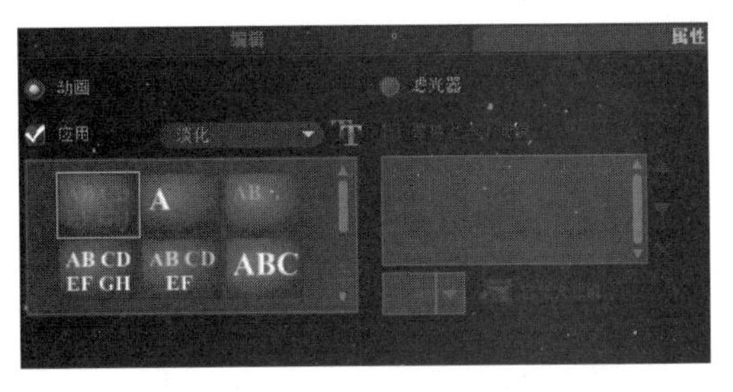

06 在预览窗口中选中标题字幕，然后切换到“属性”选项卡中，选中“动画”单选按钮，并勾选“应用”复选框。

07 在“选取动画类型”下拉列表中选择“淡化”选项，在下方的动画预设中选择所需要的动画样式。

08 完成标题字幕动画效果的设置。

09 完成效果的制作，在预览窗口中激活“项目”模式，单击“播放”按钮，即可看到所制作的字幕淡入效果。

☆ 操作小贴士 ☆

在会声会影中集成了8种类型的字幕动画效果，每种类型都有很多预设效果，这样，用户不必进行烦琐的设计，就可以轻松地制作出各种字幕动画效果了。

输入标题字幕内容后，在预览窗口中会出现一个矩形方框，这个方框以内是字幕安全区域。因为多数电视机会切掉图像外边缘的部分内容，所以将字幕放置在安全区域可以保证字幕在屏幕范围之内。

2 / 制作字幕淡入淡出效果

在一部视频作品中，标题字幕是不可或缺的重要元素，并且可以通过为标题字幕添加各种样式，达到更加适合主题的效果。在本实例中，我们主要学习为视频文件添加标题和设置标题，并为标题添加动画，制作出字幕淡入淡出的效果。

使用到的技术	应用标题动画、自定义标题动画
学习时间	20分钟
视频地址	光盘\视频\第5天\制作字幕淡入淡出效果.swf
源文件地址	光盘\源文件\第5天\制作字幕淡入淡出效果.VSP

01 打开会声会影X4，将图像文件“光盘\源文件\第5天\素材\502.jpg”插入到项目时间轴中。

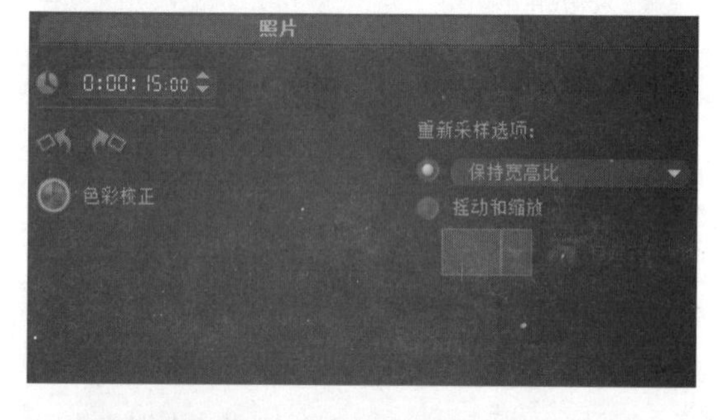

02 双击视频轨上的图像素材，打开“选项”面板，设置“照片区间”为15秒。

03 切换到“标题”素材库，在预览窗口中双击，进入文字输入模式输入文字。

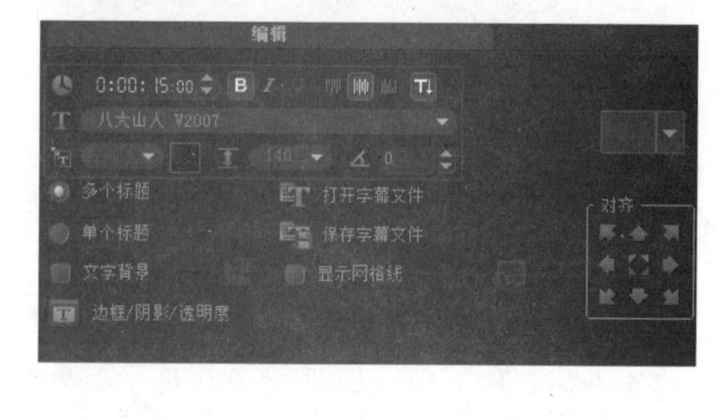

04 打开“选项”面板，对文字的相关选项进行设置。

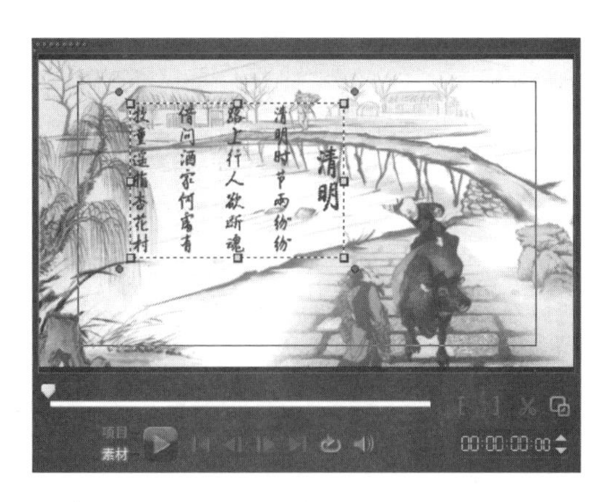

05 完成文字属性的设置，可以看到文字的效果。

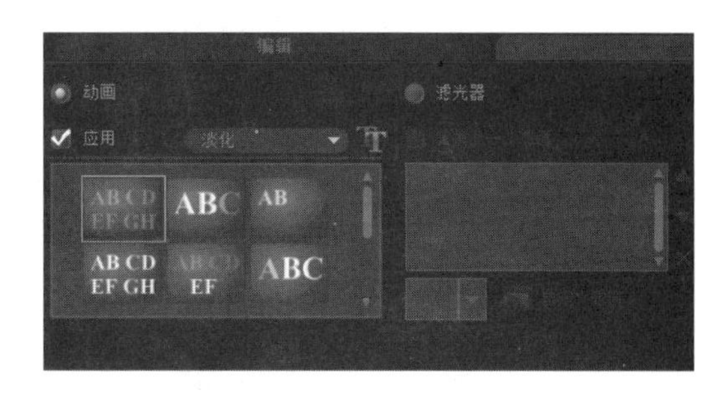

06 选择标题字幕，打开“选项”面板。切换到“属性”选项卡，选中“应用”复选框，单击“自定义动画属性”按钮T。

07 弹出“淡化动画”对话框，在“单位”下拉列表中选择“字符”选项，在“暂停”下拉列表中选择“短”选项。

08 完成“淡化动画”对话框的设置，在预览窗口中通过调整暂停区间可以自定义标题的暂停时间。

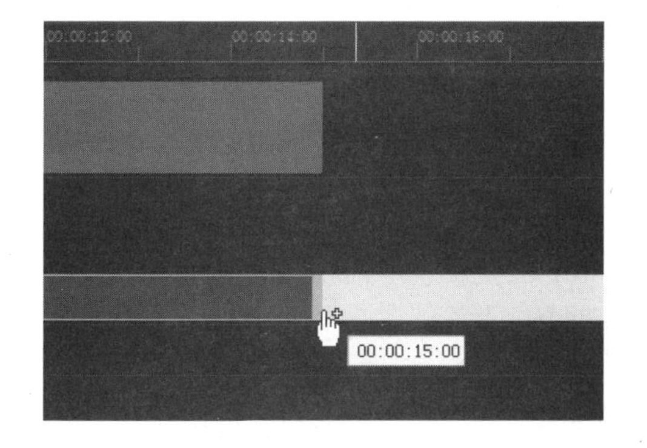

09 在标题素材上单击鼠标右键，在弹出的菜单中选择“复制”选项，将光标移至标题素材后，单击鼠标粘贴素材。

10 选择视频轨上的图像素材，调整该素材的区间长度与标题轨上的标题长度相同。

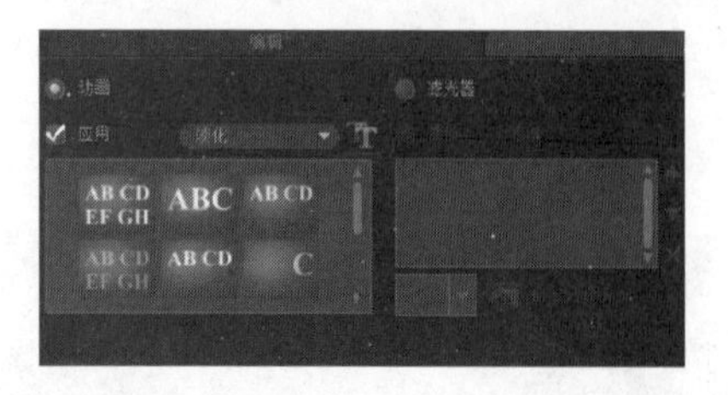

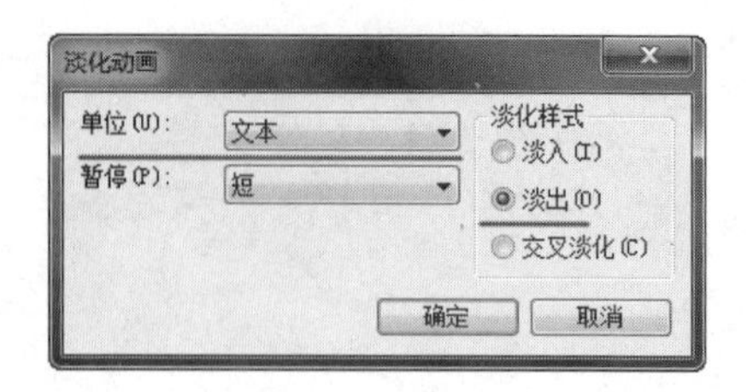

11 双击第2个标题轨素材，打开“选项”面板，在“属性”选项卡中单击“自定义动画属性”按钮。

12 弹出“淡化动画”对话框，在“单位”下拉列表中选择“文本”选项，选中“淡出”单选按钮。

13 完成“淡化动画”对话框的设置，在预览窗口中激活“项目”模式，单击“播放”按钮，即可看到所制作的字幕淡入淡出效果。

☆ 操作小贴士 ☆

应用动画效果的标题单位可以是字符、单词、行和文本，这样我们就可以选择是让标题文字单个淡入还是所有文字一起淡入。其中的单词选项也适用于中文，只要是使用空格分开的文字都会被认定为单词。

会声会影中提供了多种类型的标题动画，这些动画类型只是效果上有所不同，在添加和编辑方面基本上没有什么区别。本实例中我们学习了一个比较重要的技巧，那就是复制标题样式相同的两个标题，这样就可以为第一个标题应用淡入动画，为第二个标题应用淡出动画。这个思路也可以应用到其他的标题动画类型上。

3 / 制作字幕弹出效果

在会声会影中，可以为文字添加弹出动画效果，通过弹出动画可以使文字产生由画面上的某个分界线弹出显示的动画效果，本实例来制作一个字幕弹出的动画效果。

- 使用到的技术　弹出效果
- 学习时间　10分钟
- 视频地址　光盘\视频\第5天\制作字幕弹出效果.swf
- 源文件地址　光盘\源文件\第5天\制作字幕弹出效果.VSP

01 打开会声会影X4，将图像文件“光盘\源文件\第5天\素材\503.jpg”插入到项目时间轴中。

02 切换到“标题”素材库中，在预览窗口中双击，进入文字输入模式，输入文字。

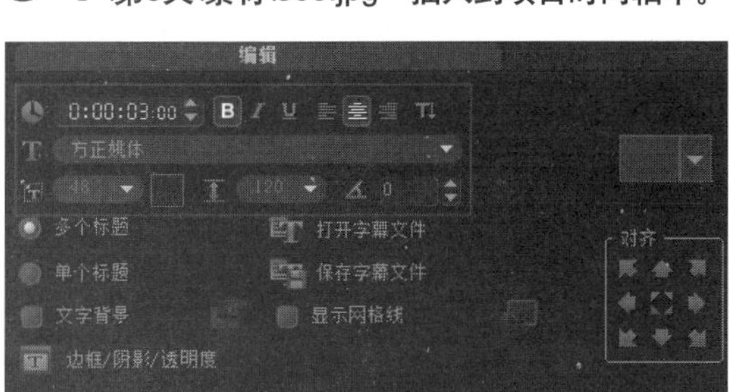

03 选择标题字幕，在“选项”面板中对文字的相关属性进行设置。

04 完成文字属性的设置，可以在预览窗口中看到文字的效果。

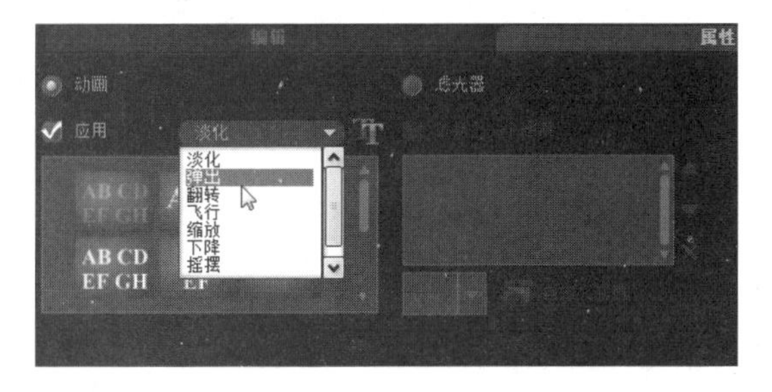

05 选择标题字幕，打开“选项”面板，切换到“属性”选项卡。选中“应用”复选框，在“选取动画类型”下拉列表中选择“弹出”选项。

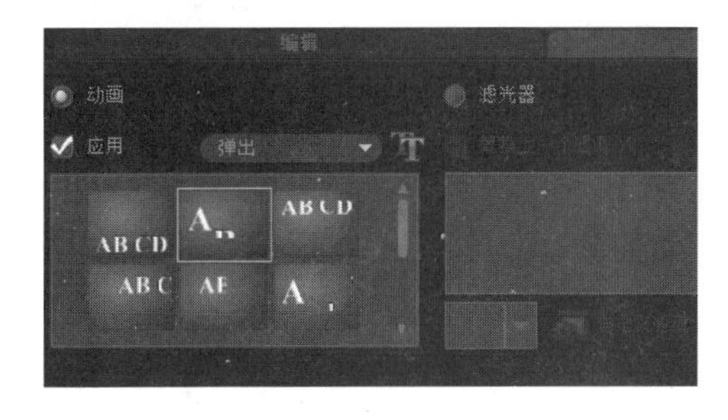

06 在“弹出”的动画预设中选择合适的动画预设选项。

07 完成效果的制作，在预览窗口中激活“项目”模式，单击“播放”按钮，即可看到所制作的字幕弹出效果。

☆ 操作小贴士 ☆

在对弹出效果进行设置时，除了可以使用弹出效果预设以外，还可以单击“自定义动画属性”按钮，在弹出的“弹出动画”对话框中设置文字弹出的动画效果。

4 / 制作字幕下降效果

在会声会影中，可以制作文字的下降动画效果。下降动画可以使文字在运动过程中由大到小逐渐变化，本实例我们就来制作一个字幕下降的动画效果。

- 使用到的技术　下降效果
- 学习时间　10分钟
- 视频地址　光盘\视频\第5天\制作字幕下降效果.swf
- 源文件地址　光盘\源文件\第5天\制作字幕下降效果.VSP

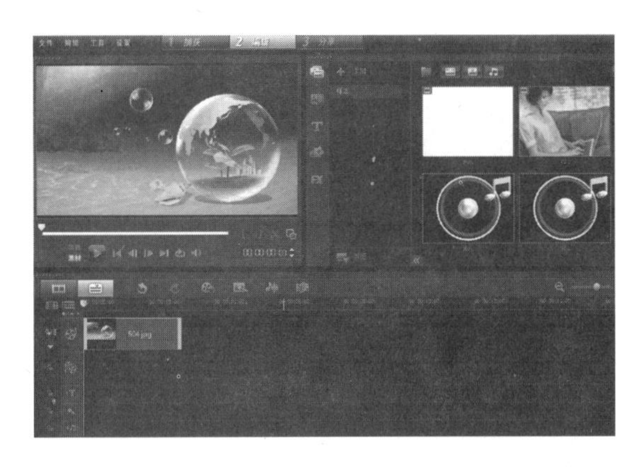

01 打开会声会影X4，将图像文件“光盘\源文件\第5天\素材\504.jpg”插入到项目时间轴中。

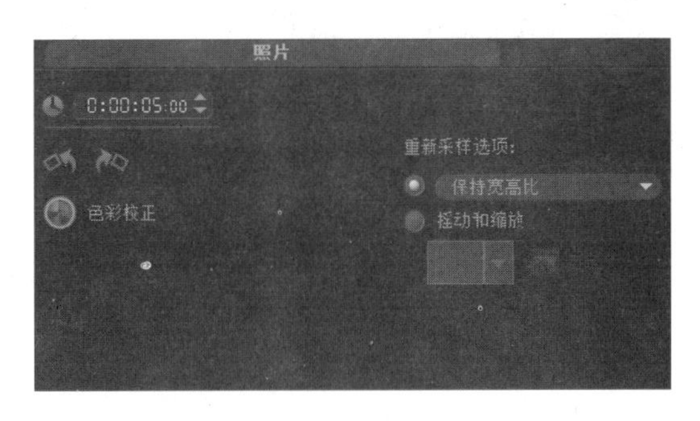

02 双击视频轨上的素材，打开“选项”面板，设置“照片区间”为5秒。

03 切换到“标题”素材库中，在预览窗口中双击，进入文字输入模式，输入文字。

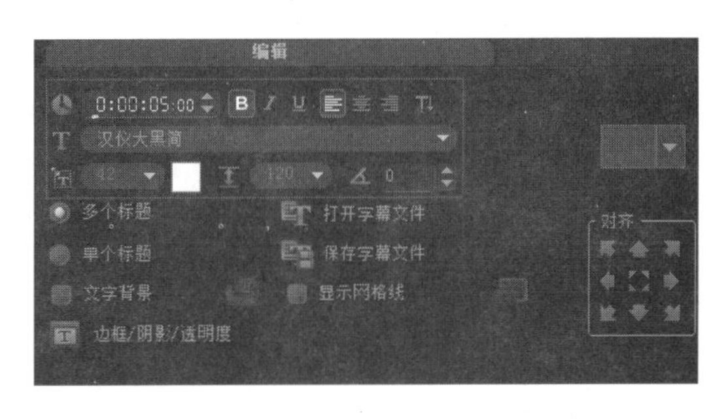

04 选择标题字幕，在“选项”面板中对文字的相关属性进行设置。

05 完成文字属性的设置，可以在预览窗口中看到文字的效果。

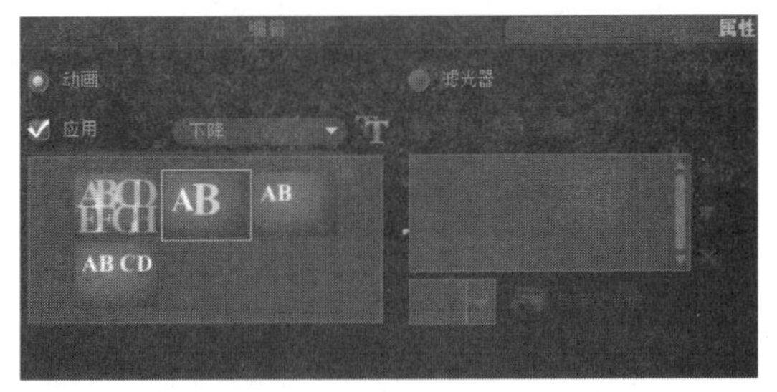

06 选择标题字幕，打开“选项”面板，切换到“属性”选项卡，对相关选项进行设置。

07 完成效果的制作，在预览窗口中激活"项目"模式，单击"播放"按钮，即可看到所制作的字幕下降的效果。

☆ 操作小贴士 ☆

在会声会影中，除了提供了前面所介绍的"淡化"、"弹出"和"下降"效果以外，还提供了"翻转"、"飞行"、"缩放"、"摇摆"和"移动路径"4种效果，这4种效果的标题字幕动画的制作方法与前面几个案例的制作方法基本相同。

5 / 制作霓虹变色字效果

对于标题样式也可以应用滤镜效果，标题样式与滤镜配合使用可以制作出很多精彩的效果。在本实例中，我们就使用了标题样式与"发散光晕"滤镜相配合模拟出具有霓虹效果的文字，再通过"色调和饱和度"滤镜制作出让文字不断改变颜色的效果。

使用到的技术	标题样式、"发散光晕"滤镜、"色调和饱和度"滤镜
学习时间	20分钟
视频地址	光盘\视频\第5天\制作霓虹变色字效果.swf
源文件地址	光盘\源文件\第5天\制作霓虹变色字效果.VSP

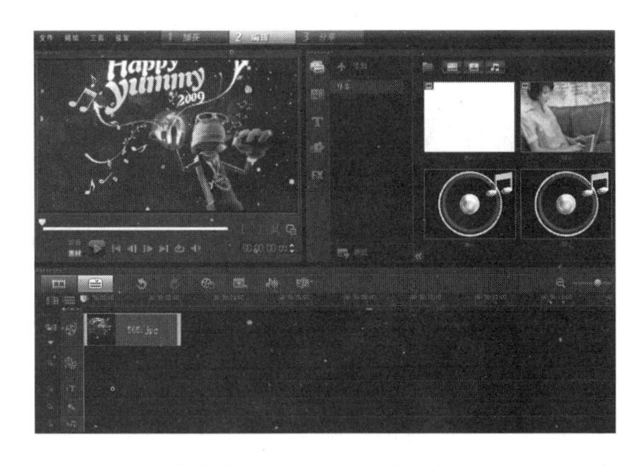

01 打开会声会影X4，将图像文件“光盘\源文件\第5天\素材\505.jpg”插入到项目时间轴中。

02 切换到“标题”素材库中，在预览窗口中双击，进入文字输入模式，输入文字。

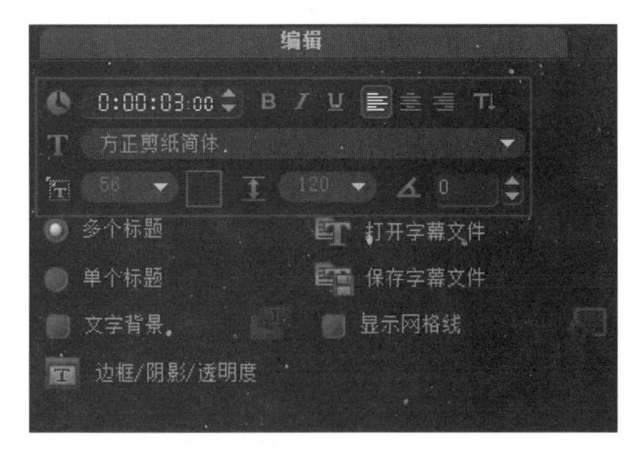

03 选中标题字幕，打开“选项”面板，对文字的相关属性进行设置。

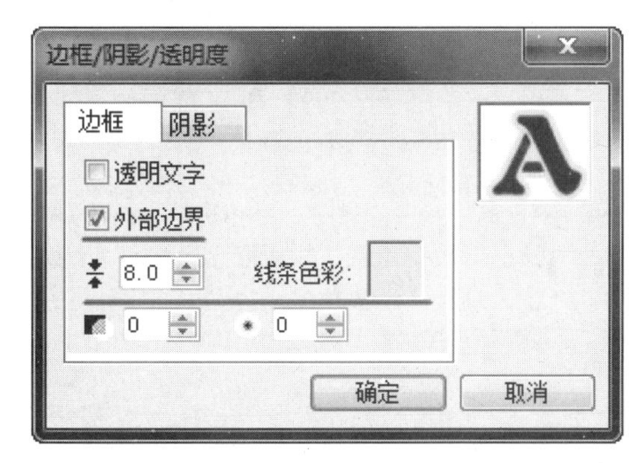

04 单击“选项”面板中的“边框/阴影/透明度”按钮，弹出相应对话框，对相关选项进行设置。

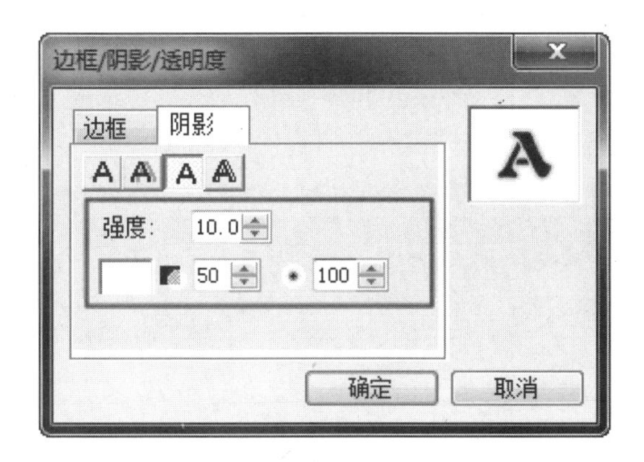

05 切换到“阴影”选项卡，单击“光晕阴影”按钮，对相关选项进行设置。

06 完成“边框/阴影/透明度”对话框的设置，在预览窗口中调整文字到合适的位置。

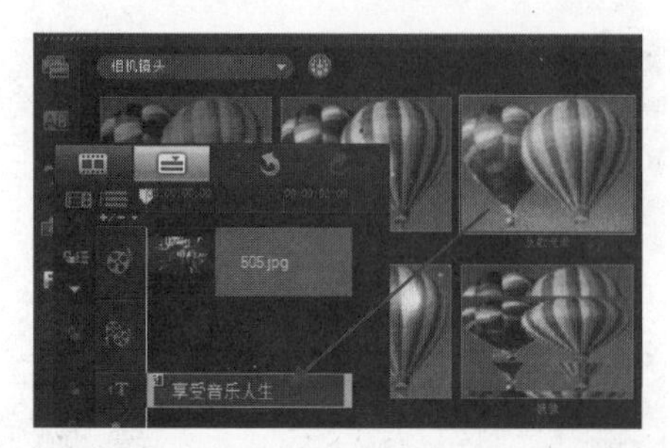

07 切换到“滤镜”素材库，在下拉列表中选择“相机镜头”类别，将“发散光晕”滤镜拖曳到标题轨的素材上。

08 双击标题库上的素材，打开“选项”面板。切换到“属性”选项卡，选中“滤光器”单选按钮，单击“自定义滤镜”按钮。

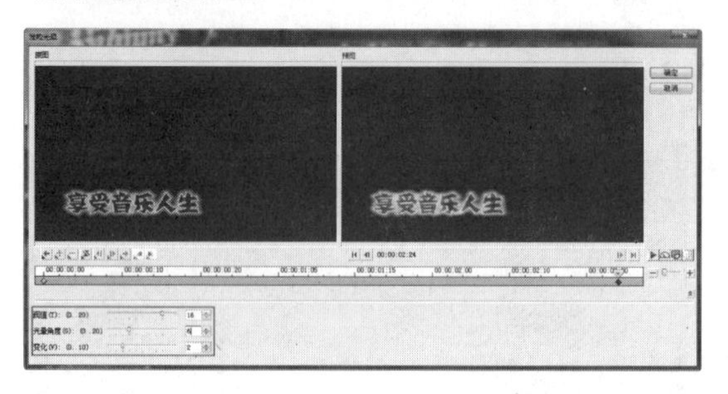

09 弹出“镜头光晕”对话框，选择第1个关键帧，设置“光晕角度”为6。使用相同的方法，设置第2个关键帧。

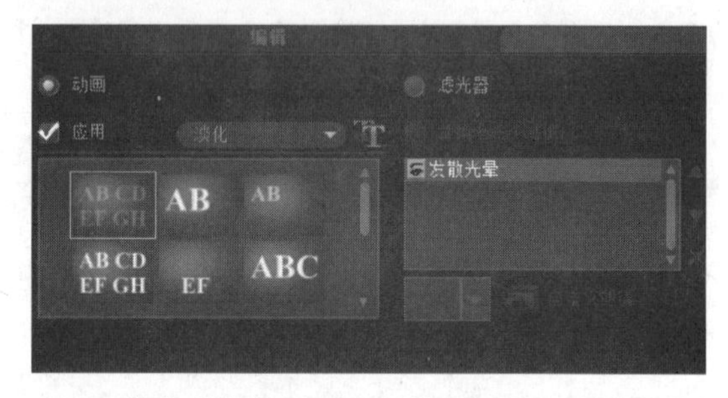

10 完成“镜头光晕”对话框的设置。选中字幕标题，在“属性”选项卡中选中“应用”复选框，单击“自定义动画属性”按钮。

11 弹出“淡化动画”对话框，对相关选项进行设置，完成“淡化动画”对话框的设置。

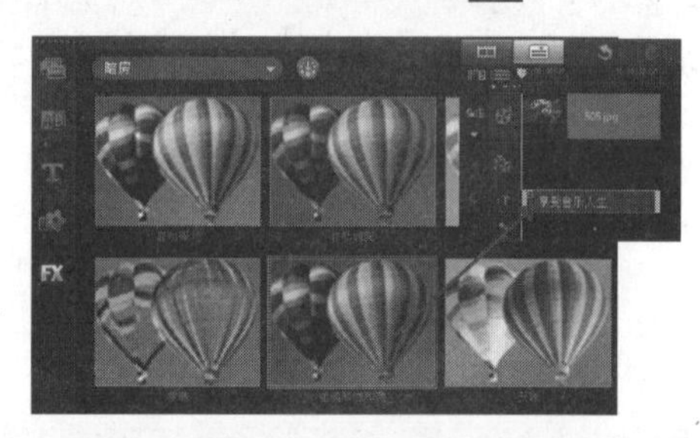

12 切换到“滤镜”素材库中，在下拉列表中选择“暗房”类别，将“色调和饱和度”滤镜拖曳到标题轨的素材上。

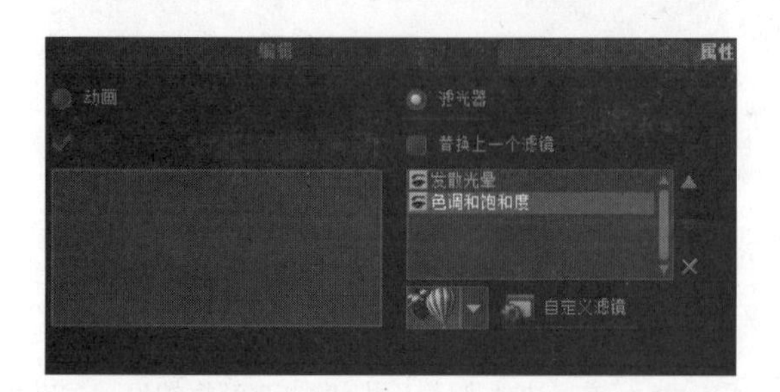

13 双击标题轨上的素材，打开“选项”面板。切换到“属性”选项卡，选中“滤光器”单选按钮，单击“自定义滤镜”按钮。

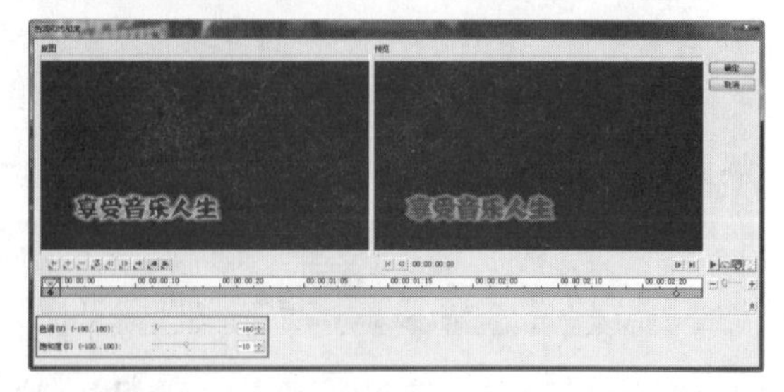

14 弹出“色调和饱和度”对话框，选择第1个关键帧，设置“色调”为-160。

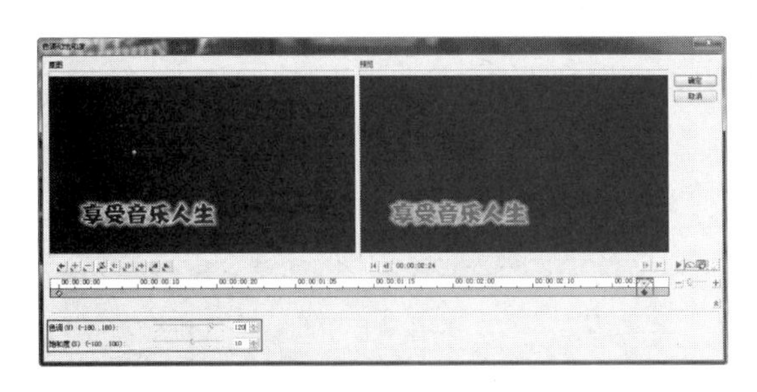

15 选择第2个关键帧，设置“色调”为120。

16 单击“确定”按钮，完成“色调和饱和度”对话框的设置。

17 完成效果的制作，在预览窗口中激活“项目”模式，单击“播放”按钮，即可看到所制作的霓虹变色字效果。

> ☆ 操作小贴士 ☆
>
> 在对“色调和饱和度”对话框进行设置的过程中，两个关键帧的“色调”参数差值越大，字体改变的颜色越多。
>
> 使用“色调和饱和度”滤镜制作变色字效果时需要注意一点，标题文字的颜色应该使用比较鲜艳的颜色，要避免使用白色、黑色和灰色，否则将无法得到变色的效果，或者变色的效果会很不明显。

6 / 制作运动模糊字效果

很多特殊的标题效果都需要通过滤镜功能实现，在本实例中，我们利用标题动画与“幻影动作”滤镜模拟出运动模糊的视觉效果。

- 使用到的技术　移动路径效果、“幻影动作”滤镜
- 学习时间　10分钟
- 视频地址　光盘\视频\第5天\制作运动模糊字效果.swf
- 源文件地址　光盘\源文件\第5天\制作运动模糊字效果.VSP

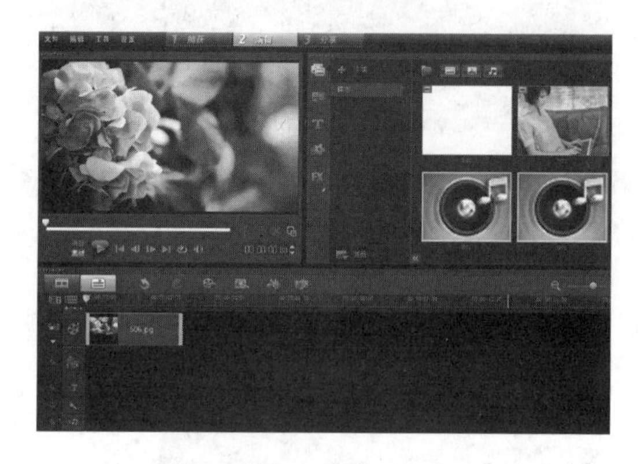

01 打开会声会影X4，将图像文件“光盘\源文件\第5天\素材\506.jpg”插入到项目时间轴中。

02 切换到“标题”素材库中，在预览窗口中双击，进入文字输入模式，输入文字。

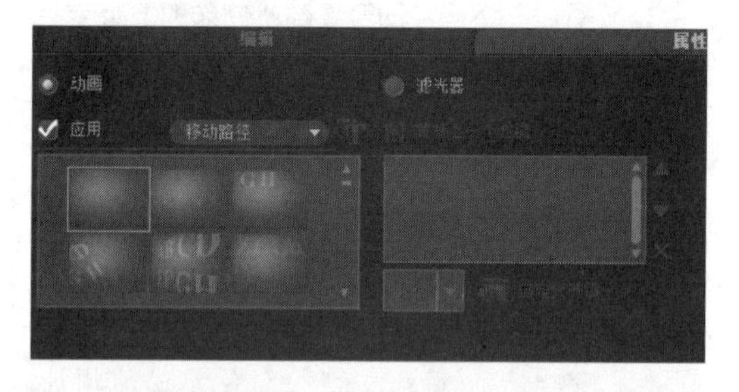

03 选中标题字幕，将“选项”面板切换到“属性”选项卡。选中“应用”复选框，在“选取动画类型”下拉列表中选择“移动路径”选项。

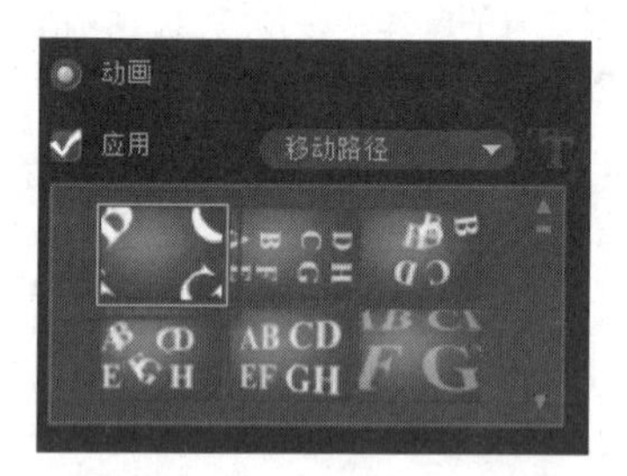

04 在“移动路径”的预设选项中选择合适的预设动画。

05 在预览窗口中拖动“暂停区间”，调整移动路径动画的暂停时间。

06 切换到“滤镜”素材库中，在下拉列表中选择“特殊”类别，将“幻影动作”滤镜拖曳至标题轨的素材上。

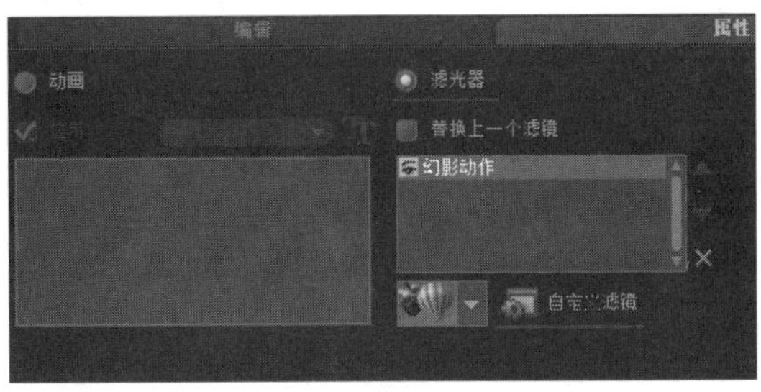

07 双击标题轨上的素材，打开“选项”面板，选中“滤光器”单选按钮，然后单击“自定义滤镜”按钮。

08 弹出“幻影动作”对话框，将播放磁头拖至1秒的位置，插入关键帧，并对相关参数进行设置。

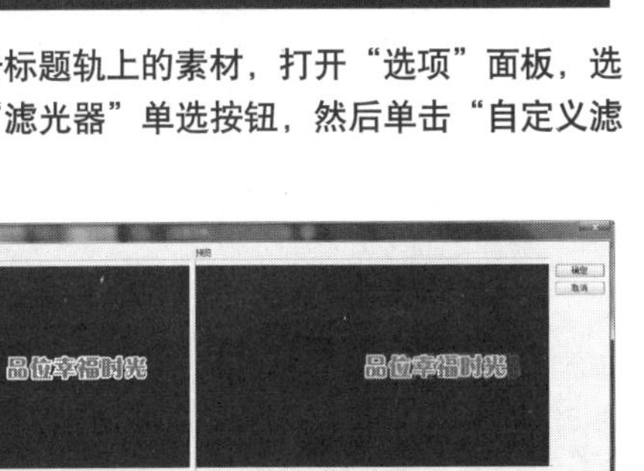

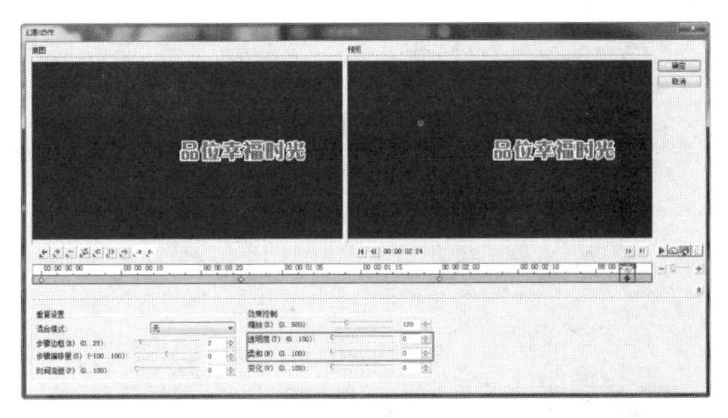

09 将播放磁头拖至2秒的位置，插入关键帧，并对相关参数进行设置。

10 选择最后一个关键帧，对相关参数进行设置。

11 完成“幻影动作”对话框的设置，在预览窗口中激活“项目”模式，单击“播放”按钮，即可看到所制作的运动模糊字效果。

☆ 操作小贴士 ☆

在“幻影动作”对话框中，“步骤幻影”选项用于设置幻影的数量，“柔和”选项用于设置幻影的模糊程度，这两个数值越高，运动模糊的效果越好。

“幻影动作”滤镜会降低系统的显示性能，在预览项目效果时会出现速度变慢或跳帧的现象。如果我们还需要为标题字幕添加其他滤镜效果，可以在“属性”选项卡中单击滤镜名称前的眼睛图标，暂时将“幻影动作”滤镜关闭，等所有参数设置完成后再将其开启。

7 / 制作多标题动画效果

会声会影提供了在一个素材上使用多个标题的功能，使用这个功能，我们不仅可以在一个标题素材中应用不同的标题样式，还可以将不同类型的标题动画应用到一个标题素材上，从而制作出多标题动画的效果。

使用到的技术	多个标题、标题动画效果
学习时间	10分钟
视频地址	光盘\视频\第5天\制作多标题动画效果.swf
源文件地址	光盘\源文件\第5天\制作多标题动画效果.VSP

01 打开会声会影X4，将图像文件“光盘\源文件\第5天\素材\507.jpg”插入到项目时间轴中。

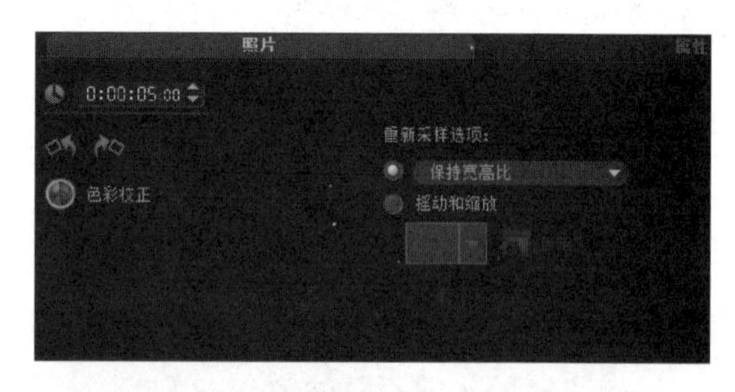

02 双击视频轨上的素材，打开“选项”面板，设置“照片区间”为5秒。

03 切换到“标题”素材库中，在预览窗口中双击，进入文字输入模式，输入文字。

04 在预览窗口中双击，进入文字输入模式，输入第2个标题文字。

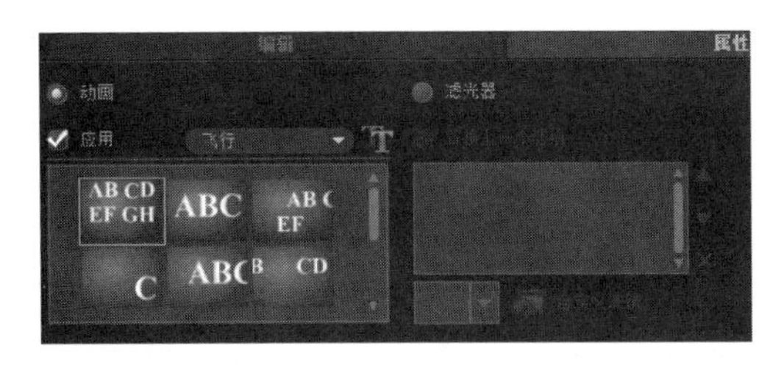

05 在预览窗口中选中第1个标题，打开“选项”面板，切换到“属性”选项卡，对相关选项进行设置。

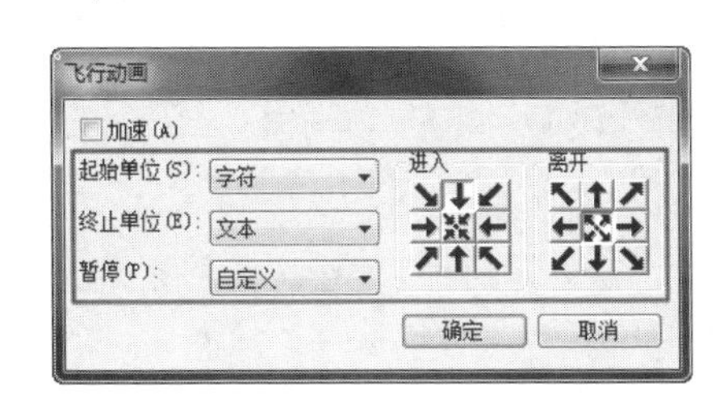

06 单击“自定义动画属性”按钮，弹出“飞行动画”对话框，对相关参数进行设置。

07 完成“飞行动画”对话框的设置。在预览窗口中拖动“暂停区间”，调整飞行动画的暂停时间。

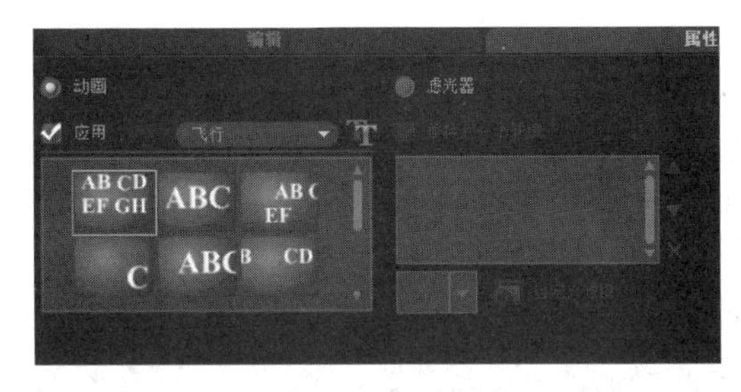

08 在预览窗口中选中第2个标题，打开“选项”面板，切换到“属性”选项卡，对相关选项进行设置。

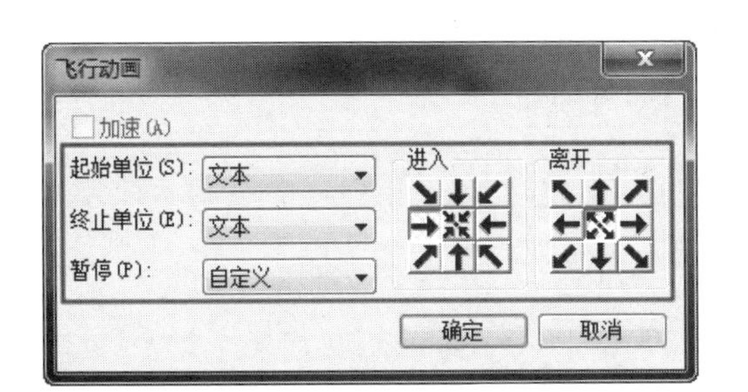

09 单击“自定义动画属性”按钮，弹出“飞行动画”对话框，对相关参数进行设置。

10 完成“飞行动画”对话框的设置。在预览窗口中拖动“暂停区间”，调整飞行动画的暂停时间。

11 完成效果的制作，在预览窗口中激活“项目”模式，单击“播放”按钮，即可看到所制作的多标题动画效果。

☆ 操作小贴士 ☆

多个标题功能的主要作用是可以实现不同类型的组合使用，但是也有很多的限制。对于“缩放”和“下降”这些没有暂停的动画类型来说，很难做到标题动画之间的“同步”。比较好的解决方法是创建多个标题素材，然后通过标题轨的覆叠来实现组合效果。

8 / 制作过光文字效果

过光文字是一种常见的文字发光动画效果，在本实例中，我们将使用会声会影中的“光线”滤镜和“发散光晕”滤镜制作出绚丽的过光文字效果。

- 使用到的技术　“缩放动作”滤镜、“发散光晕”滤镜
- 学习时间　20分钟
- 视频地址　光盘\视频\第5天\制作过光文字效果.swf
- 源文件地址　光盘\源文件\第5天\制作过光文字效果.VSP

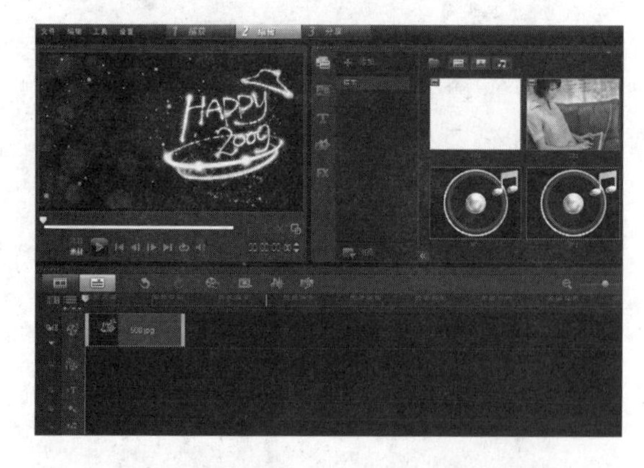

01 打开会声会影X4，将图像文件“光盘\源文件\第5天\素材\508.jpg”插入到项目时间轴中。

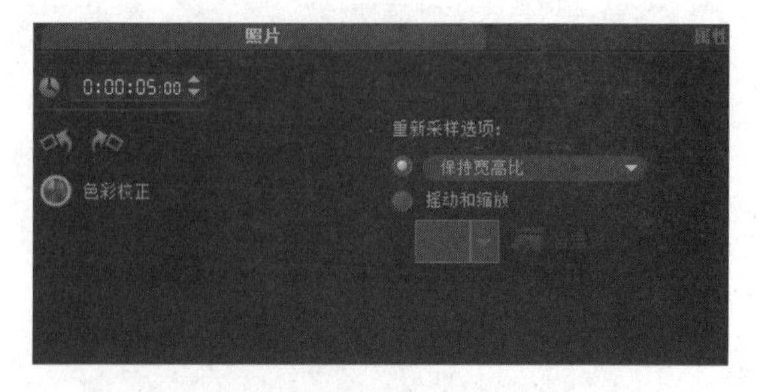

02 双击视频轨上的素材，打开“选项”面板，设置“照片区间”为5秒。

03 切换到“标题”素材库中，在预览窗口中双击，进入文字输入模式输入文字。

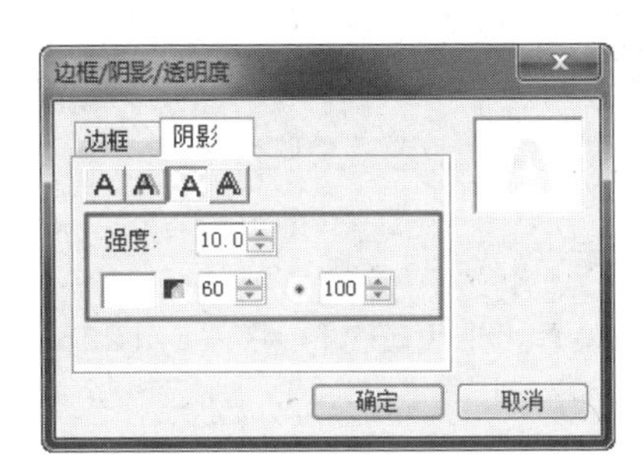

04 单击“选项”面板上的“边框/阴影/透明度”按钮，弹出“边框/阴影/透明度”对话框，对相关选项进行设置。

05 完成“边框/阴影/透明度”对话框的设置，在预览窗口中可以看到文字的效果。

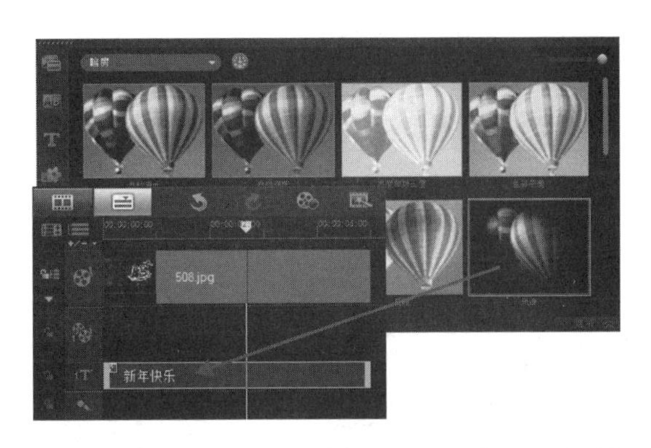

06 切换到“滤镜”素材库中，在下拉列表中选择“暗房”类别，将“光线”滤镜拖曳至标题轨的素材上。

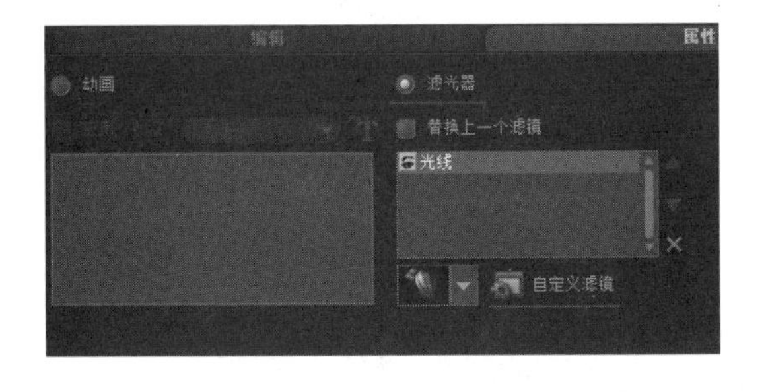

07 双击标题轨上的素材，打开“选项”面板，选中“滤光器”单选按钮，单击“自定义滤镜”按钮。

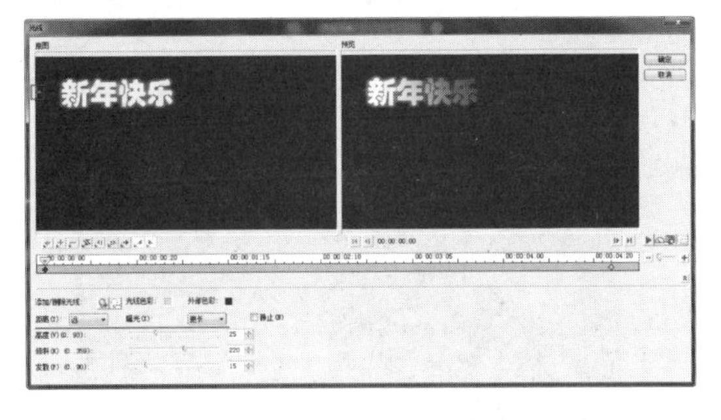

08 弹出“光线”对话框，选择第1个关键帧，设置“距离”为“远”、“曝光”为“更长”，并调整十字标记的位置。

09 设置“光线颜色”为RGB（255、168、80）、“发散”为30，复制第一个关键帧。

10 将播放磁头拖至3秒位置，插入一个关键帧，单击鼠标右键，选择“粘贴”命令，并设置“发散”为15。

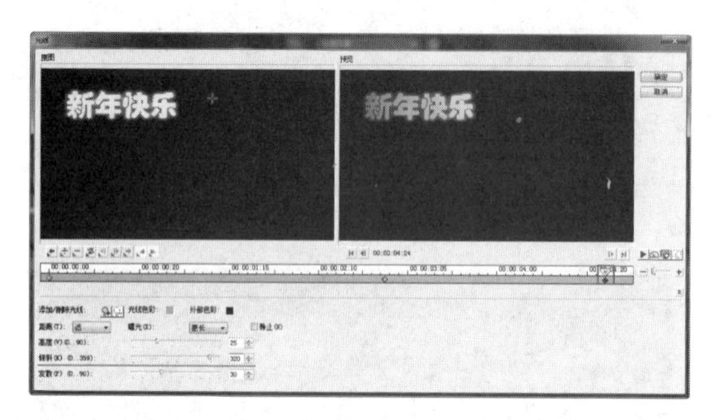

11 选择最后一个关键帧，单击鼠标右键，选择“粘贴”命令，然后设置“倾斜”为320，并调整十字光标的位置。

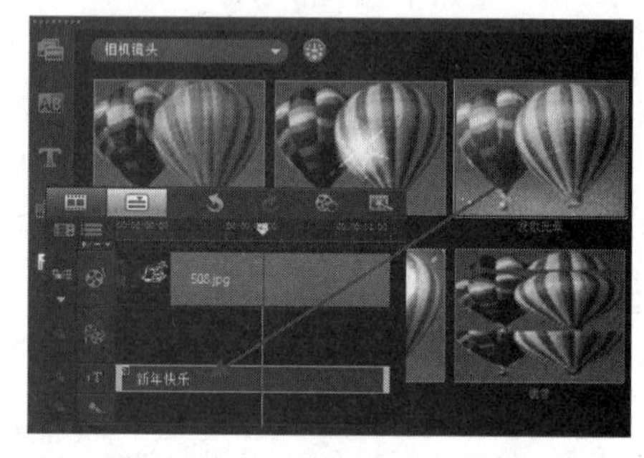

12 切换到“滤镜”素材库中，在下拉列表中选择“相机镜头”类别，将“发散光晕”滤镜拖曳到标题轨的素材上。

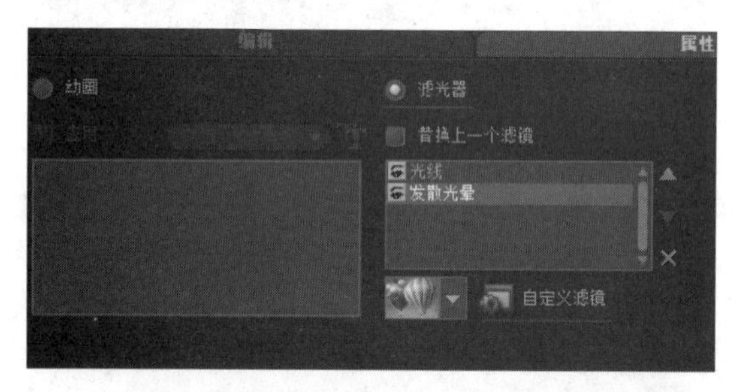

13 双击标题轨上的素材，打开“选项”面板，选中“滤光器”单选按钮，单击“自定义滤镜”按钮。

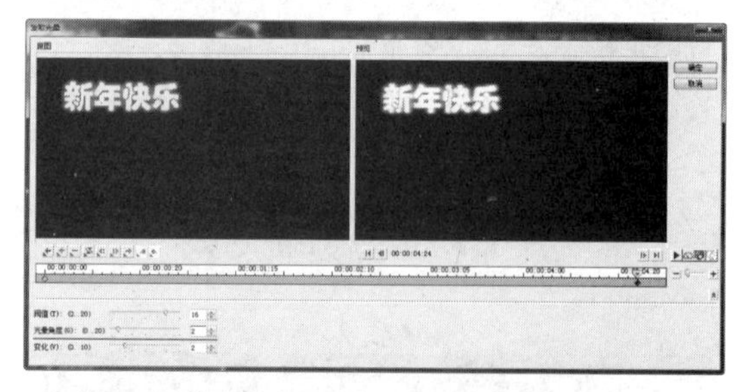

14 弹出“发散光晕”对话框，设置第1个关键帧和第2个关键帧的“光晕角度”均为2。

15 完成“发散光晕”对话框的设置，在预览窗口中激活“项目”模式，单击“播放”按钮，即可看到所制作的过光文字动画效果。

☆ 操作小贴士 ☆

本实例的核心是使用会声会影中的“光线”滤镜使文字产生明暗变化，从而体现出质感。通过将标题样式的颜色与滤镜颜色相配合，可以制作出金、银等不同金属的质感。

9 / 制作滚动字幕效果

滚动字幕主要应用在影片播放的过程中，电视节目经常使用滚动字幕的方式播放最新消息，纪录片也会利用滚动字幕提示观众。在本实例中，我们将利用文字背景功能为风景宣传视频添加滚动字幕。

- 使用到的技术　标题动画、标题背景
- 学习时间　10分钟
- 视频地址　光盘\视频\第5天\制作滚动字幕效果.swf
- 源文件地址　光盘\源文件\第5天\制作滚动字幕效果.VSP

01 打开会声会影X4，将视频文件“光盘\源文件\第5天\素材\509.mp4”插入到项目时间轴中。

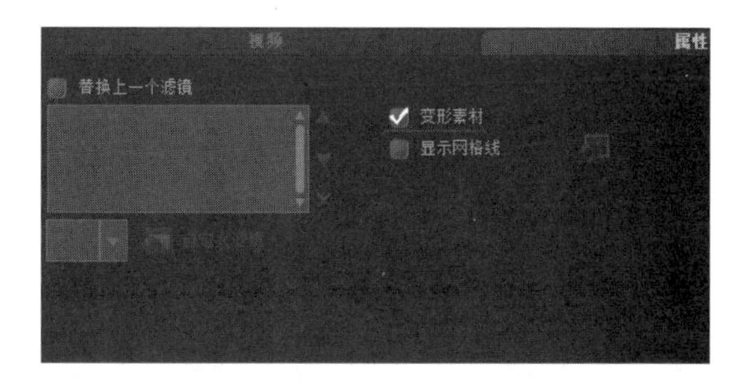

02 双击视频轨上的素材，打开“选项”面板，选中“变形素材”复选框。

03 在预览窗口中调整视频轨素材到合适的大小和位置。

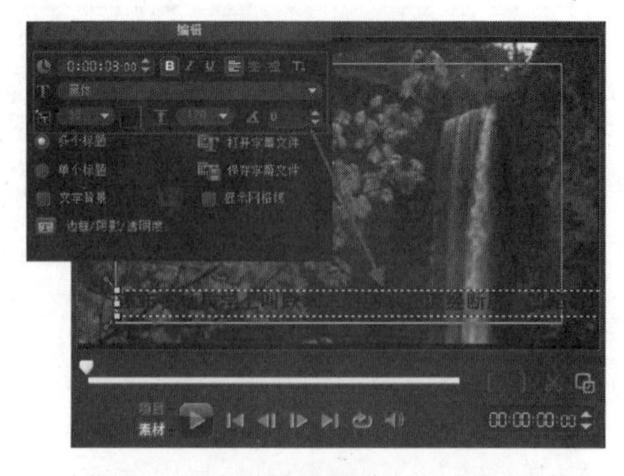

04 切换到“标题”素材库中，在预览窗口中双击，进入文字输入模式输入文字。

05 在项目时间轴中调整标题轨的区间与视频轨的区间长度相同。

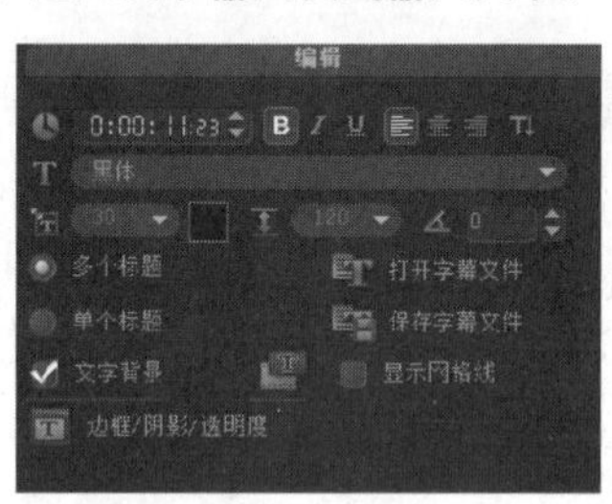

06 双击标题轨上的素材，打开“选项”面板，选中“文字背景”复选框，单击“自定义文字背景属性”按钮。

07 弹出“文字背景”对话框，对相关参数进行设置。

08 完成“文字背景”对话框的设置，可以在预览窗口中看到文字背景效果。

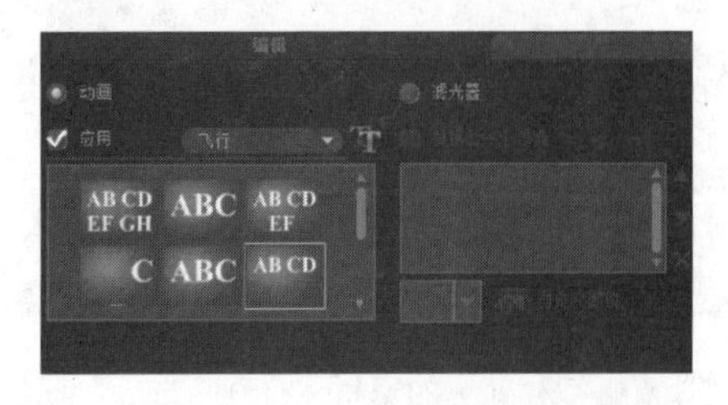

09 在“选项”面板的“属性”选项卡中选中“应用”复选框，在“选取动画类型”下拉列表中选择“飞行”选项，并选择合适的预设。

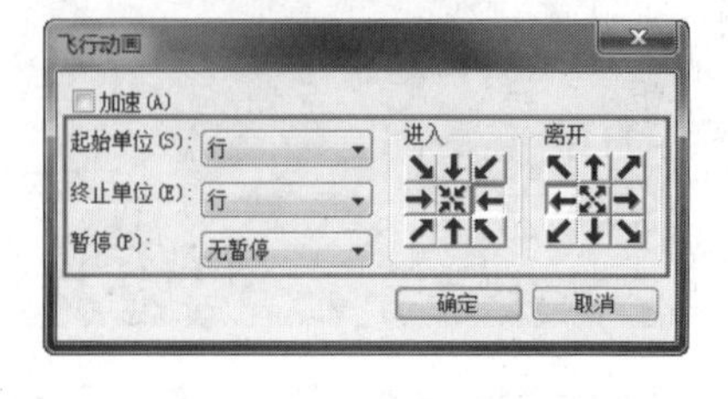

10 单击“自定义动画属性”按钮，弹出“飞行动画”对话框，对相关参数进行设置。

11 完成“飞行动画”对话框的设置，在预览窗口中激活“项目”模式，单击“播放”按钮，即可看到所制作的滚动字幕效果。

☆ 操作小贴士 ☆

使用标题的飞行动画配合文字背景的功能，可以制作出滚动字幕的效果，如果与覆叠轨配合使用，还可以为滚动字幕添加更漂亮的边框。

10 / 制作片头字幕效果

会声会影提供了大量的标题样式预设和模板素材，在这些预设和模板的基础上，根据项目的需要进行简单修改就可以快速完成标题字幕的制作。在本实例中，我们就利用模板素材在很短的时间内制作了一个法制节目的片头动画。

使用到的技术	标题样式、标题动画
学习时间	20分钟
视频地址	光盘\视频\第5天\制作片头字幕效果.swf
源文件地址	光盘\源文件\第5天\制作片头字幕效果.VSP

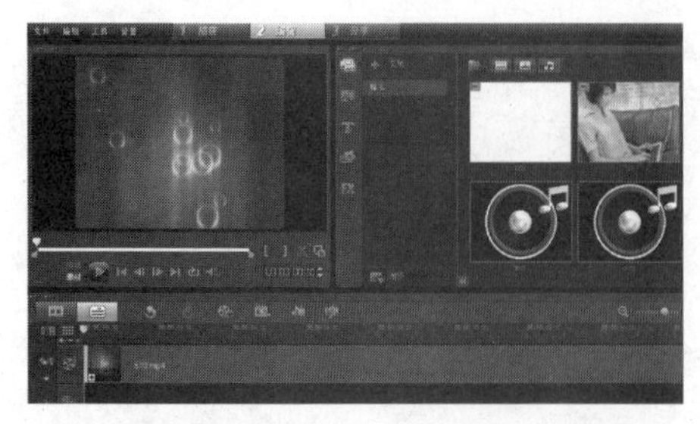

01 打开会声会影X4，将视频文件“光盘\源文件\第5天\素材\510.mp4”插入到项目时间轴中。

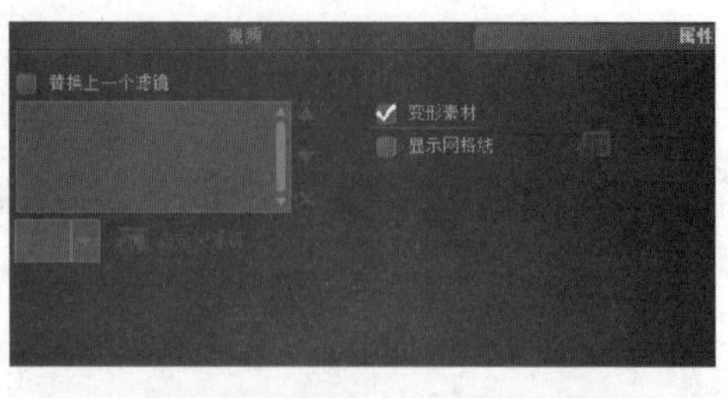

02 双击视频轨上的素材，打开“选项”面板，选中“变形素材”复选框。

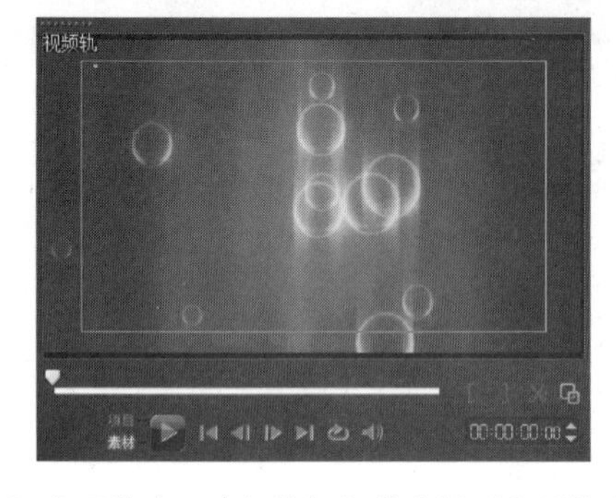

03 在预览窗口中调整视频轨素材到合适的大小和位置。

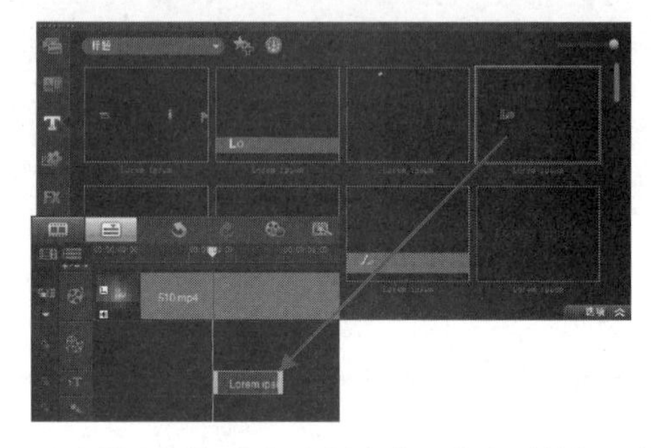

04 切换到“标题”素材库中，将合适的标题素材拖曳到标题轨上，并调整到5秒的位置。

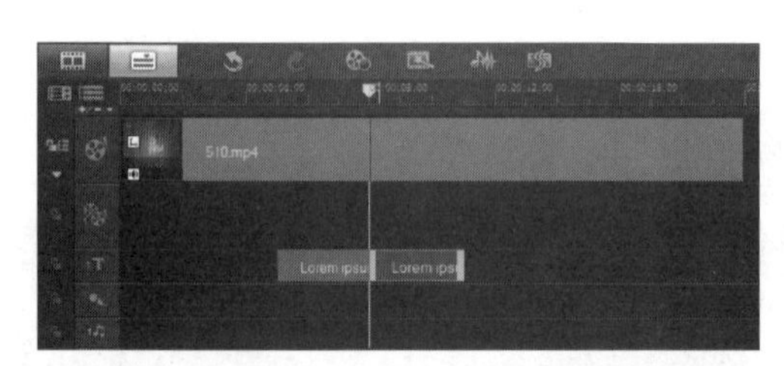

05 复制标题轨上的标题素材，将其粘贴到原素材的后面。

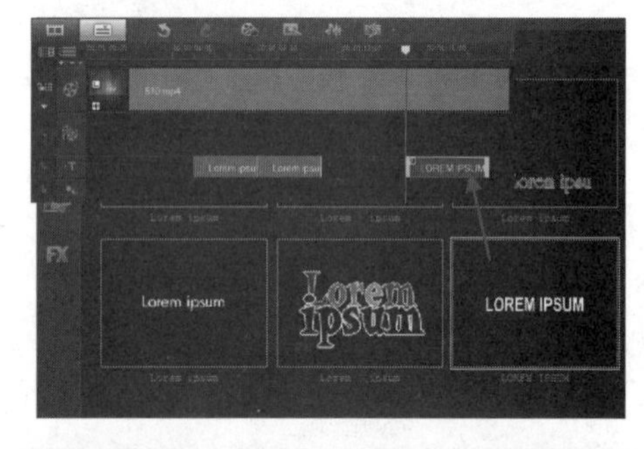

06 在“标题”素材库中将相应的标题素材拖入到标题轨上区间为15秒的位置。

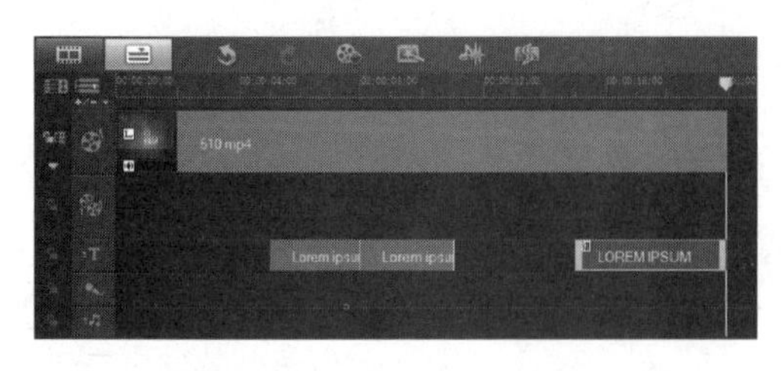

07 选择标题轨上刚拖入的标题素材，调整其区间长度与视频轨素材相同。

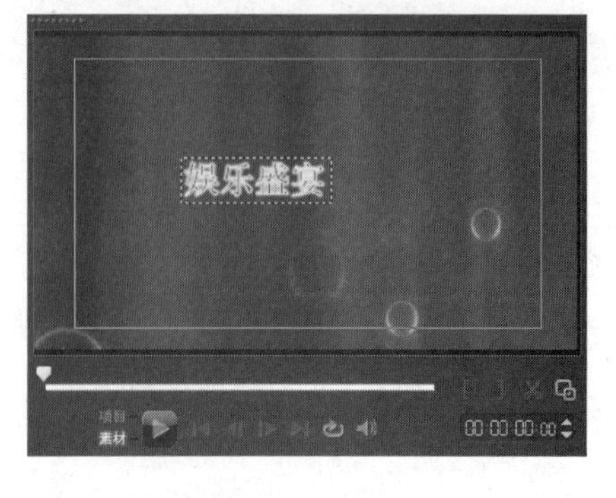

08 在标题轨上选择第1个标题素材，在预览窗口中输入标题文字内容。

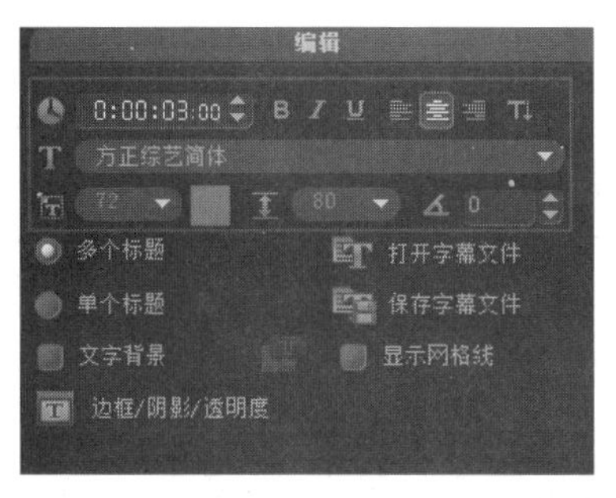

09 打开“选项”面板，对文字的相关属性进行设置。

10 完成文字属性的设置，可以在预览窗口中看到文字的效果。

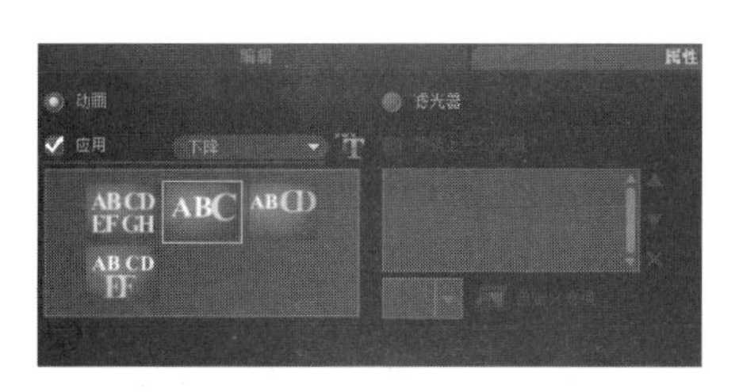

11 切换到“选项”面板的“属性”选项卡中，对相关选项进行设置。

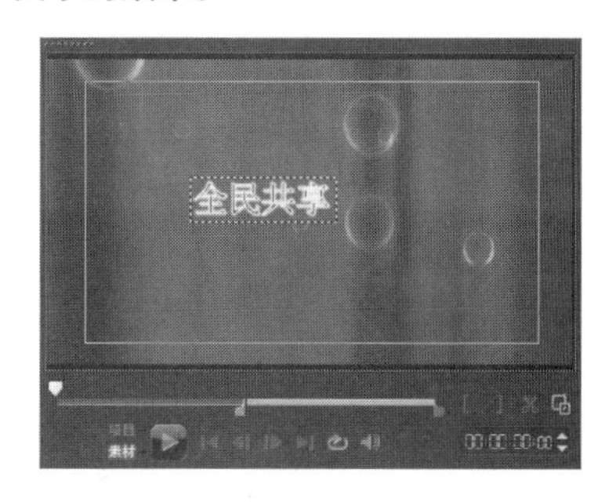

12 在标题轨上选择第2个标题素材，在预览窗口中输入标题的内容。

13 在标题轨的第1个素材上单击鼠标右键，执行“复制属性”命令。在第2个素材上单击鼠标右键，执行“粘贴属性”命令。

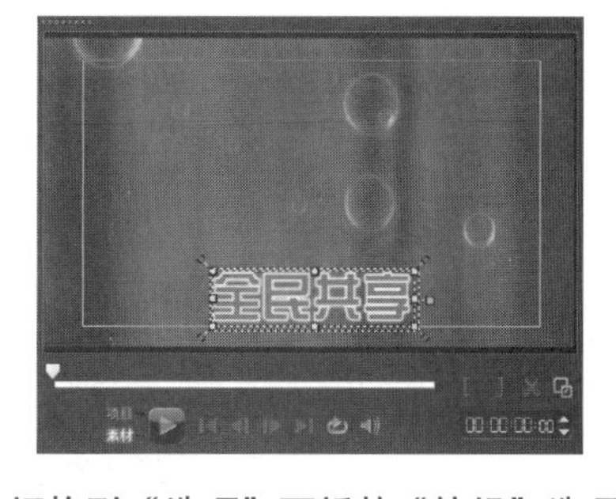

14 切换到“选项”面板的“编辑”选项卡中，单击“对齐”选项组中的“对齐到下方中央”按钮。

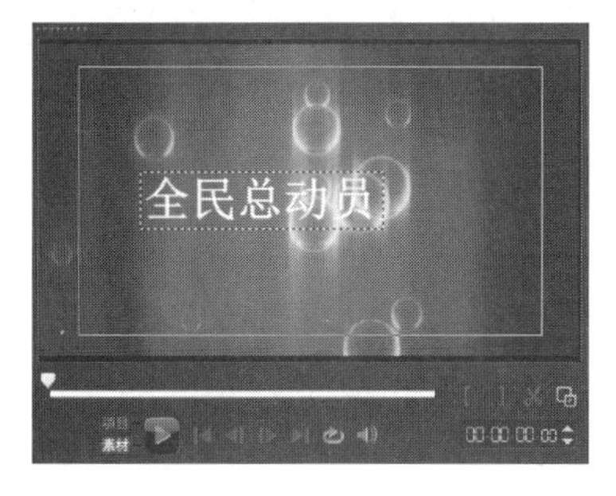

15 在标题轨上选中第3个标题素材，在预览窗口中修改标题的内容。

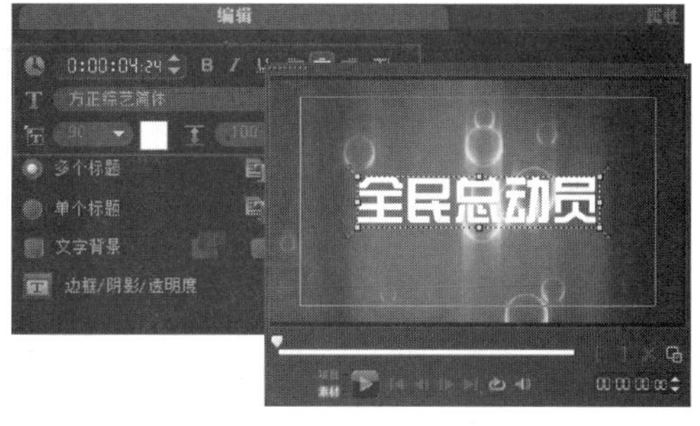

16 在“选项”面板中对文字的相关属性进行设置。

17 完成片头字幕效果的制作，在预览窗口中激活“项目”模式，单击“播放”按钮，即可看到所制作的片头字幕的效果。

☆ 操作小贴士 ☆

在编辑好标题样式以后，还可以单击“标题”素材库上的“添加至收藏夹”按钮，或者在标题轨的素材上单击鼠标右键，执行“添加到收藏夹”命令，保存设置好的标题样式与标题动画。

11 / 制作片尾字幕效果

片尾字幕是指在整部影片结束时，介绍影片创作人员及单位等的文字内容。在本实例中，我们将制作两种类型的片尾字幕，首先利用醒目的方式重点介绍影片的主创人员，然后制作由下至上滚动的演员表。

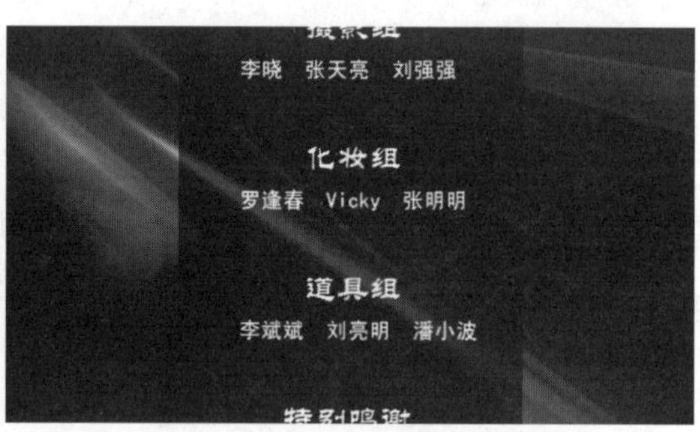

- 使用到的技术　标题样式、标题动画
- 学习时间　20分钟
- 视频地址　光盘\视频\第5天\制作片尾字幕效果.swf
- 源文件地址　光盘\源文件\第5天\制作片尾字幕效果.VSP

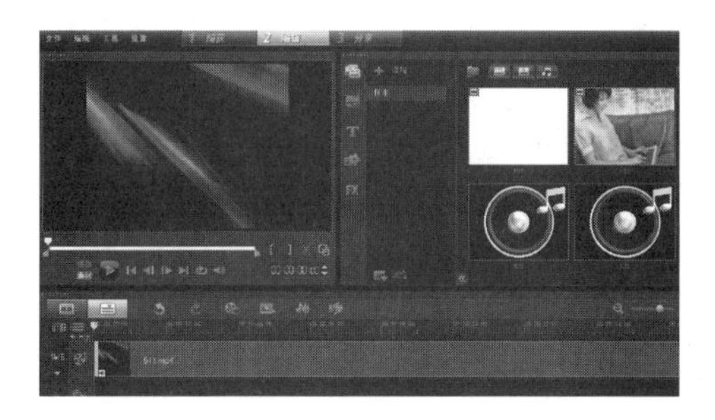

01 打开会声会影X4，将视频文件“光盘\源文件\第5天\素材\511.mp4”插入到项目时间轴中。

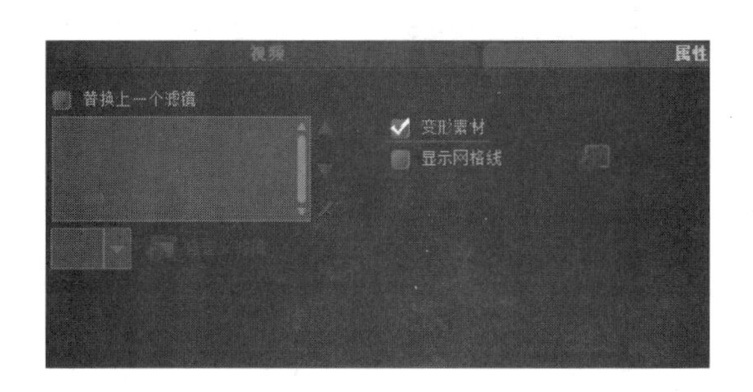

02 双击视频轨上的素材，打开“选项”面板，选中“变形素材”复选框。

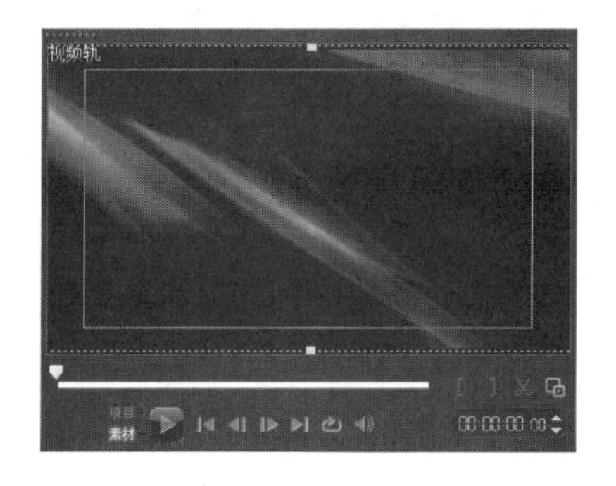

03 在预览窗口中调整视频轨素材到合适的大小和位置。

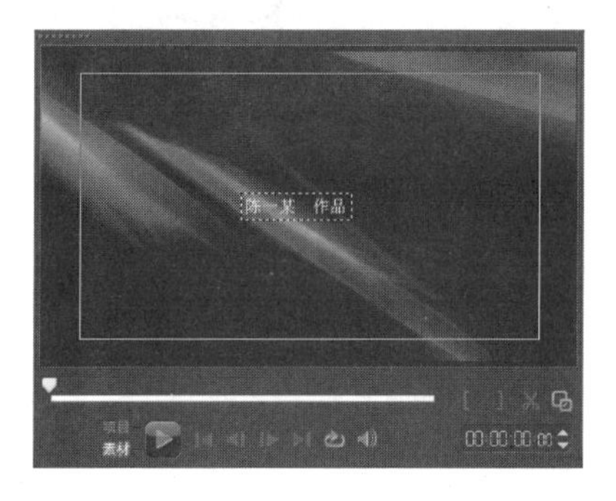

04 切换到“标题”素材库中，在预览窗口中双击并输入相应的文字。

05 选择标题文字，在“选项”面板中对标题文字的相关属性进行设置。

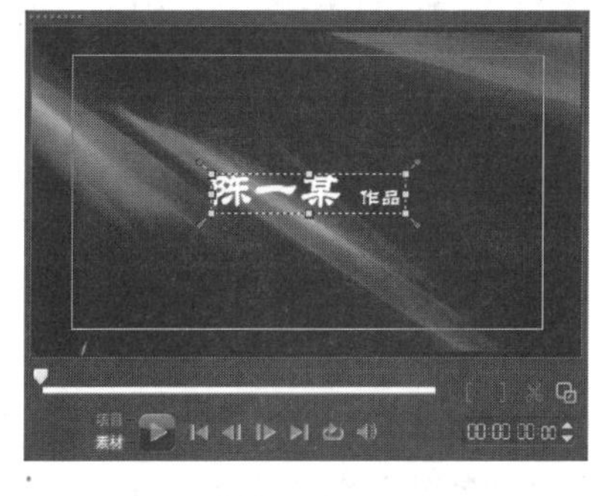

06 完成对文字相关属性的设置后，可以在预览窗口中看到文字的效果。

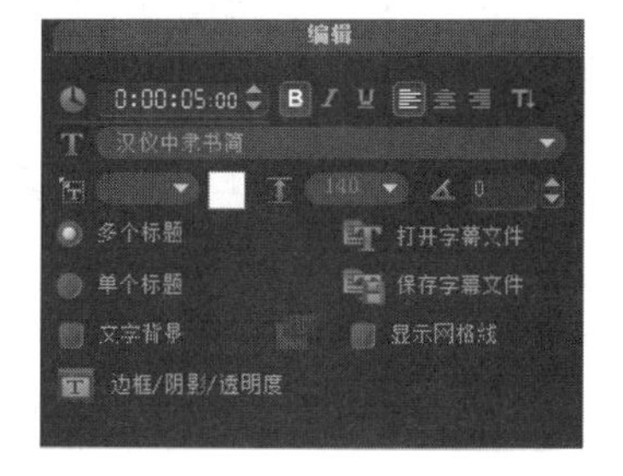

07 在“选项”面板中设置该标题文字的区间为5秒。

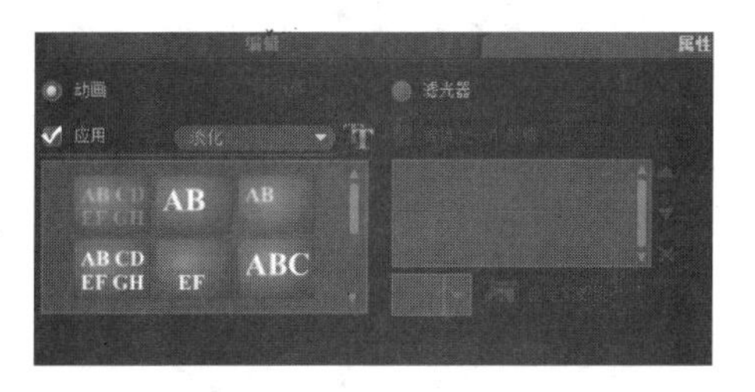

08 切换到“属性”选项卡中，对相关选项进行设置，单击“自定义动画属性”按钮T。

09 弹出“淡化动画”对话框，对相关选项进行设置。

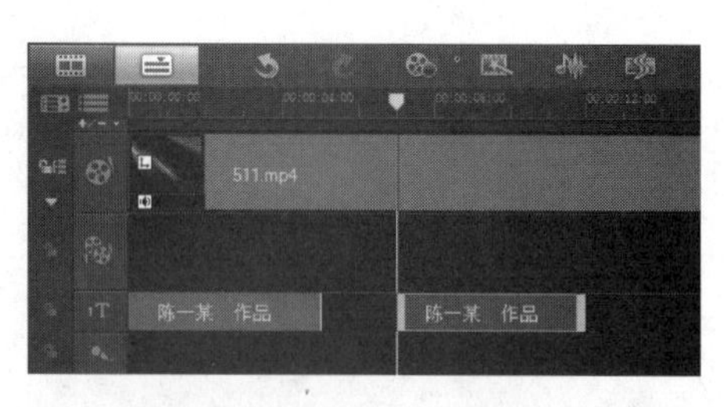

10 复制标题轨上的第1个标题素材，在第7秒位置粘贴素材。

11 双击标题轨上的第2个标题素材，在预览窗口中对标题内容进行修改。

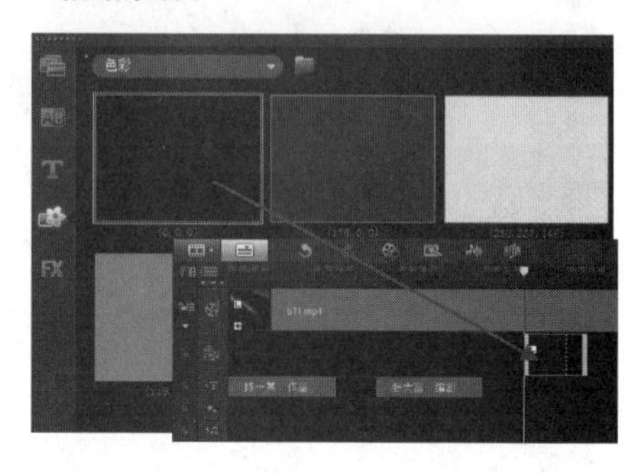

12 切换到“图形”素材库，将黑色图形拖曳至覆叠轨第14秒位置。

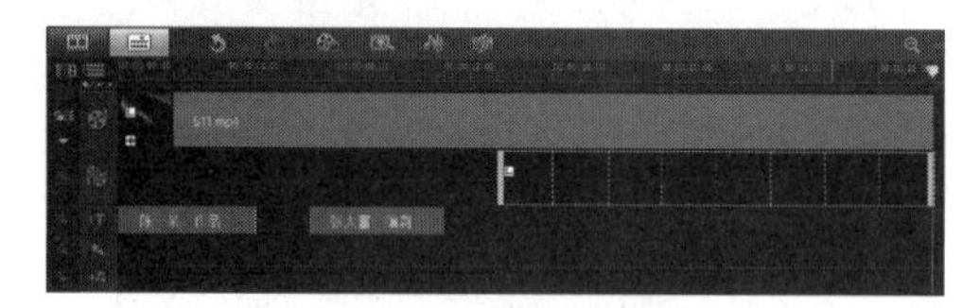

13 调整覆叠轨上的素材的区间至第30秒。

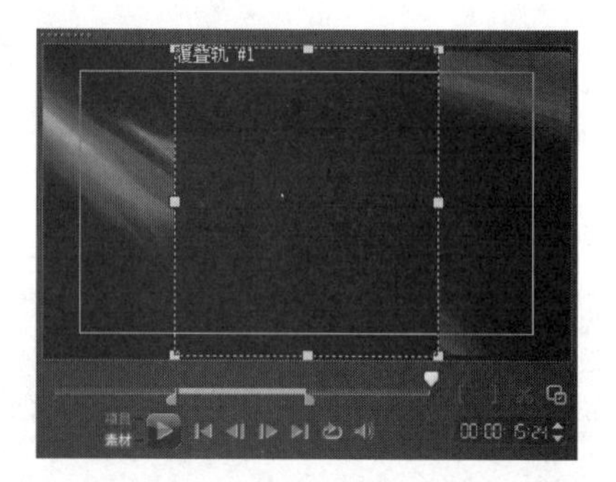

14 在预览窗口中调整覆叠轨素材的大小和位置。

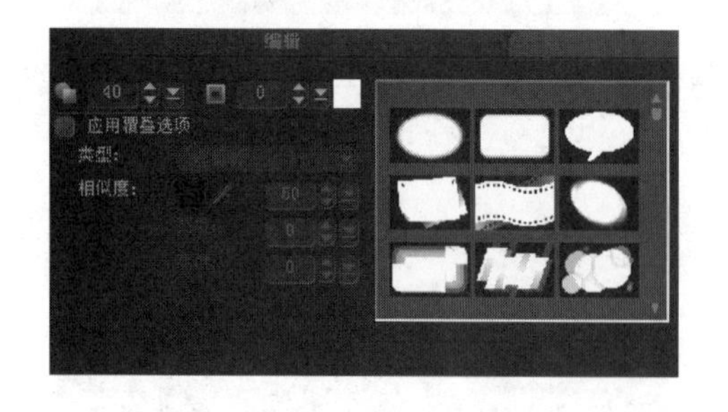

15 双击覆叠轨素材，打开“选项”面板，单击“遮罩和色度键”按钮，切换到“遮罩和色度键”选项设置面板，设置“透明度”为40。

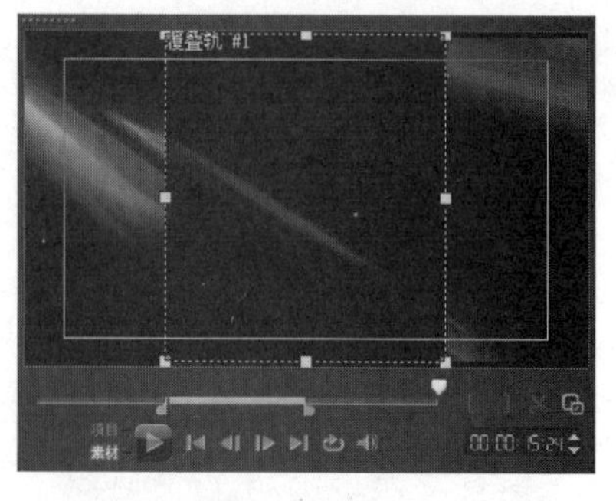

16 此时，可以看到预览窗口中覆叠轨素材的效果。

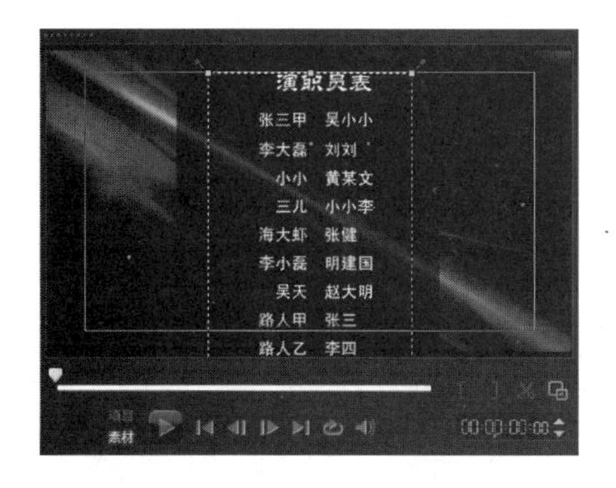

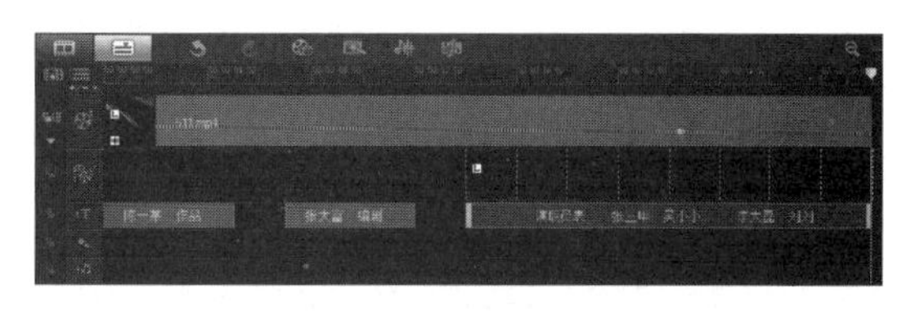

17 切换至“标题”素材库中，在预览窗口中双击并输入相应的文字，并在“选项”面板中对文字的属性进行设置。

18 在项目时间轴上调整刚添加的标题字幕区间为从第 14秒至第30秒。

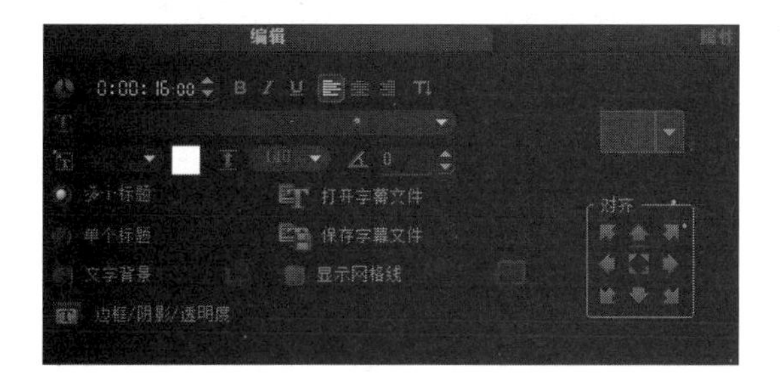

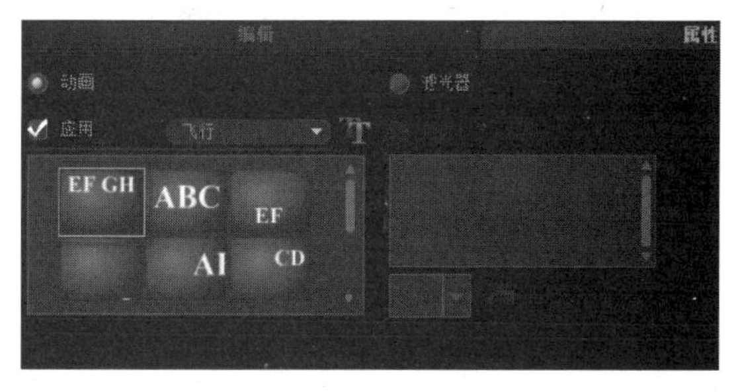

19 双击标题轨上的第3个标题素材，打开“选项”面板，在“对齐”选项组中单击“对齐到上方中央”按钮。

20 切换到“属性”选项卡中，对相关选项进行设置。

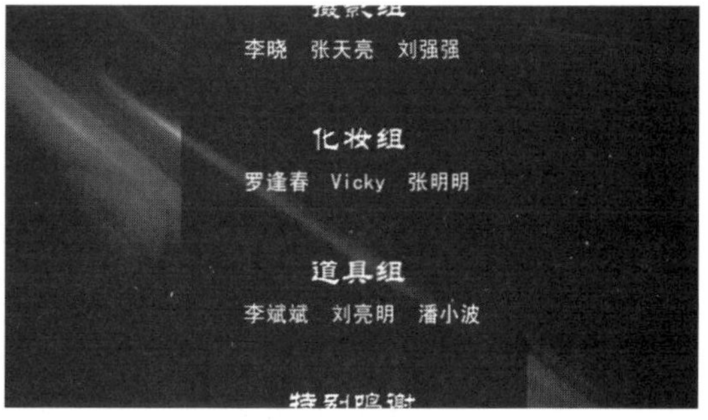

21 完成片尾字幕效果的制作，在预览窗口中激活“项目”模式，单击“播放”按钮，即可看到所制作的片尾字幕效果。

☆ 操作小贴士 ☆

在制作滚动的演职员字幕时需要注意控制字幕的滚动速度，滚动速度太快会让观众看不清内容，滚动速度太慢又会显得比较拖沓。修改片尾标题的区间长度，可以很好地控制字幕的滚动速度。

☆ 自我评价 ☆

通过今天对会声会影中标题字幕效果的制作练习，我们已经基本掌握了在会声会影中添加标题字幕的各种方法，以及制作标题效果的方法和技巧。一天的时间是有限的，我们还需要利用课余时间自己动手，多加练习，尝试制作各种字幕动画效果。

☆ 总结扩展 ☆

在今天的学习中，通过大量的实例练习，全面、详尽地讲解了在会声会影中创建、调整标题字幕的方法，以及字幕属性和动画设置的方法和技巧。通过边做边学这一理论结合实践的方法，我们可以更深入地了解和掌握会声会影中标题字幕的功能。在今天的学习中，具体需要掌握以下内容：

	了解	理解	精通
标题字幕的作用是什么	√		
如何创建标题字幕			√
修改标题字幕区间		√	
标题字幕的属性设置		√	
标题字幕的效果设置		√	
实现各种标题字幕效果的方法			√

标题字幕是影片中最重要的元素之一，基本上所有的影片都需要用到标题字幕，可见其重要性。标题和字幕的制作本身并不复杂，但是要制作出好的标题和字幕，需要大家勤加练习，更深入地了解和掌握会声会影中标题字幕的功能。在接下来的一天中，我们将学习在会声会影中为影片添加声音的方法。

第6天 音频的力度

今天我们一起进入第6天的学习，在前一天的学习中，我们已经学习了如何在会声会影中为影片添加各种字幕标题效果。今天我们主要学习在会声会影中添加音频文件、控制音频音量、使用音量调节等操作。

通过今天的学习，我们就可以为影片添加声音效果了，通过为影片添加声音效果，可以使影片更具有感染力。

好，让我们开始今天的行程吧。

学习目的：掌握音频的添加和设置方法

知 识 点：添加音频、控制音频、设置环绕混音、制作各种声音效果

学习时间：一天

在视频中添加音频

你是不是也想制作出电影音效那样的效果？那么开始吧

影视作品是一门声音与图像相结合的艺术，音频在影片中是一个不可或缺的元素。音频也是一部影片的灵魂，在后期制作过程中，音频的处理相当重要，如果声音运用的恰到好处，往往能给观众带来耳目一新的感觉。今天，我们就来学习会声会影中音频的精彩应用，从而制作出声色俱佳的影片。

在影片中添加音频

音频的作用

如果一部影片缺少了声音，再优美的画面也将会黯然失色，而优美动听的背景音乐和深情款款的配音，不仅可以为影片锦上添花，还能使影片颇具感染力，从而使影片更上一个台阶。

音频处理功能

除了具有添加音频的功能以外，会声会影编辑音频的功能也非常强。利用多个音频轨道可以制作混音效果，利用环绕混音可以分离声音，而利用音频滤镜可以添加各种声音特效。

声音轨和音频轨的区别

在会声会影的项目时间轴中提供了声音轨和音频轨两种类型的音频轨道，声音轨用于放置人物或特效的声音，音乐轨用于放置背景音乐。

6.1 添加音频文件

在会声会影X4中，可以通过简单操作向影片添加背景音乐和声音，并且不需要使用其他软件就能够从CD中获取音乐，从文件夹中添加音频素材等。下面我们一起来学习向影片中添加音频文件的方法。

1. 添加“媒体”素材库中的音频

添加“媒体”素材库中的音频是最常用的添加声音的方法，使用这种方法可以将声音素材添加到“媒体”素材库中，并且方便在以后的操作中快速调用。

打开会声会影X4，单击“媒体”按钮，切换到“媒体”素材库中，如图6-1所示。在“媒体”素材库中包括视频、照片和音频素材。

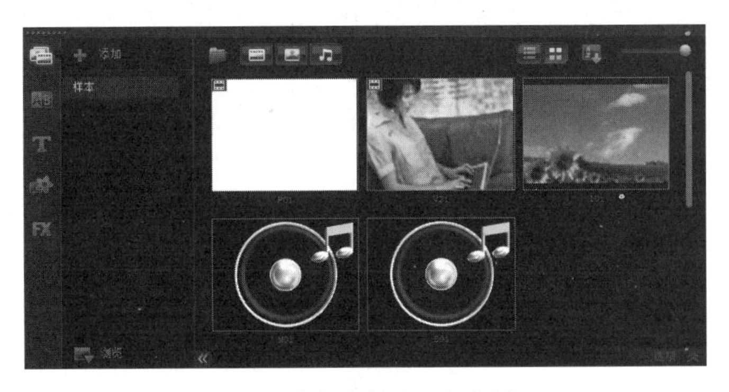

图6-1 在视频轨上添加素材

> **提示：**
> 在“浏览媒体文件”对话框中，如果选择的是一个带有音频的视频文件，单击“打开”按钮后，会声会影就可以将视频文件中的声音分离为单独的音频素材添加至“媒体”素材库中。

单击“媒体”素材库上方的“导入媒体文件”按钮，弹出“浏览媒体文件”对话框，选择需要添加的音频文件“光盘\源文件\第6天\素材\6101.wma”，如图6-2所示。

单击“打开”按钮，即可将所选择的音频文件导入到“媒体”素材库中，如图6-3所示。

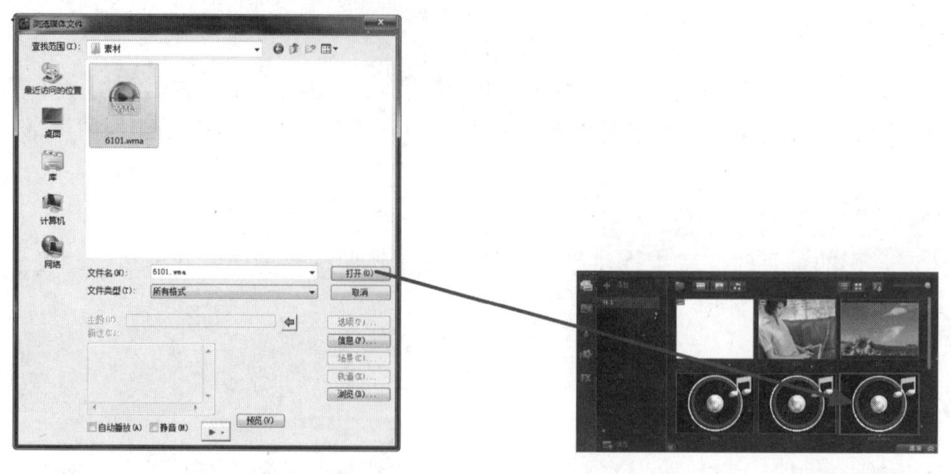

图6-2 “浏览媒体文件”对话框

图6-3 导入音频文件

选择“媒体”素材库中刚导入的音频文件，将其拖曳到项目时间轴的声音轨上，释放鼠标左键，即可添加“媒体”素材库中的音频，如图6-4所示。

图6-4 将音频素材添加到声音轨中

提示：

也可以在“媒体”素材库中选择需要添加到声音轨的音频素材，然后在该素材上单击鼠标右键，在弹出的菜单中选择“插入到>声音轨”命令，这样同样可以将音频添加到声音轨中。

2. 添加外部的音频文件

在会声会影中，可以将计算机硬盘中的音频文件直接添加到当前影片中，而不需要添加至“媒体”素材库中。

打开会声会影X4，在项目时间轴的任意空白位置单击鼠标右键，在弹出的菜单中选择“插入音频>到音乐轨#1”选项，如图6-5所示。弹出“打开音频文件”对话框，选择需要的音频文件“光盘\源文件\第6天\素材\6102.wav”，如图6-6所示。

单击“打开”按钮，即可将所选择的音频素材作为最后一段音频插入到指定的音乐轨上，如图6-7所示。

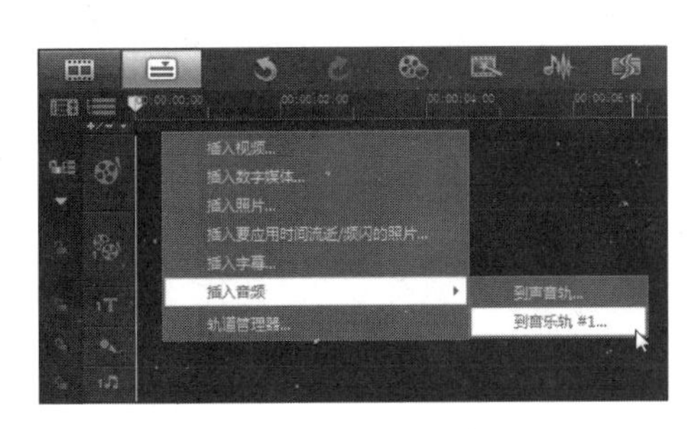

图6-5 选择相应的菜单命令

图6-6 “打开音频文件”对话框

图6-7 将音频素材插入到音乐轨中

3. 添加自动音乐文件

“自动音乐”是会声会影自带的另一个音频素材库，同一首音乐有许多变化风格供用户选择，下面我们就一起来学习添加自动音乐文件的方法。

打开会声会影X4，单击项目时间轴上的“自动音乐”按钮，打开“选项”面板并显示自动音乐的相关选项，如图6-8所示。在“范围”下拉列表中选择“SmartSound Store”选项，在“音乐”下拉列表中选择所需要的音乐，如图6-9所示。

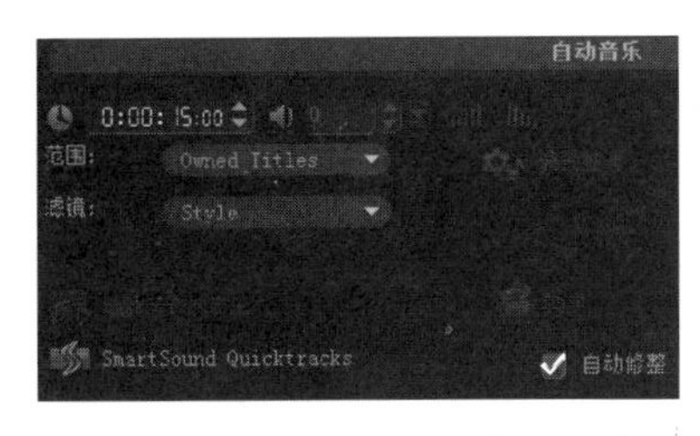

图6-8 “自动音乐”的“选项”面板

图6-9 选择需要的音乐

单击“选项”面板中的“播放所选的音乐”按钮（见图6-10），即可播放所选择的音乐。单击“停止”按钮（见图6-11），即可停止该音乐的播放。

图6-10 单击“播放所选的音乐”按钮

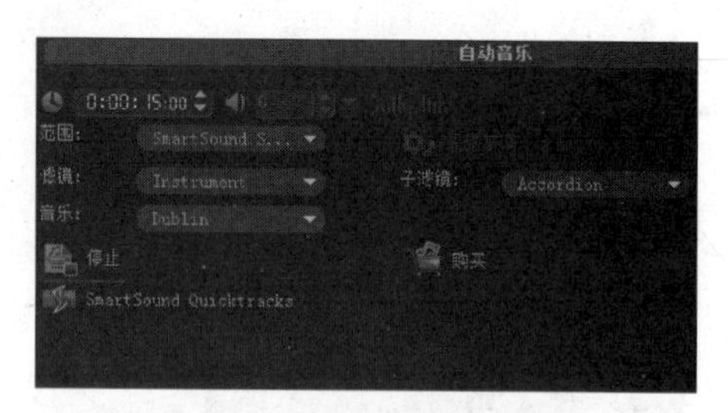

图6-11 单击“停止”按钮

由于自动音乐属于会声会影中的一项附加的增值服务，所以该项服务是需要用户购买的。在我们选择到合适的音乐后，单击“购买”按钮，即可购买该音乐。购买该音乐后，即可对该音乐进行相应设置并添加到项目时间轴中。

6.2 音频文件的相关属性设置

在会声会影中，可以通过两个选项卡对音频素材进行设置，分别是“音乐和声音”选项卡和“自动音乐”选项卡。

“音乐和声音”的“选项”面板如图6-12所示，用户可以通过它对添加到声音轨中或音乐轨的音频素材进行设置，“音乐和声音”选项卡中各主要选项的含义如下：

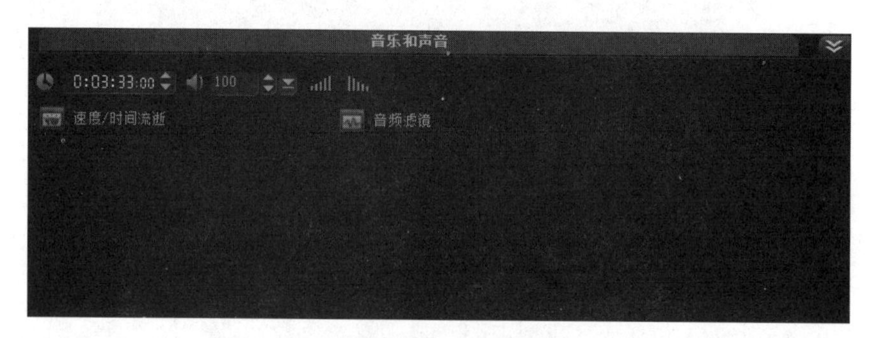

图6-12 “音乐和声音”选项卡

- 区间：以“时：分：秒：帧”形式显示音频素材的区间，用户可以输入一个区间值来预设录音的长度或者调整音频素材的长度。
- 素材音量：文本框中的100表示原始声音的大小，单击右侧的下三角按钮，在弹出的音量调节器中可以拖曳滑块以百分比形式调整视频或音频素材的音量，也可以直接在文本框中输入一个数值，调整素材的音量。
- 淡入：单击该按钮，可以使所选择的声音素材的开始部分的音量逐渐增大。
- 淡出：单击该按钮，可以使所选择的声音素材的结束部分的音量逐渐减小。
- 速度/时间流逝：单击该按钮，将弹出“速度/时间流逝”对话框，如图6-13所示。通过该对话框可以修改音频素材的速度和区间。
- 音频滤镜：单击该按钮，将弹出“音频滤镜”对话框，如图6-14所示。通过该对话框可以将音频滤镜应用到所选的音频素材上。

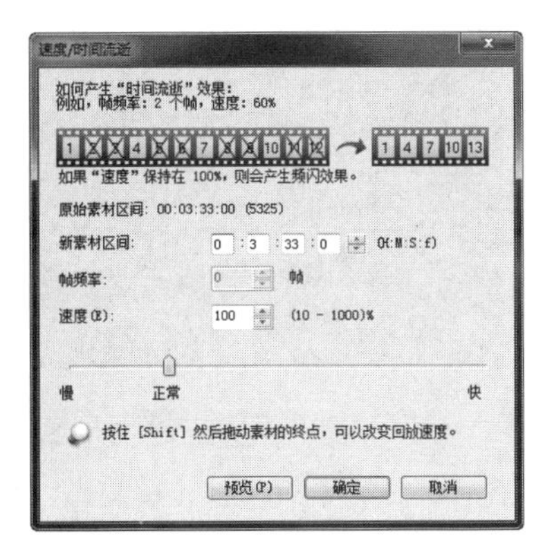

图6-13 “速度/时间流逝”对话框

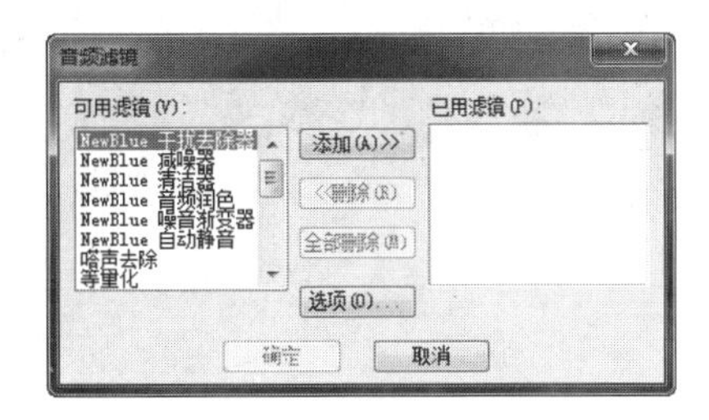

图6-14 “音频滤镜”对话框

6.3 调整音频素材

将声音或背景音乐添加到声音轨或音乐轨后，可以根据实际需要调整音频素材。例如，通过区间调整音频素材、通过项目时间轴调整音频素材，以及通过拖曳方式调整音频素材等，下面来学习这3种调整音频素材的方法。

1．通过区间调整音频素材

通过区间对音频素材进行调整，可以精确地控制声音或音乐的播放时间。如果对整个影片的播放时间有严格限制，则可以通过调整区间的方式来调整。

打开会声会影X4，在项目时间轨的音乐轨中插入需要的音频素材文件，如图6-15所示。双击需要调整的音频素材，打开“选项”面板，可以看到该音频文件的原区间长度，如图6-16所示。

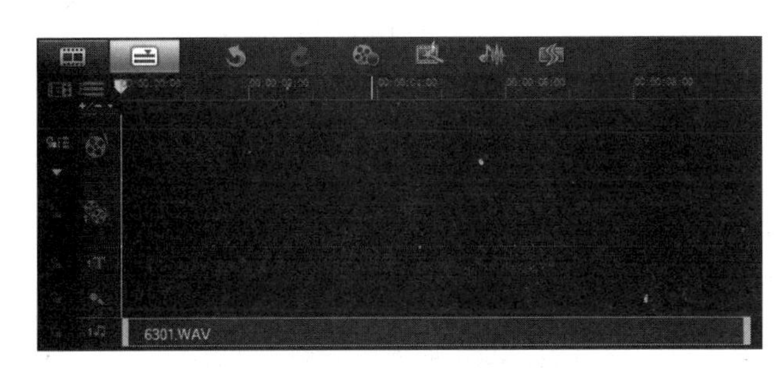

图6-15 添加音乐素材

图6-16 “选项”面板

在“选项”面板的“区间”文本框中调整音频素材的区间长度，如图6-17所示。在项目时间轴的音乐轨上可以看到音频素材区间的变化，如图6-18所示。

2．通过项目时间轴调整音频素材

通过项目时间轴对音频素材进行调整是最为直观的方式，使用这种方式可以对音频素材的开始和结束部分进行调整。

图6-17 设置“区间”选项

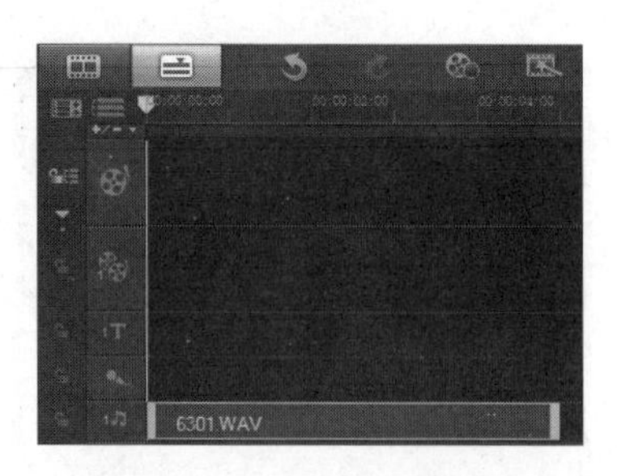

图6-18 调整后的音频素材

打开会声会影X4，执行“文件>打开项目”命令，打开项目文件“光盘\源文件\第6天\通过项目时间轴调整音频素材.VSP”，如图6-19所示。在项目时间轴的音乐轨中选择需要编辑的音频素材，如图6-20所示。

图6-19 打开项目文件

图6-20 选择音频素材

单击预览窗口中的“播放”按钮，播放到合适的位置后，单击 “暂停”按钮，找到音频的起始位置，如图6-21所示。单击预览窗口中的“开始标记”按钮，标记音频素材的开始点，如图6-22所示。

图6-21 找到音频的起始位置

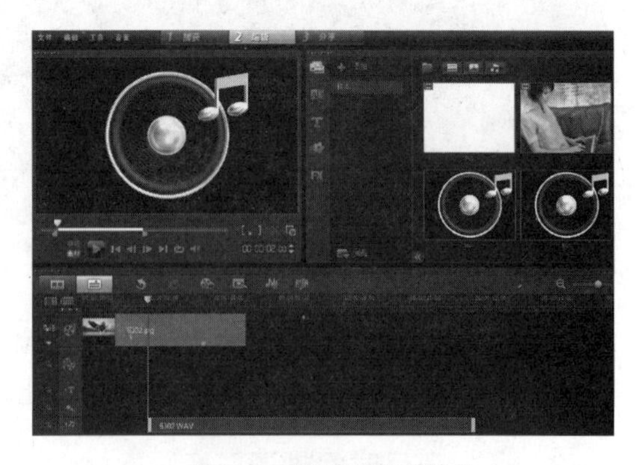

图6-22 标记音频的开始点

再次单击预览窗口中的“播放”按钮，播放至合适的位置后，单击 “暂停”按钮，找到音频的结束位置，如图6-23所示。单击预览窗口中的“结束标记”按钮，标记音频素材的结束点（见图6-24），即可完成音频素材的调整。

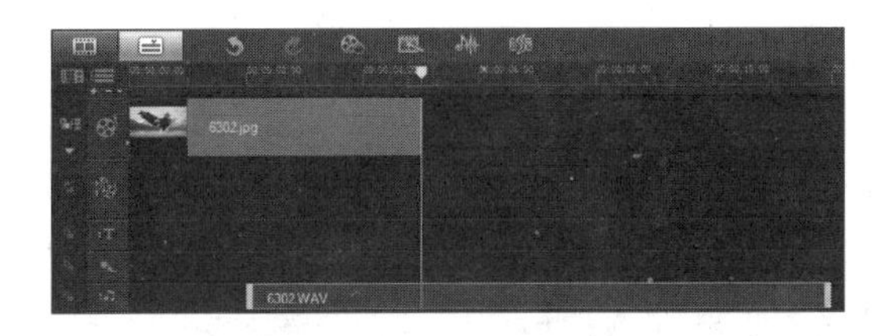

图6-23 找到音频的结束位置

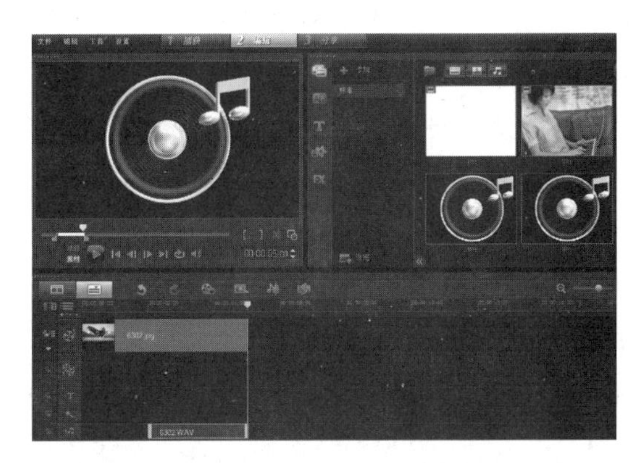

图6-24 标记音频的结束点

3. 通过拖曳调整音频素材

通过拖曳方式调整音频素材是最为快捷的对音频素材进行调整的方法，其缺点是不容易精确地控制音频调整的位置。

打开会声会影X4，执行“文件>打开项目”命令，打开项目文件“光盘\源文件\第6天\通过拖曳调整音频素材.VSP”，如图6-25所示。在项目时间轴的音乐轨中选择需要编辑的音频素材，如图6-26所示。

图6-25 打开项目文件

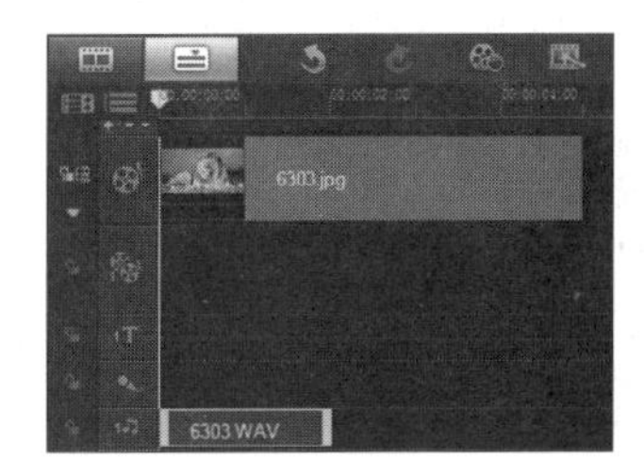

图6-26 选择音频素材

按住Shift键不放，单击鼠标左键并向右拖曳音频素材的边框，如图6-27所示。拖曳至合适的位置后释放鼠标，即可完成音频素材的调整，如图6-28所示。

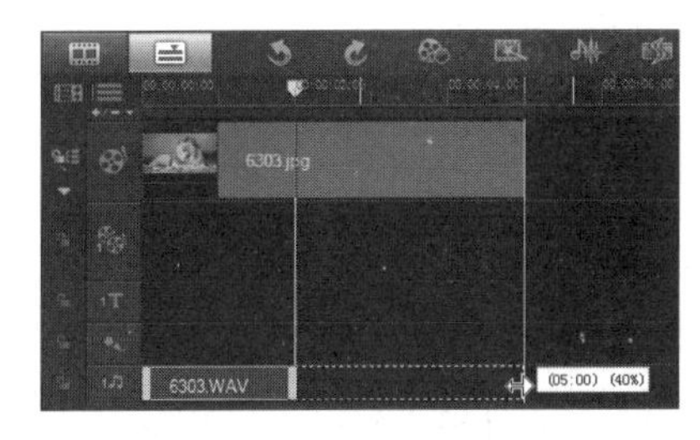

图6-27 调整音频素材

图6-28 调整后的效果

6.4 管理音频素材库

通过前面对音频相关知识的学习，我们已经基本掌握了如何在会声会影中添加和调整音频素材，这一节我们将学习管理音频素材库的方法。

打开会声会影X4，切换到“媒体”素材库中，选择需要重命名的音频素材，如图6-29所示。在该音频素材的名称上单击，光标呈现闪烁状态，如图6-30所示。

图6-29 “媒体”素材库

图6-30 进入名称输入状态

输入修改的音频素材名称，在空白位置单击确认名称的输入，即可完成音频素材的重命名操作，如图6-31所示。

除了可以对素材库中的音频素材进行重命名操作以外，还可以删除任意音频素材。在需要删除的音频素材上单击鼠标右键，在弹出的菜单中选择“删除”命令（见图6-32），即可将素材库中的音频素材删除。

图6-31 重命名音频素材

图6-32 选择“删除”选项

6.5 调整音频素材的音量大小

很多时候我们需要对所添加音频素材的音量大小进行调整，在会声会影中有多种方法，可以很方便地对音频素材的音量大小进行调整，下面学习调整音频素材音量大小的方法。

1. 调整音频素材的整体音量

在影片中可能存在4种声音：视频轨素材声音、覆叠轨素材声音、声音轨素材声音和音乐轨素材声音。如果这4种声音同时以100%的音量播放，整个影片的音响效果就会显得杂乱无章，因此，需要对整个音频的音量进行控制。

打开会声会影X4，执行“文件>打开项目”命令，打开制作好的项目文件“光盘\源文件\第6天\调整音频素材的整体音量.VSP”，效果如图6-33所示。双击音乐轨上的音乐素材，打开“选项”面板，如图6-34所示。

图6-33 打开项目文件

图6-34 “选项”面板

单击“素材音量”选项后的下三角形按钮，在弹出的音量调节器中拖曳滑块，降低音量，如图6-35所示。双击声音轨上的音频素材，打开“选项”面板，提高素材音量，如图6-36所示。

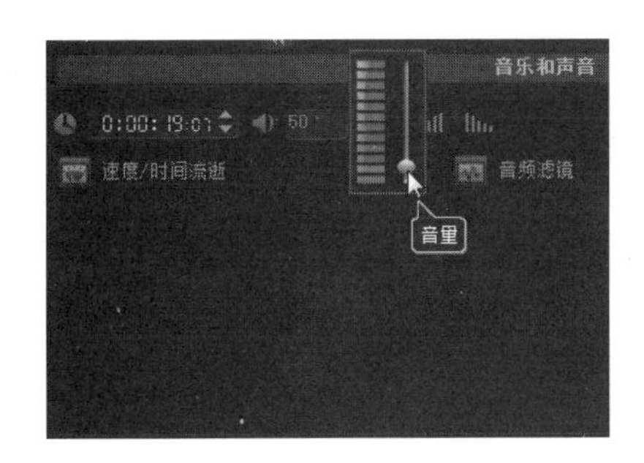

图6-35 降低音量

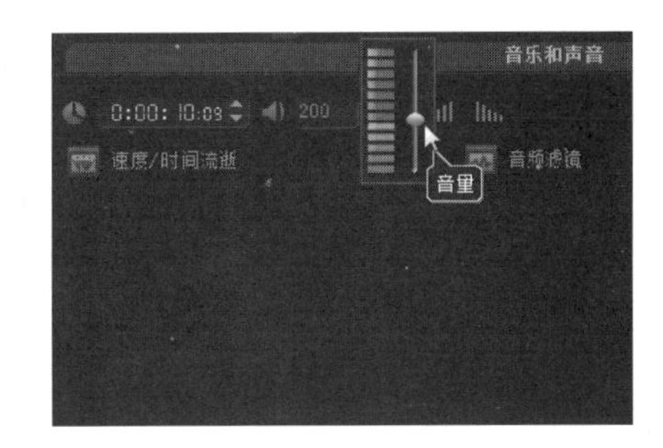

图6-36 提高音量

2. 使用音量调节线

除了可以在“选项”面板中对音频素材的整体音量进行控制以外，还可以使用音量调节线控制音量。音量调节线可以方便地通过曲线控制音量大小，同时还能更加直观地以音波的形式显示音频。

切换到“媒体”素材库中，将素材库中的M01音频素材拖曳至项目时间轴的声音轨上，如图6-37所示。双击声音轨上的音频素材，打开“选项”面板，设置“区间”为10，单击“淡入”和“淡出”按钮，如图6-38所示。

选中声音轨中的音频素材，单击“工具”栏上的“混音器”按钮（见图6-39），显示出音量调节线。在音量调节线上的空白位置单击可以创建一个关键帧，如图6-40所示。

图6-37 拖入音频素材

图6-38 “选项”面板

图6-39 单击“混音器”按钮

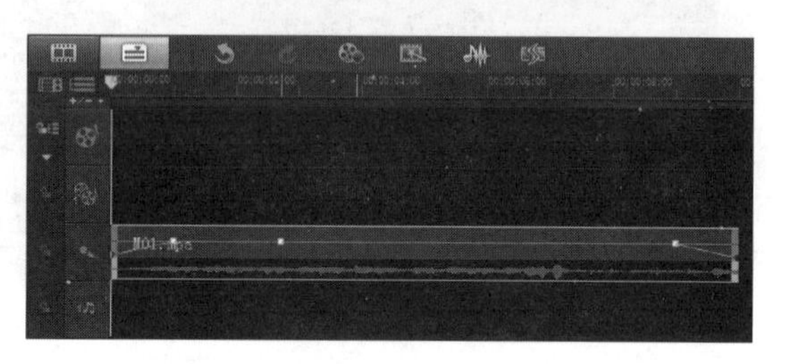

图6-40 添加关键帧

在时间线上拖动关键帧的位置，即可调整该关键帧位置上音量的高低。将关键帧向下拖动，将关键帧调整至下边缘处，即可使该关键帧以后的音量静音，如图6-41所示。

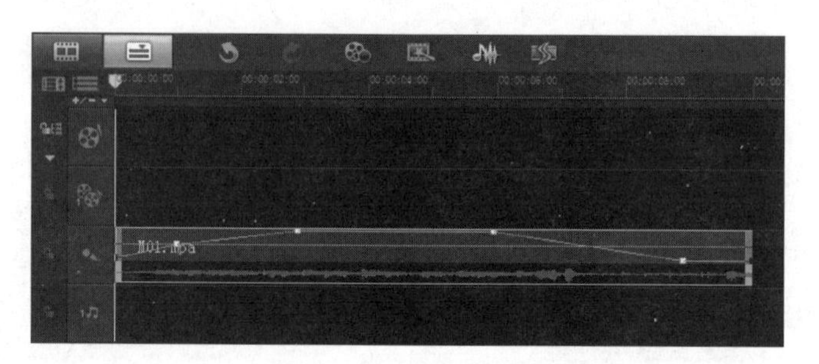

图6-41 调整关键帧

有关音量调节线

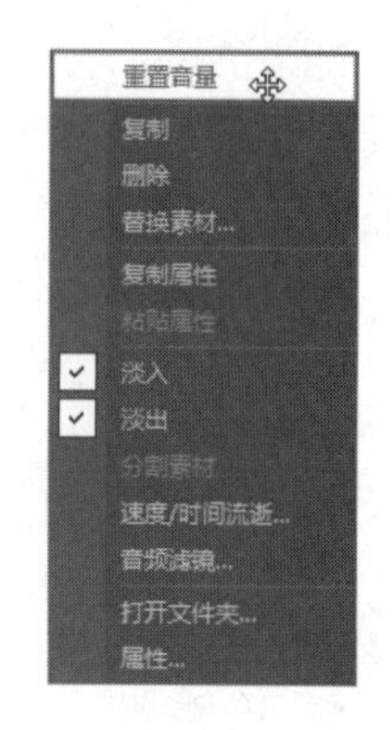

音量调节线是轨中央的水平线条，仅在音频视图中可以看到，在这条线上可以添加关键帧，关键帧的高低决定了该处的音频。

在项目时间轴中将关键帧拖曳至素材框以外，就可以将关键帧删除。在音频编辑完成后需要预览效果时，一定要在预览窗口中单击“项目”按钮，或者在项目时间轴的空白位置单击鼠标，取消素材的选择状态。

利用音量调节线不仅可以控制音量大小，还可以控制声音淡入淡出的时间。使用音量调节线调整了素材的音量后，在项目时间轴的音频素材上单击鼠标右键，执行“重置音量”命令，可以取消所有的音量调整操作。

6.6 使用混音器

混音器是一种“动态”调整音量调节线的方式，它允许在播放影片项目的同时，实时调整某个轨道素材任意一点的音量。如果乐感很好，借助混音器可以像专业混音师一样混合影片中的精彩音响效果。

1. 选择需要调节的音轨

在使用混音器调节音量前，首先需要选择要调节的音轨，打开项目文件“光盘\源文件\第6天\使用混音器.VSP”，如图6-42所示。在声音轨中选择需要调节的音频素材，如图6-43所示。

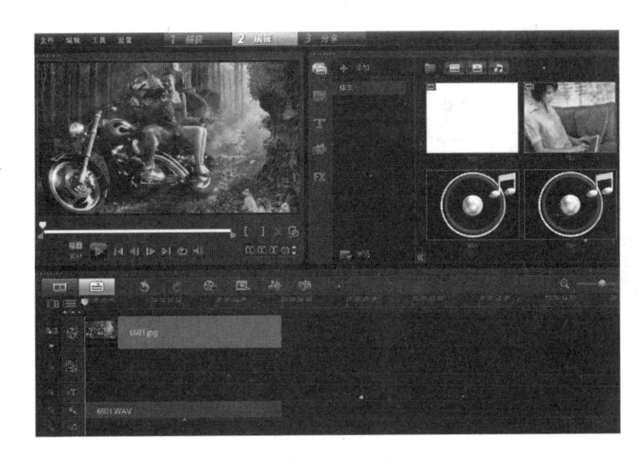

图6-42 打开项目文件

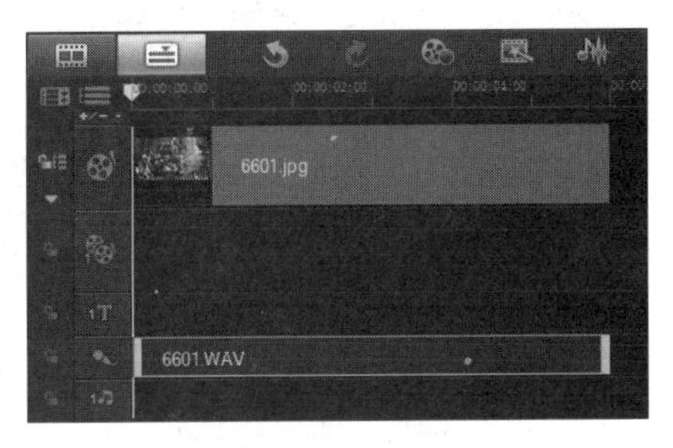

图6-43 选择需要调整的音频素材

单击“工具”栏上的“混音器”按钮，即可在“选项”面板中显示环绕混音的相关选项，如图6-44所示。在“环绕混音”选项卡中单击“声音轨”按钮，该按钮呈黄色显示，此时可以选择要调节音量的音轨，如图6-45所示。

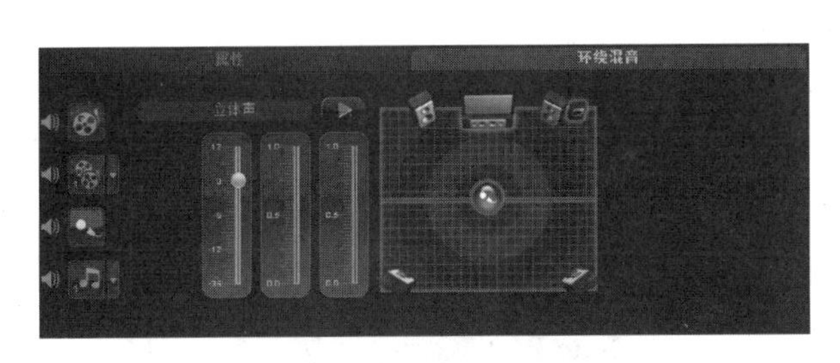

图6-44 “环绕混音”选项面板

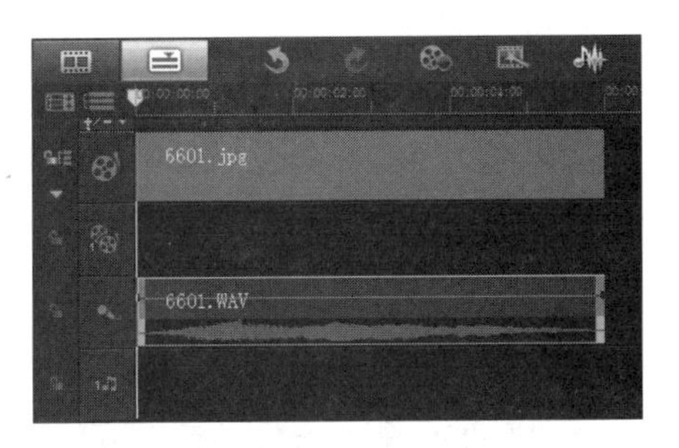

图6-45 选中的声音轨

2. 播放并实时调节音量

用户可以在播放项目的同时，对某个轨道上的音频进行音量调整。选择需要调整音量的声音素材后，单击“播放”按钮，如图6-46所示。此时即可试听到音频效果，并且可以在混音器中看到音量起伏的变化，如图6-47所示。

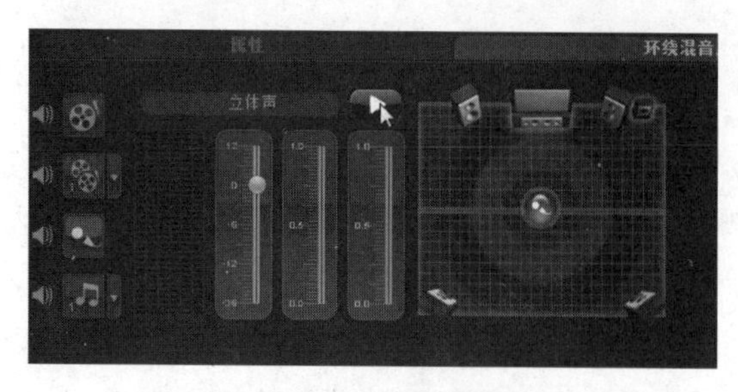

图6-46 单击“播放”按钮

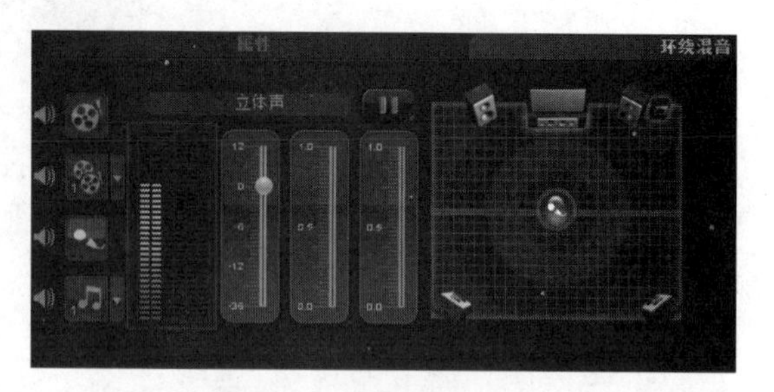

图6-47 查看音量起伏的变化

单击“环绕混音”选项卡中的“音量”按钮，并上下拖曳，可以实时调节音量，如图6-48所示。此时，音频视图中的音频调节效果如图6-49所示。

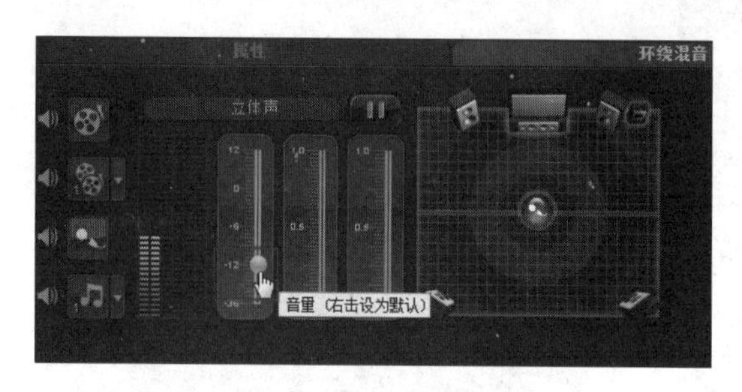

图6-48 实时调节音量

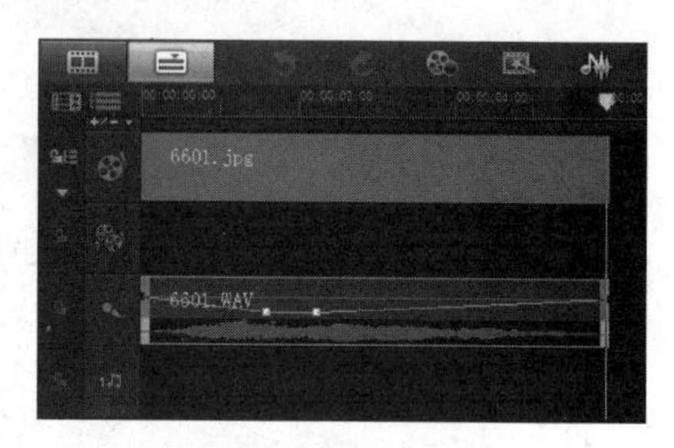

图6-49 音频调节效果

3. 恢复音量至原始状态

当用户已经对用音量调节线调节音量的具体操作有了一定的了解，用音量调节线调节完音量后，如果对当前设置不满意，还可以将音量调节线恢复到原始状态。

在声音轨上选择需要恢复到原始状态的音频素材，并在该轨上单击鼠标右键，在弹出的菜单中选择“重置音量”选项，如图6-50所示。这样，就可以将音量调节线恢复至原始状态，如图6-51所示。

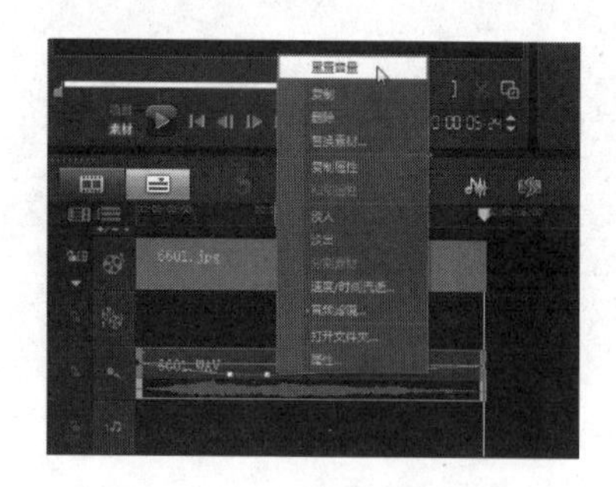

图6-50 选择“重置音量”选项

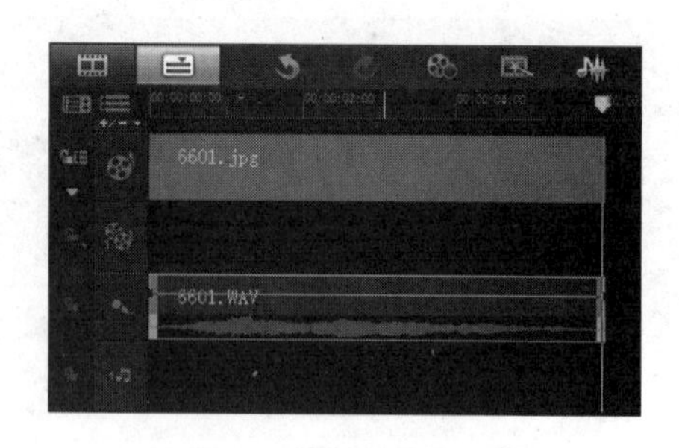

图6-51 恢复音量调节线

4. 使轨道音频暂时静音

在视频编辑过程中，为了在混音时听清楚某个轨道素材的声音，有时可能需要将其他轨的素材静音。

在声音轨中选择需要静音的音频素材文件，如图6-52所示。在音频混音器中单击“声音轨”左侧的“启动/禁用预览”按钮，使其呈现关闭状态（见图6-53），即可使轨道音频暂时静音。

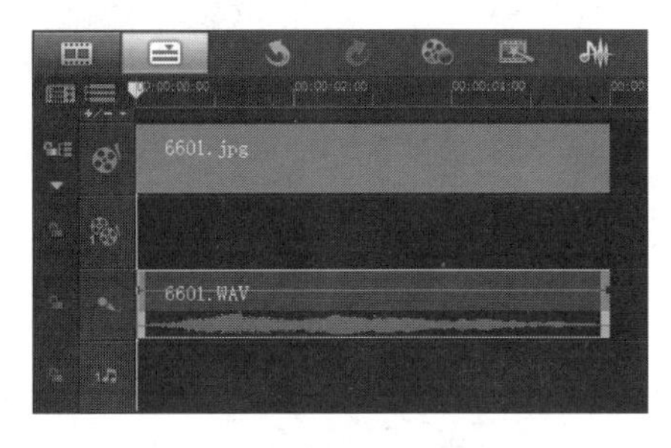

图6-52 选择需要静音的音频素材

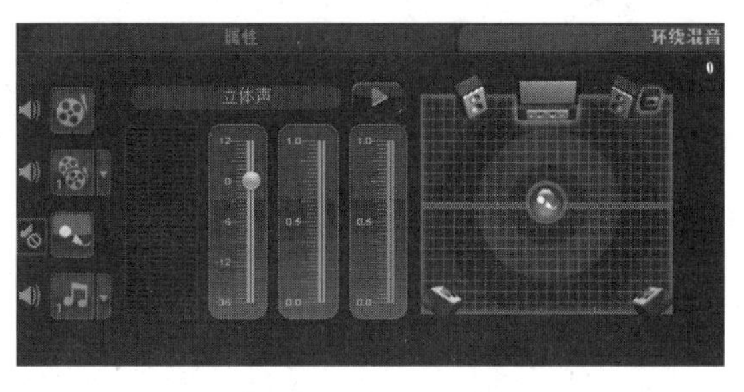

图6-53 使该音频暂时静音

自我检测

在前面的内容中，大家已经学习了如何在会声会影中为影片添加音频，以及对音频进行设置和处理的方法。

接下来，我们将进入实战练习，通过多个不同音频应用与处理的练习，开拓大家在音频制作应用方面的思路，并掌握一些常见的音频效果的处理方法和技巧。

让我们一起开始实例的练习吧，为实现更多美妙的音频效果而努力。

- 制作淡入淡出音频
- 使用环绕混音区分左右声道
- 使用5.1声道
- 为音频添加回音特效
- 为音频添加变声特效
- 制作卡拉OK音频
- 提取歌曲伴奏音乐

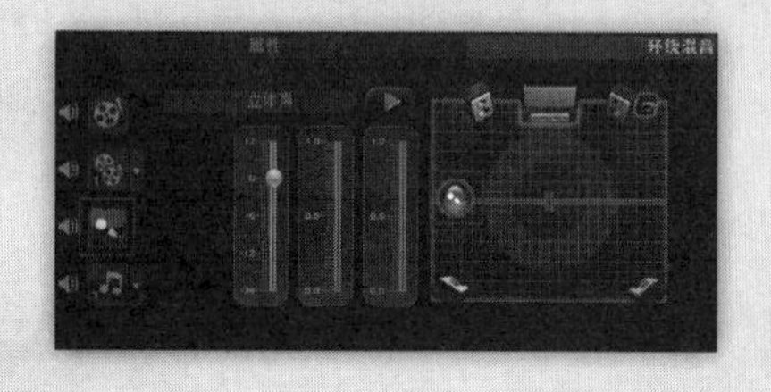

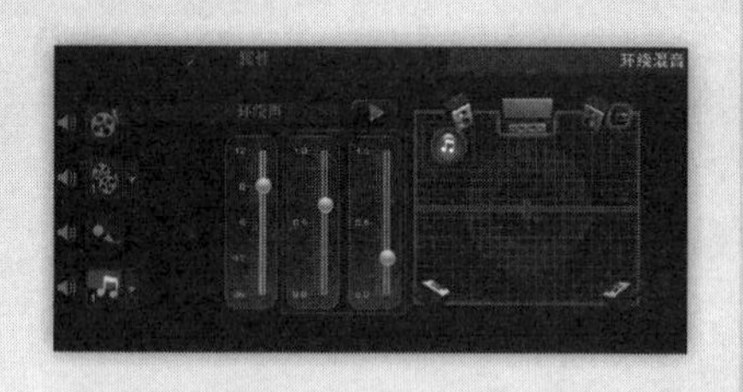

1 / 制作淡入淡出音频

音频的淡入淡出效果是指一段音乐在开始时，音量由小渐大直到以正常的音量播放，而在即将结束时，则由正常音量逐渐变小直至消失。这是一种在视频编辑中常用的音频编辑效果，使用这种编辑效果，避免了音乐的突然出现和突然消失，使音乐能够有一种自然的过渡效果。

- 使用到的技术　添加音频、音频的淡入淡出
- 学习时间　10分钟
- 视频地址　光盘\视频\第6天\制作淡入淡出音频.swf
- 源文件地址　光盘\源文件\第6天\制作淡入淡出音频.VSP

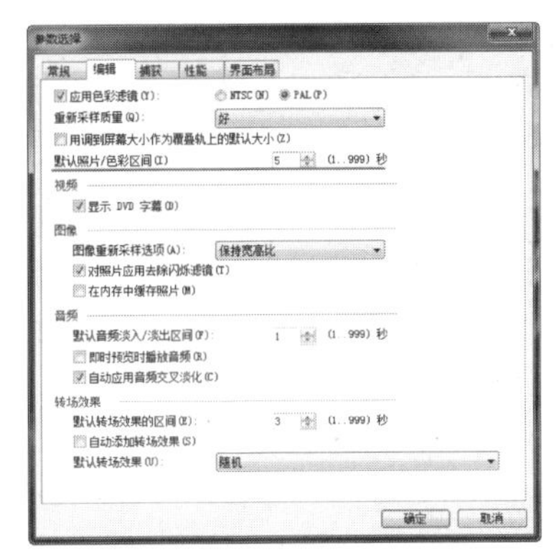

01 打开会声会影X4，按快捷键F6，弹出“参数选择”对话框，设置“默认照片/色彩区间”为5秒。

02 完成“参数选择”对话框的设置，在视频轨中依次添加图像素材601.jpg～604.jpg。

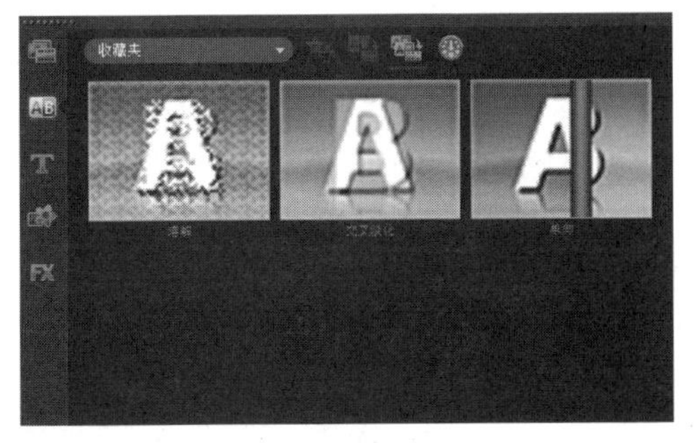

03 切换到“转场”素材库中，单击“对视频轨应用随机效果”按钮。

04 在视频轨的各素材之间随机添加转场效果，可以看到添加转场效果后的项目时间轴效果。

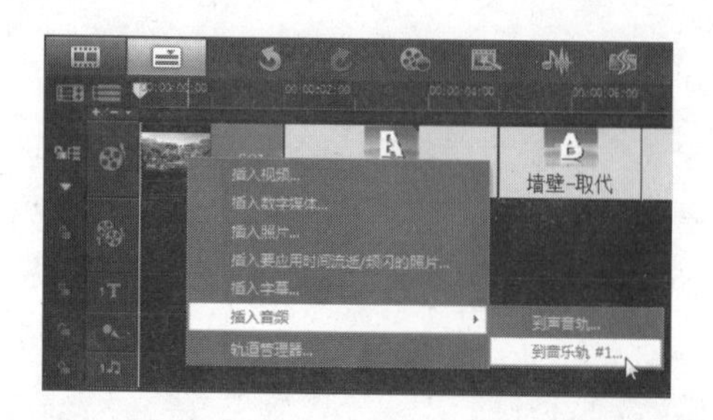

05 在项目时间轴上单击鼠标右键，在弹出的菜单中选择“插入音频>到音乐轨”选项。

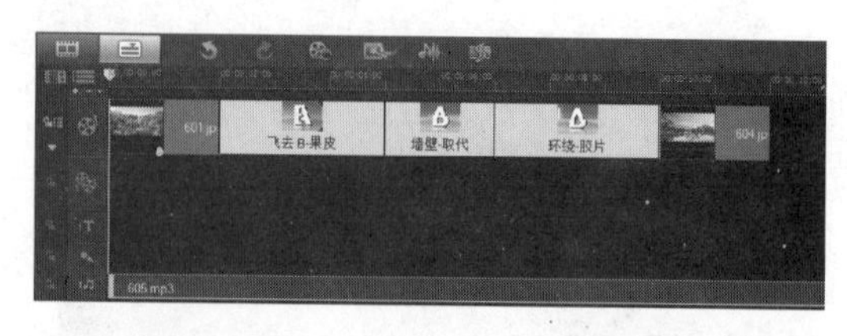

06 将音频素材“光盘\源文件\第6天\素材\605.mp3”添加到音乐轨中。

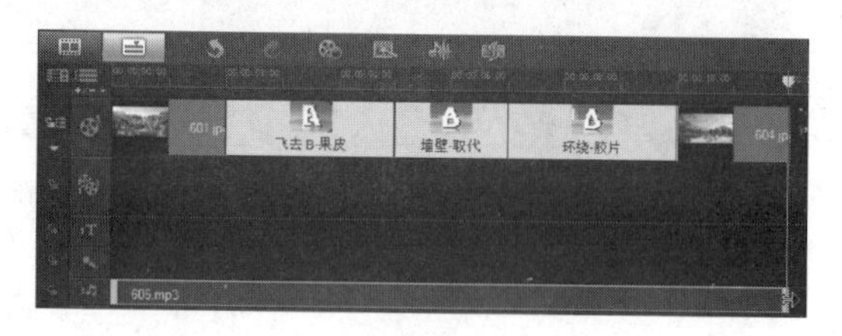

07 选中音乐轨上的音频素材，从右向左拖动该素材黄色边框，调整音频素材的区间与视频轨素材区间相同。

08 双击音乐轨上的音频素材，打开“选项”面板，分别单击“淡入”按钮和“淡出”按钮。

09 完成音频淡入淡出效果的设置，在预览窗口中激活“项目”模式，单击“播放”按钮，即可看到项目效果并能够听到动听的音乐。

☆ 操作小贴士 ☆

在为音频素材设置淡入淡出效果以后，系统将根据默认的参数设置，为音频素材设置相应的淡入与淡出时间。用户也可以根据实际需要自定义音频的淡入与淡出时间，只需要执行“设置>参数选择”命令，弹出“参数选择”对话框，切换至“编辑”选项卡中，在“默认音频淡入/淡出区间”选项中设置相应的值，单击“确定”按钮，即可完成自定义设置。

2 / 使用环绕混音区分左右声道

立体声分为左右两个声道，利用会声会影中环绕混音的功能可以对左右声道的音量进行调节。在本实例中，我们利用环绕混音的功能分离左右声道的声音，让左声道播放一个音乐，让右声道播放另一个音乐。

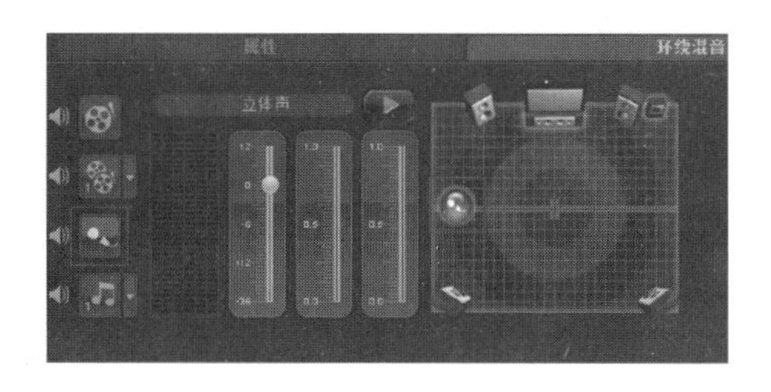

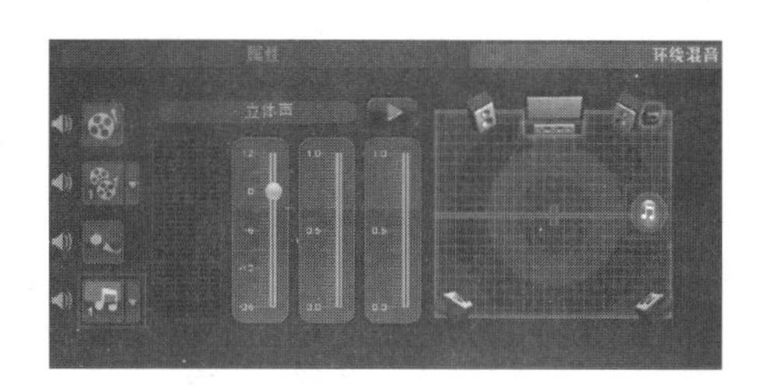

使用到的技术	使用环绕混音、输出音频文件
学习时间	10分钟
视频地址	光盘\视频\第6天\使用环绕混音区分左右声道.swf
源文件地址	光盘\源文件\第6天\使用环绕混音区分左右声道.VSP

01 打开会声会影X4，在声音轨上添加音频素材“光盘\源文件\第6天\素材\606.mp3”。

02 在音乐轨上添加音频素材“光盘\源文件\第6天\素材\607.mp3”。

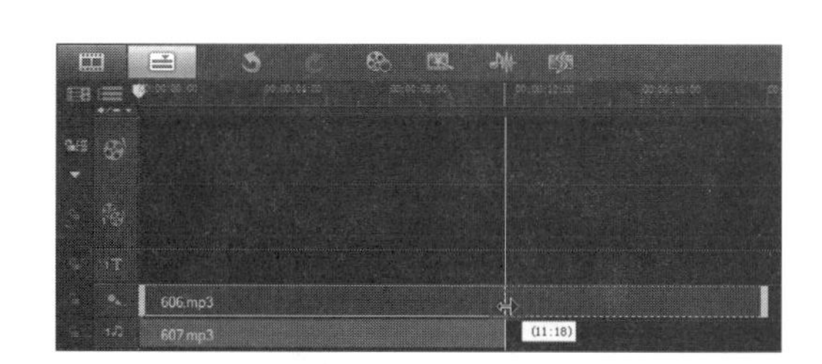

03 选择声音轨上的音频素材，调整该素材的区间与音乐轨上的音频素材区间相同。

04 单击工具栏上的“混音器”按钮，打开“混音器面板”选项，将预览窗口切换到“项目”模式。

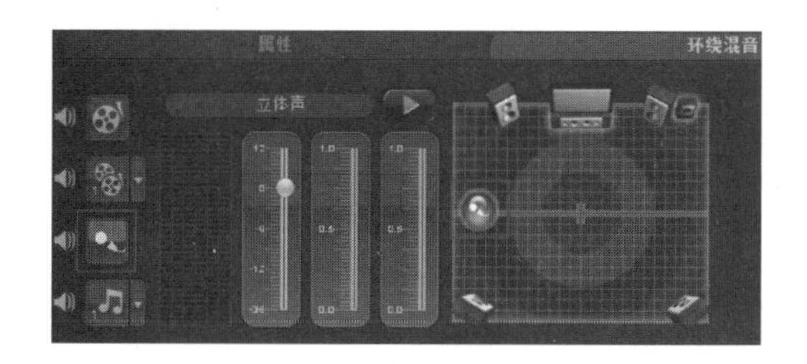

05 在“环绕混音”选项卡中单击“声音轨”按钮，然后将该图标按钮拖曳至最左侧。

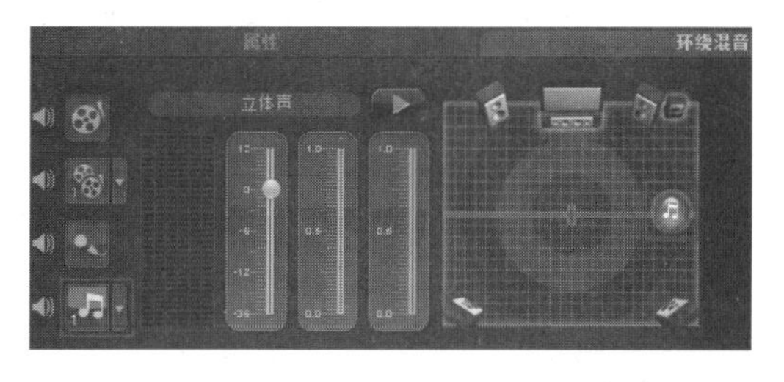

06 在“环绕混音”选项卡中单击“音乐轨”按钮，然后将该图标按钮拖曳至最右侧。

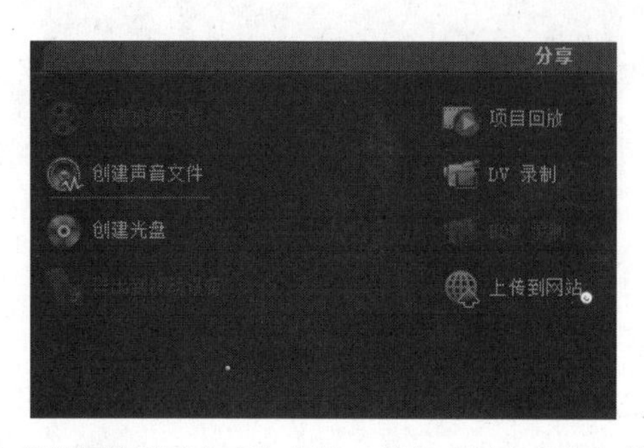

07 切换到“分享”步骤，单击“创建声音文件”按钮。

08 弹出“创建声音文件”对话框，选择保存路径，并输入文件名，然后单击“保存”按钮，即可输出音频文件。

☆ 操作小贴士 ☆

使用暴风影音播放输出的音频文件时，在播放窗口中单击鼠标右键，在“声道选择”菜单中可以切换声道，不同的声道可以播放不同的音乐。

音轨与声道是两个不同的概念，音轨指音频的轨道，DVD和蓝光电影提供的多语言功能指将多国的语言放置到不同的音轨中。每条音轨都可以是单声道、双声道（立体声）或5.1声道。会声会影虽然提供了多个音频轨，但是只能制作一个音轨的音频。利用本实例中的方法将左右声道分离，然后利用其他的刻录软件，如TMPGEnc DVD，就可以将左右声道转换为二音轨。

3 / 使用5.1声道

5.1声道是指使用5个扬声器和1个超低音扬声器组成的音乐播放方式。与立体声相比，使用5.1声道可以实现身临其境的真实感，但是需要设备的支持。在会声会影中可以编辑5.1声道的音频，也可以对5.1声道的音频进行混音，还可以输出5.1声道的音频文件。在本实例中，我们使用会声会影来编辑和输出5.1声道的音频文件。

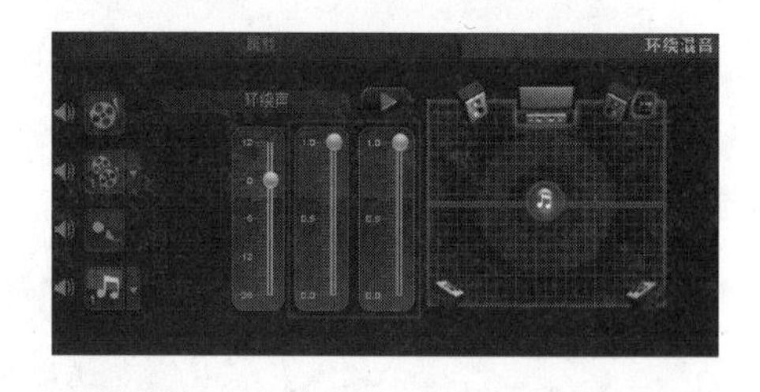

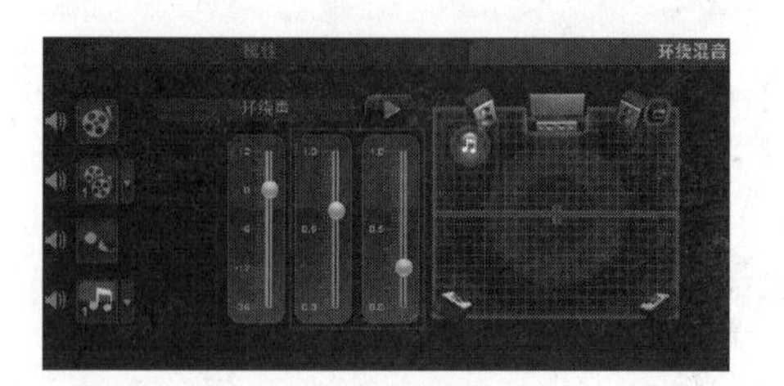

- 使用到的技术　使用5.1声道、输出5.1声道音频
- 学习时间　10分钟
- 视频地址　光盘\视频\第6天\使用5.1声道.swf
- 源文件地址　光盘\源文件\第6天\使用5.1声道.VSP

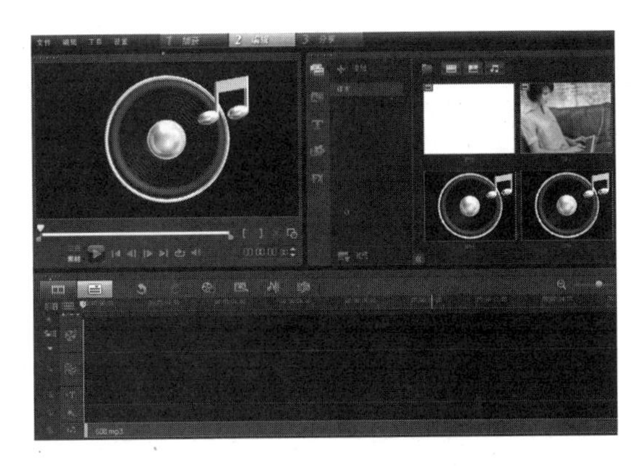

01 打开会声会影X4，在音乐轨上添加音频素材“光盘\源文件\第6天\素材\608.mp3”。

02 执行“设置>启动5.1环绕声”命令，弹出提示对话框，单击“确定”按钮。

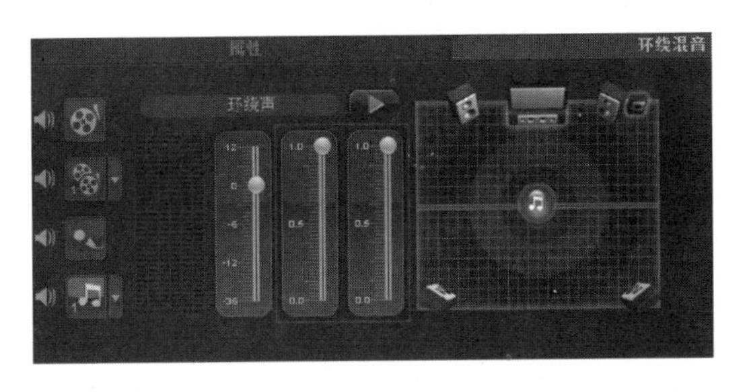

03 单击工具栏上的“混音器”按钮，使“环绕混音”选项卡中“中央”和“副低音”声道的音量可以调节。

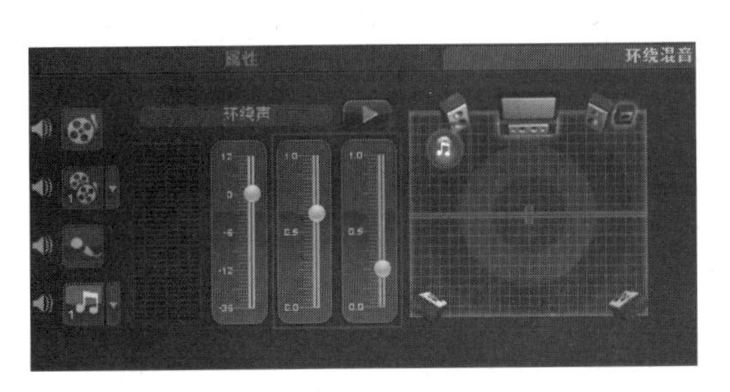

04 调整“中央”和“副低音”声音的音量，拖动音符符号按钮，以调整声音的来源方向。

05 切换到“分享”步骤，单击“创建声音文件”按钮。

06 弹出“创建声音文件”对话框，在“保存类型”下拉列表中选择“Microsoft WAV文件(*.wav)”选项，然后单击“选项”按钮。

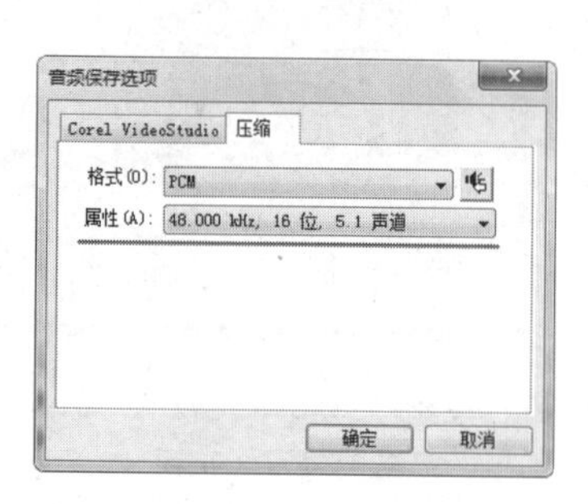

07 弹出“音频保存选项”对话框，切换到“压缩”选项卡中，在“属性”下拉列表中选择“48,000kHz,16位,5.1声道”选项。

08 完成“音频保存选项”对话框的设置，选择保存路径，并输入文件名，然后单击“保存”按钮，即可输出音频文件。

☆ 操作小贴士 ☆

在会声会影所有支持输出的音频文件类型中，只有WAV格式支持5.1声道的音频，其余的格式都只支持单声道或立体声。

4 / 为音频添加回音特效

在会声会影中，可以通过“回音”音频滤镜为音频素材添加回音的效果。本实例，我们将一起完成为音频添加“回音”效果的制作。

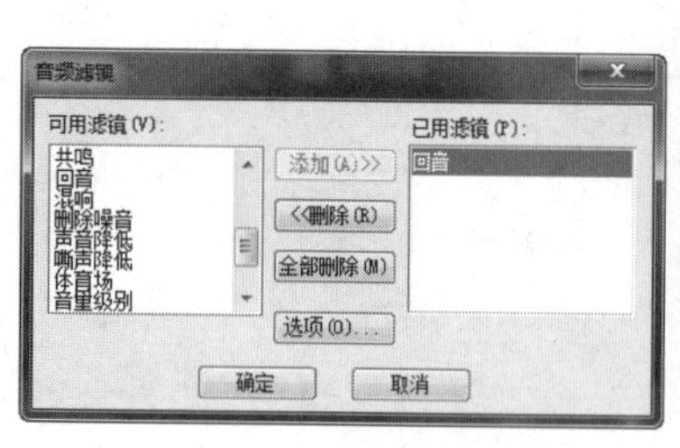

使用到的技术	“回音”音频滤镜
学习时间	10分钟
视频地址	光盘\视频\第6天\为音频添加回音特效.swf
源文件地址	光盘\源文件\第6天\为音频添加回音特效.VSP

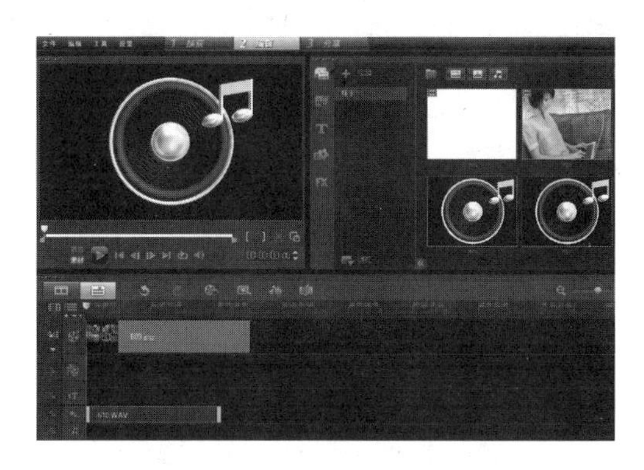

01 打开会声会影X4，在视频轨上插入图像素材“光盘\源文件\第6天\素材\609.jpg”。

02 在声音轨上插入音频素材“光盘\源文件\第6天\素材\610.wav”。

03 调整视频轨上的素材区间与声音轨上的素材区间相同。

04 双击声音轨上的音频素材，打开“选项”面板，单击“音频滤镜”按钮。

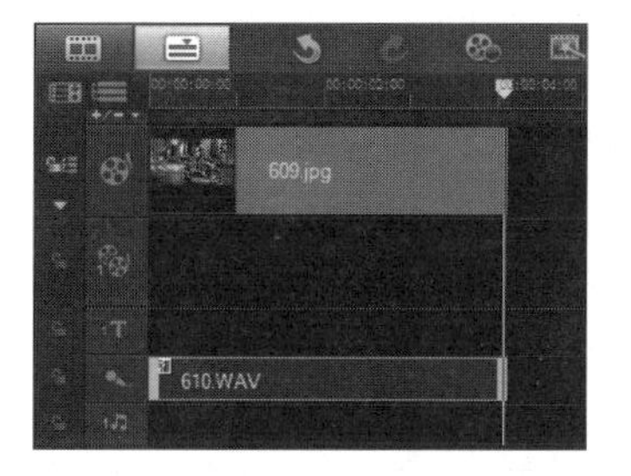

05 弹出“音频滤镜”对话框，在“可用滤镜”列表中选择“回音”选项，单击“添加”按钮。

06 单击“确定”按钮，完成“音频滤镜”对话框的设置，即可将“回音”滤镜应用到音频素材上。

07 完成“回音”滤镜效果的添加，在预览窗口中激活“项目”模式，单击“播放”按钮，即可听到为音频素材所添加的“回音”滤镜效果。

☆ 操作小贴士 ☆

在会声会影中，如果添加的音频滤镜不合适，用户还可以将其删除。只需要在项目时间轴中选择添加了音频滤滤镜的音频文件，在“选项”面板中单击“音频滤镜”按钮，弹出“音频滤镜”对话框，在“已用滤镜”列表框中选择需要删除的音频滤镜，然后单击“删除”按钮，即可将所选择的滤镜样式删除。

5 / 为音频添加变声特效

在会声会影中，可以通过“音频滤镜”对话框为音频素材添加多种音频滤镜效果，并且可以对所添加音频滤镜的相关选项进行设置，本实例我们就为音频添加变声的效果。

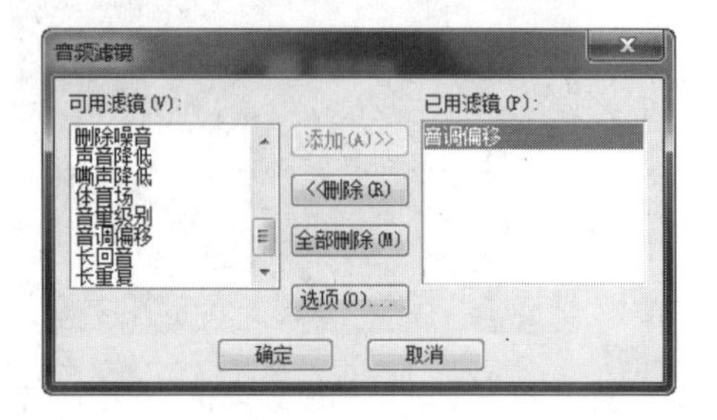

使用到的技术	“数码变声”音频滤镜
学习时间	10分钟
视频地址	光盘\视频\第6天\为音频添加变声特效.swf
源文件地址	光盘\源文件\第6天\为音频添加变声特效.VSP

01 打开会声会影X4，分别在视频轨和音乐轨上添加相应的图像素材和音频素材。

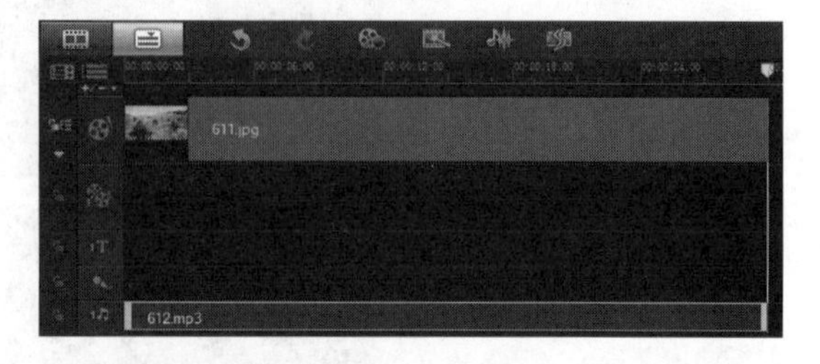

02 调整视频轨上的图像素材区间与音乐轨上的音频素材区间均为30秒。

03 双击声音轨上的音频素材，打开“选项”面板，单击“音频滤镜”按钮。

04 弹出“音频滤镜”对话框，在左侧的“可用滤镜”列表中选择“音调偏移”选项，单击“添加”按钮。

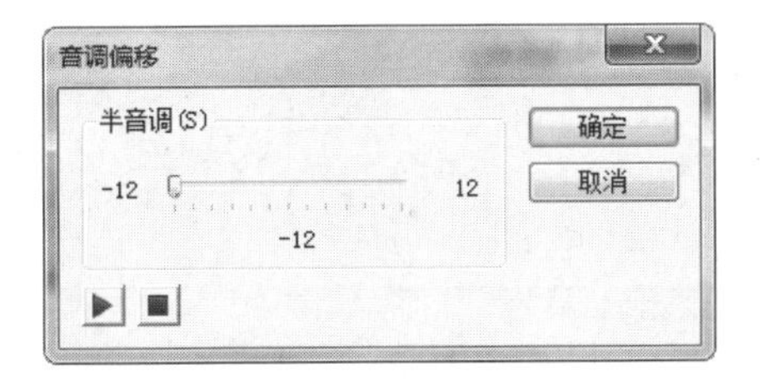

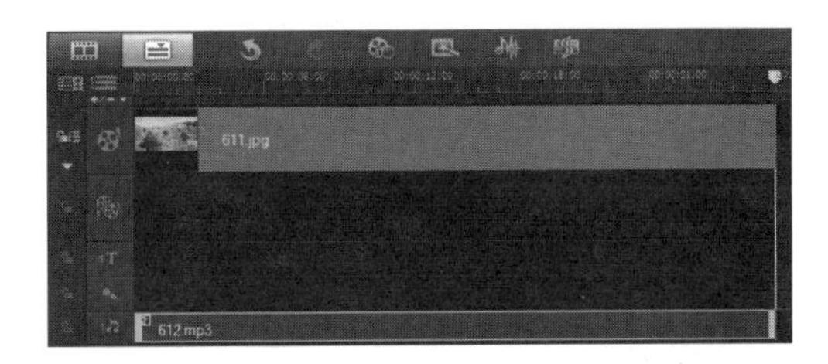

05 单击“选项”按钮，弹出“音调偏移”对话框，对相关选项进行设置。可以单击▶按钮，预听声音效果。

06 单击“确定”按钮，完成“音调偏移”对话框的设置。

07 完成变声特效的处理，在预览窗口中激活“项目”模式，单击“播放”按钮，即可听到为音频素材变声后的效果。

☆ 操作小贴士 ☆

在会声会影中，“音频滤镜”对话框还提供了多种音频滤镜。其他各种音频滤镜的使用方法与前面所介绍的音频滤镜的使用方法基本相同，如果大家有兴趣，可以多加尝试，处理出更加美妙、有趣的音乐。

6 / 制作卡拉OK音频

在前面的实例中，我们已经共同学习了使用“环绕混音”功能分离左右声道的方法，使用音频滤镜插件也可以达到分离左右声道的目的。在本实例中，我们会使用Pan插件将MP3歌曲与伴奏乐混合在一起，制作出可以通过切换声道来实现的卡拉OK歌曲。

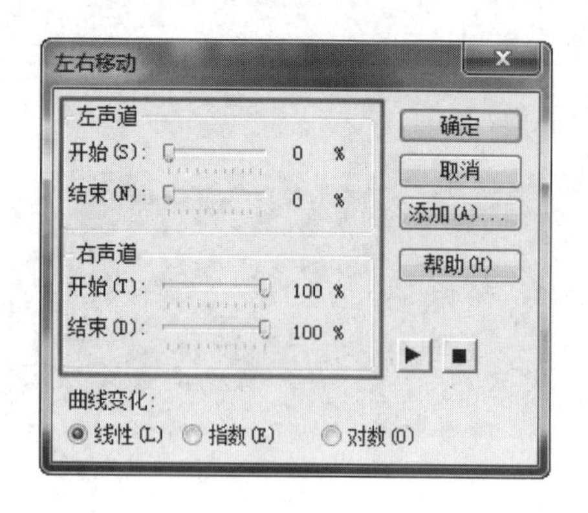

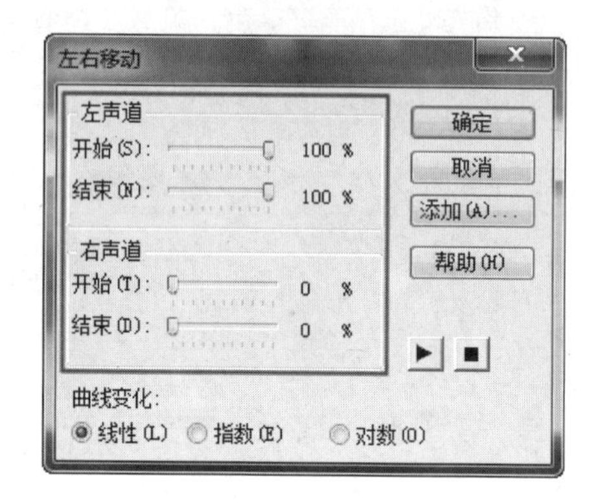

使用到的技术	安装Pan插件、制作卡拉OK音频
学习时间	10分钟
视频地址	光盘\视频\第6天\制作卡拉OK音频.swf
源文件地址	光盘\源文件\第6天\制作卡拉OK音频.VSP

01 将“光盘\源文件\第6天\素材\Pan.aft”文件复制到会声会影安装目录中的aft_plug文件夹中。

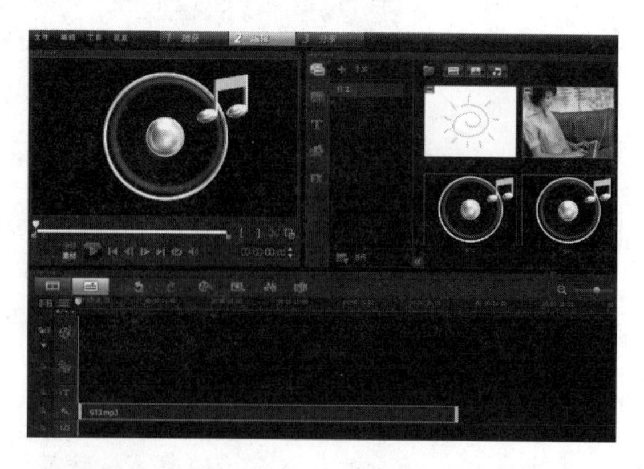

02 打开会声会影X4，在声音轨中插入音频素材“光盘\源文件\第6天\素材\613.mp3”。

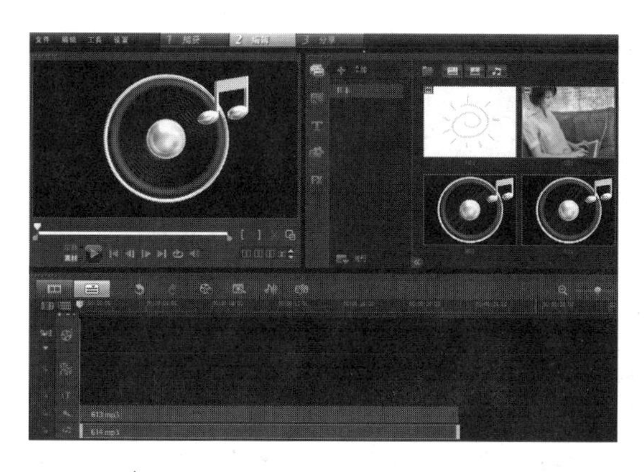

03 在音乐轨中插入音频素材“光盘\源文件\第6天\素材\614.mp3”。

04 双击声音轨上的音频素材，打开“选项”面板，单击“音频滤镜”按钮。

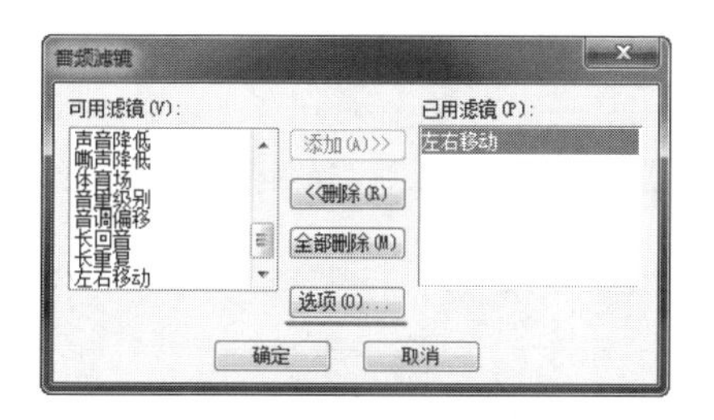

05 弹出“音频滤镜”对话框，在左侧列表中选择“左右移动”选项，单击“添加”按钮，然后单击“选项”按钮。

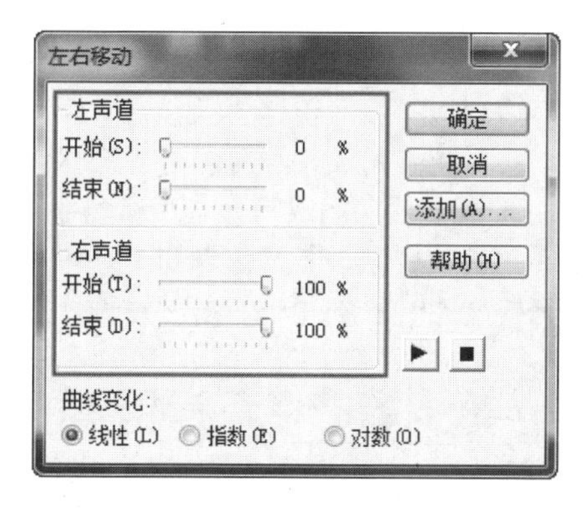

06 弹出“左右移动”对话框，对相关选项进行设置。单击“确定”按钮，完成“左右移动”对话框的设置，完成“音频滤镜”对话框的设置。

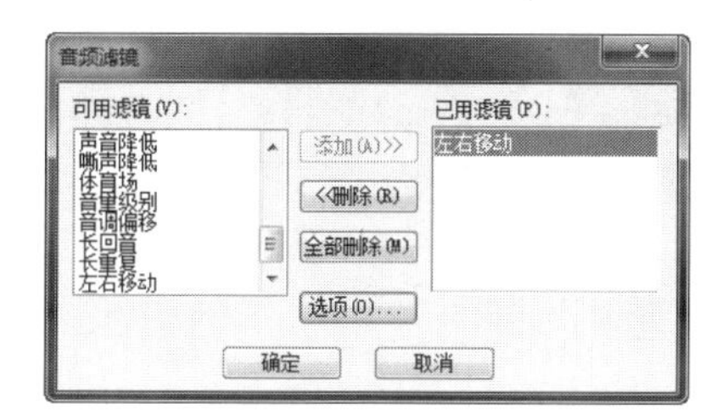

07 双击音乐轨上的音频素材，单击“选项”面板上的“音频滤镜”按钮，弹出“音频滤镜”对话框，添加“左右移动”滤镜，并单击“选项”按钮。

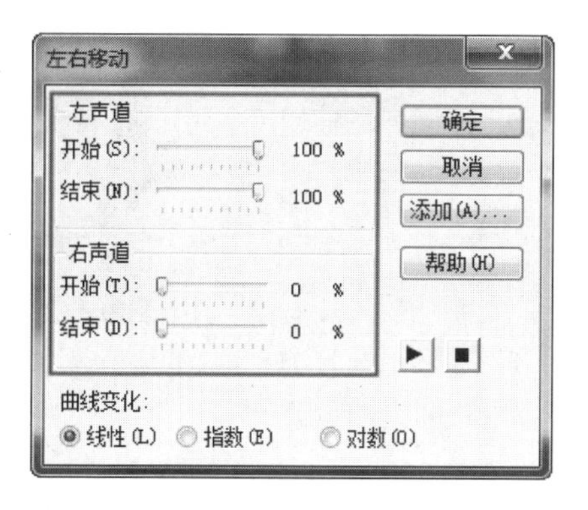

08 弹出“左右移动”对话框，对相关选项进行设置。单击“确定”按钮，完成“左右移动”对话框的设置。

09 **完成音频滤镜的应用，可以在项目时间轴中看到音频素材。完成卡拉OK音乐的制作后，在预览窗口中激活“项目”模式，单击“播放”按钮，即可听到所制作的卡拉OK音乐。**

☆ 操作小贴士 ☆

下载的MP3歌曲与伴奏大多不能同步，单击工具栏上的“混音器”按钮，可以显示出音频素材的波形。使用波形作为参考调整区间就可以让歌曲和伴奏同步。

在网络上可以下载到大量的MP3歌曲，也可以下载到歌曲的伴奏乐，利用这些音频资源配合自己录制的视频，就可以制作出具有个性化的卡拉OK音频。

7 / 提取歌曲伴奏音乐

与上一个实例正好相反，如果我们已经拥有了左右声道分离的卡拉OK音频或者其他形式的音频，则可以使用复制声道的功能将其中一个声道的声音提取出来，这样就可以得到歌曲的伴奏音乐。

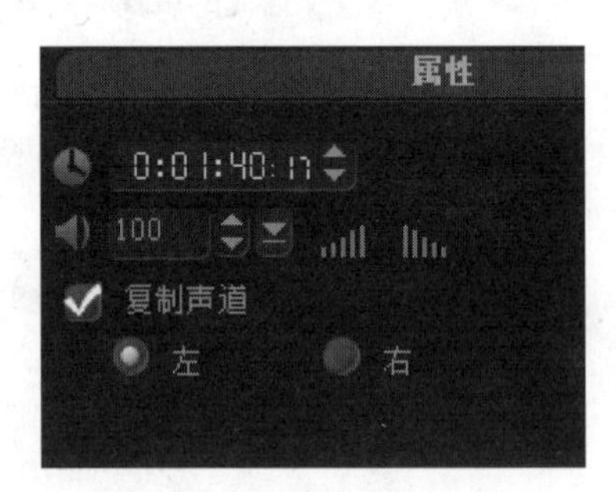

使用到的技术	提取伴奏音乐
学习时间	10分钟
视频地址	光盘\视频\第6天\提取歌曲伴奏音乐.swf
源文件地址	光盘\源文件\第6天\提取歌曲伴奏音乐.VSP

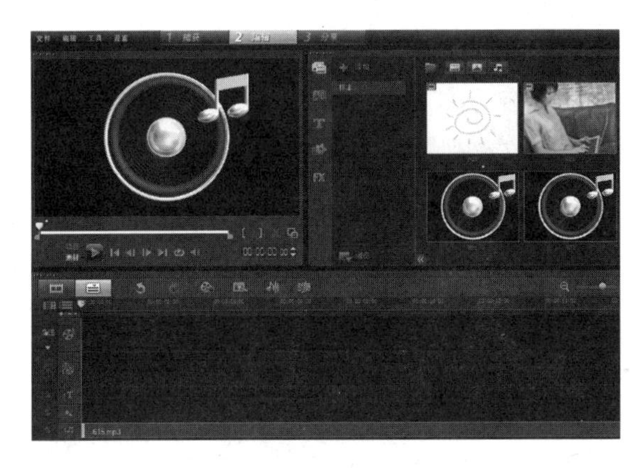

01 打开会声会影X4，在音乐轨中插入音频素材“光盘\源文件\第6天\素材\615.mp3”。

02 选择音乐轨上的音频素材，单击工具栏上的“混音器”按钮，打开“混音器”选项面板，切换到“属性”选项卡。

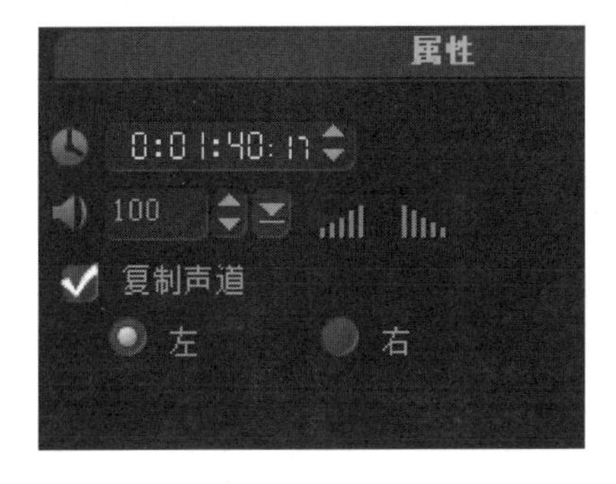

03 选中“复制声道”复选框，选中“左”单选按钮。

04 切换到“分享”步骤，单击“创建声音文件”按钮，输出音频文件。

☆ 操作小贴士 ☆

在复制声道之前，最好先在播放器中播放音频，确定我们需要的声音位于哪个声道，再选择所需要的声道。

双声道分离的音乐主要来自于VCD或DVD光盘，从网络上下载的MP3歌曲虽然也是双声道，但是两个声道已经被混合到了一起，不能提取出歌曲的伴奏音乐。

☆ 自我评价 ☆

通过今天的学习，我们已经基本掌握了在会声会影中对音频进行处理的方法和技巧。音频是一部影片不可或缺的重要元素，在会声会影中除了可以为影片添加音频以外，还可以对音频进行编辑。利用多个音频轨道可以制作混音效果，利用环绕混音可以分离声道，利用音频滤镜可以添加各种声音特效。另外，我们还需要通过大量的练习，更加熟练地掌握在会声会影中对音频的处理。

☆ 总结扩展 ☆

在今天，通过在会声会影中对音频的基本操作和编辑应用方法的学习，通过边做边学这一理论与实践相结合的方法，大家可以更清楚了解音频处理的方法和技巧。在今天的学习中，我们具体需要掌握以下内容：

	了解	理解	精通
如何添加音频文件			√
音频的相关属性设置		√	
调整音频素材			√
管理音频素材库	√		
调整音频素材音量大小			√
使用混音器			√

音频是影片中非常重要的元素之一，几乎所有的影片中都会有音频，通过应用音频可以更加烘托影片的氛围。通过今天的学习，我们可以了解和掌握影片中音频的添加与混合效果的制作，从而为自己的影片制作出完美的音乐环境。在最后一天的学习中，我们将学习如何在会声会影中渲染和输出影片，并且学习不同类型综合案例的制作方法和技巧。

第7天 完美的应用领域

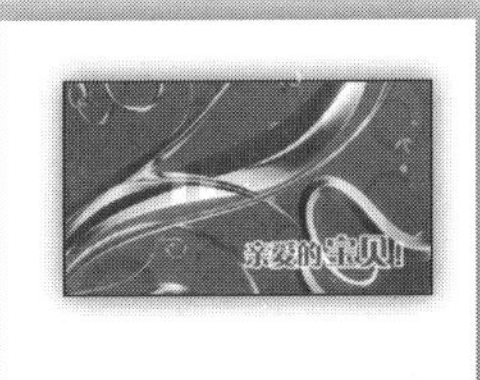

今天我们一起进入最后一天的学习，在前面6天的学习中，我们学习了会声会影中重要功能和效果的实现方法。今天，我们主要学习如何将制作的作品进行渲染输出和分享，并且，我们今天还将运用前面所学习的知识，制作一些综合的案例，从而提升我们运用会声会影的能力。

通过今天的学习，我们可以制作出一些综合性的案例，例如，电子相册、影视片头等，并且能够将所制作的影片进行输出分享，或者刻录成光盘。

好，让我们开始今天的行程吧。

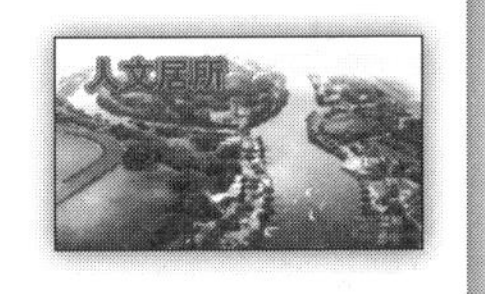

学习目的：掌握影片输出与分享的方法

知 识 点：影片的输出、刻录影片、分享影片、综合案例的制作

学习时间：一天

综合案例的制作与分享

完成的影片如何才能与大家一起分享

今天，我们将一起学习使用会声会影输出与分享影片的方法，所谓输出就是将项目中编辑完成的素材、转场和字幕等元素处理成视频文件的格式保存起来。使用会声会影不仅可以输出视频和音频格式的文件，还可以直接将生成的视频文件刻录到光盘中，或者是将视频文件嵌入到网页或电子邮件中。完成今天的学习后，我们就可以通过各种各样的方式展示自己的作品了。

使用会声会影制作的作品

为什么需要输出影片

在默认情况下，使用会声会影制作的影片保存为.VSP。该格式的文件只有使用会声会影才能打开，非常不方便观看，将影片导出为视频，即可通过各种视频播放器观看影片效果。

可以输出为网络应用吗

网络已经成为分享影片的最佳方式，使用会声会影可以直接将所制作的影片输出为网页或通过电子邮件发送，轻松实现常用的网络应用功能。

可以将影片刻录成光盘吗

通过会声会影可以直接将所制作完成的影片刻录成VCD、DVD、SDVD等格式的光盘，不需要借助其他软件，从而方便用户在VCD或DVD机上播放影片。

7.1 输出视频文件

输出影片是视频编辑工作的最后一个步骤，会声会影提供了多种输出影片的方法，但是归纳起来主要有两种形式：直接输出视频文件和输出视频文件后将视频文件发布到各种媒体。下面我们一起学习如何将编辑完成的项目输出为视频文件。

打开会声会影X4，在“媒体”素材库中的任意一个素材缩略图上单击鼠标右键，在弹出的菜单中选择“插入到>视频轨”选项，如图7-1所示。

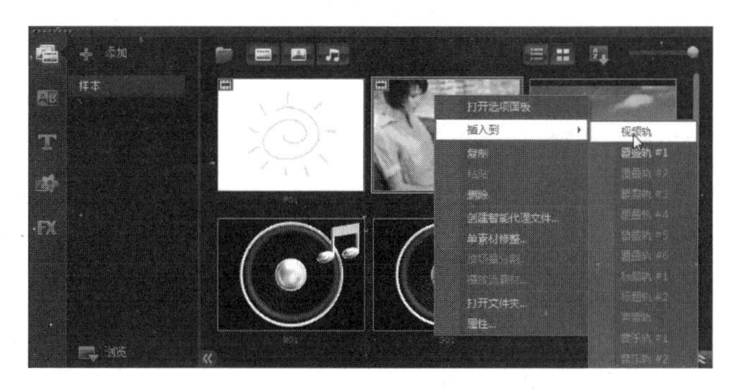

图7-1 选择相应的选项

> 提示：在会声会影中预设了多种输出视频的格式，大家可以在输出选项中选择所需要的输出格式。

切换到“分享”步骤，单击“创建视频文件”按钮，在所弹出的下拉菜单中提供了大量的输出选项，如图7-2所示。

如果我们需要分成DVD格式的影片，那么可以在输出选项中选择“DVD> DVD视频（4:3）”选项，如图7-3所示。

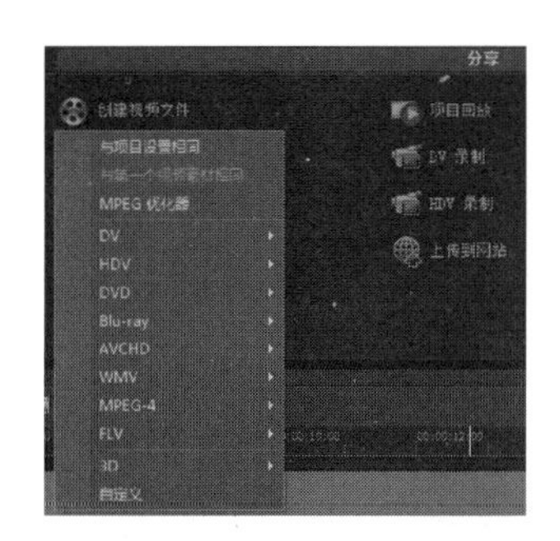

图7-2 提供的输出选项

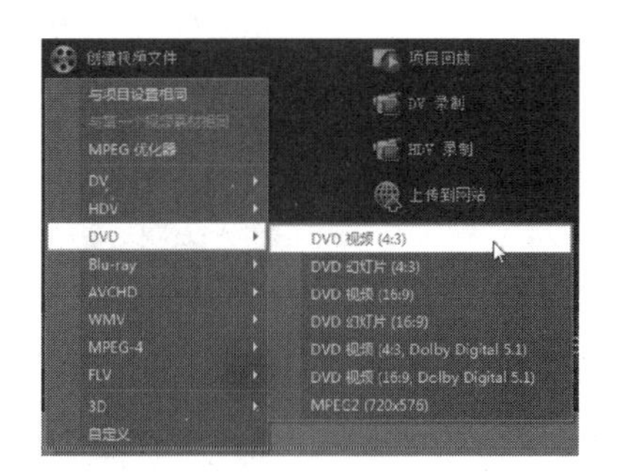

图7-3 选择需要输出的格式

提示：

在“创建视频文件”对话框的“属性”下拉列表中显示了输出选项的格式、视频大小、码率和音频模式等信息，在选择输出选项后，一定要注意查看这些信息是否能够满足我们的需要。

弹出“创建视频文件”对话框，选择视频文件的保存路径和文件名，单击“保存”按钮，如图7-4所示。

在会声会影的软件界面中会出现输出进度窗口，如图7-5所示。输出的视频文件时间越长，清晰度越高，输出的时间越长。

图7-4 “创建视频文件”对话框

图7-5 输出进度窗口

提示：

在输出影片的过程中，单击“暂停”按钮，可以暂停影片的输出；单击“播放”按钮，可以继续输出过程。单击按钮，可以一边输出影片，一边在预览窗口中同步查看影片；按Esc键，可以退出影片的输出。

输出结束后，在指定路径下会生成视频文件，使用Windows Media Player或其他视频播放软件可以打开该视频文件，如图7-6所示。

图7-6 播放输出的视频文件

有关输出选项

在使用默认输出选项生成影片时，选项中已经设置好了视频编码方式、视频大小和视频品质，我们只需要根据应用平台进行选择即可。

- DV：输出AVI格式，主要应用于普通数码摄像机。
- HDV：输出MPEG格式，主要应用于高清磁带数码摄像机。
- DVD：输出MPEG-2格式，主要应用于DVD视频光盘。
- Blu-ray：输出MPEG-2格式，主要应用于蓝光视频光盘。
- AVCHD：输出MPEG格式，主要应用于高清光盘数码摄像机。
- WMV：输出WMV格式，主要应用于网络电影或网络视频。
- MPEG-4：输出MPEG-4格式，主要应用于手机、PSP游戏机等移动设备。
- FLV：输出Flash视频格式，主要应用于网络在线视频。

7.2 输出指定范围的视频

上一节我们共同学习了如何将整个项目输出为视频，在会声会影中还可以只输出项目区间的指定范围，或者将整个项目输出为多个视频文件。

1. 输出预览范围

打开会声会影X4，在视频轨中任意插入一段视频，在预览窗口中进入“项目”模式，拖动两侧的“修正标记”按钮，选择视频的一部分范围，如图7-7所示。切换到“分享”步骤中，单击“创建视频文件”按钮，在弹出的菜单中选择“DVD>DVD视频（4:3）”选项，如图7-8所示。

图7-7 选择视频的一部分范围

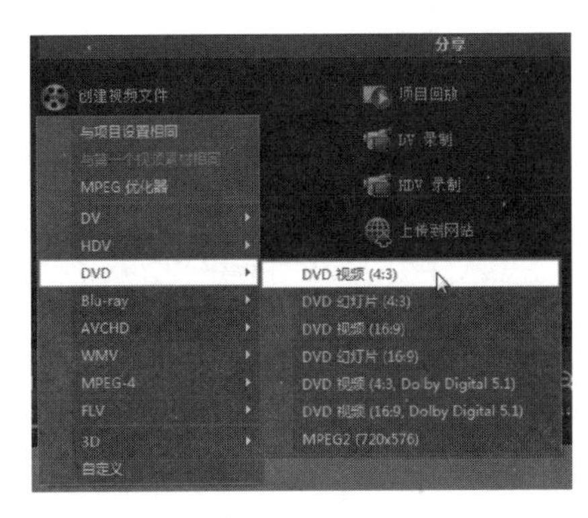

图7-8 选择输出选项

弹出“创建视频文件”对话框，选择视频文件的保存路径和文件名，单击“选项”按钮，如图7-9所示。在弹出的对话框中选择“预览范围”单选按钮，然后单击“确定”按钮，如图7-10所示。

单击“保存”按钮，将只输出预览范围内的视频。

在输出选项对话框中，如果取消选中“创建后播放文件”复选框，在输出影片后就不会在预览窗口中播放输出的视频。这样虽然不能提高输出视频的速度，但是在输出结束后可以快速返回到声会影的软件界面中。

图7-9 “创建视频文件”对话框

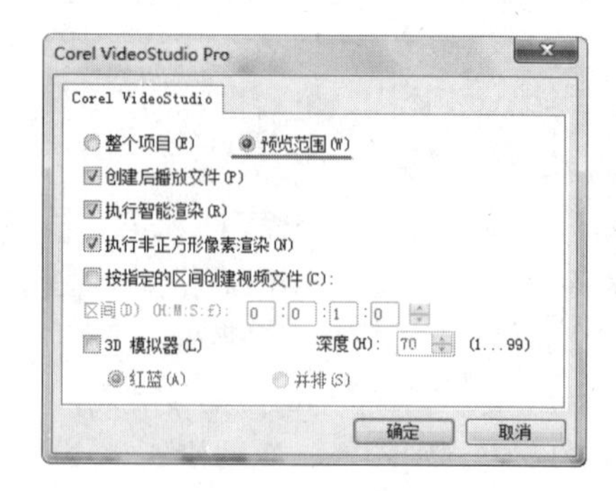

图7-10 选择“预览范围”单选按钮

2. 分割输出视频

切换到“分享”步骤中，单击“创建视频文件”按钮，在弹出的菜单中选择“DVD>DVD视频（4:3）”选项，如图7-11所示。弹出“创建视频文件”对话框，选择视频文件的保存路径和文件名，单击“选项”按钮，如图7-12所示。

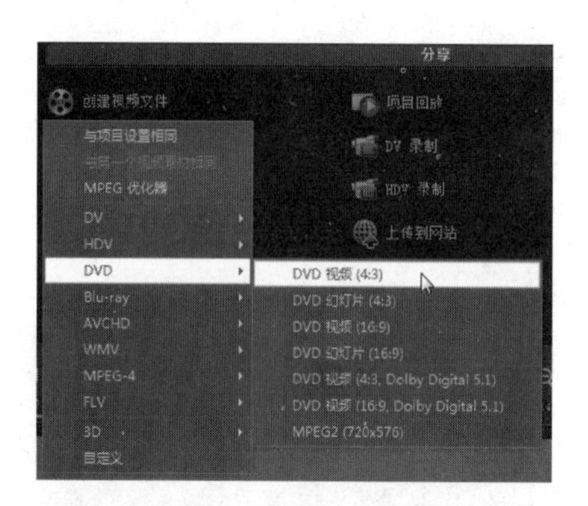

图7-11 选择输出选项

图7-12 “创建视频文件”对话框

在弹出的对话框中选择“整个项目”单选按钮并选中“按指定的区间创建视频文件”复选框，如图7-13所示。在“区间”文本框中输入每个视频的区间范围，如图7-14所示。

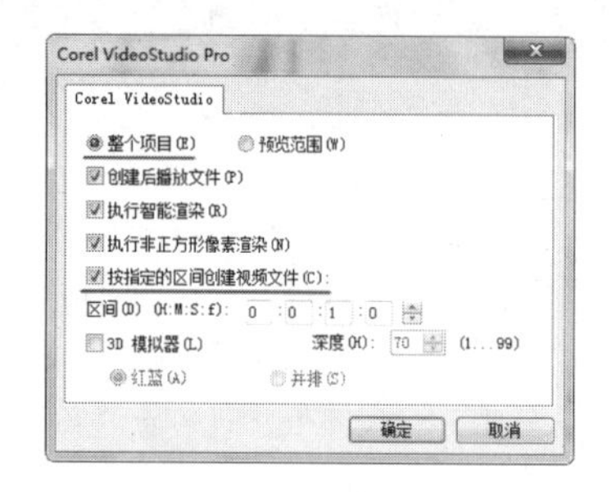

图7-13 设置相关选项

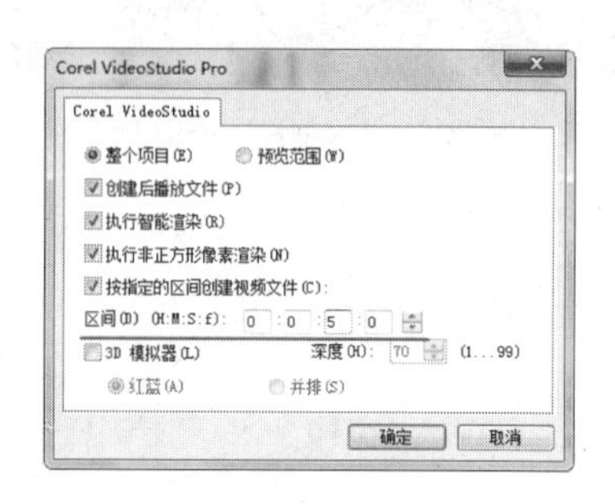

图7-14 设置“区间”值

单击“确定”按钮，完成该对话框的设置，在“创建视频文件”对话框中单击“保存”按钮输出视频文件，可以看到项目被分割输出为多个视频文件，每个视频文件的时间长度为“区间”文本框所设置的长度，如图7-15所示。

在输出选项对话框中提供了“执行智能渲染”复选框，智能渲染功能可以只渲染上一次渲染操作中修改的部分，对于修改后需要再次渲染输出的项目而言可以节约大量的时间。

图7-15 分割输出的视频

7.3 视频输出的技巧

使用会声会影中的项目回放功能，可以在输出影片之前使用全屏方式查看视频效果，如果影片在编辑方面没有问题再进行输出。转换输出视频的功能是一种很另类的输出方式，可以利用“成批转换”功能将会声会影保存的项目文件转换为视频文件。而优化MPEG视频功能可以对MPEG文件进行优化，根据需要控制所输出视频文件的体积。

1. 使用项目回放

在视频轨中插入一段视频后，切换到“分享”步骤中单击“项目回放”按钮，如图7-16所示。弹出“项目回放-选项”对话框，单击“完成”按钮（见图7-17），在全屏模式下查看影片的效果。在全屏幕查看影片的过程中，按Esc键，可以中途退出项目回放模式。

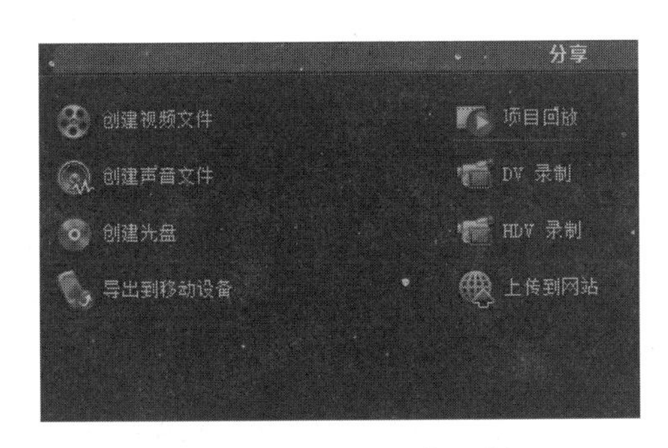

图7-16 单击“项目回放”按钮

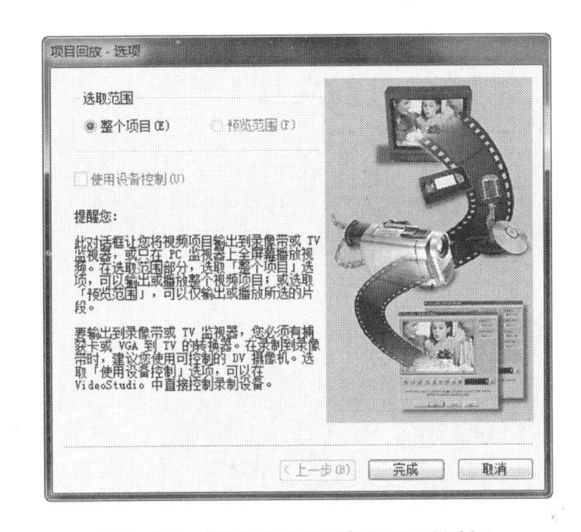

图7-17 “项目回放-选项”对话框

2. 转换输出视频

执行“文件>保存”命令，可以将当前编辑的项目保存，如图7-18所示。执行“文件>成批转换”命令，弹出“成批转换”对话框，如图7-19所示。

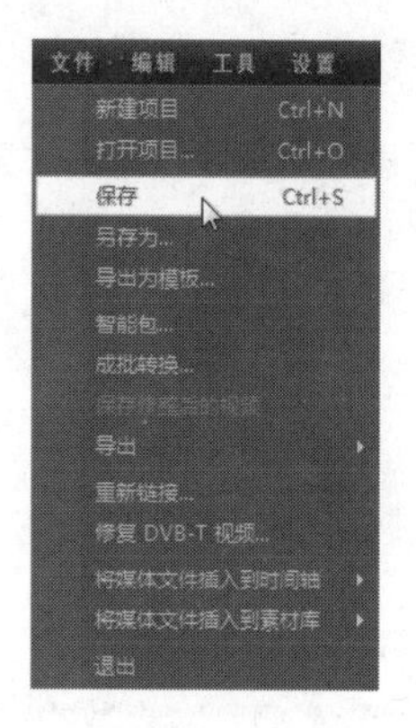

图7-18 执行“保存”命令

图7-19 “成批转换”对话框

单击“添加”按钮，选择刚保存的项目文件，如图7-20所示。选择文件的视频格式，然后单击“转换”按钮，进行转换输出，如图7-21所示。

图7-20 添加项目文件

图7-21 选择格式进行转换

3. 优化MPEG视频

在“分享”步骤中单击“创建视频文件”按钮，在弹出的菜单中选择“MPEG优化器”选项，如图7-22所示。弹出“MPEG优化器”对话框，选中“自定义转换文件的大小”单选按钮，在“大小”文本框中输入希望输出的视频文件大小，单击“接受”按钮，如图7-23所示。

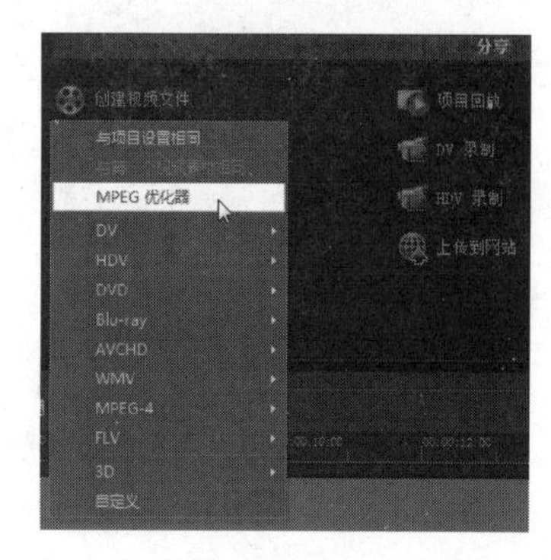

图7-22 选择“MPEG优化器”选项

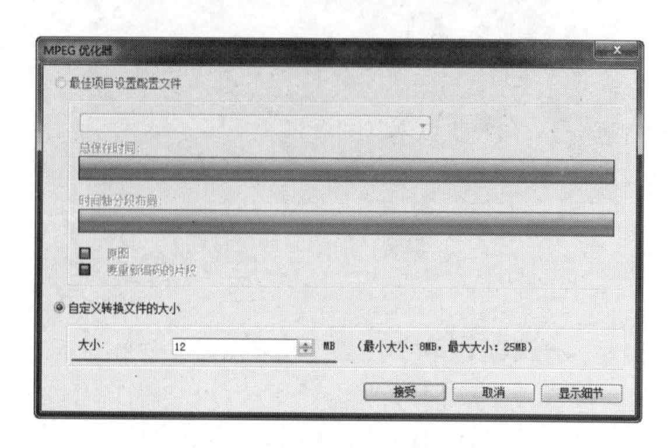

图7-23 设置“MPEG优化器”对话框

弹出“创建视频文件”对话框，选择输出保存的路径和文件名，单击“保存”按钮，输出视频文件。

“优化MPEG视频”功能只能生成MPEG格式的影片，而且只有在视频素材同样为MPEG格式时，“最佳项目设置配置文件”单选按钮才可以使用。

利用项目回放功能可以避免在输出影片后才发现影片中的问题。当使用硬件配置不高的计算机输出高清影片时，会出现因为系统资源不足而引起软件崩溃的现象，这时候使用转换输出视频功能往往可以成功地输出视频。使用优化MPEG视频功能可以控制生成的视频尺寸，在需要将输出的视频刻录到光盘中时非常有用。

7.4 自定义输出影片

会声会影中虽然提供了大量的输出选项，但是仍无法满足我们所有的输出需求，此时可以使用自定义输出的方式输出更多类型的视频。

在视频轨中任意插入一段视频，切换到“分享”步骤，单击“创建视频文件”按钮，在弹出的菜单中选择“自定义”选项，如图7-24所示。弹出“创建视频文件”对话框，在“保存类型”下拉列表中选择需要保存的视频类型，单击“选项”按钮，如图7-25所示。

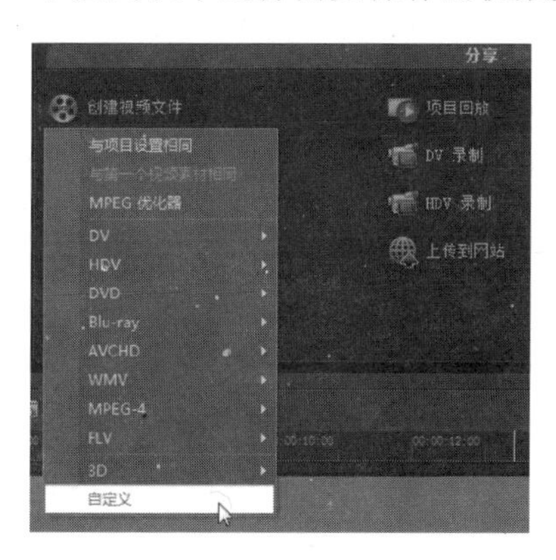

图7-24 选择“自定义”选项

图7-25 选择“保存类型”

弹出“视频保存选项”对话框，切换到“常规”选项卡中，在“帧速率”下拉列表中选择“30.000帧/秒”，在“标准”下拉列表中选择“704×576”选项，如图7-26所示。切换到“压缩”选项卡中，设置“视频数据速率”为800kbps，在“音频类型”下拉列表中选择AAC选项（见图7-27），单击“确定”按钮。

图7-26 设置“常规”选项卡

图7-27 设置“压缩”选项卡

在“创建视频文件”对话框中选择文件的输出保存路径和文件名，单击“保存”按钮，进行影片的输出。

自定义输出视频的设置与项目属性的设置完全相同，另一种自定义输出的方法是在项目属性中根据需要设置格式与品质，在“分享”步骤中单击“创建视频文件”按钮，然后选择“与项目设置相同”命令进行影片的输出。

7.5 自定义视频输出选项

我们可以通过自定义的方法生成输出选项中没有提供的输出设置。例如，我们在工作中经常需要输出某种设置的影片，此时可以将自己的视频设置保存为输出选项，这样就可以避免很多重复操作。

执行“设置>制作影片模板管理器”命令，弹出“制作影片模板管理器”对话框，如图7-28所示。单击“新建”按钮，弹出“新建模板”对话框，选择文件格式并输入模板名称，如图7-29所示。

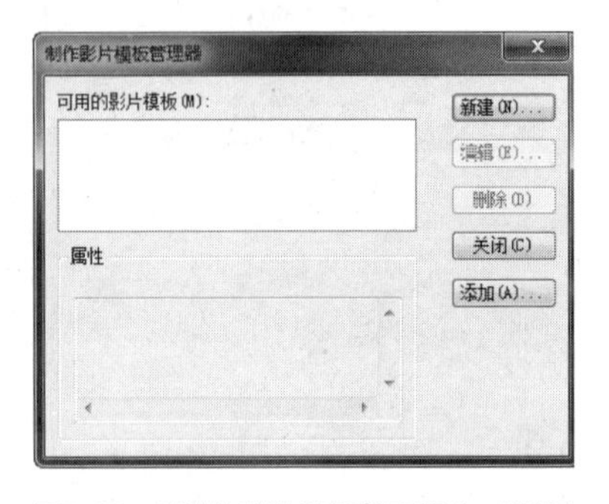

图7-28 “制作影片模板管理器”对话框

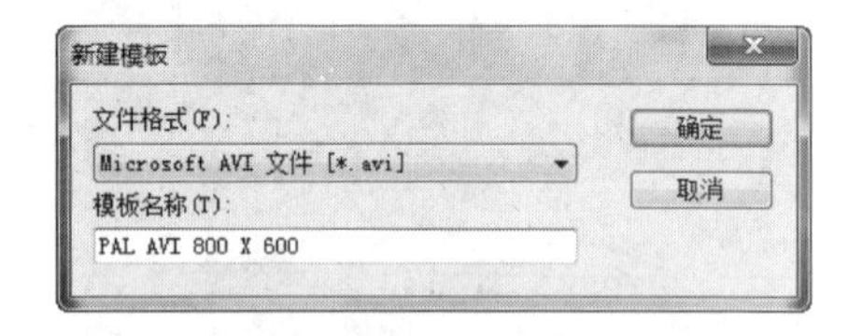

图7-29 “新建模板”对话框

单击“确定”按钮，弹出“模板选项”对话框，对视频的尺寸以及品质等进行相应的设置，如图7-30所示。单击“确定”按钮，完成“模板选项”对话框的设置，在“制作影片模板管理器”对话框中可以看到刚新创建的模板，如图7-31所示。

图7-30 “模板选项”对话框

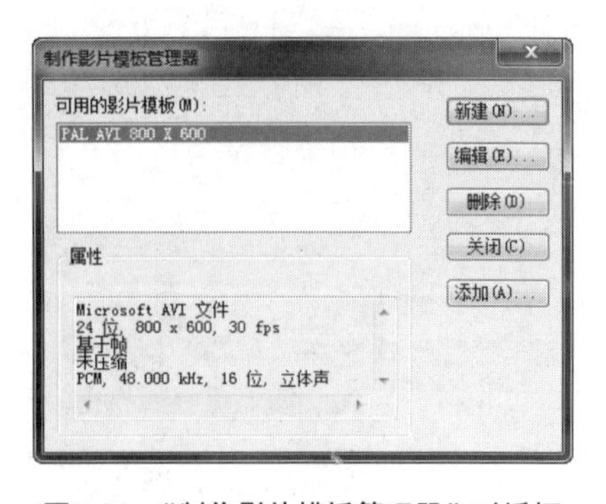

图7-31 “制作影片模板管理器”对话框

单击“关闭”按钮，完成自定义模板的创建，在“分享”步骤中单击“创建视频文件”按钮，在弹出的菜单中可以看到自定义的输出选项，如图7-32所示。

在“制作影片模板管理器”对话框中还可以对已经创建的自定义模板进行编辑和删除操作。

对于不熟悉视频格式与各种编码器设置的用户来说，还有一种方便的设置输出模板的方法：在“制作影片模板管理器”对话框中单击“添加”按钮，然后选择一个视频文件，这样系统就会根据所选的文件尺寸和编码生成输出模板。

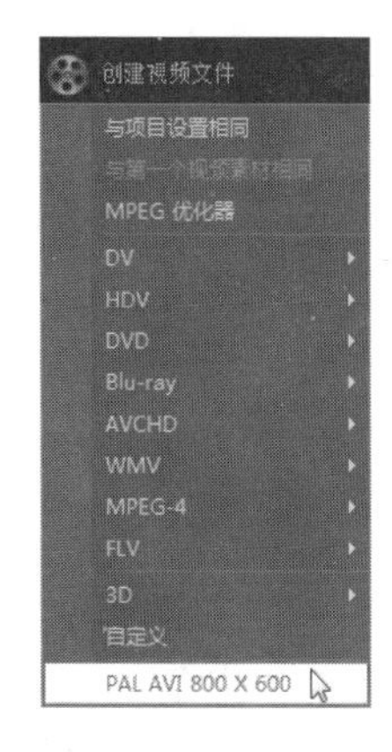

图7-32 自定义选项

7.6 将影片嵌入到网页中

随着网络的不断发展，将作品发布到网络上与朋友共享已经成为一种流行趋势。会声会影提供了将影片嵌入网页的功能，利用这个功能可以产生HTML代码的文档，并且将影片嵌入其中，打开这个网页就可以在线播放影片。

打开会声会影X4，在视频轨中任意插入一段视频，并确认选中视频轨中的素材，如图7-33所示。执行“文件>导出>网页”命令，弹出“网页”对话框，对在网页中嵌入的视频进行说明，如图7-34所示。

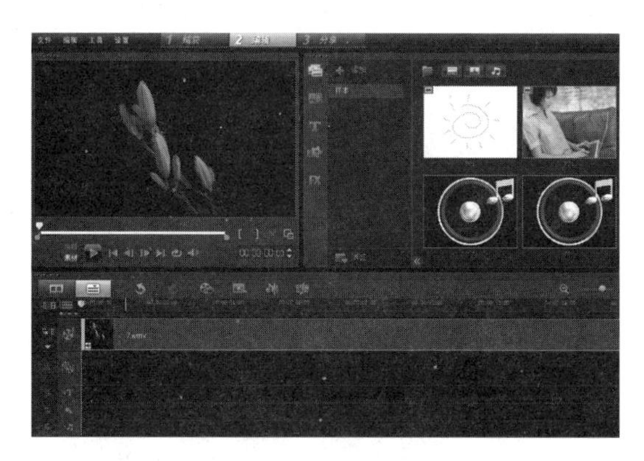

图7-33 插入视频

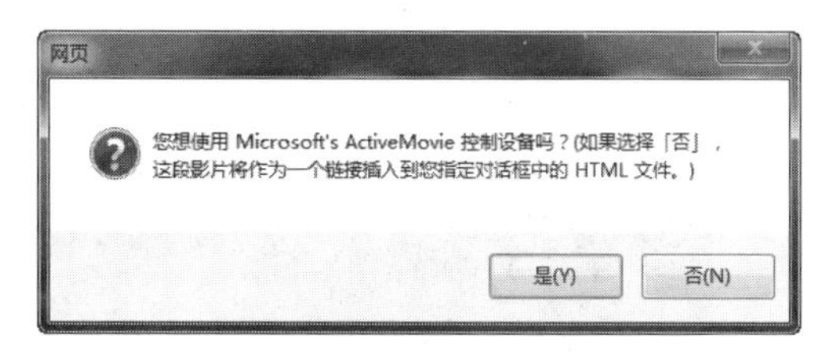

图7-34 “网页”对话框

单击“是”按钮，弹出“浏览”对话框，设置保存路径和文件名，如图7-35所示。单击“确定”按钮，即可输出为网页，输出结束后会自动打开网页，显示输出后的结果，如图7-36所示。

图7-35 “浏览”对话框

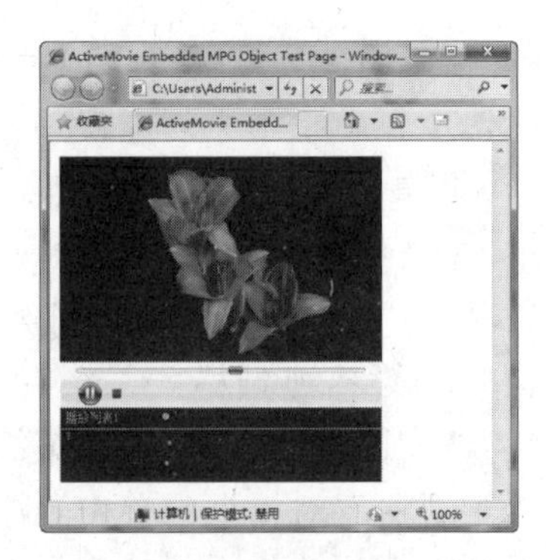

图7-36 在网页中嵌入视频

网页嵌入视频要点

只有使用AVI、WMV、ASF等微软开发的视频格式才可以在网页中正常地播放视频，MPEG和3GP等格式虽然也可以生成网页，但是不能使用微软的控件播放。

还有一点需要读者注意，只有在视频轨中被选中的素材才能嵌入到网页中。如果项目中使用了多个素材，要先将项目输出为视频文件，再将输出的视频文件插入到视频轨上，然后将其嵌入到网页中。

如果追求影片的品质必然会导致视频的体积过大，那么在网络上将很难流畅地播放影片，因此，读者在使用这个功能之前一定要根据网络情况控制好影片的尺寸和品质。与AVI和WAV格式相比，FLV格式更加适合网络在线播放，遗憾的是，会声会影不支持FLV格式的导入，因此，不能在会声会影中直接将FLV格式的影片嵌入到网页中。

7.7 通过电子邮件发送视频文件

会声会影可以与Windows系统中的Outlook Explorer交互，快速地将视频文件插入到电子邮件的附件中，这样就可以通过电子邮件将作品与朋友共享了。

打开会声会影X4，在视频轨中任意插入一段视频，并确认选中视频轨中的素材，如图7-37所示。执行“文件>导出>电子邮件”命令，如图7-38所示。

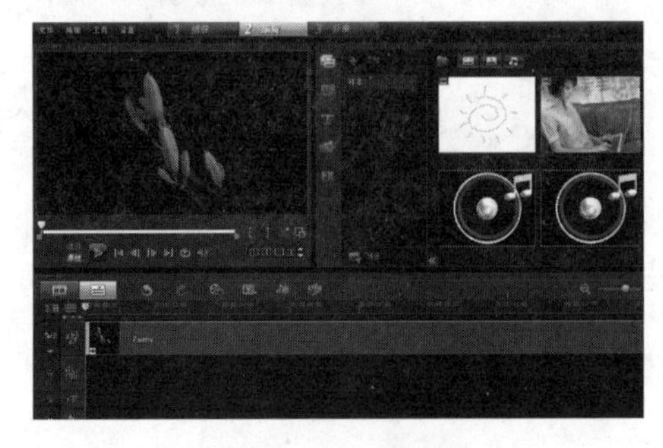

图7-37 插入视频

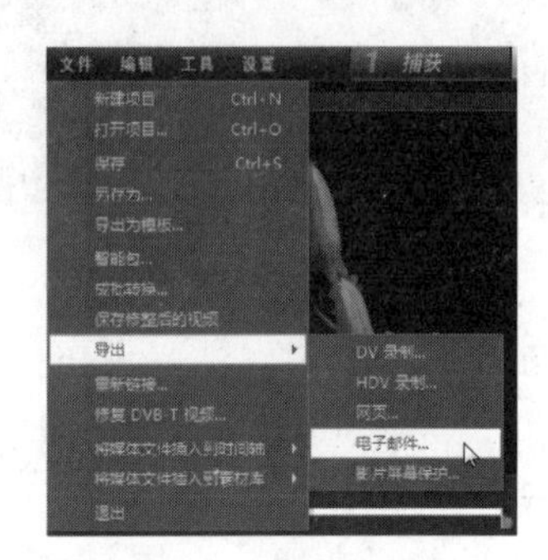

图7-38 执行菜单命令

弹出Outlook创建新邮件的窗口，视频文件已经作为附件被插入到电子邮件中，输入收件人的地址和邮件主题后，单击“发送”按钮，即可发送邮件，如图7-39所示。

在使用Outlook收发电子邮件之前，需要对Outlook进行相应的设置。

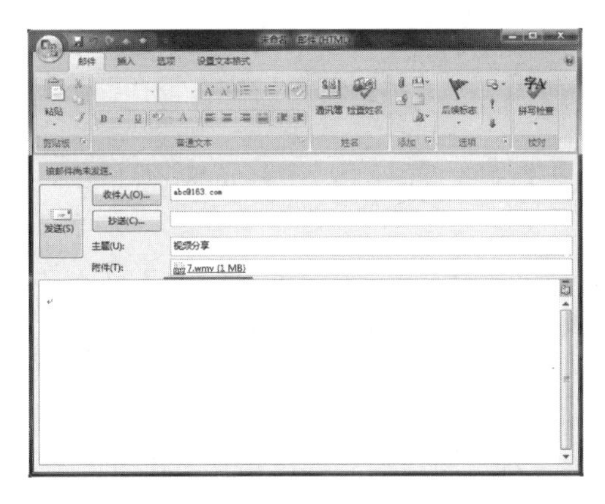

图7-39 创建电子邮件窗口

7.8 创建系统屏保

会声会影还提供了一个比较有趣的输出功能，那就是将影片输出为屏幕保护程序，这样大家就可以经常在计算机上欣赏到自己的作品了。

打开会声会影X4，在视频轨中任意插入一段视频，并确认选中视频轨中的素材，如图7-40所示。执行“文件>导出>影片屏幕保护”命令，如图7-41所示。

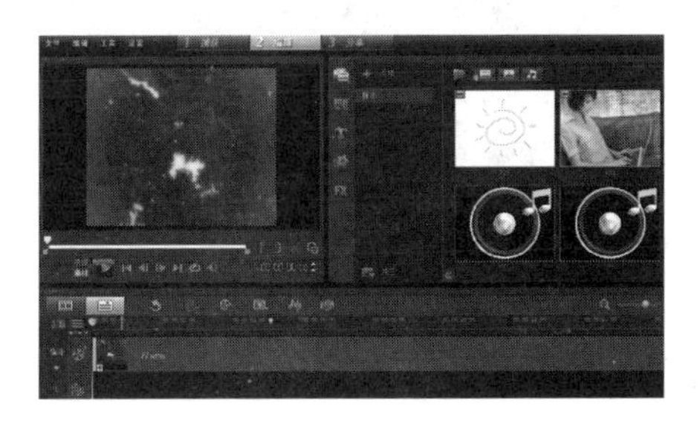

图7-40 插入视频

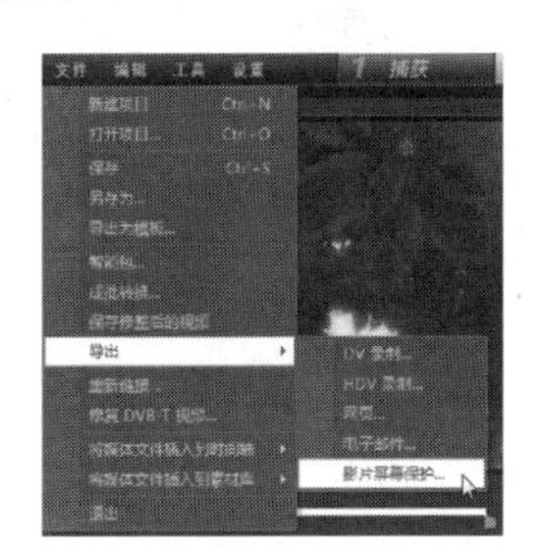

图7-41 执行菜单命令

系统会自动弹出“屏幕保护程序设置”对话框，在该对话框中，影片已经被设置为应用的屏幕保护程序，如图7-42所示。根据需要设置屏幕保护的“等待”参数，单击“确定”按钮，完成屏幕保护的设置，如图7-43所示。

图7-42 “屏幕保护程序设置”对话框

图7-43 设置屏幕保护等待时间

大家要注意，只有WMV格式的影片才可以输出为屏幕保护程序，其他格式的影片需要先转换为WMV视频格式才能进行输出。

7.9 刻录视频光盘

会声会影提供了一个专门用于刻录光盘的程序，该程序可以在会声会影中直接调用，将编辑完成的项目输出并刻录到光盘中。

打开会声会影X4，在项目时间轴的视频轨中插入两段视频。切换到“分享”步骤，单击“创建光盘”按钮，在弹出的菜单中选择DVD选项，如图7-44所示。弹出相应对话框，显示需要刻录的视频文件，在其中还可以添加其他视频或项目文件，如图7-45所示。

图7-44 选择DVD选项

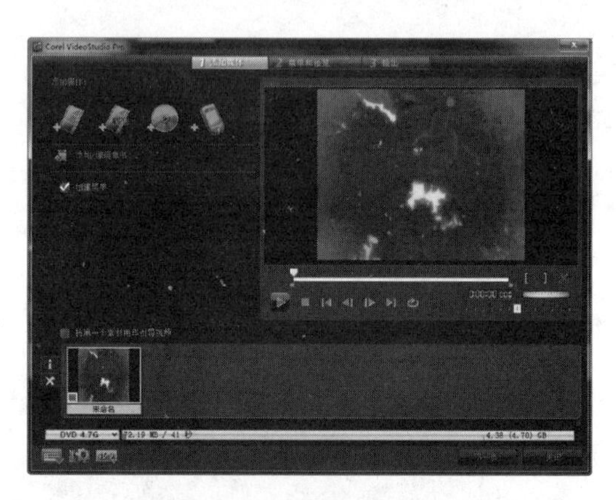

图7-45 刻录DVD的对话框

单击“下一步”按钮，可以切换到“菜单和预览”步骤，在该步骤中可以为刻录的视频添加菜单文字、背景样式等，如图7-46所示。单击“下一步”按钮，可以切换到“输出”步骤，在该步骤中显示了刻录光盘的相关设置选项，如图7-47所示。

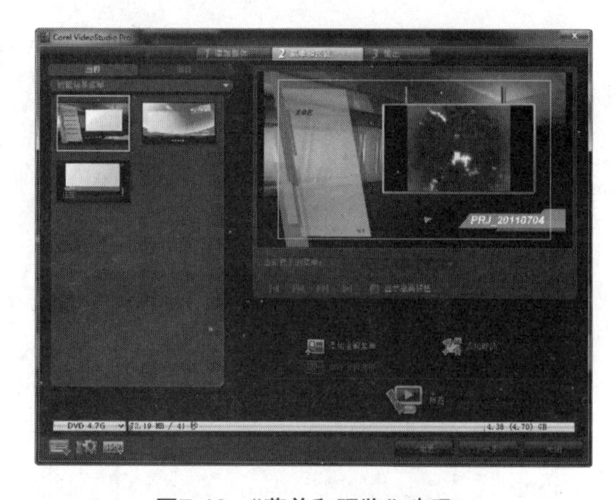

图7-46 “菜单和预览”步骤

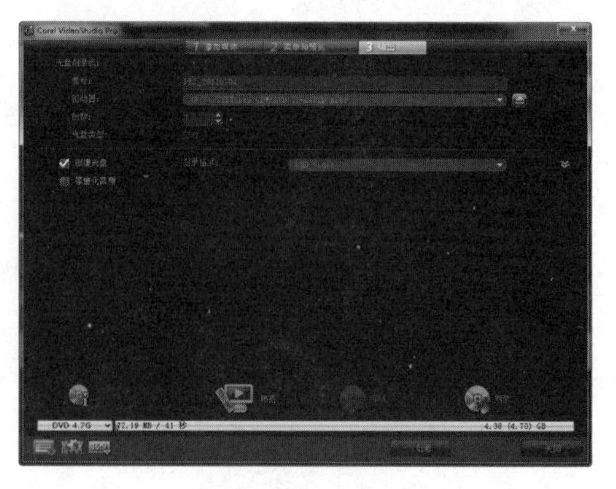

图7-47 “输出”步骤

单击“刻录”按钮，即可开始刻录DVD光盘。

自我检测

在前面的内容中，我们一起学习了在会声会影中如何输出项目，以及项目输出过程中的各种方法和技巧。

接下来，我们将综合运用已经掌握的会声会影的各项功能，制作多个具有代表性和实用价值的实例。这些实例涵盖了会声会影最主要的应用，大家只要熟练掌握这些实例的制作方法，就可以使用会声会影随心所欲地制作属于自己的作品了。

让我们一起开始实例的练习吧，为创作出更加精美的作品加油。

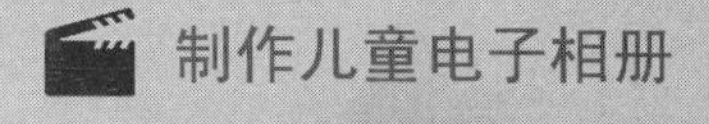
制作儿童电子相册

制作婚纱电子相册

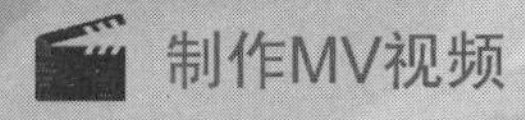
制作MV视频

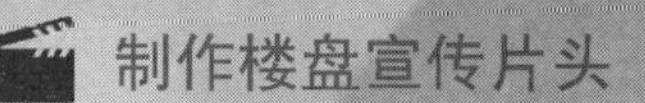
制作楼盘宣传片头

1 / 制作儿童电子相册

儿时的回忆对于每个人来说都是非常具有纪念价值的，是一生中最难忘的回忆。如果要通过影片记录下这些美好时刻，除了应用必要的拍摄技巧以外，后期处理尤其重要。通过后期处理，不仅可以对儿时的原始素材进行合理的编辑，而且可以为影片添加各种文字、音乐及特效，使影片更具珍藏价值。

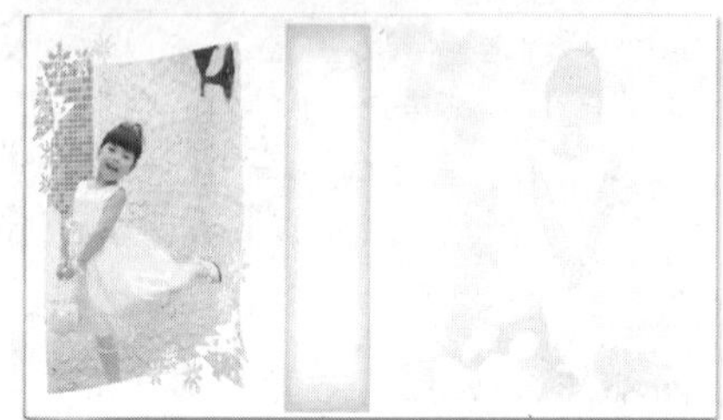

- 使用到的技术　综合运用会声会影的各项功能
- 学习时间　60分钟
- 视频地址　光盘\视频\第7天\制作儿童电子相册.swf
- 源文件地址　光盘\源文件\第7天\制作儿童电子相册.VSP

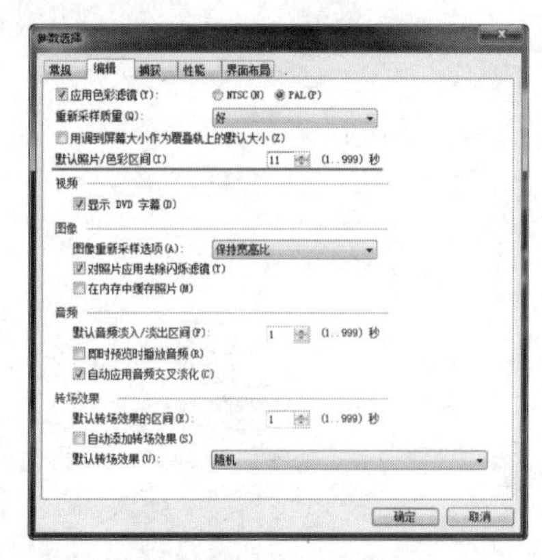

01 打开会声会影X4，按快捷键F6，弹出“参数选择”对话框，设置“默认照片/色彩区间”为11秒。

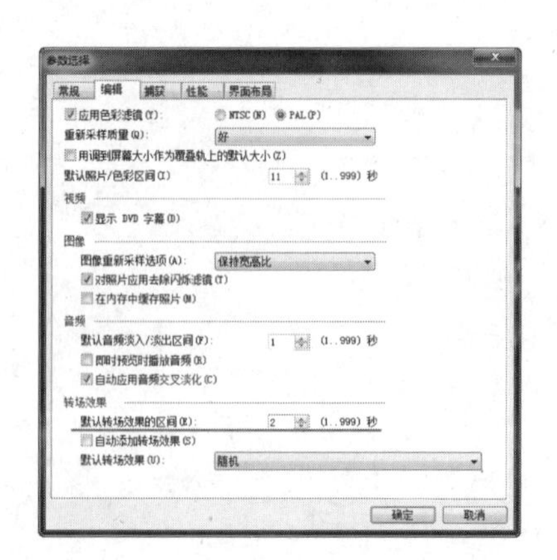

02 设置“默认转场效果的区间”为2秒，单击“确定”按钮，完成“参数选择”对话框的设置。

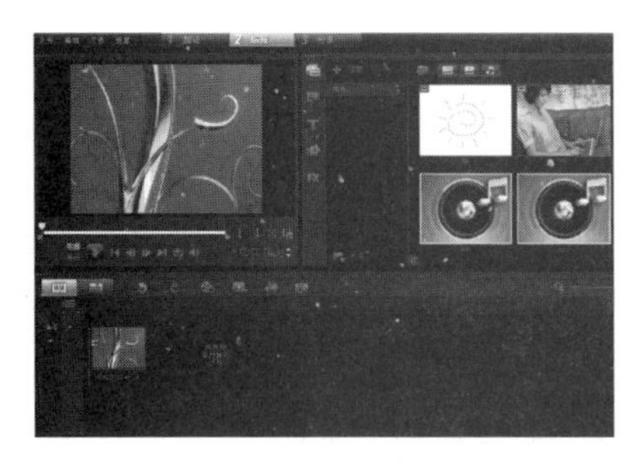

03 切换到故事板视图中，插入视频文件“光盘\源文件\第7天\素材\701.mp4”。

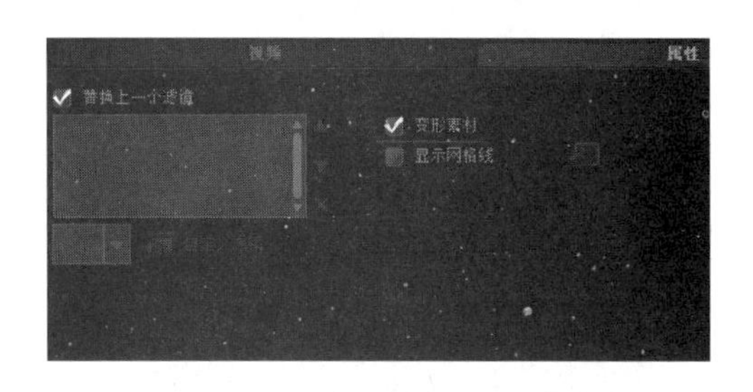

04 双击刚添加的视频素材，打开“选项”面板，在“属性”选项卡中选中“变形素材”复选框。

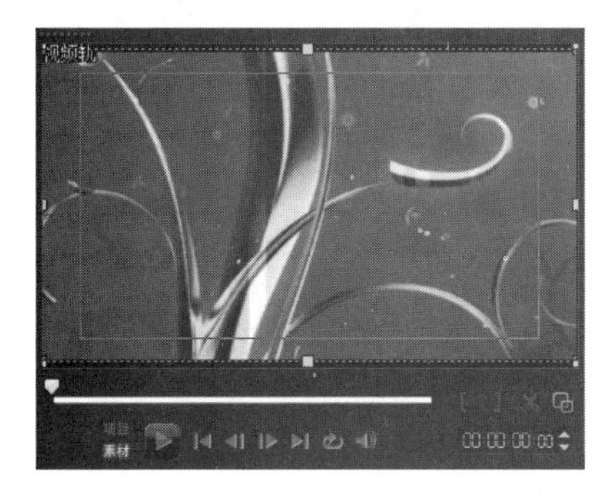

05 在预览窗口中单击鼠标右键，在弹出的菜单中选择“调整到屏幕大小”选项。

06 在项目时间轴中按顺序添加其他素材照片。

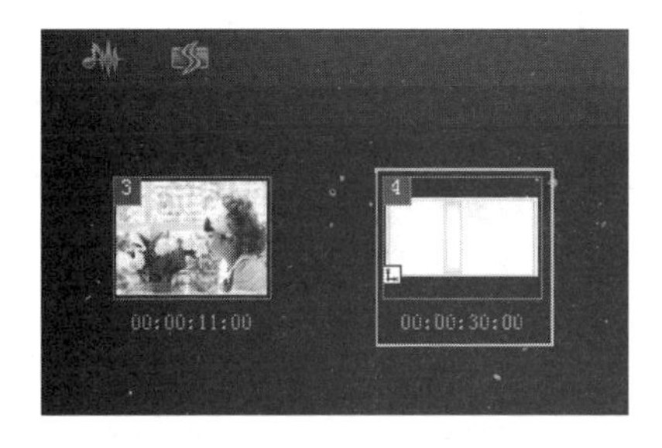

07 修改素材4的“区间”为30秒。

08 切换到“转场”素材库，在下拉列表中选择“遮罩”类别，将“遮罩A”转场拖曳至素材1与素材2之间。

09 在“转场”素材库的下拉列表中选择“过滤”类别，将“遮罩”转场拖曳至素材2与素材3之间。

10 在“转场”素材库的下拉列表中选择“收藏夹”类别，将“交叉淡化”转场拖曳至素材3与素材4之间。

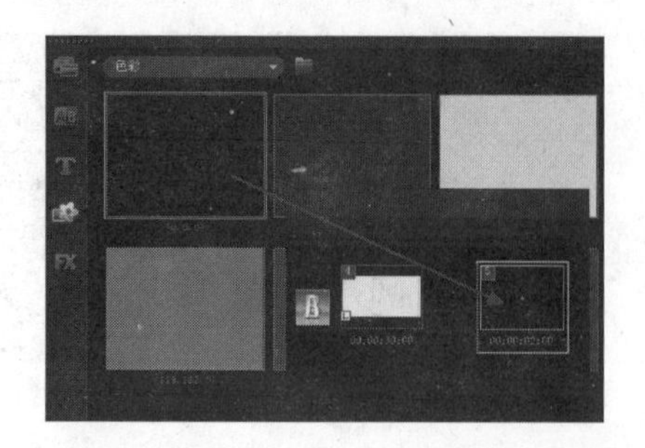

11 切换到“图形”素材库，将黑色图形拖曳至所有素材的后方，并修改黑色图形的“区间”为2秒。

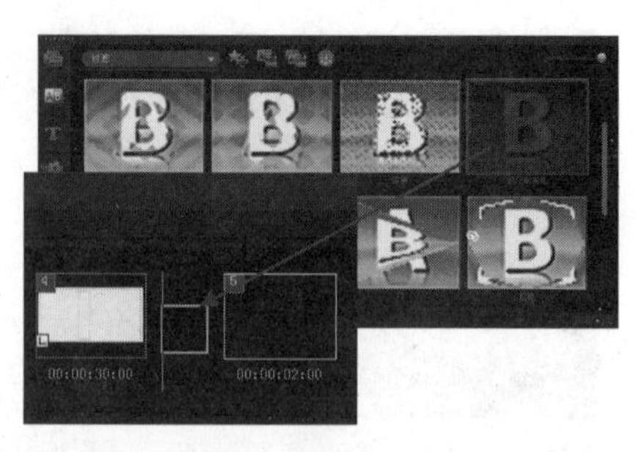

12 切换到“转场”素材库，在下拉列表中选择“过滤”类别，将“淡化到黑色”转场拖曳至素材4与素材5之间。

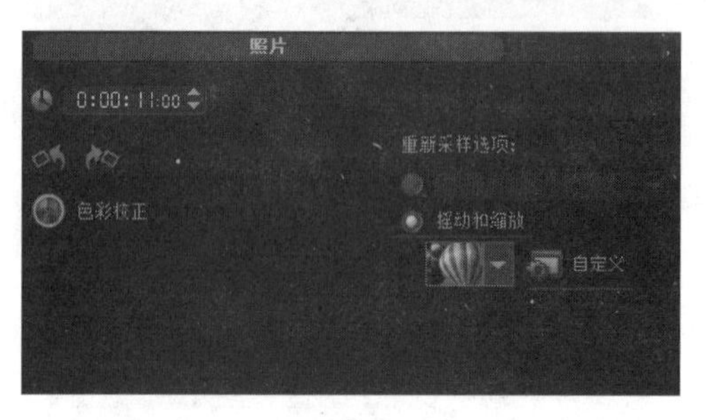

13 双击视频轨上的素材2，打开“选项”面板，选中“摇动和缩放”单选按钮，然后单击“自定义”按钮。

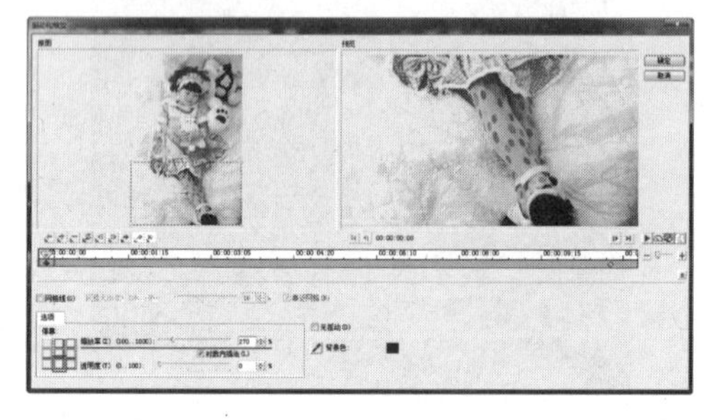

14 弹出“摇动和缩放”对话框，选择第1个关键帧，并对相关参数进行设置。

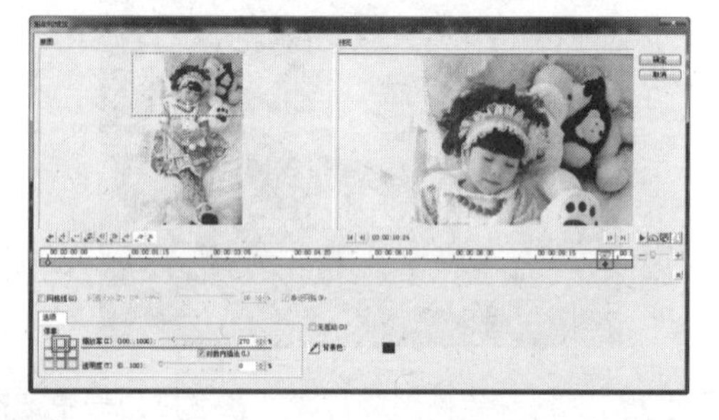

15 选择第2个关键帧，对相关参数进行设置，完成“摇动和缩放”对话框的设置。

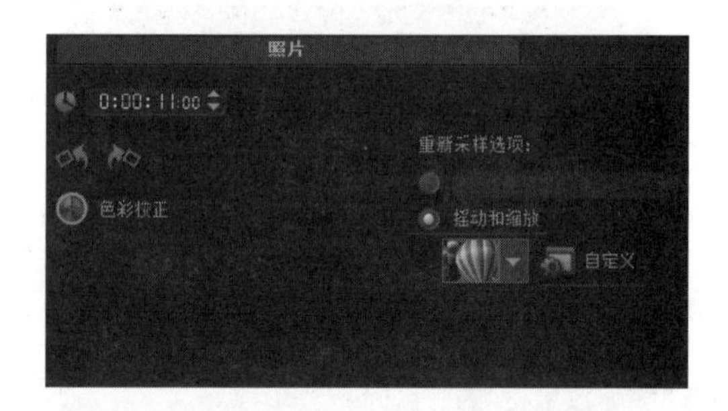

16 双击视频轨上的素材3，打开“选项”面板，选中“摇动和缩放”单选按钮，然后单击“自定义”按钮。

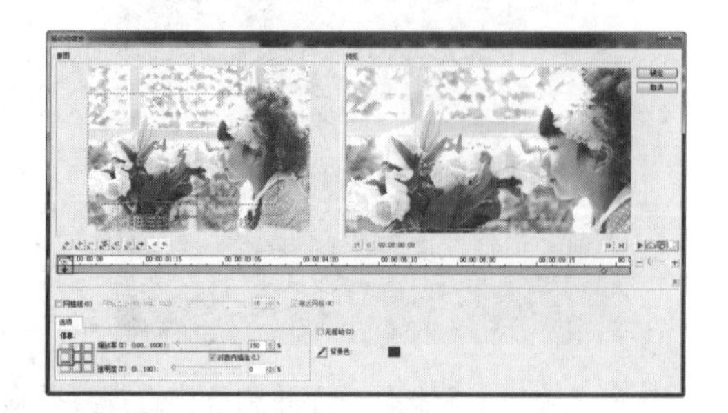

17 弹出“摇动和缩放”对话框，选择第1个关键帧，并对相关参数进行设置。

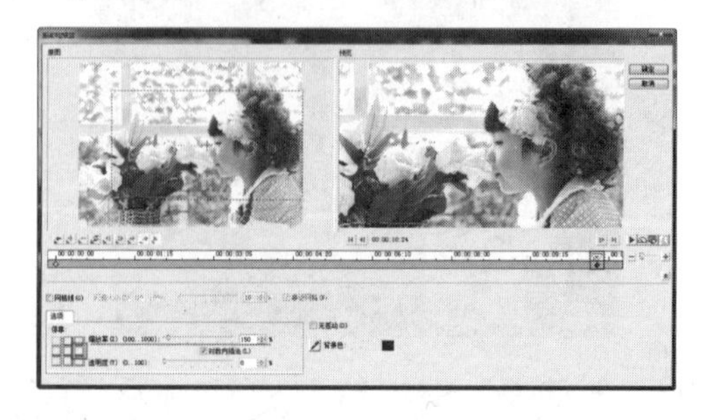

18 选择第2个关键帧，对相关参数进行设置，完成“摇动和缩放”对话框的设置。

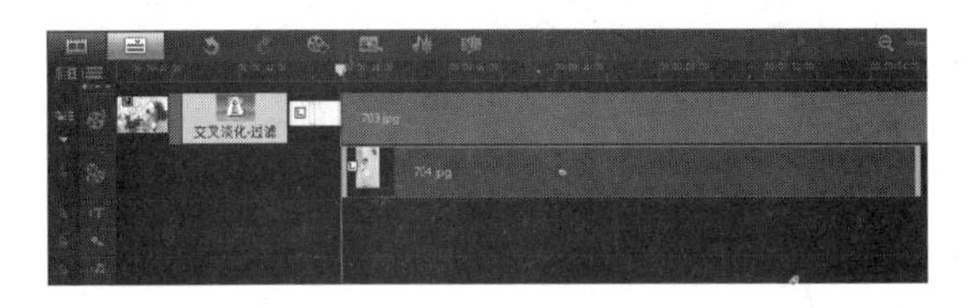

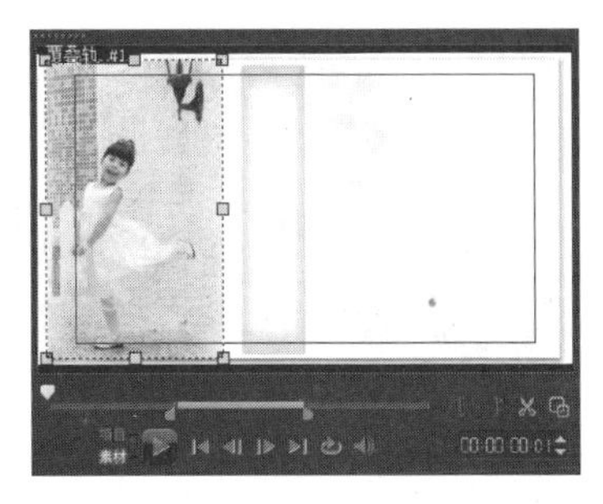

19 切换到时间轴视图中，单击“覆叠轨”按钮，在覆叠轨1中插入照片“光盘\源文件\第7天\素材\704.jpg”，并调整到与703.jpg左侧对齐。

20 设置刚添加的素材的“区间”为25秒，在预览窗口中调整素材到合适的大小和位置。

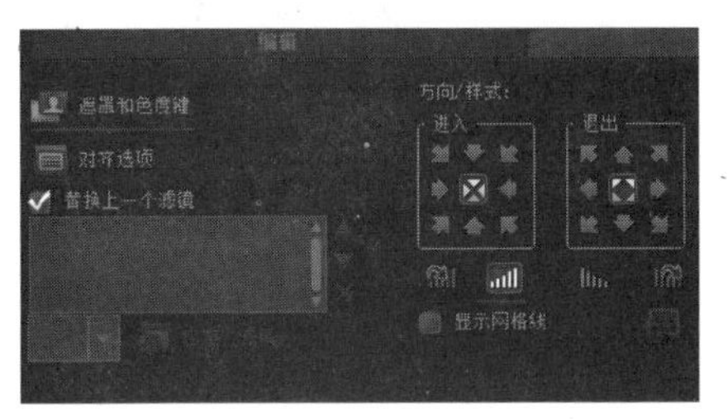

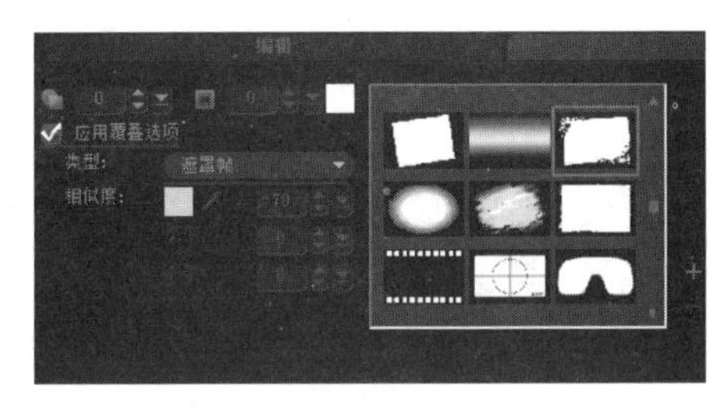

21 双击覆叠轨1上的素材，打开“选项”面板，单击“淡入动画效果”按钮，再单击“遮罩和色度键”按钮。

22 切换到“遮罩和色度键”选项设置面板，对相关选项进行设置。

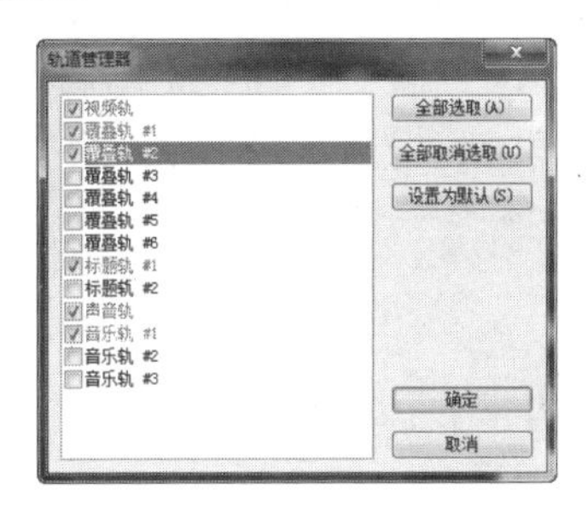

23 单击项目时间轴上的“轨道管理器”按钮，在弹出的对话框中选中“覆叠轨#2”复选框，单击“确定”按钮。

24 显示覆叠轨2，在覆叠轨2上插入照片“光盘\源文件\第7天\素材\705.jpg”，并调整到合适的位置。

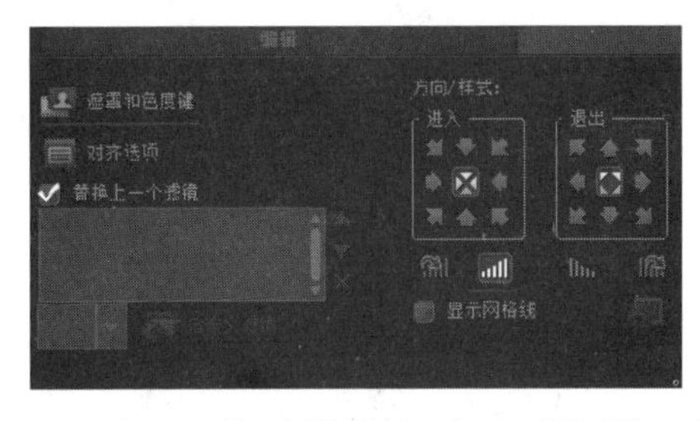

25 设置覆叠轨2上素材的“区间”为18秒，并在预览窗口中调整其到合适的大小和位置。

26 双击覆叠轨2上的素材，打开“选项”面板，单击“淡入动画效果”按钮，再单击“遮罩和色度键”按钮。

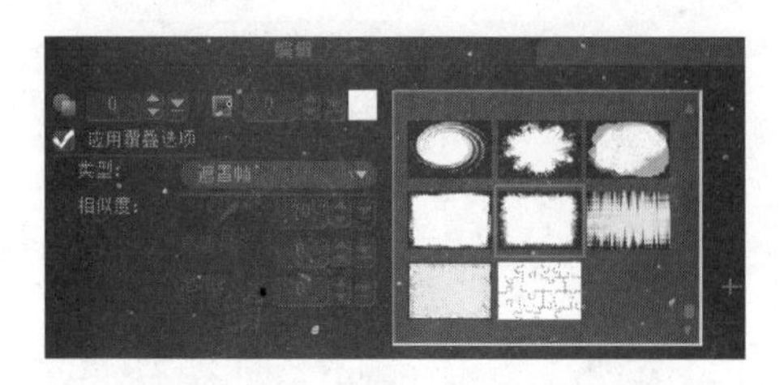

27 切换到“遮罩和色度键”选项设置面板，对相关选项进行设置。

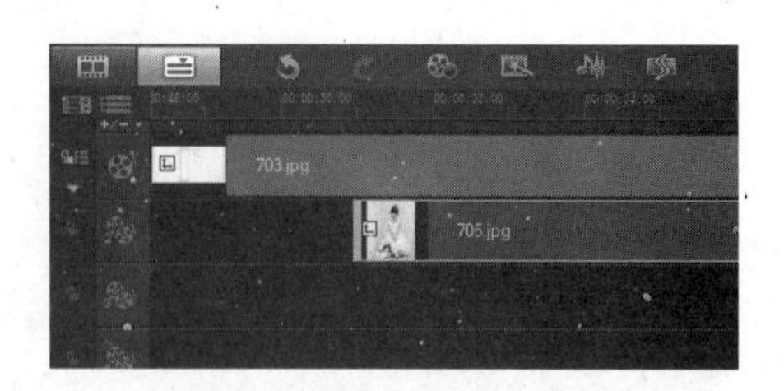

28 使用相同的方法，显示出覆叠轨3～覆叠轨5。

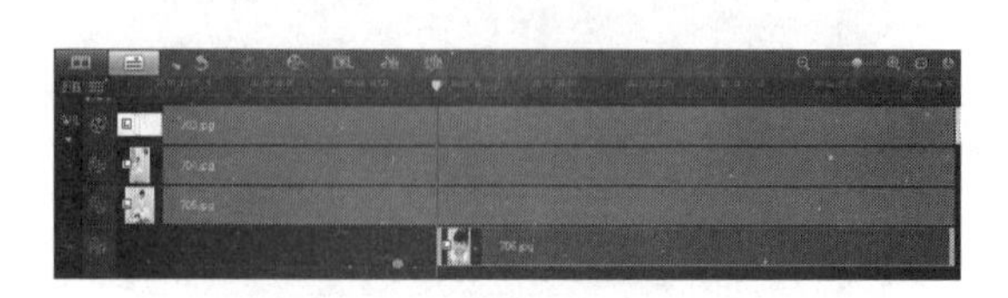

29 在覆叠轨3中插入照片“光盘\源文件\第7天\素材\706.jpg”，并调整到合适的位置。

30 双击覆叠轨3上的素材，在预览窗口中调整其到合适的大小和位置。

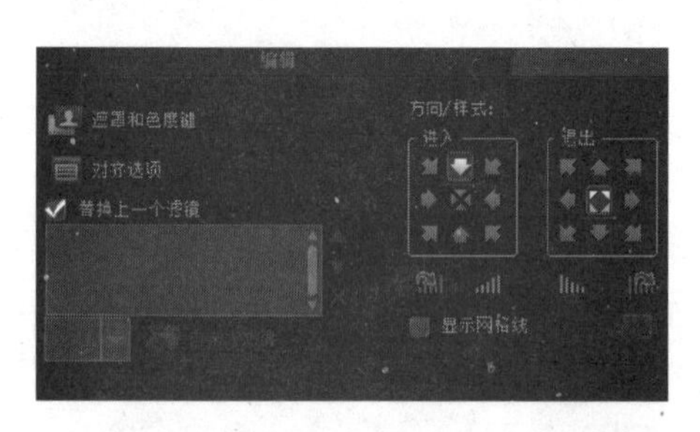

31 打开“选项”面板，在“进入”选项组中单击“从上方进入”按钮，在“退出”选项组中单击“静止”按钮。

32 使用相同的方法，制作出覆叠轨4和覆叠轨5上的内容。

33 进入“标题”素材库，将相应的标题素材拖曳至标题轨上。

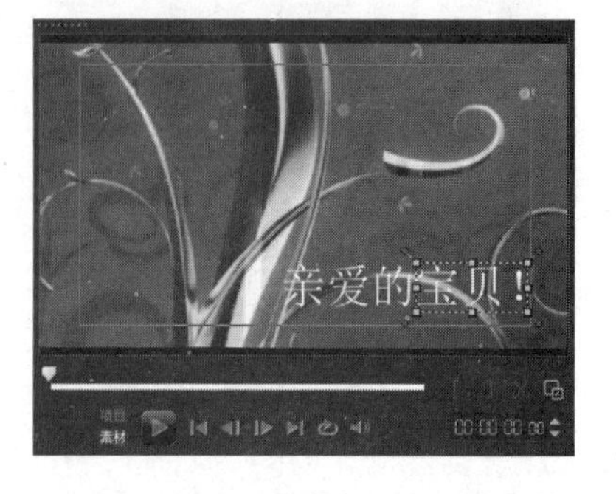

34 双击标题轨上的标题，在预览窗口中修改标题的内容。

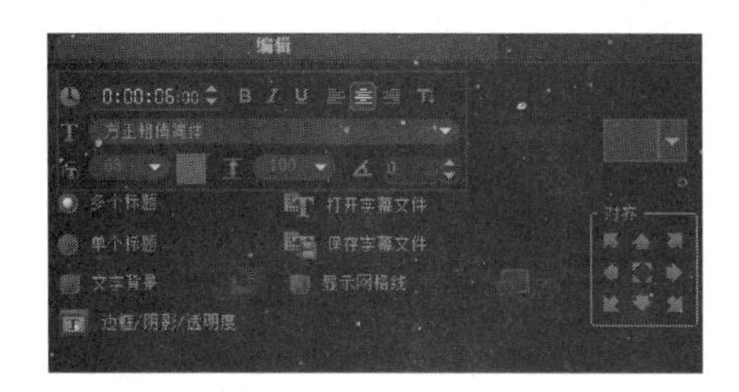

35 在“选项”面板中设置“区间”为6秒，并对文字的相关属性进行设置。

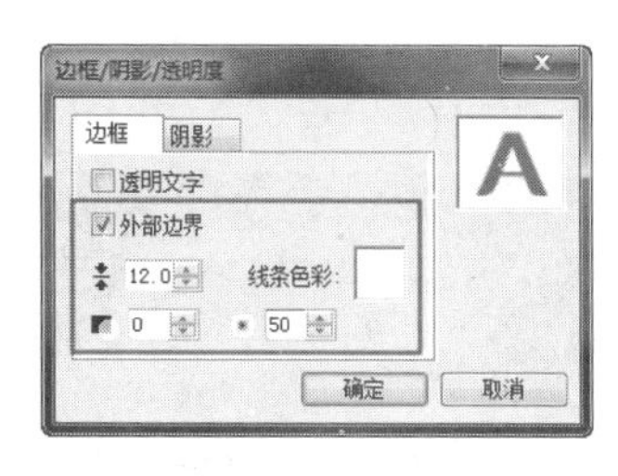

36 单击“边框/阴影/透明度”按钮，弹出“边框/阴影/透明度”对话框，对相关选项进行设置。

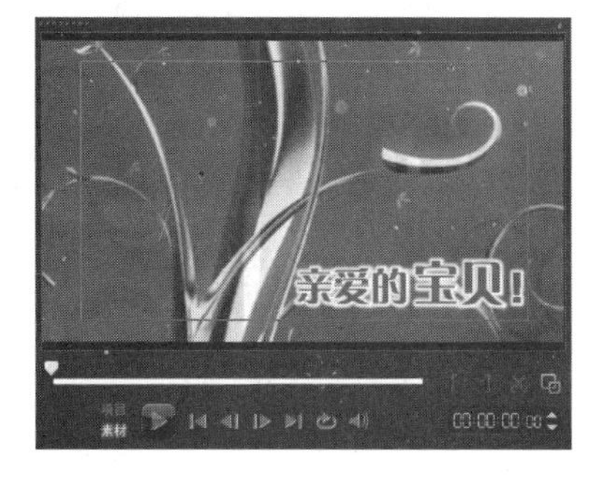

37 完成标题文字属性的设置，可以在预览窗口中看到标题文字的效果。

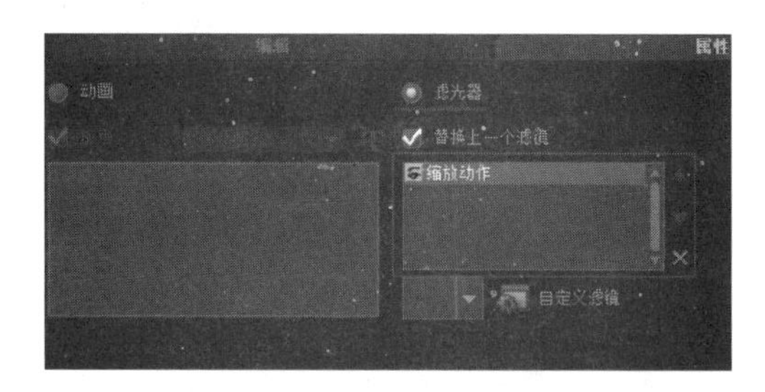

38 打开“选项”面板，切换到“属性”选项卡，选中“滤光器”单选按钮，删除“光线”滤镜。

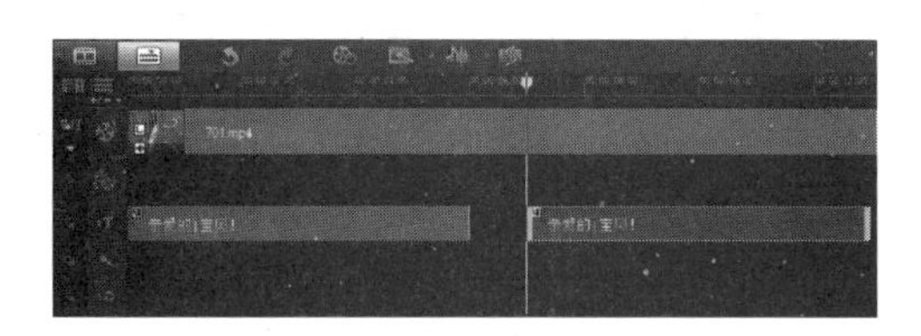

39 在标题轨上复制编辑完成的标题素材，然后单击鼠标将其粘贴到7秒的位置。

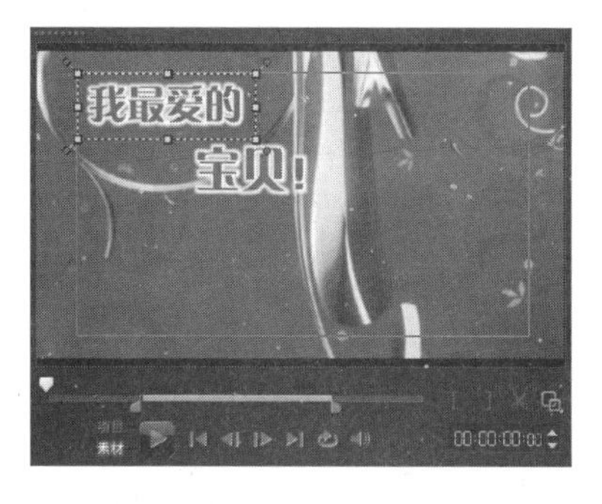

40 双击复制得到的标题素材，在预览窗口中修改文字的内容。

41 在“标题”素材库中选择合适的标题素材，拖曳至标题轨上区间为14秒的位置。

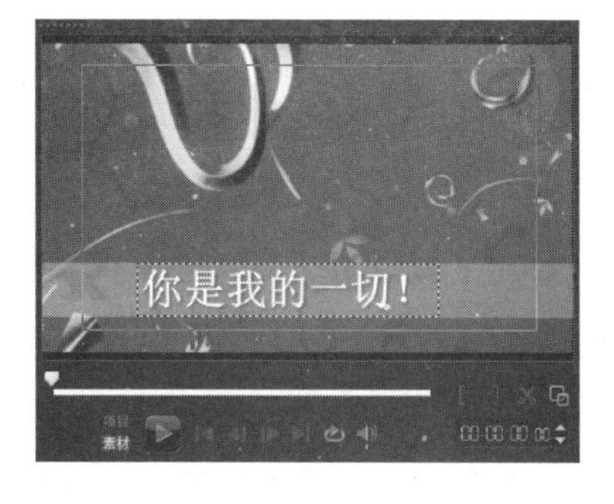

42 双击标题轨上新添加的标题素材，在预览窗口中修改标题内容。

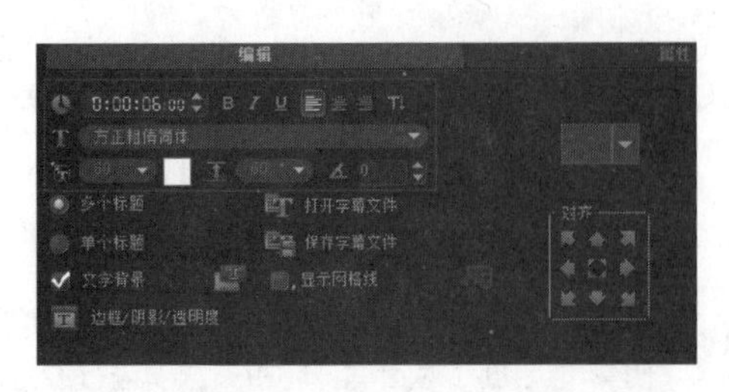

43 在“选项”面板中设置“区间”为6秒，并对文字的相关属性进行设置。

44 完成文字属性的设置，在预览窗口中可以看到文字的效果。

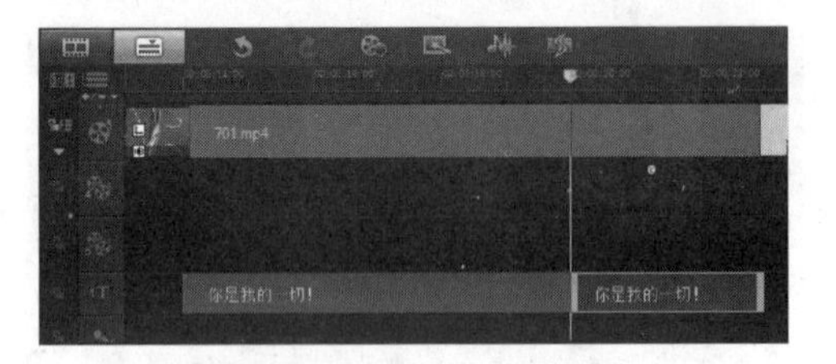

45 复制标题轨上的第3个标题素材，将其粘贴到第3个标题素材的后面，修改其“区间”为3秒。

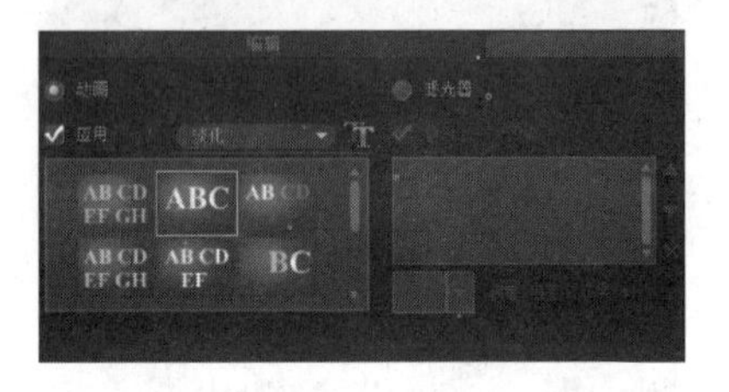

46 打开“选项”面板，切换到“属性”选项卡，在“选取动画类型”下拉列表中选择“淡化”选项，然后单击“自定义动画属性”按钮。

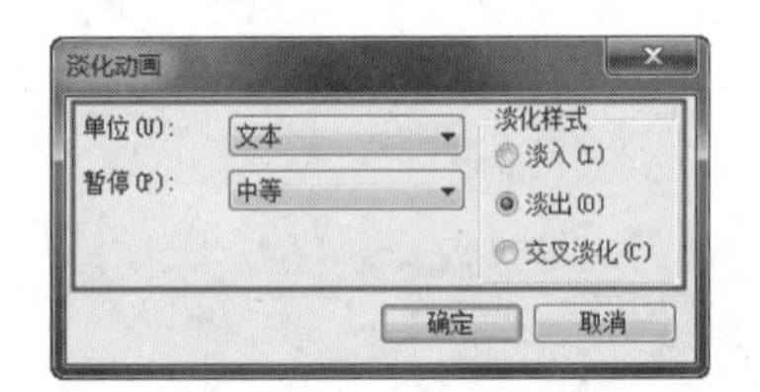

47 弹出“淡化动画”对话框，对相关选项进行设置，完成“淡化动画”对话框的设置。

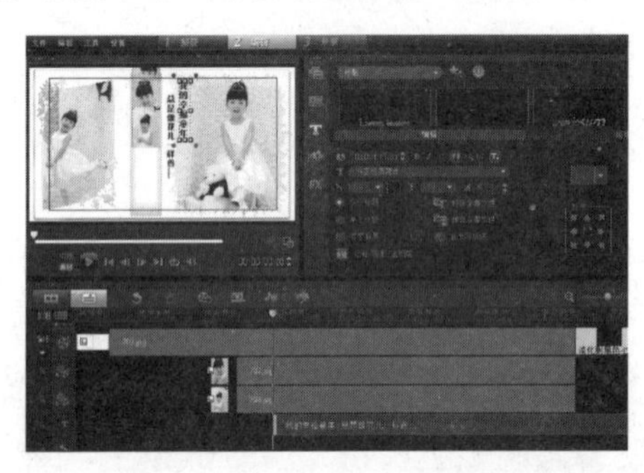

48 切换到“标题”素材库，在预览窗口中双击，输入标题，并将标题文字调整至区间为1分种的位置。

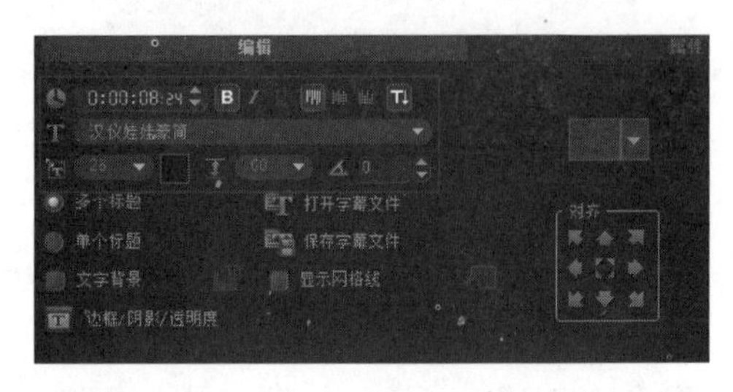

49 在“选项”面板中对文字的相关属性进行设置。

50 完成标题文字相关属性的设置，在预览窗口中可以看到标题文字的效果。

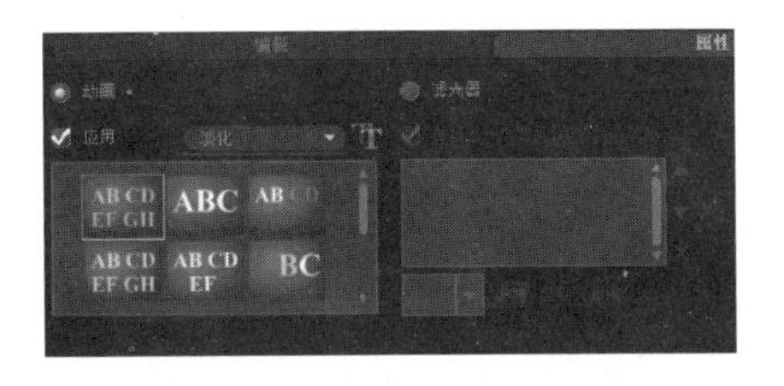

51 打开“选项”面板，切换到“属性”选项卡，选择“淡化”选项，并在预设中选择第1个预设。

52 在项目时间轴的声音轴的音乐轨中插入音频文件“光盘\源文件\第7天\素材\709.wma”，并调整其区间与项目的区间相同。

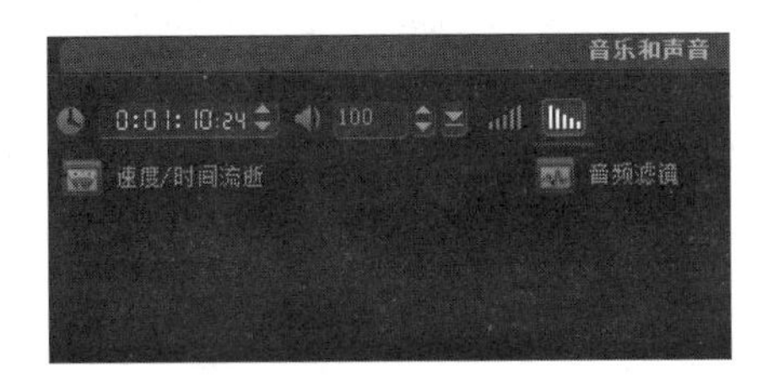

53 双击音乐轨上的音频素材，打开“选项”面板，单击“淡出”按钮。

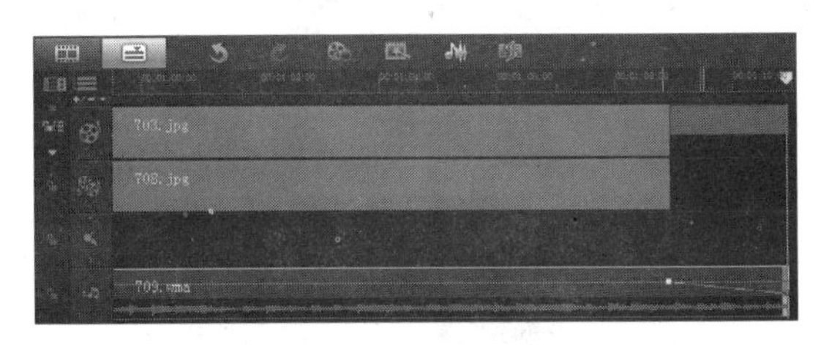

54 单击工具栏上的“混音器”按钮，可以调整音乐淡出的时间。

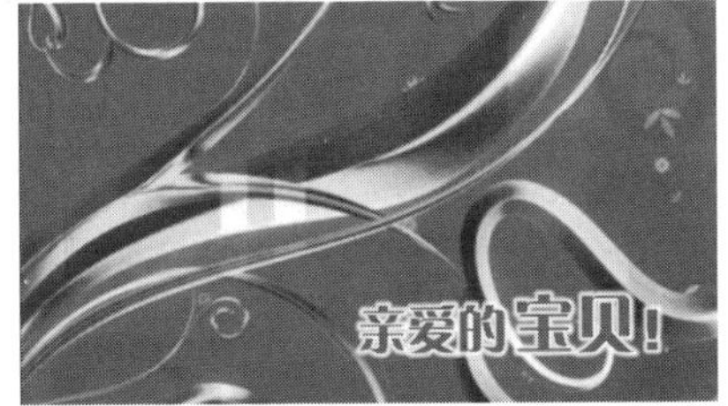

55 完成该儿童电子相册的制作，在预览窗口中激活“项目”模式，单击“播放”按钮，即可看到所制作的儿童电子相册的效果。还可以通过“分享”步骤，将项目输出为视频文件。

☆ 操作小贴士 ☆

制作任何一种视频作品都要经过构思、收集和制作3个阶段。在构思阶段，我们即使不需要像编剧那样为影片编写脚本，也要将视频的长度、主题、表现手段等做到心中有数。在收集阶段要根据影片的需要收集视频、图片、声音等素材，然后对素材进行前期的修剪和转换格式等处理。在制作阶段，我们可以将影片分为片头、内容和片尾3个部分，逐个进行编辑处理。制作完成后，最好预览一下完整的作品再进行输出。

2 / 制作婚纱电子相册

使用数码相机或数码摄像机将结婚这一重要时刻记录下来，并在会声会影中进行编辑，可以制作出精美的视频效果，将美好的回忆记录下来，本实例来制作一个婚纱电子相册。

使用到的技术	用Particleillusion制作粒子特效、综合运用会声会影的各项功能
学习时间	45分钟
视频地址	光盘\视频\第7天\制作婚纱电子相册.swf
源文件地址	光盘\源文件\第7天\制作婚纱电子相册.VSP

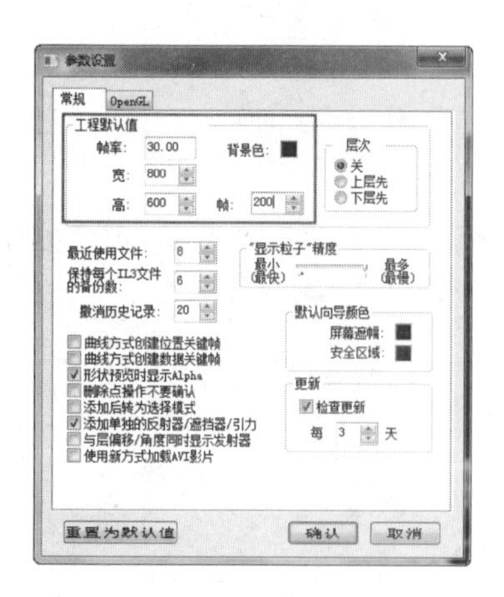

01 打开Particleillusion软件，执行“查看>参数设置”命令，弹出“参数设置”对话框，对相关选项进行设置。

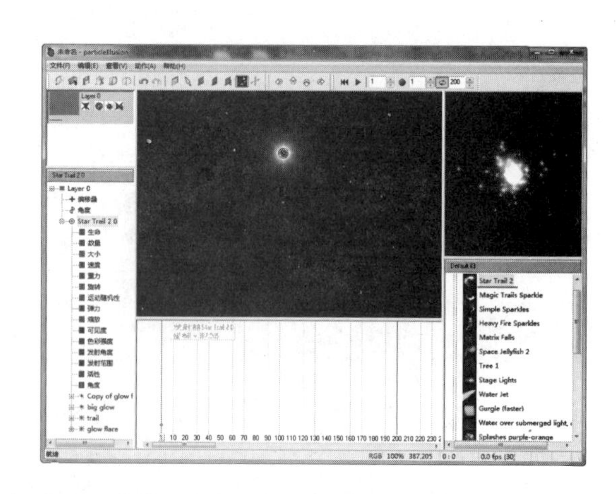

02 完成“参数设置”对话框的设置，在“库”面板中选择“Star Trail2”粒子，在设计窗口中单击创建粒子。

03 单击工具栏上的“选择工具”按钮，设置“当前帧”为30，并在设计窗口中移动粒子建立路径节点。

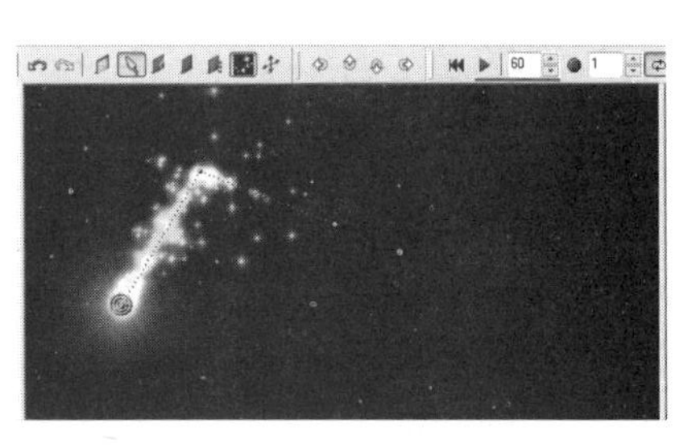

04 设置“当前帧”为60，在设置窗口中继续移动粒子，建立新的节点。

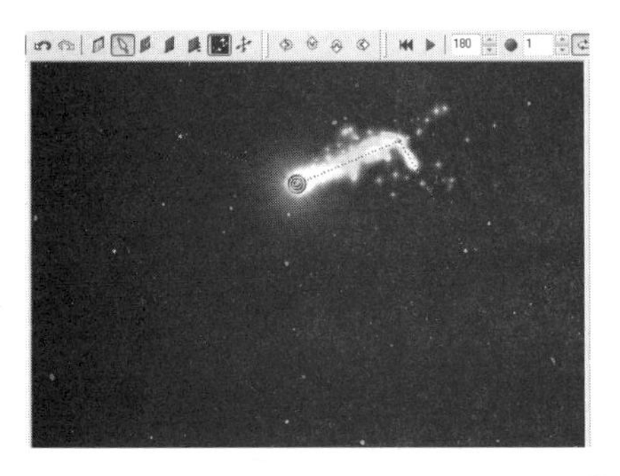

05 使用相同的方法，每隔30帧创建一个节点，以创建由7个节点组成的路径。

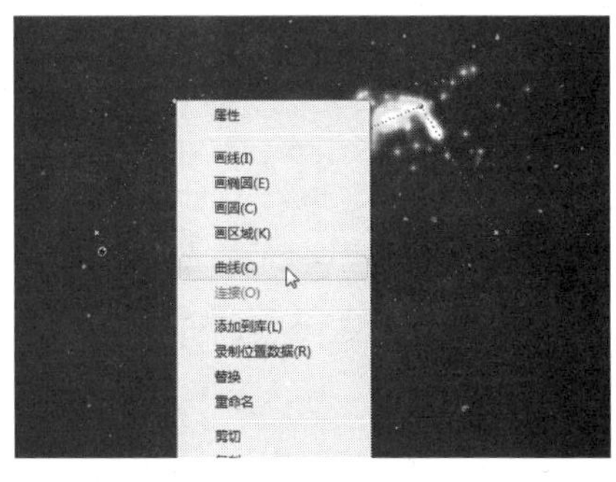

06 在一个路径节点上单击鼠标右键，在弹出的菜单中选择“曲线”命令。

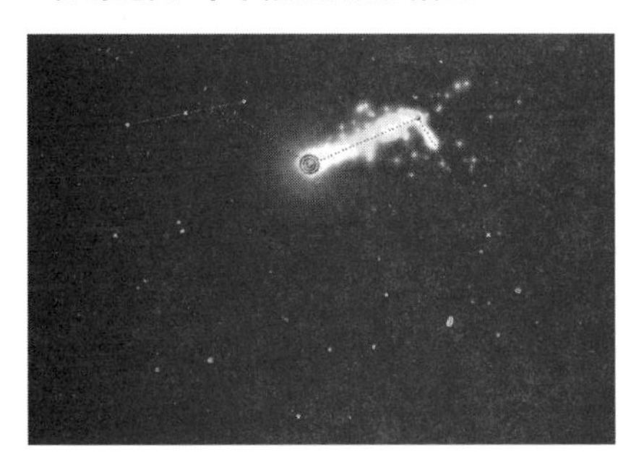

07 通过拖动节点上的调节控制手柄，调整路径的形状。

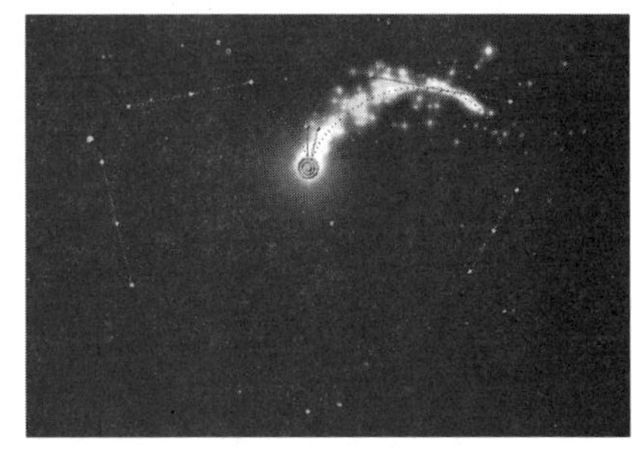

08 依次调整其他节点，使路径成为一个心形。

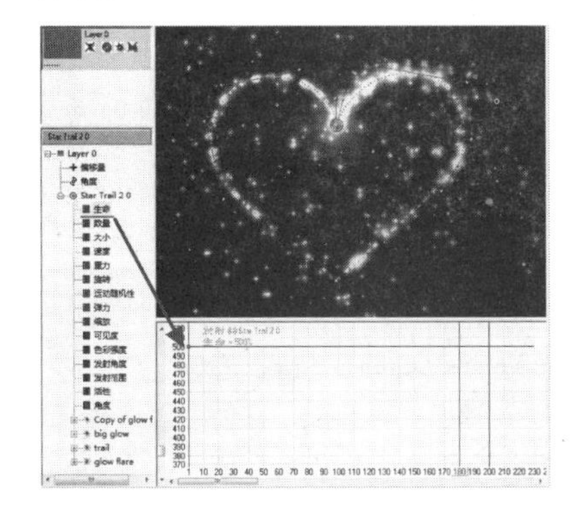

09 在参数面板中选择“生命”选项，设置参数为500。

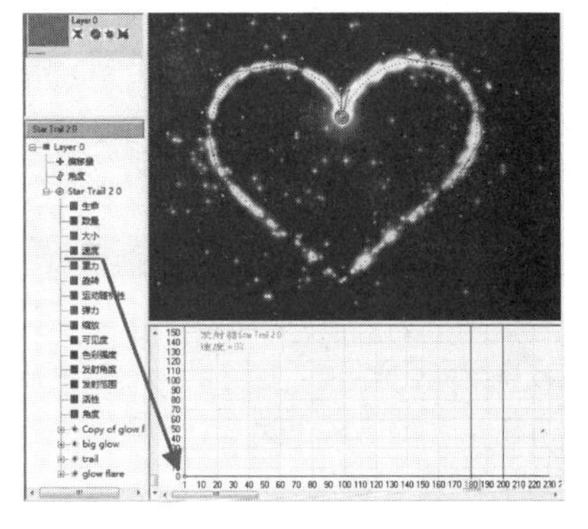

10 在参数面板中选择“速度”选项，设置参数为0。

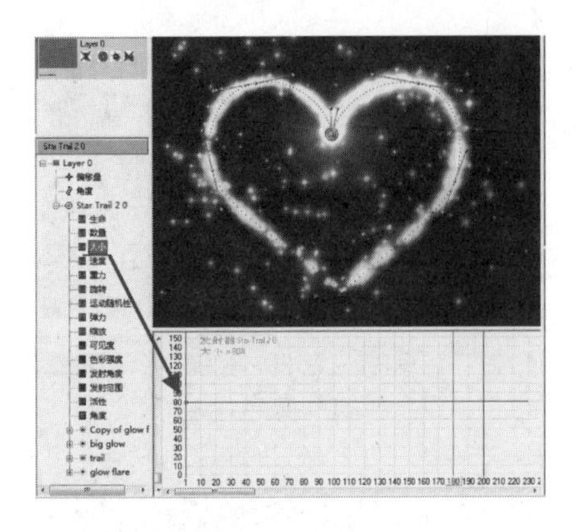

11 在参数面板中选择“大小”选项，设置参数为80。

12 执行“动作>存盘输出”命令，弹出“另存为”对话框，设置保存类型和文件名，单击“保存”按钮。

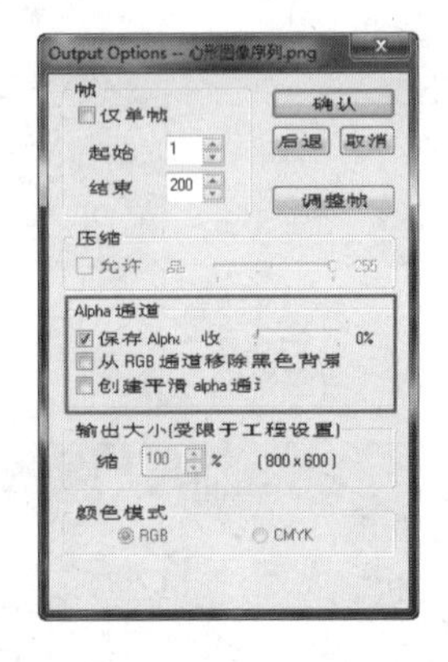

13 弹出设置对话框，在“Alpha通道”选项组中进行相应的设置，单击“保存”按钮。

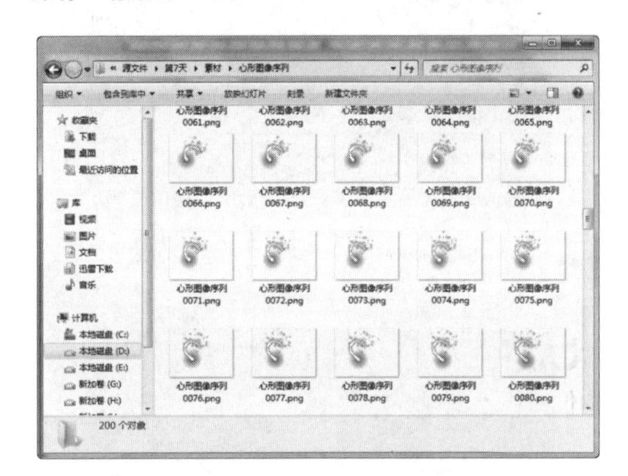

14 ParticleIllusion软件会自动渲染并将所制作的粒子动画制作成PNG图片的格式。

15 打开会声会影X4，在项目时间轴中插入视频文件“光盘\源文件\第7天\素材\710.mpg”，并调整视频素材到合适的大小。

16 单击“覆叠轨”按钮，选择“插入视频”选项，弹出“打开视频文件”对话框。在“文件类型”列表中选择“友立图像序列”选项，然后单击“选项”按钮。

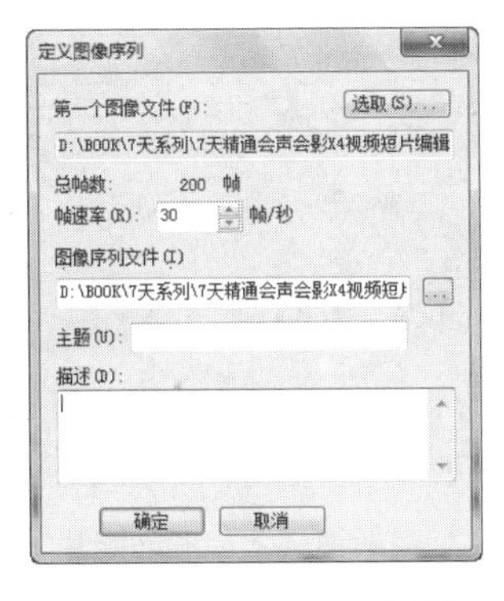

17 弹出“定义图像序列”对话框，单击“选取”按钮，选择刚输出的图像序列中的第一个图像。

18 单击“确定”按钮，稍等片刻，系统会生成一个uis格式的文件，选中该文件，单击“打开”按钮。

19 在项目时间轴中可以看到，序列文件已经作为视频文件插入到覆叠轨中，调整覆叠轨素材区间的位置。

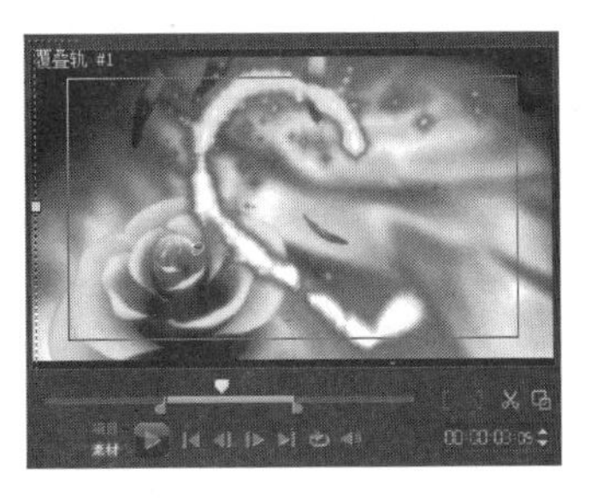

20 选中覆叠轨素材，在预览窗口中调整该素材到合适的大小和位置。

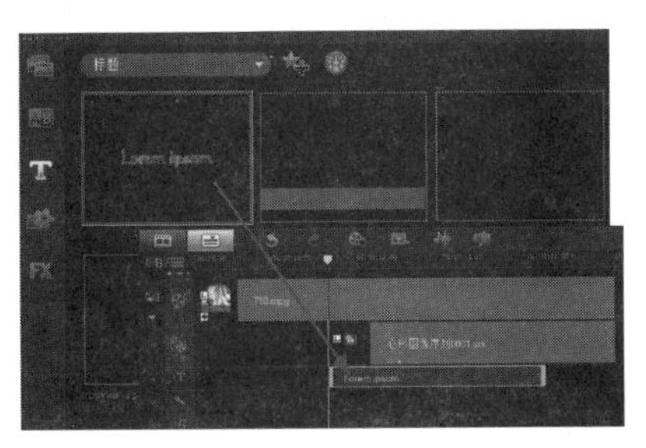

21 切换到“标题”素材库，将第一个标题素材拖曳至标题轨上。

22 调整标题的区间与覆叠轨素材区间相同，双击标题轨上的素材，在预览窗口中修改标题的内容。

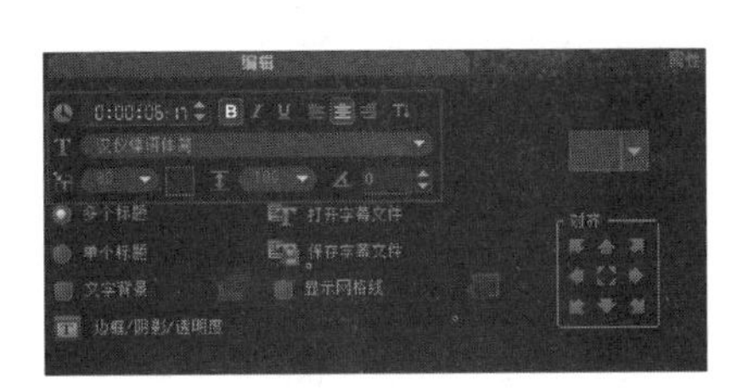

23 在“选项”面板中对字体、字体大小等相关属性进行设置。

24 完成“选项”面板的设置，在预览窗口中可以看到文字的效果。

25 在视频轨上的视频素材后插入照片素材“光盘\源文件\第7天\素材\711.jpg”，并设置该素材的区间为10秒。

26 依次在视频轨上插入相应的照片素材，并分别设置区间为10秒。

27 在视频轨的照片后插入视频“光盘\源文件\第7天\素材\718.mpg”。

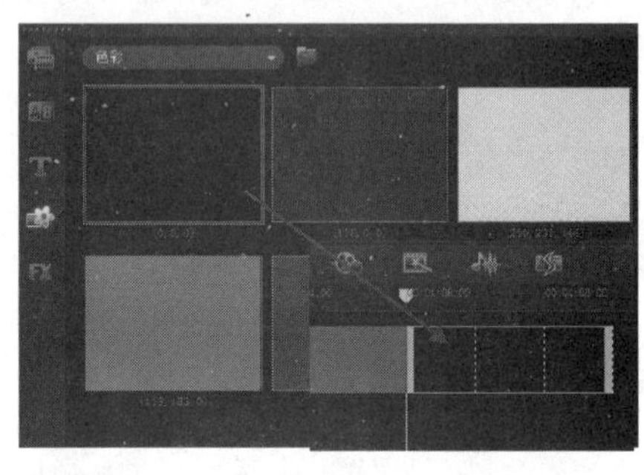

28 切换到“图形”素材库，将黑色图形拖入到视频轨中，并设置其区间为3秒。

29 切换到“转场”素材库，在下拉列表中选择“过滤”类别，将“淡化到黑色”转场拖曳至素材1与素材2之间。

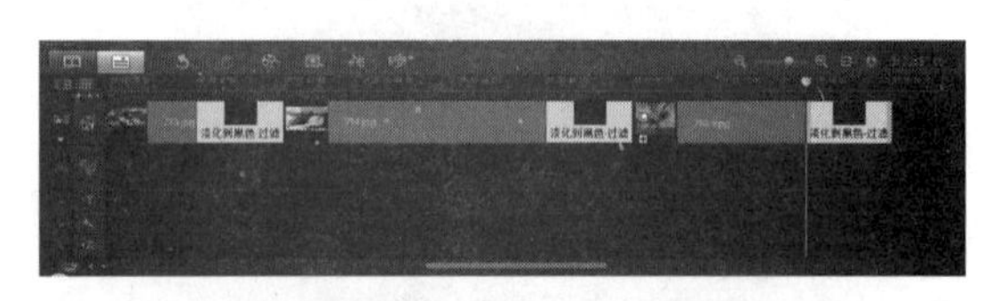

30 使用相同的方法，将“淡化到黑色”转场分别添加到各素材之间。

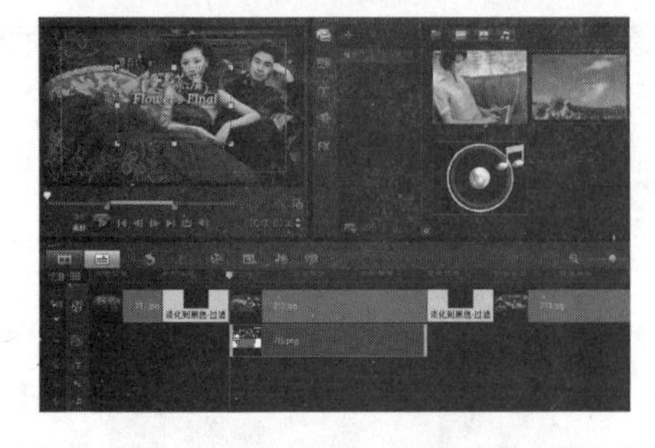

31 单击“覆叠轨”按钮，在覆叠轨上插入图像素材“光盘\源文件\第7天\素材\715.png”。设置该素材的区间为5秒，并调整该素材到合适的位置。

32 在预览窗口中调整该覆叠轨素材到合适的位置。

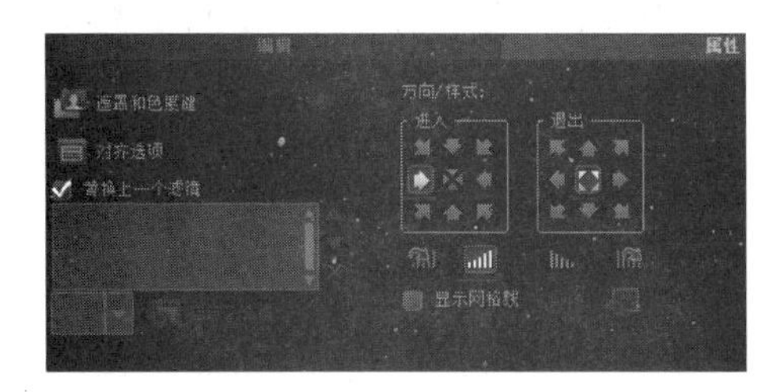

33 打开“选项”面板，单击“淡入动画效果”按钮，在“进入”选项区中单击“从左边进入”按钮，在“退出”选项区中单击“静止”按钮。

34 在覆叠轨中添加其他素材，并对素材进行相应的设置。

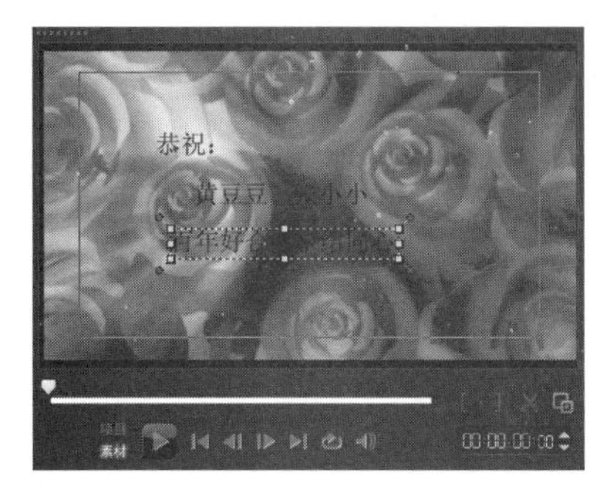

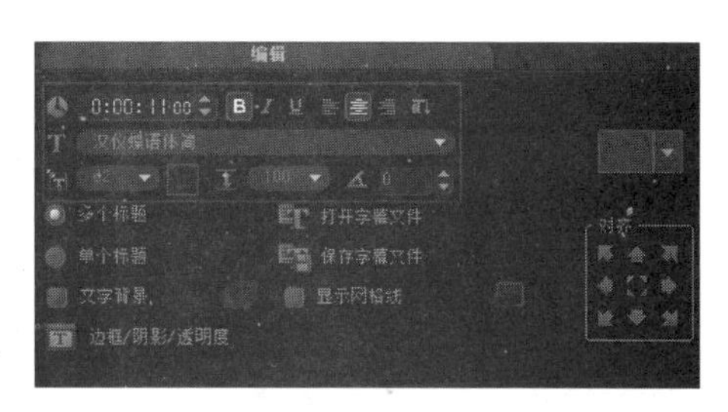

35 切换到“标题”素材库，在预览窗口中双击并输入相应的标题文字。

36 在“选项”面板中对文字的相关属性进行设置。

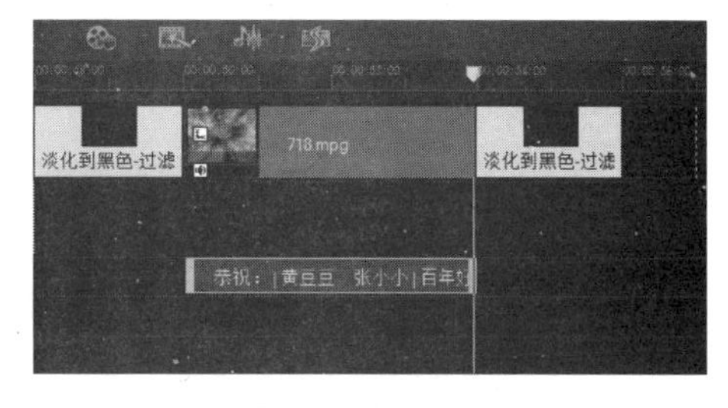

37 在预览窗口中可以看到文字的效果。

38 在项目时间轴中调整刚添加的标题文字的区间与最后视频素材的区间相同。

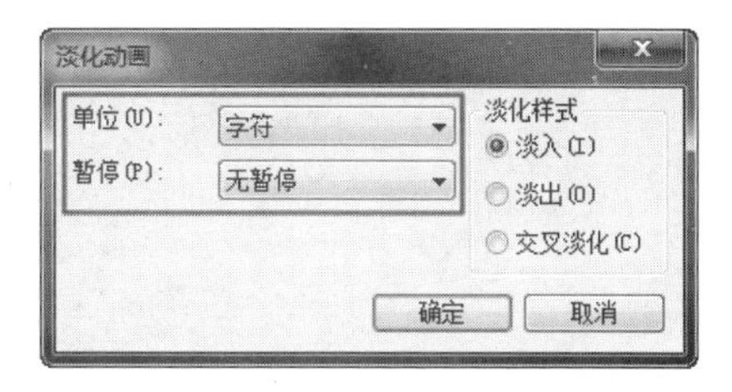

39 双击该标题素材，打开“选项”面板，在“选取动画类型”列表中选择“淡化”选项，单击“自定义动画属性”按钮。

40 弹出“淡化动画”对话框，对相关选项进行设置。单击“确定”按钮，完成“淡化动画”对话框的设置。

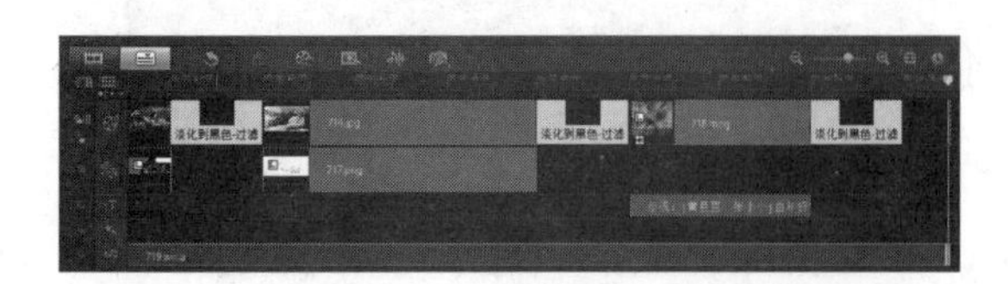

41 在音乐轨上添加音频素材“光盘\源文件\第7天\素材\719.wma”，调整该音频素材的区间与项目区间相同。

42 双击音乐轨上的音频素材，打开“选项”面板，单击“淡出”按钮。

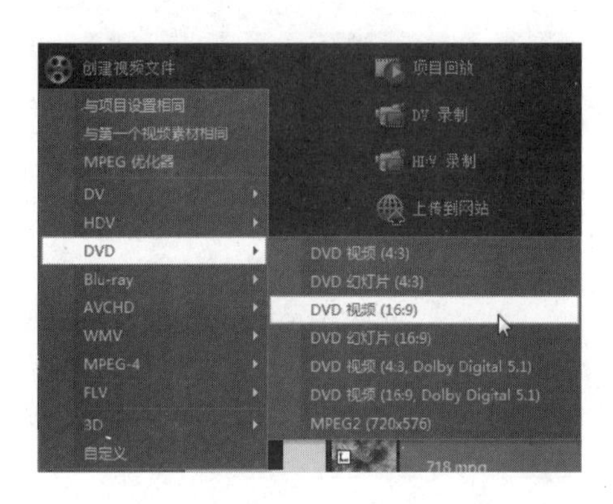

43 切换到“分享”步骤，单击“创建视频文件”按钮，在弹出的菜单中选择“DVD>DVD视频（16:9）”选项。

44 弹出“创建视频文件”对话框，设置文件的保存位置和保存名称，单击“保存”按钮。

45 完成该婚纱电子相册的制作，在预览窗口中激活“项目”模式，单击“播放”按钮，即可看到所制作的婚纱电子相册效果。

☆ 操作小贴士 ☆

本实例首先使用Particleillusion软件制作出粒子特效。Particleillusion软件是一款粒子效果与图像合成软件，其特点是操作简单、效果丰富，可以快速制作出爆炸、烟雾及烟花等令人惊叹的动画效果。将Particleillusion与会声会影结合，可以使我们的作品更加出色。

在数码家庭化的今天，使用数码相机将漂亮的结婚照拍摄下来，然后使用会声会影制作成精美的婚纱电子相册，记录下这美好的一切，是一件非常有意义的事情。

3 / 制作MV视频

在本实例中，我们将为儿童歌曲《铃儿响叮当》制作MV，并为歌曲添加字幕效果。制作完成后，将其输出为标准的DVD格式，就可以在计算机上欣赏MV作品了。

使用到的技术	综合运用会声会影的各项功能
学习时间	60分钟
视频地址	光盘\视频\第7天\制作MV视频.swf
源文件地址	光盘\源文件\第7天\制作MV视频.VSP

01 打开会声会影X4，按快捷键F6，打开“参数选择”对话框，对相关选项进行设置。

02 完成“参数选择”对话框的设置，在视频轨中插入视频素材“光盘\源文件第7天\素材\720.mpg”。

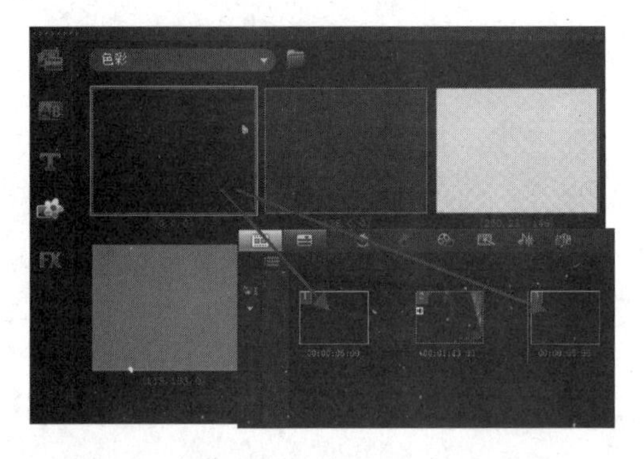

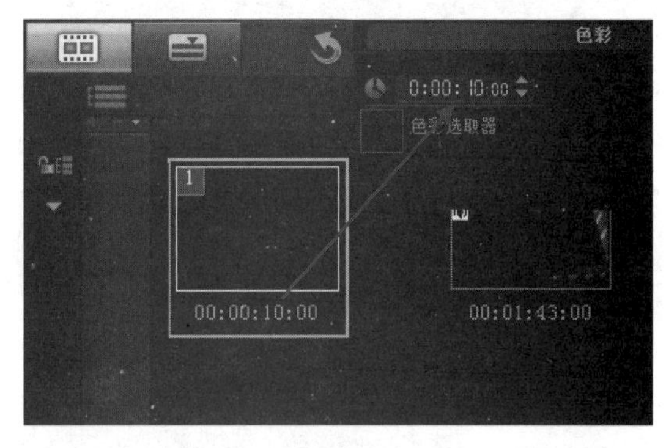

03 切换到故事板视图模式，切换到“图形”素材库，将黑色图形分别拖曳至视频素材的前方和后方。

04 双击故事板视图中第一个黑色图形素材，在“选项”面板中设置其“区间”为10秒。

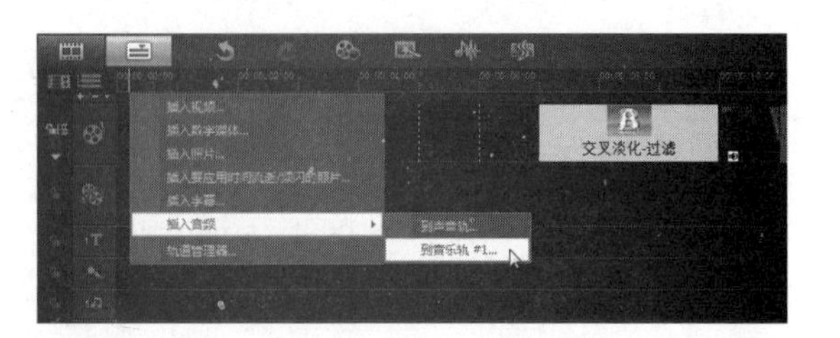

05 切换到“转场”素材库，将“交叉淡化”转场分别拖曳至素材与素材之间。

06 切换至时间轴视图，在项目时间轴上单击鼠标右键，在弹出的菜单中选择“添加音频>到音乐轨#1”选项。

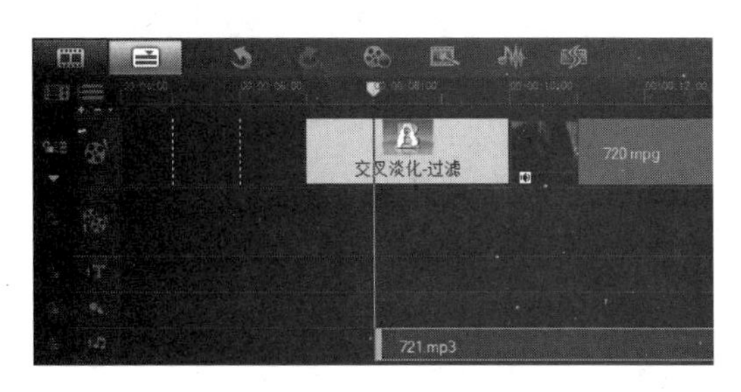

07 在音乐轨中添加音频素材“光盘\源文件\第7天\素材\721.mp3”，调整音频素材至第8秒的位置。

08 将擦洗器拖曳至第1帧位置，切换到“标题”素材库，在预览窗口中双击并输入相应的文字。

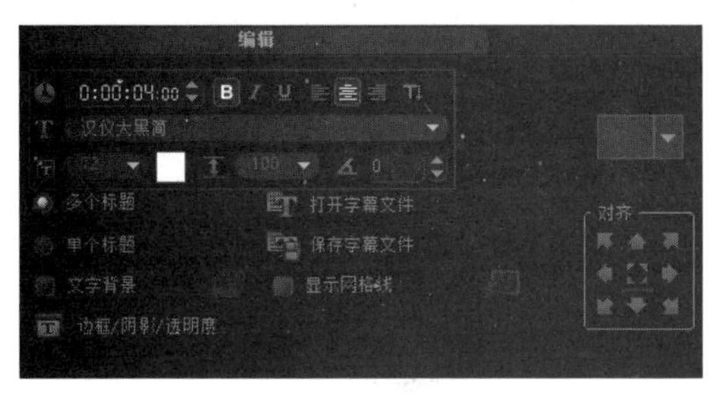

09 打开“选项”面板，对标题文字的相关属性进行设置。

10 切换到“属性”选项卡中，选中“应用”复选框，然后单击“自定义动画属性”按钮。

11 弹出“淡化动画”对话框，对相关选项进行设置。

12 完成标题文字属性和动画的设置，在预览窗口中可以看到文字的效果。

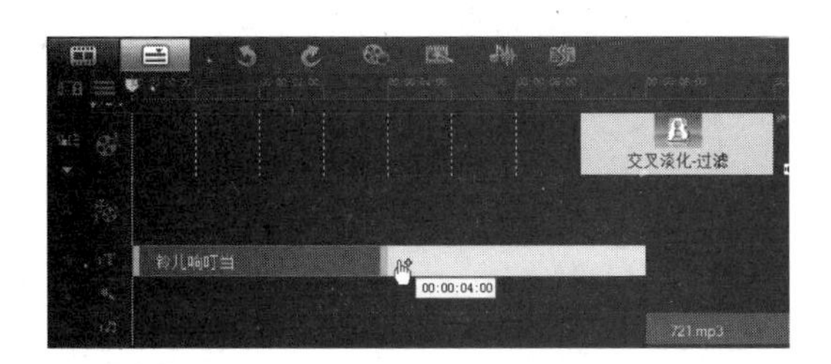

13 在项目时间轴的标题素材上单击鼠标右键，执行“复制”命令，然后将其粘贴到原素材的后面。

14 双击复制得到的标题素材，在预览窗口中修改文本的内容。

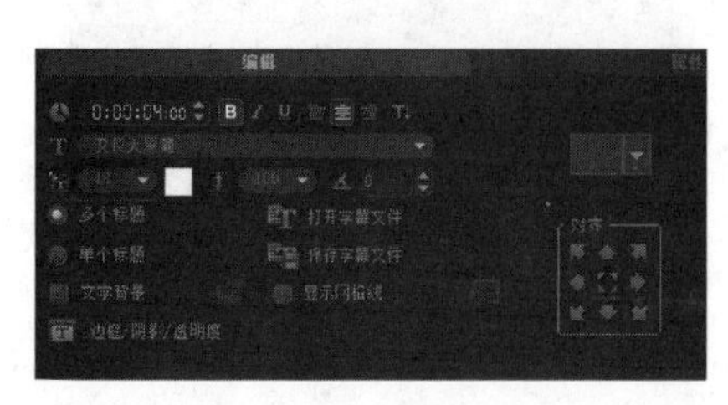

15 打开“选项”面板，对标题文字的相关属性进行设置。

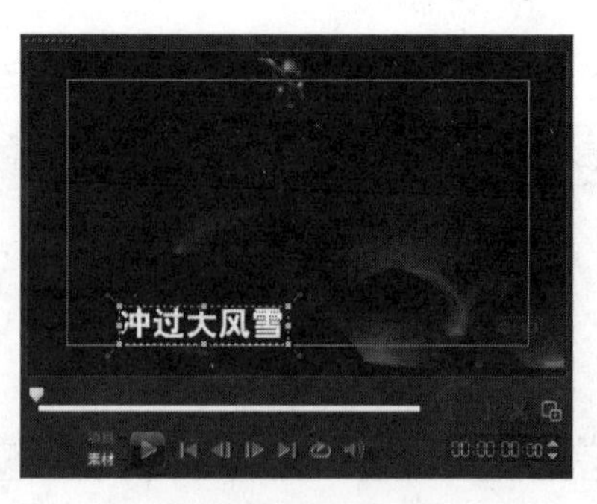

16 将擦洗器拖曳至第15秒位置，切换到“标题”素材库，在预览窗口中双击并输入相应的文字。

17 打开“选项”面板，对标题文字的相关属性进行设置。

18 单击“文字背景”选项后的“自定义文字背景的属性”按钮，弹出“文字背景”对话框，对相关选项进行设置。

19 完成“文字背景”对话框的设置，在预览窗口中调整文字到合适的位置。

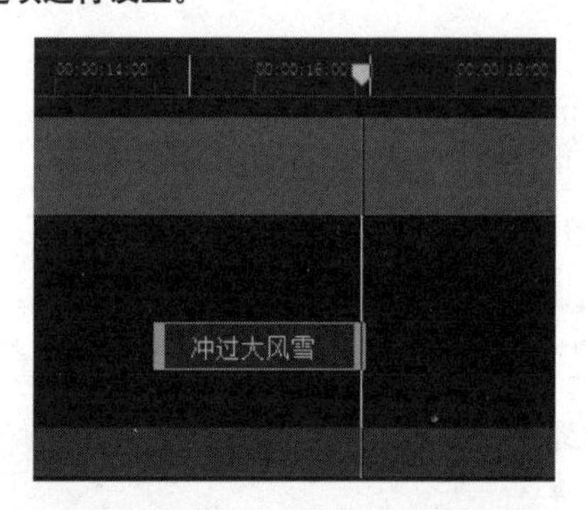

20 在项目时间轴中，通过预听音频素材，调整文字的区间与音乐相符。

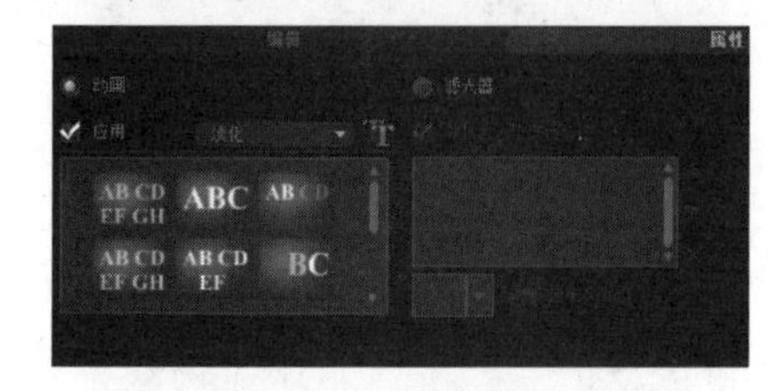

21 打开“选项”面板，切换到“属性”选项卡，设置“选取动画类型”为“淡化”，单击“自定义动画属性”按钮。

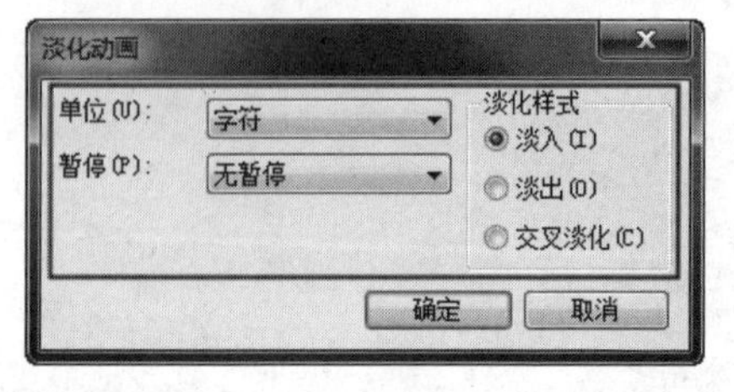

22 弹出“淡化动画”对话框，对相关选项进行设置，单击“确定”按钮。

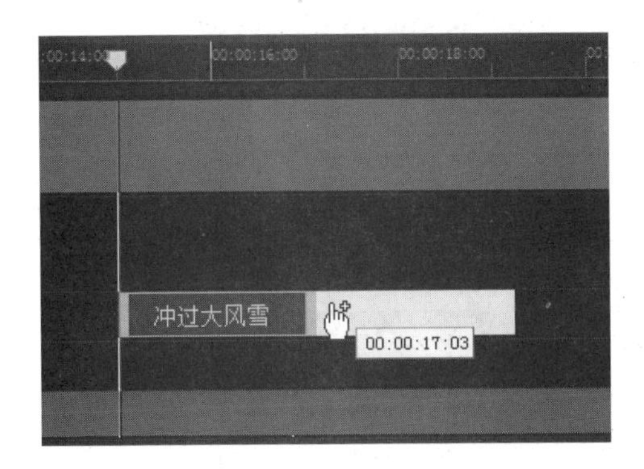

23 在刚添加的标题素材上单击鼠标右键，执行“复制”命令，然后将其粘贴到原素材的后面。

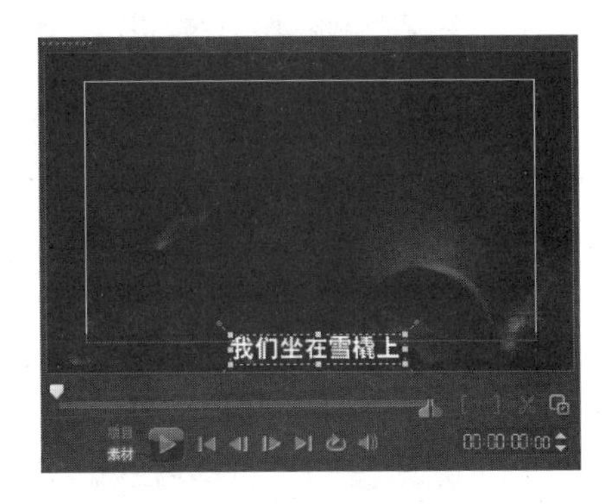

24 双击复制得到的标题素材，在预览窗口中修改文字内容。

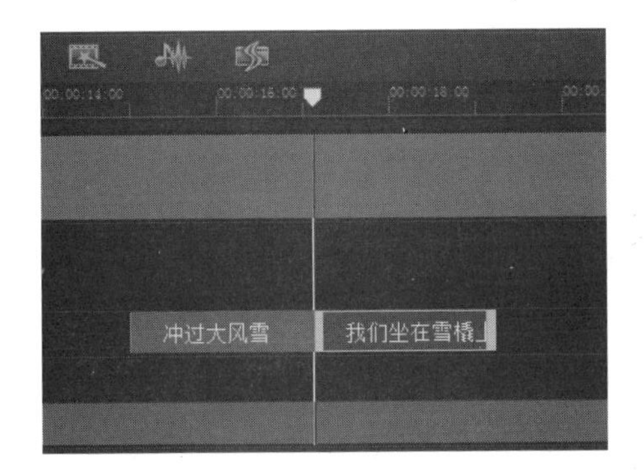

25 在项目时间轴中预听音频素材，根据音乐调整标题素材的区间和位置。

26 使用相同的方法，完成其他部分歌词的添加。

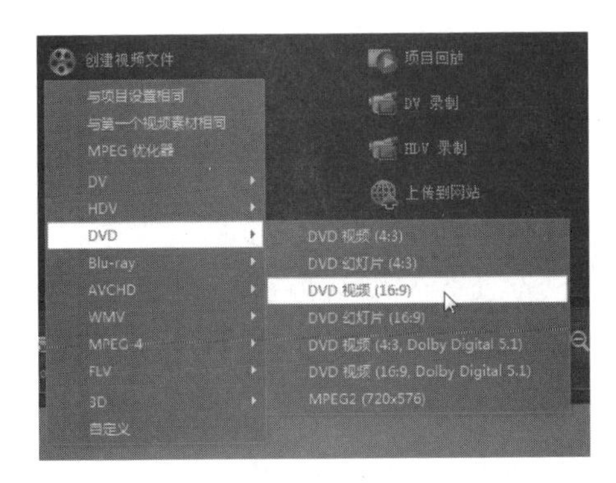

27 完成该MV的制作，切换到“分享”步骤，单击“创建视频文在件”按钮，在弹出的菜单中选择“DVD>DVD视频（16:9）”选项。

28 弹出“创建视频文件”对话框，选择视频文件的保存路径和文件名，单击“保存”按钮，输出视频文件。

29 **完成该MV视频的制作，在预览窗口中激活“项目”模式，单击“播放”按钮，即可看到所制作的MV视频的效果。**

☆ 操作小贴士 ☆

在制作MV或卡拉OK视频项目时，最重要的内容是字幕的制作，除了可以使用本实例的字幕制作方式以外，还可以使用Sayatoo软件制作出卡拉OK的字幕文字，再导入到会声会影中。

如果希望输出的视频可以被刻录到光盘中并在DVD机上播放，那么一定要选择用PAL制作宽高比为4:3的MPG格式。

4 / 制作楼盘宣传片头

制作影视片头和栏目包装并不是会声会影所擅长的领域，但是视频编辑软件的主要功能是编辑素材而不是制作素材，只要读者发挥创造力并且熟悉软件的功能和操作，使用会声会影也可以制作出好的视频作品。本实例我们制作一个楼盘宣传片头，虽然使用的素材非常简单，但是同样可以得到很好的效果。

使用到的技术	综合运用会声会影的各项功能
学习时间	60分钟
视频地址	光盘\视频\第7天\制作楼盘宣传片头.swf
源文件地址	光盘\源文件\第7天\制作楼盘宣传片头.VSP

01 打开会声会影X4，按快捷键F6，弹出“参数选择”对话框，对相关选项进行设置。

02 完成“参数选择”对话框的设置，在视频轨中插入图像素材722.jpg～724.jpg。

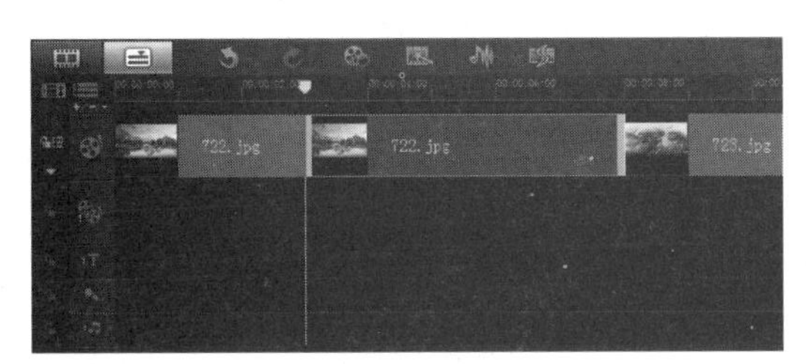

03 在项目时间轴中复制第一个图像素材，将其粘贴到原素材的后方，并设置复制得到的素材的“区间”为5秒。

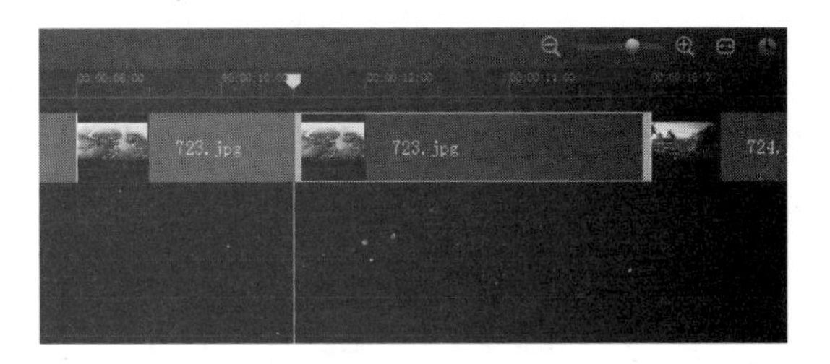

04 在项目时间轴中复制第2个图像素材，将其粘贴到原素材的后方，并设置复制得到的素材的“区间”为5秒。

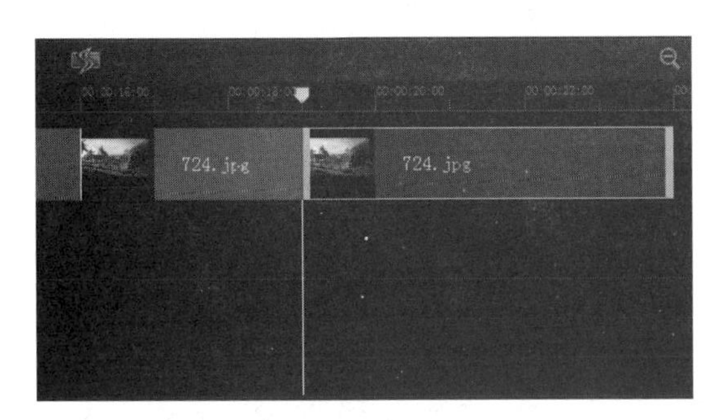

05 复制第3个图像素材，并将其粘贴到原素材的后方，设置其“区间”为5秒。

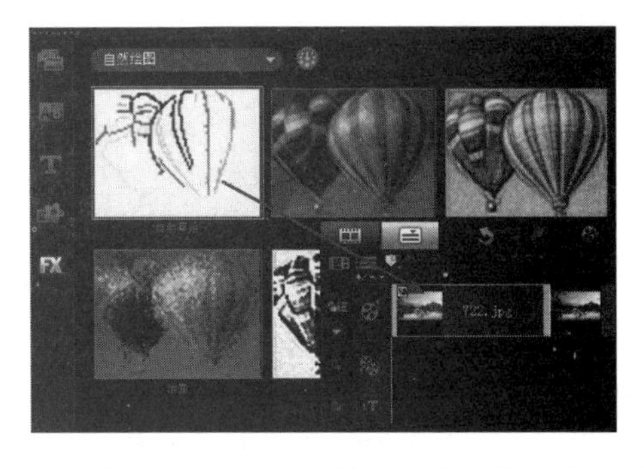

06 切换到“滤镜”素材库，在下拉列表中选择“自然绘图”类别，将“自动草绘”滤镜拖曳至第一个素材上。

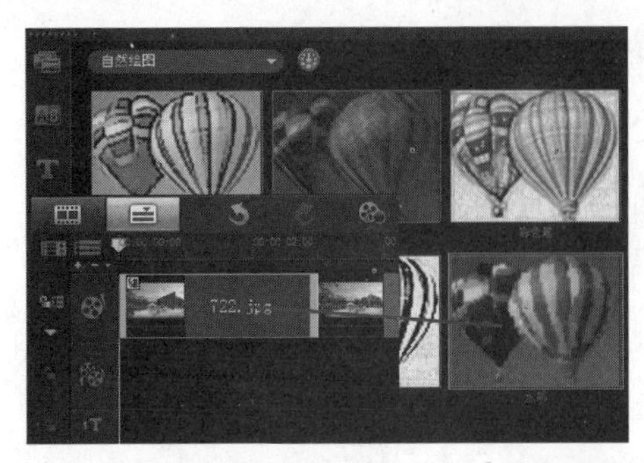

07 在“滤镜”素材库中将“水彩”滤镜拖曳至视频轨的第一个素材上。

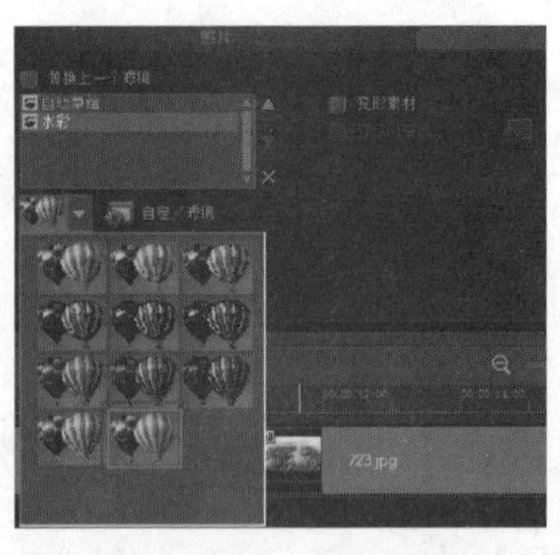

08 双击视频轨上的第一个素材，打开“选项”面板，选中“水彩”滤镜，在预设中选择相应的滤镜预设。

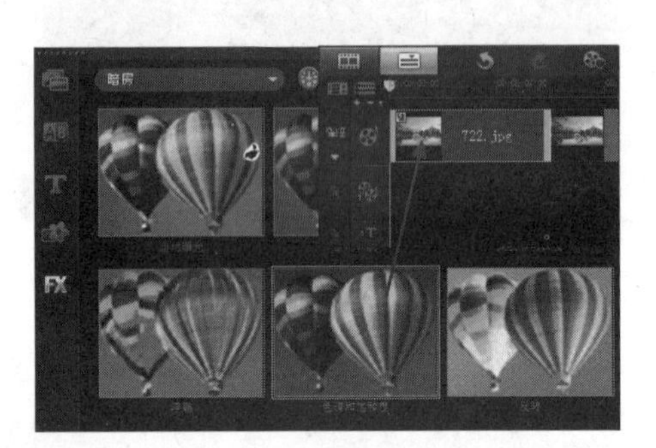

09 在“滤镜”素材库的下拉列表中选择“暗房”类别，将“色调和饱和度”滤镜拖曳至第一个素材上。

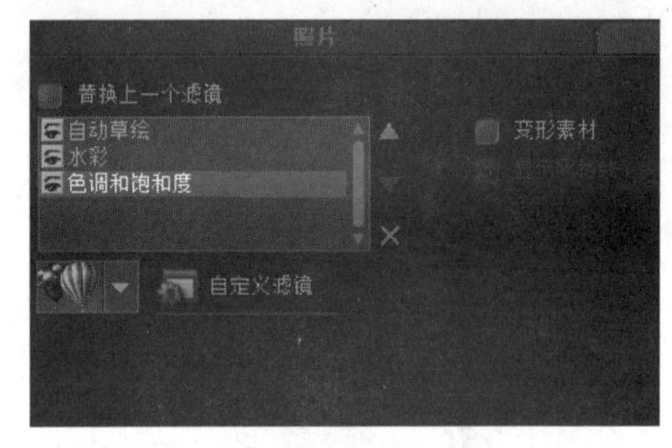

10 在“选项”面板中选择“色调和饱和度”滤镜，单击“自定义滤镜”按钮。

11 弹出“色调和饱和度”对话框，选择第一个关键帧，设置“色调”为0、“饱和度”为-100，最后一个关键帧采用相同的设置。

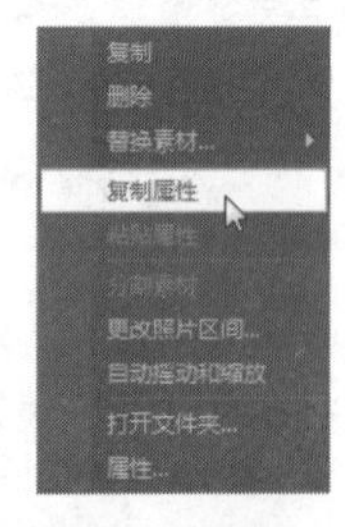

12 在视频轨中的第一个素材上单击鼠标右键，在弹出的菜单中选择“复制属性”选项。

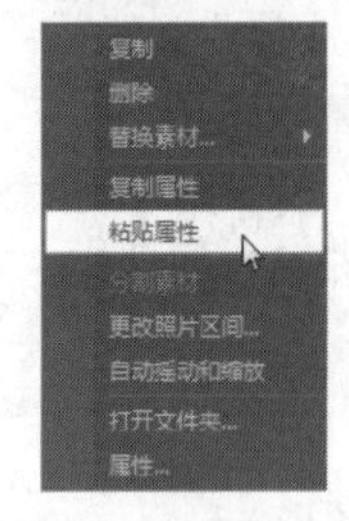

13 在第2个素材上单击鼠标右键，执行“粘粘属性”选项。继续为第3个和第5个素材粘贴相同的属性。

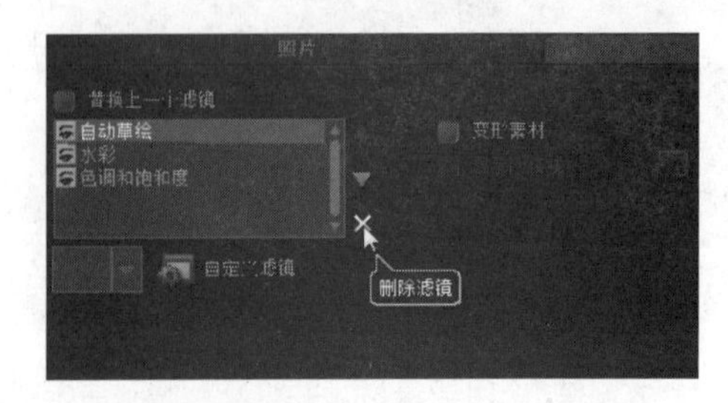

14 双击第2个素材，打开“选项”面板，选择“自动草绘”滤镜，然后单击“删除滤镜”按钮，删除该滤镜。

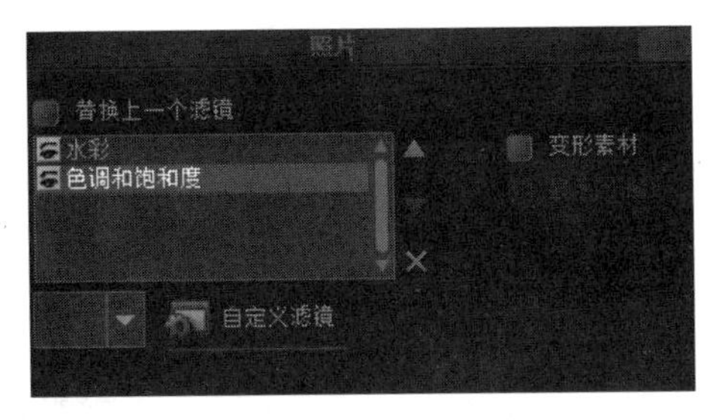

15 选择“色调和饱和度”滤镜，单击“自定义滤镜”按钮。

16 弹出“色调和饱和度”对话框，将擦洗器拖曳至3秒位置，单击“添加关键帧”按钮，设置“饱和度”为0。

17 选中最后一个关键帧，设置“饱和度”为0，单击“确定”按钮，完成设置。

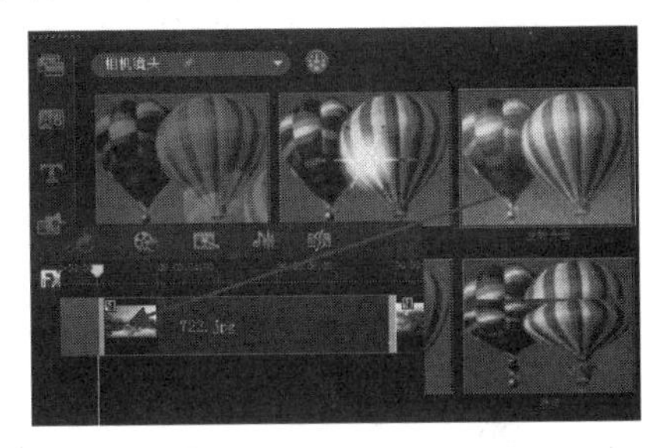

18 切换到“滤镜”素材库，在下拉列表中选择“相机镜头”类别，将“发散光晕”滤镜拖曳至第二个素材上。

19 在“选项”面板中选择“发散光晕”滤镜，单击“自定义滤镜”按钮，选择第一个关键帧，设置“光晕角度”为0。

20 在3秒位置添加关键帧，设置该参数帧与第一帧相同。选择最后一个关键帧，设置“阈值”为0、“光晕角度”为20，单击“确定”按钮，完成设置。

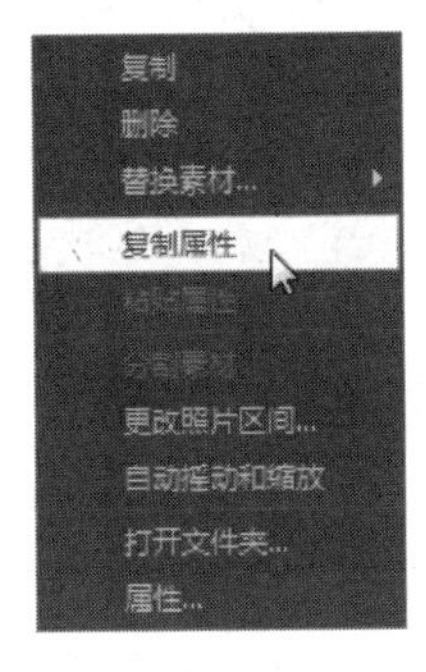

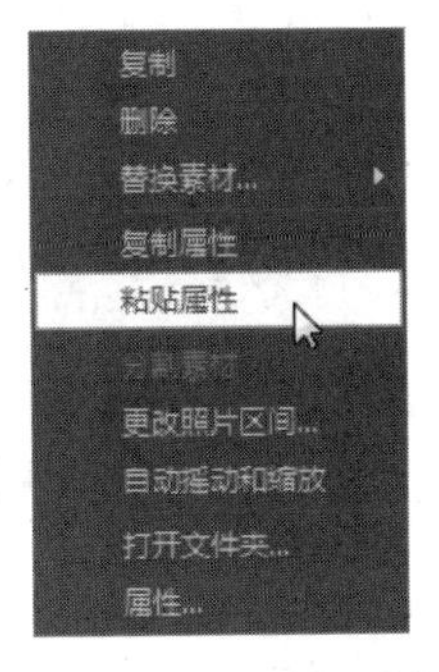

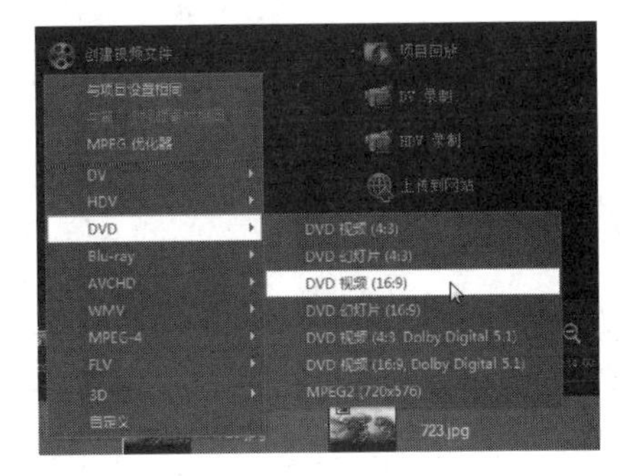

21 在第2个素材上单击鼠标右键，选择“复制属性”选项。在第4个和第6个素材上单击鼠标右键，选择“粘贴属性”选项。

22 切换到“分享”步骤，单击“创建视频文件”按钮，在弹出的菜单中选择“DVD>DVD视频（16:9）”选项。

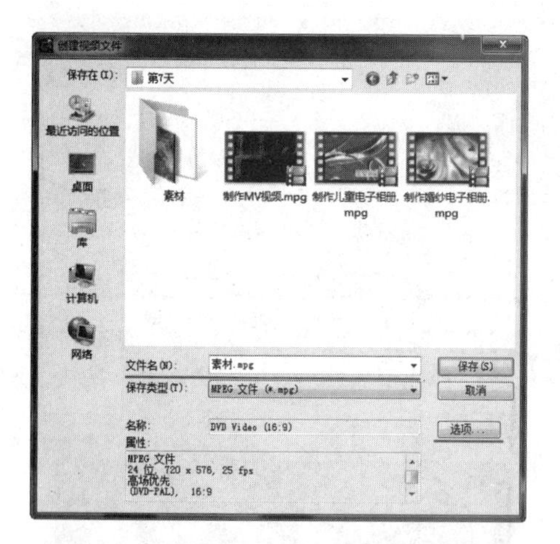

23 弹出“创建视频文件”对话框，设置保存的路径和文件名，单击“选项”按钮。

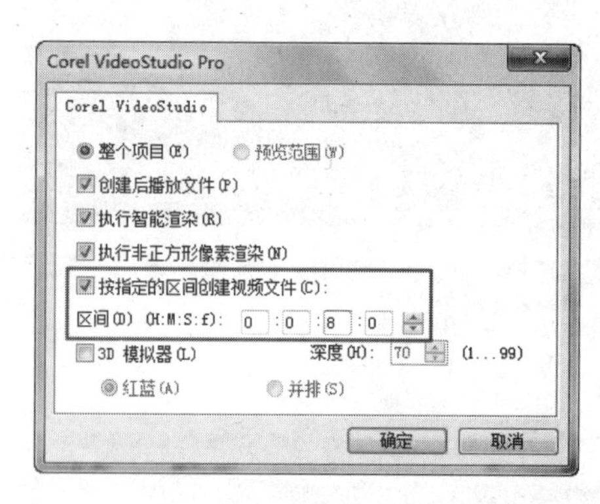

24 在弹出的对话框中对相关选项进行设置，单击“确定”按钮，输出视频。

25 视频输出完成后，在输出位置可以看到将项目输出为了3段视频。

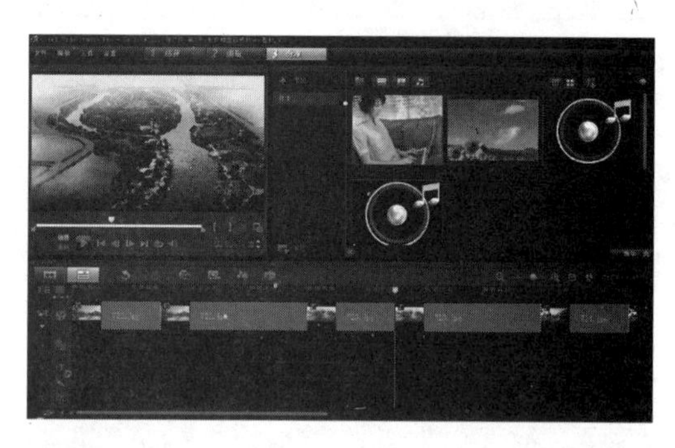

26 执行“文件>保存”命令，将该项目保存为“光盘\源文件\第7天\制作楼盘宣传片头-素材.VSP”。

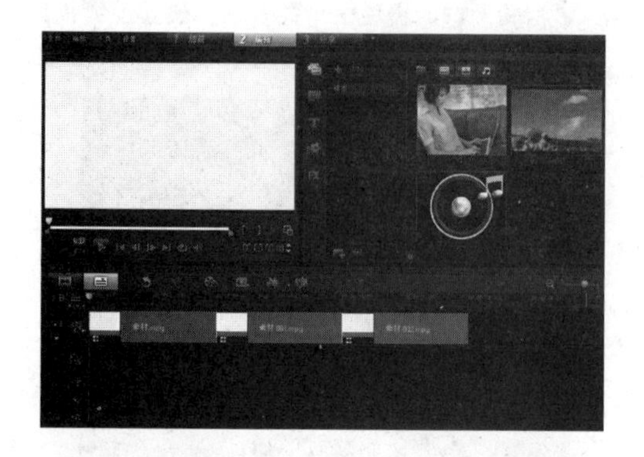

27 执行“文件>新建项目”命令，新建项目，然后将刚输出的3段视频添加到视频轨中。

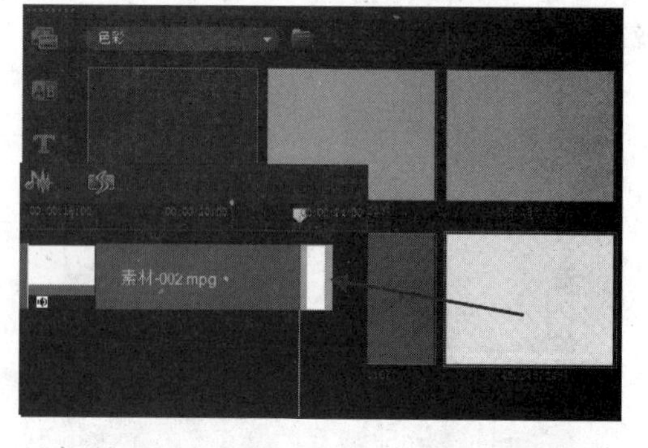

28 切换到“图形”素材库，将白色图形拖曳至视频素材后，并设置该图形的区间为1秒。

29在“图形”素材库中将黑色图形拖曳到白色图形后方，设置黑色图形的区间为7秒。

30切换到“转场”素材库，将“交叉淡化”转场拖曳到白色图形与黑色图形之间。

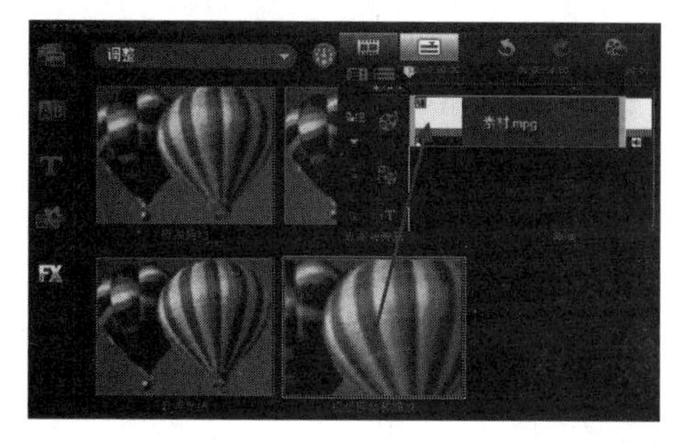

31切换到“滤镜”素材库，在下拉列表中选择“调整”类别，将“视频摇动和缩放”滤镜拖曳至第一个素材上。

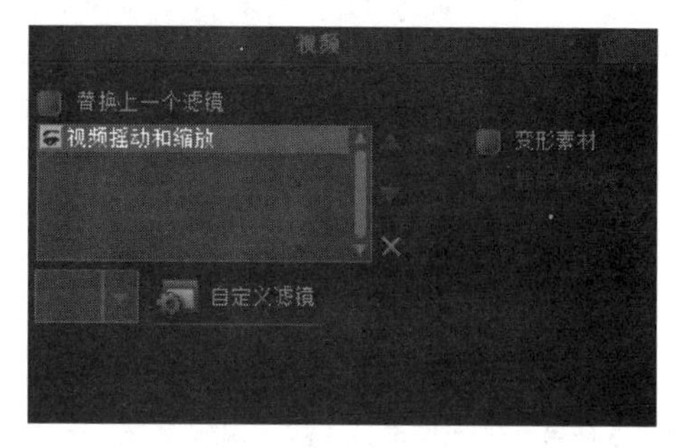

32双击第一个视频素材，打开“选项”面板，选择“视频摇动和缩放”滤镜，单击“自定义滤镜”按钮。

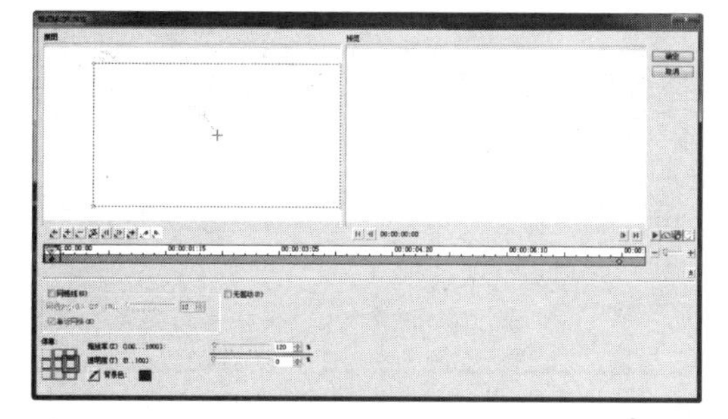

33弹出“视频摇动和缩放”对话框，选择第一个关键帧，对相关参数进行设置。

34将擦洗器拖曳至第6秒的位置，创建一个关键帧，并对相关参数进行设置。

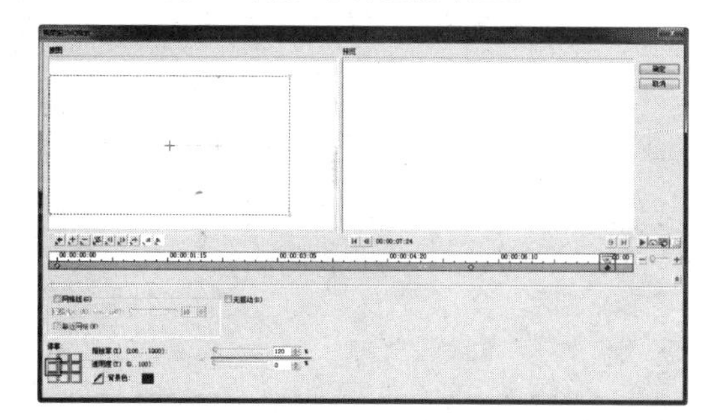

35选择最后一个关键帧，对相关参数进行设置。单击“确定”按钮，完成设置。

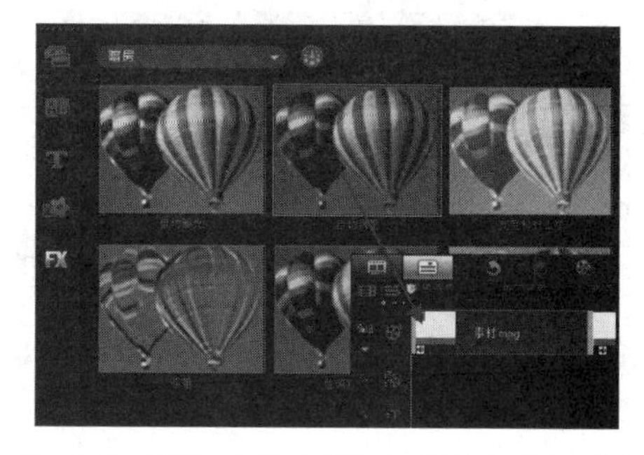

36在“滤镜”素材库的下拉列表中选择“暗房”类别，将“自动调配”滤镜拖曳至第一个视频素材上。

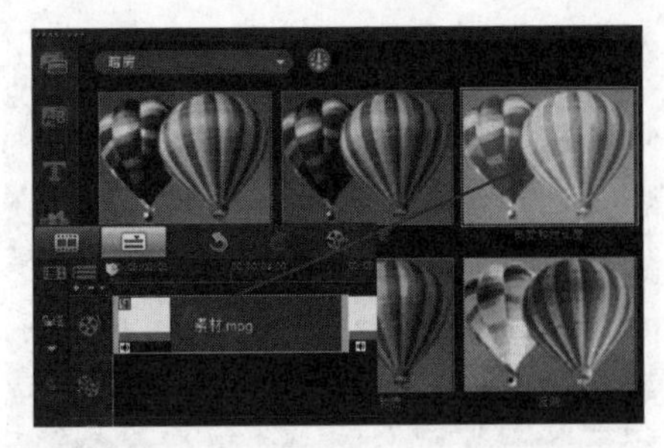

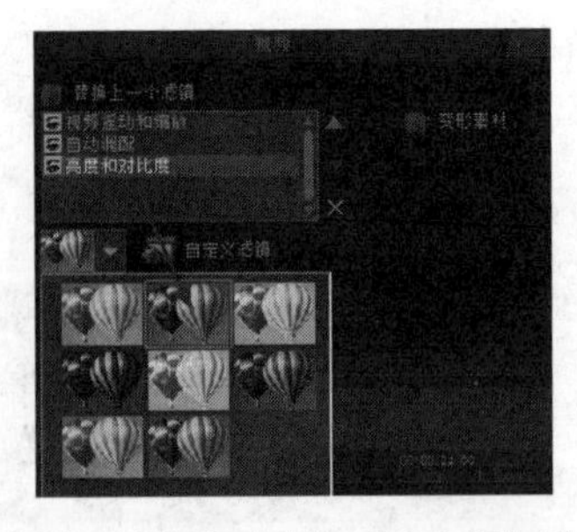

37 在“滤镜”素材库中，将“亮度和对比度”滤镜拖曳至第一个视频素材上。

38 双击第一个视频素材，打开“选项”面板，选择“亮度和对比度”滤镜，在预设中选择相应的滤镜预设。

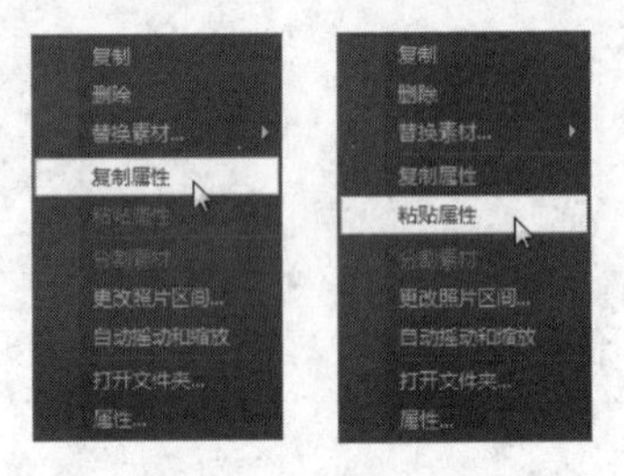

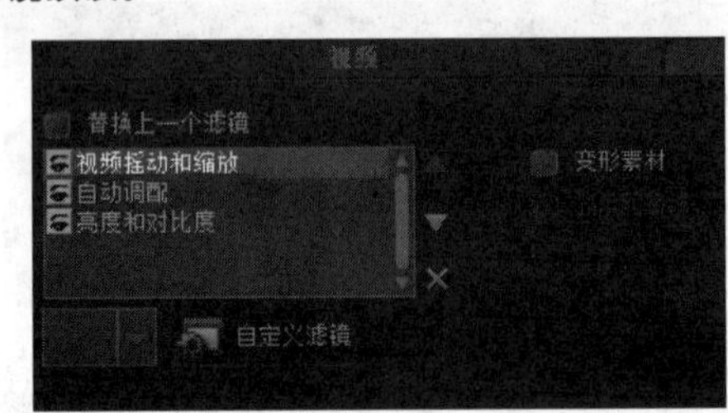

39 在第一个视频素材上单击鼠标右键，在弹出的菜单中选择“复制属性”选项，在第2个视频素材和第3个视频素材上粘贴属性。

40 双击第2个视频素材，打开“选项”面板，选择“视频摇动和缩放”滤镜，单击“自定义滤镜”按钮。

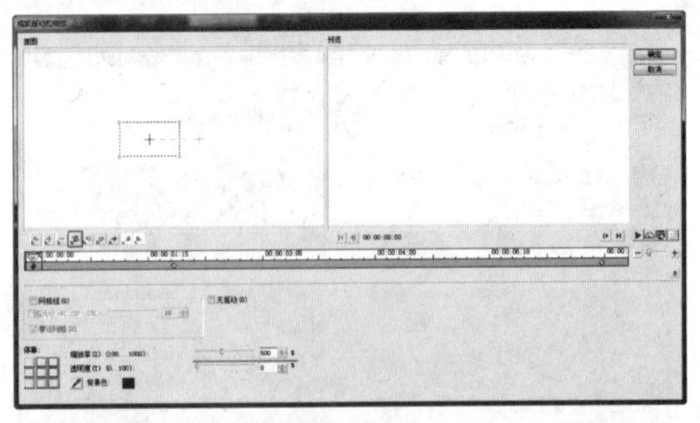

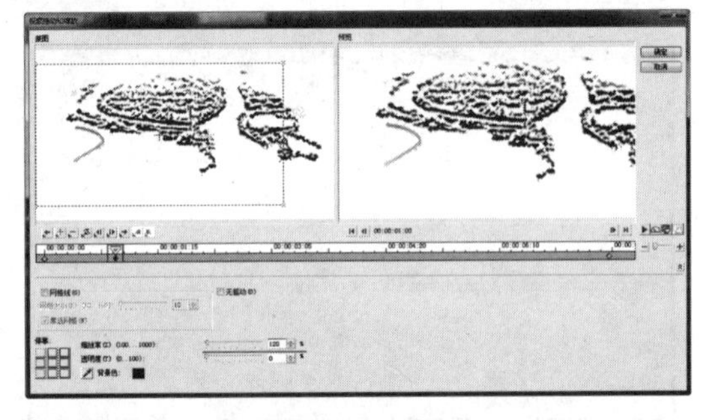

41 选择第一个关键帧，单击“翻转关键帧”按钮，设置“缩放率”为500。

42 将第2个关键帧移至1秒的位置，设置“缩放率”为120，单击“确定”按钮，完成设置。

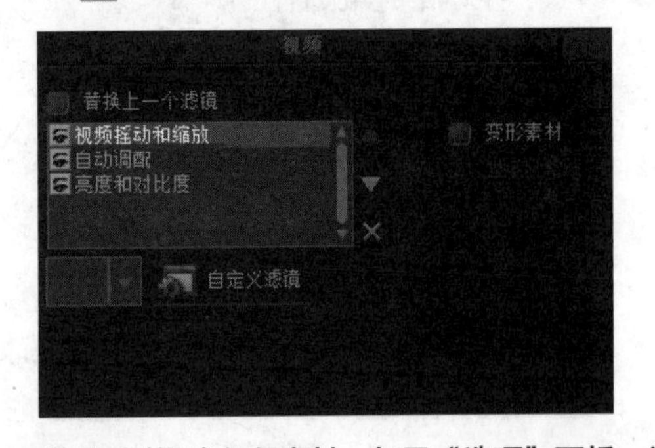

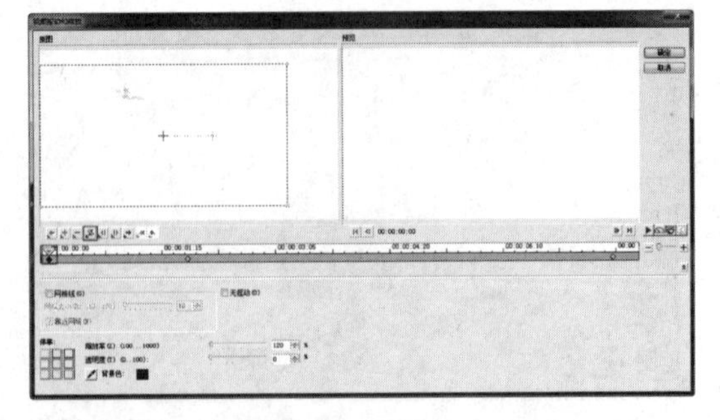

43 双击第3个视频素材，打开“选项”面板，选择“视频摇动和缩放”滤镜，单击“自定义滤镜”按钮。

44 选择第一个关键帧，单击“翻转关键帧”按钮。

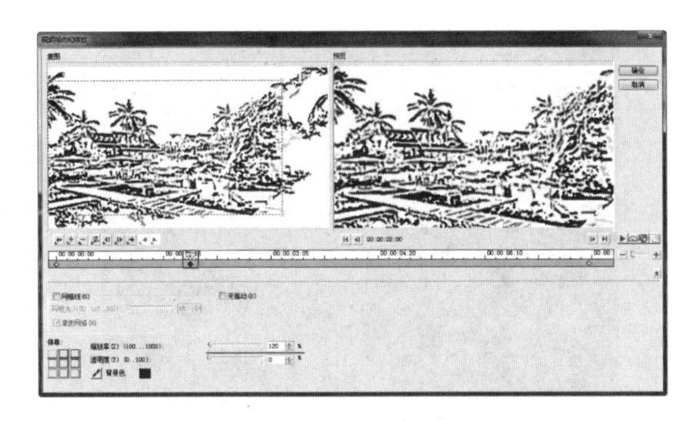

45 将第2个关键帧拖曳至2秒的位置，设置“缩放率”为120。单击“确定”按钮，完成设置。

46 在预览窗口中单击“项目”选项，激活项目，设置“时间码”为1秒。

47 切换到“标题”素材库，在预览窗口中双击并输入相应的内容。

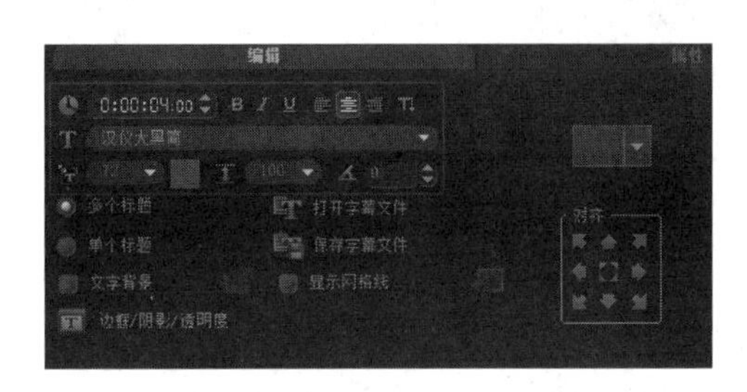

48 在“选项”面板中设置“区间”为4秒，对文字的相关属性进行设置。

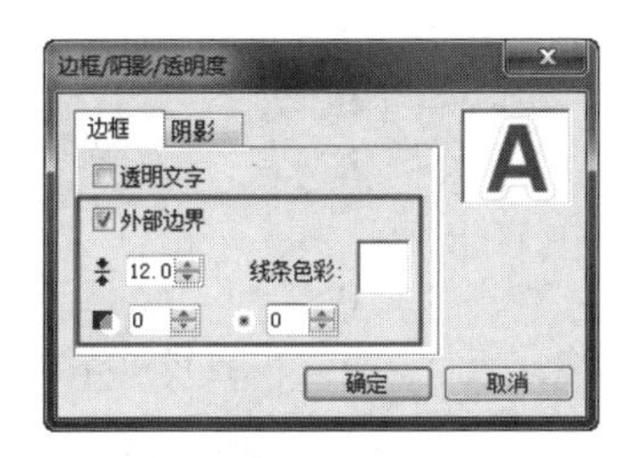

49 在“选项”面板中单击“边框/阴影/透明度”按钮，弹出“边框/阴影/透明度”对话框，对相关选项进行设置。

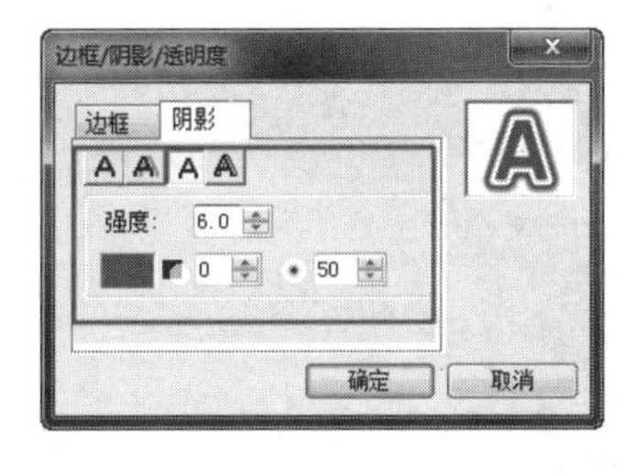

50 切换到“阴影”选项卡，对相关选项进行设置。单击“确定”按钮，完成设置。

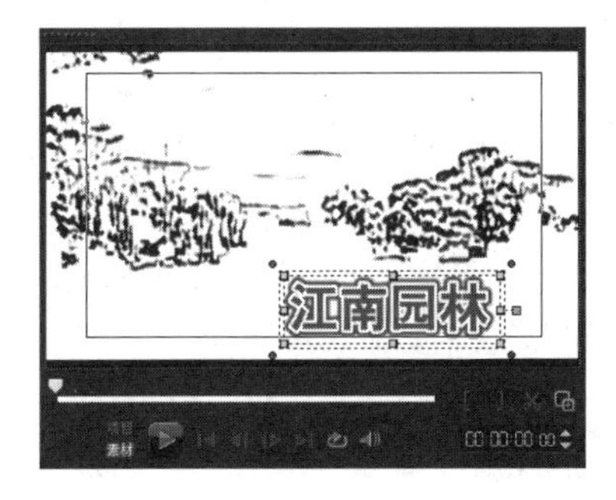

51 在预览窗口中调整文字到合适的位置，可以看到文字的效果。

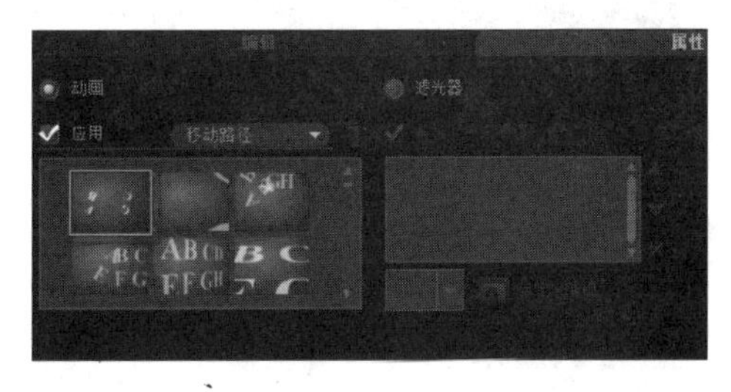

52 打开“选项”面板，切换到“属性”选项卡，对相关选项进行设置。

53 在预览窗口中将第2个调整区间图标拖曳到结尾的位置。

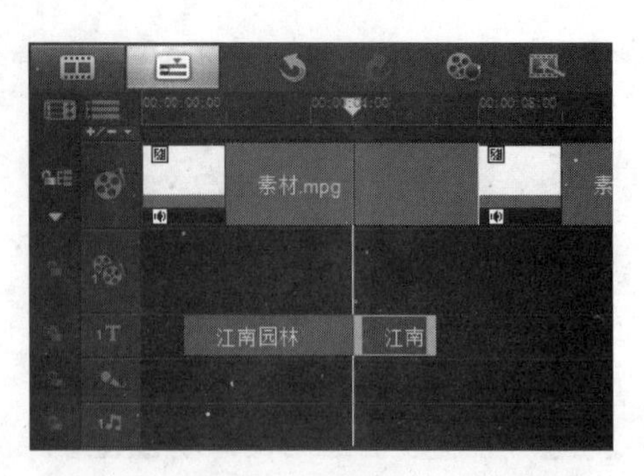

54 在项目时间轴中复制设置完的标题素材，将其粘贴到原标题后，设置复制得到的标题素材区间为2秒。

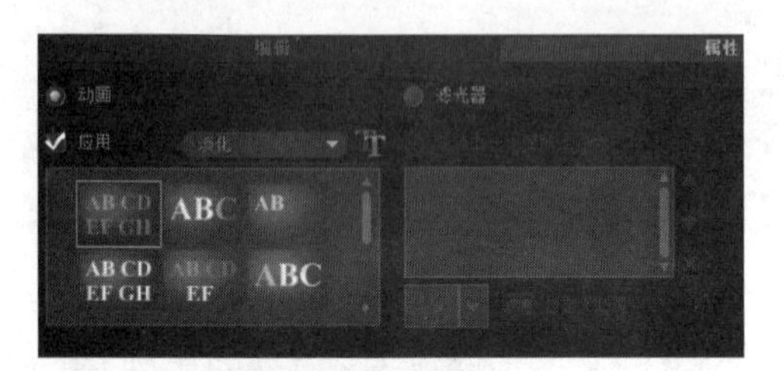

55 双击复制得到的标题素材，打开“选项”面板，切换到“属性”选项卡。设置“选取动画类型”为“淡化”，单击“自定义动画属性”按钮。

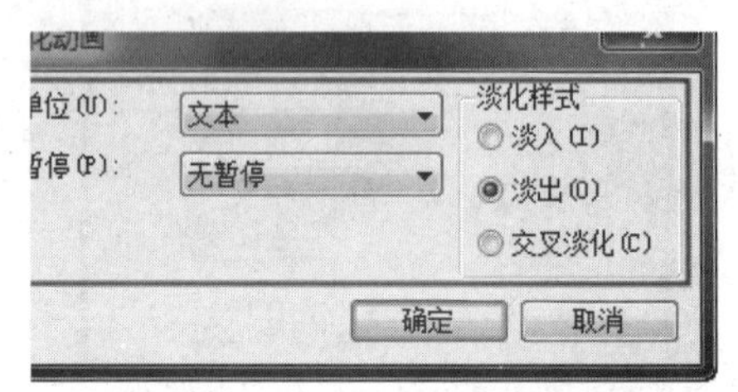

56 弹出“淡化动画”对话框，对相关选项进行设置。单击“确定”按钮，完成设置。

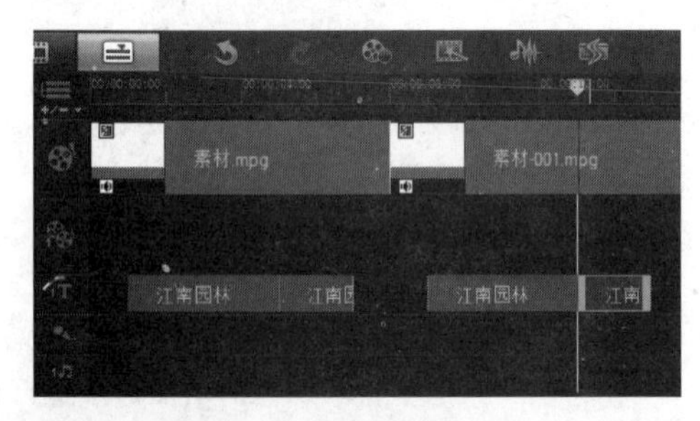

57 在项目时间轴中分别复制完成的两个标题，将其按顺序粘贴到9秒的位置。

58 双击复制得到的标题素材，在预览窗口中修改标题内容。

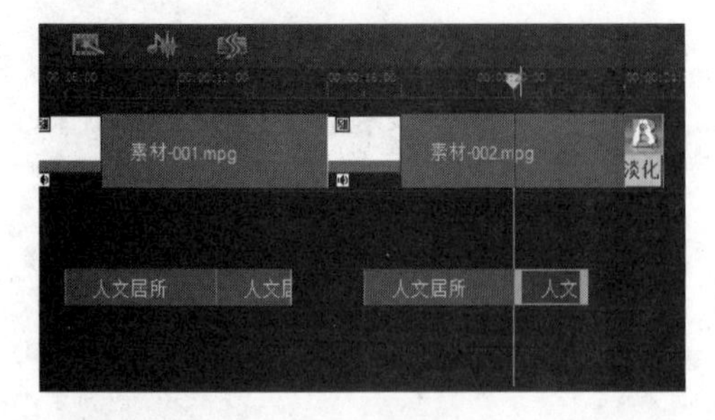

59 复制制作完成的两个标题素材，将其按顺序粘贴到17秒的位置。

60 双击复制得到的标题素材，在预览窗口中修改标题内容。

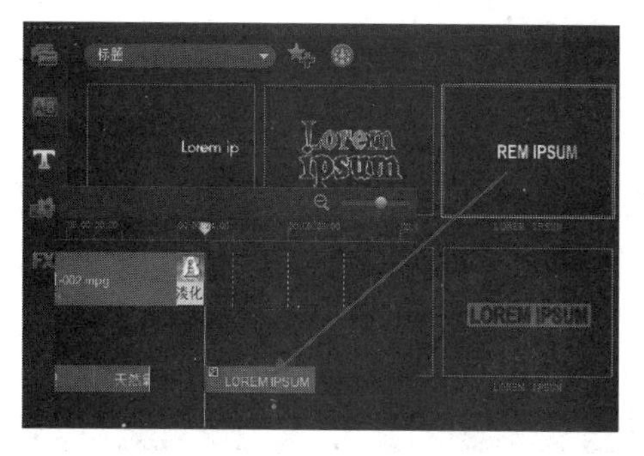

61 切换到“标题”素材库，将相应的标题素材拖曳至标题轨25秒的位置。

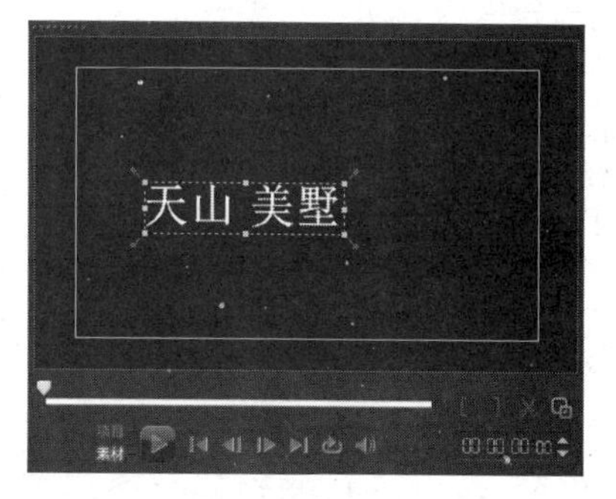

62 在标题轨中双击刚添加的标题素材，在预览窗口中修改标题的内容。

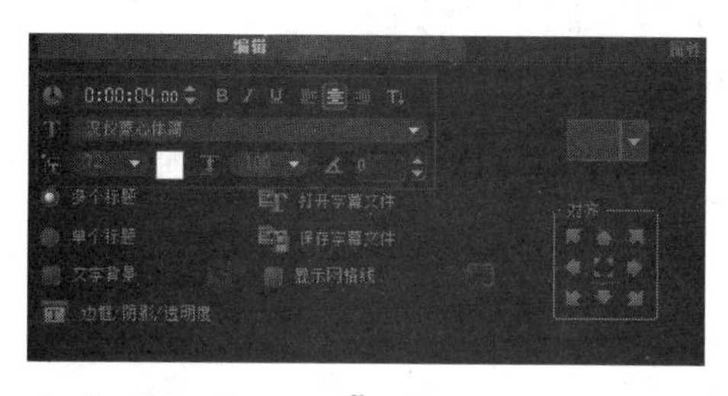

63 在“选项”面板中设置该标题的区间为4秒，并对文字的相关属性进行设置。

64 完成文字属性的相关设置，可以在预览窗口中看到文字的效果。

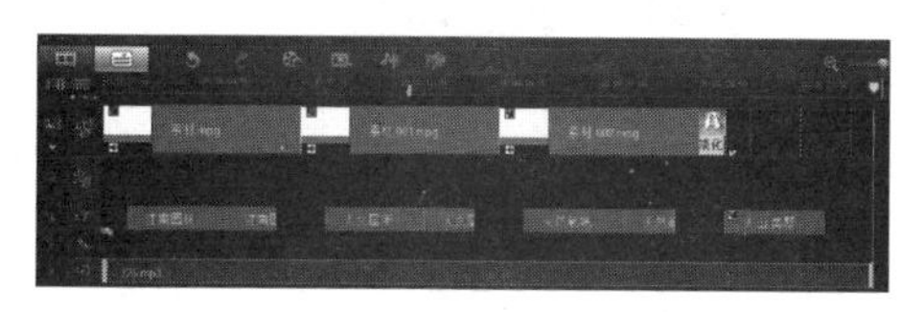

65 在音乐轨上添加音频素材“光盘\源文件\第7天\素材\725.mp3”，并调整该音频素材区间与整个项目区间相同。

66 双击音频素材，打开“选项”面板，单击“淡入”和“淡出”按钮。

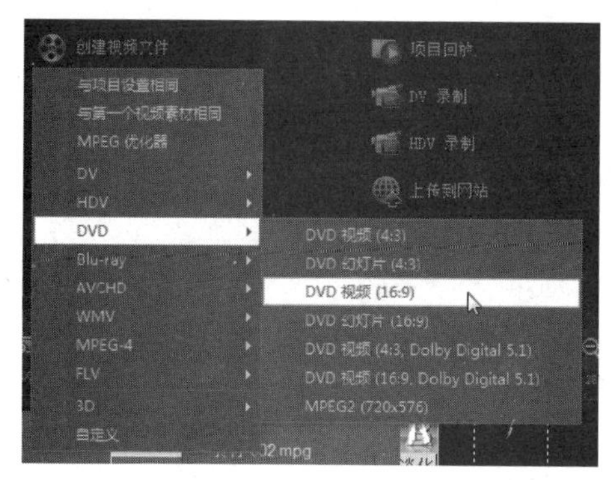

67 切换到“分享”步骤，单击“创建视频文件”按钮，在弹出的菜单中选择“DVD>DVD视频（16:9）”选项。

68 弹出“创建视频文件”对话框，设置输出路径和文件名称，单击“保存”按钮，输出视频。

69 **完成楼盘宣传片头的制作，在预览窗口中激活“项目”模式，单击“播放”按钮，即可看到所制作的楼盘宣伟片头的效果。**

☆ 操作小贴士 ☆

作为一款入门级的视频编辑软件，会声会影与After Effect、Premiere等专业软件相比有一定的差距，这种差距主要体现在软件的稳定性和处理能力方面。会声会影在编辑时间较长的高清视频时很容易出现系统崩溃退出的现象，但是在效果和操作性方面，会声会影并不逊色于任何视频编辑软件，在有些地方还有优势。要想利用会声会影制作出好的作品，不仅要熟悉软件的各种功能和操作，具有丰富的想象力和创作灵感，还需要大量的素材作为支持。

☆ 自我评价 ☆

通过今天的学习，我们已经基本掌握了在会声会影中制作各种实用案例的方法和技巧。制作电子相册、婚庆、旅游和家庭聚会视频是会声会影的“本职工作”，在制作这类视频时可以最大化地发挥会声会影丰富、操作简单的模板优势。我们还需要通过大量的练习，更加熟练地掌握会声会影在这些方面的应用以及表现方法。

☆ 总结扩展 ☆

完成了今天的学习，我们就完成了会声会影中所有功能和应用的学习。在今天，我们主要学习了在会声会影中输出项目的方法和技巧，并通过多个综合性和实用性的案例练习，学习了使用会声会影制作电子相册和视频短片的方法。在今天的学习中，我们具体需要掌握以下内容：

	了解	理解	精通
如何输出视频文件			√
如何输出指定范围的视频		√	
视频输出的技巧	√		
自定义输出影片		√	
自定义视频输出选项		√	
将影片嵌入到网页中			√
将影片通过电子邮件发送			√
将影片定义为系统屏保	√		
刻录视频光盘		√	

随着DV的普及，热爱摄影的人们更喜欢将生活中的点点滴滴记录下来，以留住每一个精彩的瞬间。通过使用会声会影，可以将拍摄的照片或视频制作成电子相册，作为永久的纪念，或让更多的亲朋好友一起分享。通过7天的学习，我们已经基本掌握了会声会影中的所有功能，以及通过会声会影制作各项目的方法和技巧。7天的时间是短暂的，我们还需要利用更多的时间去练习和体会，向着会声会影应用的更高境界迈进。

反侵权盗版声明

举报电话：（010）88254396；（010）88258888

传　　真：（010）88254397

E-mail：dbqq@phei.com.cn

通信地址：北京市万寿路173信箱

　　　　　电子工业出版社总编办公室

邮　　编：100036